黑龙江省伊春市区耕地地力评价

张含生　张艳华　张大伟　主编

中国农业出版社
北　京

内 容 提 要

本书是对黑龙江省伊春市区耕地地力调查与评价成果的集中反映。在充分应用耕地信息大数据智能互联技术与多维空间要素信息综合处理技术并应用模糊数学方法进行成果评价的基础上，首次对伊春市区耕地资源历史、现状及问题进行了分析和探讨。它不仅客观地反映了伊春市区土壤资源的类型、面积、分布、理化性状、养分状况和影响农业生产持续发展的障碍性因素，揭示了土壤质量的时空变化规律，而且详细介绍了测土配方施肥大数据的采集和管理、空间数据库的建立、属性数据库的建立、数据提取、数据质量控制、县域耕地资源管理信息系统的建立与应用等方法和程序。此外，还确定了参评因素的权重，并通过利用模糊数学模型，结合层次分析法，计算了伊春市区耕地地力综合指数。这些不仅为今后改良利用土壤、定向培育土壤、提高土壤综合肥力提供了路径、措施和科学依据，而且也为今后建立更为客观、全面的黑龙江省耕地地力定量评价体系，实现耕地资源大数据信息采集分析评价互联网络智能化管理提供参考。

全书共7章。第一章：自然与农业生产概况；第二章：土壤形成、分类和分布；第三章：耕地地力调查；第四章：耕地土壤属性；第五章：耕地地力评价与分析：第六章：耕地地力评价与区域配方施肥；第七章：土壤存在问题及改良利用。书末附5个附录。

该书理论与实践相结合、学术与科普融为一体，是黑龙江省农林牧业、国土资源、水利、环保等广大农业领域各级领导干部、科技工作者、大中专院校教师和农民群众掌握和应用土壤科学技术的良师益友，是指导农业生产必备的工具书。

编 写 人 员 名 单

总 策 划：王国良　辛洪生

顾　　问：高迎春　汤彦辉

主　　编：张含生　张艳华　张大伟

副 主 编：张兴亚

参编人员：杨春梅　宋　平　张建全　牛　刚　邵　智

孙　伟　王　玲　周嘉奇　沙　玲　陈云霞

序

农业是国民经济的基础；耕地是农业生产的基础，也是社会稳定的基础。黑龙江省是农业大省，是国家重要商品粮、畜产品和绿色食品生产基地。中共黑龙江省委、省政府高度重视耕地保护工作，并做了重要部署。为适应新时期农业发展的需要，促进农业结构战略性调整，提高农业效益，促进农业增效、农民增收，针对当前耕地土壤现状确定科学的土壤评价体系，摸清耕地的基础地力并分析预测其变化趋势，从而提出耕地利用与改良的措施和路径，为政府决策和农业生产提供依据，乃当务之急。

2009年，伊春市农业技术研究推广中心结合测土配方施肥项目实施，及时开展了耕地地力调查与评价工作。在黑龙江省土壤肥料管理站、黑龙江省农业科学院、东北农业大学、中国科学院东北地理与农业生态研究所、黑龙江大学、哈尔滨万图信息技术开发有限公司及伊春市农业科技人员的共同努力下，2012年12月伊春市区耕地地力调查与评价工作顺利完成，并通过了农业农村部组织的专家验收。通过耕地地力调查与评价的工作，摸清了伊春市区耕地地力状况，查清了影响当地农业生产持续发展的主要制约因素，建立了伊春市区耕地土壤属性、空间数据库和耕地地力评价体系，提出了伊春市区耕地资源合理配置及耕地适宜种植、科学施肥及中低产田改造的路径和措施，初步构建了耕地资源信息管理系统。这些成果为全面提高农业生产水平，实现耕地质量计算机动态监控管理，适时提供辖区内各个耕地基础管理单元土、水、肥、气、热状况及调节措施提供了基础数据平台和管理依据；同时，为各级政府制订农业发展规划，调整农业产业结构，保证粮食生产安全以及促进农业现代化建设提供了最基础的科学评价体系和最直接的理论、方法依据；也为今后全面开展耕地地力普查工作，实施耕地综合生产能力建设，发展旱作节水农业、测土配方施肥及其他农业新技术的普及工作提供了技术支撑。

《黑龙江省伊春市区耕地地力评价》一书，集理论基础性、技术指导性和实际应用性为一体，系统介绍了耕地资源评价的方法与内容，应用大量的调查分析资料，分析研究了伊春市区耕地资源的利用现状及存在问题，提出了合理利用的对策和建议。本书既是一本值得推荐的实用技术读物，又是伊春市区各级农业工作者应具备的工具书之一。该书的出版将对伊春市区耕地的保护与利用、分区施肥指导、耕地资源合理配置、农业结构调整及提高农业综合生产能力起到积极的推动和指导作用。

2018 年 10 月

前言

耕地是人类赖以生存和发展最根本的物质基础，是农业生产最基本的物质源泉。20世纪80年代中期，伊春市开展了第二次土壤普查，编写了《伊春市土壤》一书，对伊春土壤、耕地等相关情况进行了比较全面的调查。第二次土壤普查时，伊春市土地总面积为3 292 304.1公顷，其中，林业用地2 768 887.87公顷，占总面积的84%；耕地面积149 193公顷，占总面积的4.5%；其他用地占总面积11.5%。第二次土壤普查之后，在国家"两免一补""三免一补"等多项优惠政策的支持下，伊春市大力开荒，耕地面积迅速增加，到2009年年底，伊春市有耕地面积258 798公顷，比第二次土壤普查时增加了0.73倍，第二次土壤普查以后开发的耕地，多数是位置偏远、不利于开发的地块，以林下地居多，地形变化较大。随着开发年限加长，特别是绝大多数农田长期粗放耕作、掠夺式经营，大量化肥不合理施用，造成土壤养分失调、土壤板结、耕层变浅、耕性变劣、耕地质量退化。据近几年调查，伊春市区耕地土壤有机质平均含量、全氮平均含量、速效钾平均含量普遍下降；有效磷平均含量上升；耕地土壤容重增加，犁底层上升，总孔隙度下降。同时，耕地土壤的颜色在逐年变浅，很多坡岗地黑土层不足18厘米。

家庭承包经营实施以来，伊春市区的气候条件、耕作制度、种植结构、作物品种、产量水平、肥料用量、品种结构、农药使用等均发生了巨大变化，耕地质量和肥力水平也发生了很多变化。开展耕地地力评价，摸清当前耕地的综合生产能力、施肥水平、土壤养分状况、土壤障碍因素等，并对耕地地力进行科学合理评价，为伊春市区科学合理施肥、耕地质量建设、种植业结构调整、农业资源合理利用、优势主导产业发展、无公害农产品生产、生态环境保护和提高农业综合生产能力提供科学依据，促进粮食增产、农业增效、农民增收，推进现代化农业可持续发展。

伊春市区耕地地力评价工作，是按照农业农村部、财政部和黑龙江省各有关文件精神，认真执行中华人民共和国农业行业标准《耕地地力调查与质量评价技术规程》《黑龙江省耕地地力调查与质量评价技术规程》开展工作的。伊春市农业委员会高度重视此项工作开展，统筹协调，各相关单位积极提供各类资料，伊春市林业科学院提供《伊春市土壤图》、伊春市国土资源局提供《伊春市各区土地利用现状图》、伊春市气象局提供各类气象资料、伊春市地方志办公室提供伊春年鉴及各类资料，各区（局）、乡（镇）对采样工作提供了大量的支持和帮助。工作开展3年来，在黑龙江省土壤肥料管理站的指导下，在伊春市区各级领导的关心和支持下，在各有关兄弟单位的大力配合和帮助下，与黑龙江省哈尔滨万图信息技术开发有限公司密切合作，结合伊春市区的实际情况，2012年年底圆满完成了本次耕地地力评价工作任务，在此对各位专家、同行的支持与帮助表示感谢。

本次耕地地力评价工作，共采集土壤农化样4 762个，测试化验分析数据33 586项次，制作了大量的图、文、表、说明材料，整理汇编了近30万字的技术专题报告。构建了测土配方施肥宏观决策和动态管理基础平台，为农民科学种田增产增收提供科学依据，建立了规范的伊春市区测土配方施肥数据库、市域耕地资源管理空间数据库和属性数据库。通过对1 222个耕地地力采样点的调查地块化验分析，建立伊春市区耕地资源管理信息系统，并编写了《伊春市区耕地地力评价工作报告》《伊春市区耕地地力评价技术报告》《伊春市区耕地地力评价专题报告》，对伊春市区耕地地力进行了评价分级，基本摸清了市区内耕地肥力与生产潜力状况，为各级领导进行宏观决策提供科学数据，为指导农业生产提供可靠依据（本书中的伊春市区指伊春市除铁力市、嘉荫县的所有行政辖区）。

由于耕地地力评价工作内容多、计算机软件程序应用多、工作量大、时间紧、任务重，书中难免有理解偏差、掌握不准确和不当之处，敬请专家、同行给予批评和指正。

编　者

2018年10月

目录

第一章　自然与农业生产概况

第一节　地理位置与行政区划

一、地理位置

伊春市地处黑龙江省东北部、小兴安岭腹地，地理坐标为北纬 46°28′～49°26′、东经 127°37′～130°46′。东与萝北县、鹤岗市、汤原县相邻，南与依兰县、通河县接壤，西接庆安县、绥棱县，北通逊克县；北部嘉荫县与俄罗斯隔江相望，界江长 246 千米，南北长 320 千米，东西宽 125 千米。市中心区客运公路距省会哈尔滨 354 千米（哈伊公路 339 千米）、鹤岗 159 千米、佳木斯 237 千米；铁路距省会哈尔滨 458 千米。小兴安岭山脉贯穿全境，境内山峦起伏，山高林密，气候冬寒夏热，雨量较充沛，属中温带大陆性季风气候。土壤肥沃，资源丰富，伊春市政府驻伊春区，位于市区西部，是全国重要的国有林区，素有“祖国林都、红松故乡”之称。

二、行政区划

2009 年，伊春市行政区划为 15 市辖区、1 县级市、1 县、9 镇、10 乡（1 民族乡）、205 行政村。其中，伊春区（4 行政村）东升村、长征村、青山村、迎新村；铁力（市）4 镇、3 乡、76 行政村；嘉荫县 3 镇、6 乡、73 行政村；乌伊岭区（2 行政村）宏伟村、永青村；汤旺河区；新青区；红星区；五营区（2 行政村）跃进村、星龙村；上甘岭区（4 行政村）锦绣村、平川村、青山村、蔚兰村；友好区（3 行政村）青山村、曙光村、爱国村；翠峦区（2 行政村）翠光村、前进村；乌马河区（1 行政村）锦山村；美溪区（2 行政村）林溪村、青松村；西林区（2 行政村）灯塔村、东丰村；金山屯区（2 行政村）金峰村、乐源村；南岔区 2 镇、1 乡、27 行政村；带岭区（5 行政村）永兴村、双兴村、金兴村、青山村、红兴村。

2009 年，伊春市全市行政区划总面积 32 800 平方千米，人口 1 273 084 人，现有林地近 2 852 987 公顷，耕地总面积 258 798 公顷。土地资源构成的特点为“八山半水半草一分田”，森林覆盖率 83.4%。绥佳线、汤林线和伊翠线构成铁路交通网。哈伊公路、伊嘉公路、伊南公路和各林业企业局运材公路，伸入伐区腹部，构成公路交通网。黑龙江航道逆水可通黑河，顺水可通佳木斯，水陆联网，交通方便。

第二节　自然与农村经济概况

一、自然概况

（一）气候

伊春市位于中纬度，是我国纬度较高的地区之一。气候类型属中温带大陆性季风气候区，气候总的特点是：冬季常在蒙古高原高压控制下，严寒、干燥而漫长；春季前期冷，后期气温回升快，春风较大；夏季受热带海洋性气团的影响，温和多雨，降水集中，多暴雨，生长季与雨季同期；秋季霜来得早，降温快，伊春市不仅南北平均温度相差 2～3℃，垂直差异也很明显。同时山区与平原、林内与林外的气候也有较显著的差别。夏季林内平均气温比林外稍低，冬季林内平均气温稍高，林内温度变幅比林外小。

1. 气温　根据伊春市区气象台的统计，年平均气温－1～1℃，最冷的 1 月为－20～－25℃，极端最低温度北部可达－46℃，南部可达－43℃；最热的 7 月平均气温为 20～21℃，最高气温可达 35～36℃。全年≥10℃活动积温 1 800～2 400℃。伊春市区积温分布受地形和纬度影响，纬度偏北 1℃，积温约减少 100℃；高度增加 100 米，积温减少 150℃。无霜期平均 90～120 天，在市区不但有地形的差异，而且年变化也很大；无霜期较大的年份可达 130～140 天，而较短年份仅有 89～90 天，北部最少的只有 60 天。海拔越高无霜期越短，海拔每升高 100 米，缩短 5～7 天，小兴安岭西部、北部，比东部、南部要短，比同一纬度短 3～5 天。初霜期在北部及海拔 400 米以上山区出现在 9 月初，中部在 9 月中旬末，南部在 9 月 20 日左右，由北往南逐渐推迟，南部比北部晚 20 天左右。终霜南部在 5 月 15 日、中部 5 月 25 日、北部在 5 月末 6 月初结束。历年平均日照时数为 2 355～2 494 小时，日照百分率只有 50%～55%，有效辐射为 209.20～230.12 千焦/平方厘米，见表 1－1。

表 1－1　伊春市区自然因子表

项　目	平均气温（℃）	平均降水（毫米）	平均相对湿度（%）	太阳总辐射（千焦/平方厘米）	平均日照百分数（%）
1 月	－23.9	7.9	75	171.54	58
2 月	－16.0	7.5	71	259.41	66
3 月	－8.2	13.9	64	422.58	65
4 月	3.5	33.5	55	476.98	44
5 月	11.7	52.6	57	556.47	50
6 月	17.2	77.9	72	623.42	50
7 月	20.5	100.4	78	523.00	46
8 月	18.3	118.8	81	447.69	47
9 月	11.7	78.5	76	372.38	52
10 月	2.6	47.9	67	288.70	56
11 月	－9.7	18.4	71	175.73	55
12 月	－20.5	8.6	76	129.70	49
全年	0.4	566.0	70	4 376.46	53

2009 年，伊春市区平均气温 1.2℃，平均最高温 8.2℃，平均最低温度－5.1℃，无霜期 130 天，日照时数 2 206.3 小时。

2. 土壤冻层　土壤冻结始于每年 10 月 15 日，稳定冻结在 11 月 2 日；土壤冻结 5 厘米始于 10 月 28 日，稳定冻结在 11 月 3 日；土壤冻结 10 厘米始于 11 月 6 日，稳定冻结在 11 月 7 日；土壤稳定冻结 20 厘米在 11 月 16 日；土壤稳定冻结 30 厘米在 11 月 24 日。解冻始于每年 4 月 9 日，解冻 5 厘米始于 4 月 12 日，稳定在 4 月 16 日；解冻 10 厘米始于 4 月 17 日；解冻 20 厘米始于 4 月 24 日；解冻 30 厘米始于 5 月 1 日。冻结层深度一般为 2.5～3.0 米，其中，北部沼泽地、落叶松塔头甸子有 20 米的永久性冻土，中部和南部超过海拔 1 000 米或平地云冷杉及塔头甸子泥炭土和沼泽土区有岛状永冻层。土壤冻结和解冻厚度和日期见表 1－2。

表 1－2　土壤冻结和解冻厚度和日期

土壤冻层	开始日期（日/月）	稳定日期（日/月）
冻结	15/10	2/11
解冻	9/4	19/4
5 厘米　冻结	28/10	3/11
5 厘米　解冻	12/4	16/4
10 厘米　冻结	6/11	7/11
10 厘米　解冻	17/4	18/4
20 厘米　冻结	16/11	16/11
20 厘米　解冻	24/4	24/4
30 厘米　冻结	24/11	24/11
30 厘米　解冻	1/5	1/5

3. 降水量　伊春市是黑龙江省的降水中心之一，年总降水量平均在 550～670 毫米，降水过程主要集中在夏季，占 65％，秋季占 18％，春季占 13％，冬季最少仅占 4％。干燥指数（K）为 0.80～0.69，干湿指数为 1.13～0.92，属湿润地区，土壤多呈湿润状态。2009 年，伊春市降水总量 768.4 毫米。

全年平均降雪日数 42～49 天，降雪初日在 10 月 5 日左右，终日在 4 月 28 日～5 月 8 日。年积雪日数最多达 220 天，最少为 160 天，最大积雪深度达 50～70 厘米，部分地段达 100 厘米。

4. 气候与土壤形成和土壤性状变化　主要有以下特点：

（1）夏季温热而多雨，作物生长期与雨季同步，冬季冷而干燥，因而干湿交替，冻融交替；氧化还原作用、淋溶与淀积过程十分强烈，对土壤形成起着主导作用。

（2）季节性冻层和永冻层，上层土壤滞水，土壤冷浆，影响土壤水分运动，对土壤草甸化、沼泽化、泥炭化起着很大的作用。

（3）年平均温度在－1～1℃，大气湿度比较大，有机残体分解慢，使土壤有机质及氮素含量增加。由于夏季气温高、降水集中，土壤发生强烈淋溶，因此，土壤具有盐基饱和度小，酸度增加等特性。

（二）地形地貌

伊春市辖地小兴安岭纵贯伊春全镜，总的地貌特点是：低山丘陵地貌，山脉走向复杂，一般为东北走向，尚有南北和东南走向。海拔高度为400～1 000米，北部地势较低，多为丘陵台地、岩石，以沙砾岩、玄武岩为主。南部地势高峻，多为山地，地面以花岗岩为主。地形是形成土壤的重要因素，地形影响水分和热量的分配，影响到物质元素的转移。通常地形越低土壤水分越大，土温越低养分元素越丰富。随着地形变化，土壤分布呈现明显的规律性，不同地形部位土壤有机质含量也有差异。

1. 嘉荫、乌伊岭一带 地势平缓，山顶平坦、宽缓、多呈台状，境内多宽谷，沼泽发育，其分布可达山顶，该地区海拔为350～500米，相对高度为40～100米，大部分在40米左右；黑龙江、嘉荫河、库尔滨河通过该区，形成宽广的冲积平原，海拔为120～300米。平原宽度：黑龙江冲积平原在中国境内6～8千米，嘉荫河，库尔滨河等冲积平原2～3千米。该地区为冰缘地貌中等发育，以泥流过程为主，屡见冰卷泥现象。在汤旺河和乌伊岭一带有玄武岩宽广台地，除泥流阶地外，多石海。

2. 新青、伊春低山区 山势和缓，海拔700～800米，相对高度为200～300米。汤旺河上游流经该区，大多为丘陵（海拔400～500米），多形成宽谷（宽达4千米）；河谷平原有新青、伊春、西林、友好等地，海拔高度200多米，比周围山地低200～300米；汤旺河的上游多为低山，该地区为冰缘地貌轻度发育区，主要为冻融作用与寒冻重力作用，常见泥流阶地、岩屑坡等。

3. 金山屯、南岔、桃山低山丘陵 为流水侵蚀区，山势高、山坡陡、河谷深，河谷多呈V形，海拔800～1 000米；最高山峰位于桃山林业局的平顶山，海拔为1 429米，多海拔千米以上山峰，相对高度为400～600米。该区是一个长期隆起区，汤旺河在该区侵蚀强烈，大部分以峡谷形态通过，多悬崖绝壁。

4. 西部铁力（市）**一带** 为松嫩平原边缘，是小兴安岭向松嫩平原过渡带。呼兰河流经该区，境内水系发育，坳谷多，台面分割明显，一般台面较平，海拔200～250米，切割深度为10～20米。

（三）水文条件

伊春市河流总条数为702条，分别属黑龙江、松花江水系，黑龙江干流沿边境流经嘉荫248千米，较大支流有库尔宾河、乌云河、嘉荫河、结烈河等。汤旺河贯穿整个伊春，支流稠密短促，主要支流有小鱼河、友好河、伊春河、五道库河、大丰河、西南岔河，在汤原县汇入松花江。南部有呼兰河，其主要支流有依吉密河、安邦河，在呼兰县汇入松花江。伊春境内，水系呈树枝状发育，径流丰富，其主要河流汤旺河年平均流量达173亿立方米地表水。地下水直接影响土壤的水分状况和生物化学过程，进而作用于土壤的形成过程。根据伊春水文站调查化验结果表明，地下水埋深，平均在2米左右，最浅在0.30米左右，水质较好，呈微酸性。

（四）植被

伊春市属长白山植物区系，森林植被是以红松为主的针阔叶混交林植物带，虽经50余年的大量采伐，但小兴安岭的原始森林植被仍旧保存。按优势树种可分为阔叶红松林、云冷杉林、落叶松林三大类。各大类又依据其林分特征可分为如下类型：

1. 阔叶红松林　阔叶红松林是小兴安岭地带性森林植被，具有代表性的阔叶红松林类型有陡坡羊胡子草柞树红松林、斜坡凸脉薹草椴树红松林、缓坡毛缘薹草枫桦红松林和谷地蕨类云冷杉红松林。

（1）陡坡羊胡子草柞树红松林：分布在山脊的南坡或西南坡。乔木主要有红松、柞树；下木主要有旱生或中旱生型为主的兴安杜鹃、胡枝子、乌苏里绣线菊、卫矛或毛榛子等；下草主要以羊胡子薹草为主，并混有单花鸢尾、土山七、宽叶艾蒿等。此类地形植被下发育的土壤带粗骨性，各土层多含石砾，有轻度侵蚀，土层浅薄；土壤类型主要是薄层典型暗棕壤土种，在较陡的山脊即为山地原始暗棕壤和侵蚀暗棕壤等土种。

（2）斜坡凸脉薹草椴树红松林：分布于低山丘陵的岗腿或山中部和上部，乔木有红松、紫椴、色木、冷杉和云杉；下木以毛榛子为主，混有山梅花、溲疏、卫矛、青楷子、花楷子等；下草有凸脉薹草、舞鹤草、兴安鹿药、大叶柴胡等。这种森林类型下发育的土壤一般为中层典型暗棕壤土种，这种土壤生产力较高。

（3）缓坡毛缘薹草枫桦红松林：分布于山的中下部缓坡地段，以半阴坡为最多，是伊春市分布最广的一个林分。林内树种有红松、枫桦、云杉、冷杉、榆树、椴树、水曲柳等，林下植物繁茂、种类多，下木有毛榛子、刺五加、山梅花、溲疏、青楷子、花楷子；下草有毛缘薹草、粗茎鳞毛蕨、黑水鳞毛蕨、万年藓等。层外植物有狗枣猕猴桃、山葡萄、五味子等。土壤一般为中层典型暗棕壤，土壤较潮湿，质地为中壤质，土壤生产力较高。

（4）谷地蕨类云冷杉红松林：分布于宽谷、山麓平缓地，乔木有红松、云杉、冷杉及少量的榆树、水曲柳等，下木有花楷子、毛榛子、黄花忍冬；下草有黑水鳞毛蕨、兴安鹿药、万年藓、塔藓、拟垂枝藓。土壤多为潜育暗棕壤、沼泽土和泥炭土，土壤湿重，地下水位高。

2. 落叶松林　一般分布在河谷两岸或缓坡地上，主要类型有坡地落叶松林、谷地落叶松林和洼地落叶松林。

（1）坡地落叶松林：林内以落叶松为主，混有白桦、云杉等；下木为毛榛子、绢毛绣线菊、蓝果忍冬，下草为小叶樟、兴安鹿药和真藓等。土壤为中层典型暗棕壤，山中下部为潜育暗棕壤。

（2）谷地落叶松林：主要分布在缓坡下部谷地和沿河阶地上，林木组成一般为6落2桦1云1冷，下木有蓝果忍冬、乌苏里绣线菊，下草主要有真藓和薹草；土壤为潜育暗棕壤。

（3）洼地落叶松林：分布在低洼地积水处，有较厚的泥炭层，30厘米以下有永冻层。积水较少处，泥炭层也较薄；间歇积水或季节性积水，泥炭层很薄。下木主要为丛桦、柳叶绣线菊、杜香、水越桔、越桔柳、蓝果忍冬等，下草为塔头薹草和三叶鹿药等，土壤一般为沼泽土和泥炭土，此类土壤生产力低下，多为“老头树”。呈现“小老树”景观，多分布于小兴安岭北部林区。

3. 云冷杉林　云冷杉林根据分布海拔高度及林分组成可分为亚高山云冷杉林和谷地云冷杉林。

（1）亚高山云冷杉林：分布在海拔800米以上的分水岭或亚高山中山部的缓斜坡上。

一般组成以云冷杉为主，混有岳桦，一般组成80%鱼鳞松、10%臭松、10%岳桦或70%鱼鳞松、20%臭松、10%岳桦；下木稀少，主要有青楷子、花楷子；地被植物以蕨类和蓟类占优势，土壤为棕色针叶林土、表潜棕色针叶林土等。

（2）谷地云冷杉林：分布在山间谷地，呈带状分布。根据指示植物不同又可分为：

①拟垂枝蓟云冷杉林。土壤一般为潜育暗棕壤。

②薹草云冷杉林。土壤一般为沼泽土。

③塔藓云冷杉林。土壤一般为泥炭沼泽土，林木组成以红皮云杉、臭松为主，混有少量白桦和红松，一般组成60%臭松、40%云杉＋白桦、红松；下木为花楷子、柳叶绣线菊、刺醋李；地被植物为蕨类与藓类。

4. 次生林型 小兴安岭次生林，按优势树种可分为柞木林、杨桦林、阔叶杂木林和硬阔叶林等。

（1）柞木林：主要分布在低山的南坡及丘陵峦岗地带，根据地形部位和下木不同又可分：

①陡坡柞木林。分布在山脊，坡度大于25°阳坡上，下木下草主要有杜鹃、羊胡子薹草，土壤为极薄型原始暗棕壤、侵蚀暗棕壤。

②斜坡柞木林。分布在山的中上部，混有黑桦，下木为胡枝子、绣线菊，土壤为薄层典型暗棕壤。

③缓坡柞木林（榛子柞木林）。以柞木为主，混有黑桦、榆树、山杨等，分布在山的中下部，坡度10°～15°，下木下草为榛子、薹草，土壤为中、厚层典型暗棕壤。

（2）杨桦林：以桦树为主，根据地形、部位和优势树种可分为坡地山杨林，缓坡白桦林和谷地杨桦林。

①坡地山杨林。以山杨为主，下木下草为胡枝子、薹草等，土壤一般为中、厚层典型暗棕壤。

②缓坡白桦林。以白桦为主，下木下草为榛子、薹草。土壤是厚层暗棕壤和草甸化暗棕壤。

③谷地杨桦林。主要树种有山杨、白桦，下木下草有山高粱、地榆、薹草等，土壤是草甸暗棕壤和潜育暗棕壤。

（3）阔叶杂木林：林分以椴树、色木、榆树、杨树、桦木等，下木有暴马丁香、毛榛子、刺五加，下草有蚊子草、铁线蕨等，土壤为薄、中层典型暗棕壤。

（4）硬阔叶林：林木主要有水曲柳、胡桃楸、黄菠萝等，下木为暴马丁香、毛榛子、刺五加、黄花忍冬，下草为毛边薹草、舞鹤草、木贼、荚果蕨（野鸡膀子）等，土壤为厚层典型暗棕壤。

5. 森林草甸草原 通常称“五花草塘”，主要有黄花菜、马兰、报春花、薹草、小叶樟、小叶蒿、扁竹兰、狼尾草等，发育的土壤为黑土、草甸土。

6. 沼泽植被 由于地势低洼，湿生植物和沼泽植物在过湿条件下生长，形成高、中、低位塔头，土壤为沼泽土和泥炭土。

7. 耕地田间杂草 由于人类长期的生产活动，大量自然杂草及森林植被已被破坏，农作物取代了天然植被。但在开垦的耕地上，还有一些稀疏的野生杂草存在。

目前伊春市耕地中主要的田间杂草有禾本科：旱稗（*Echinochloa hispidula*）、水稗（*Echinochloa phyllopogon*）、狗尾草（*Setariavirdisl*）；菊科：苍耳（*Xanthium sibiricu*）、苣荬菜（*Sonchus arvensis*）、青蒿（*Artemisia carvifolia*）、刺儿菜［*Cephalanoplos segetum*（Bge.）Kitam］、大蓟［*Cephalanoplos segetum*（Willd.）Kita］、苦菜（*Sonchus asper*）、蒲公英（*Taraxacum mongolicum*）、黄花蒿（*Artemisia annua*）；藜科：藜（*Chenopodium album*）、猪毛菜（*Salsola collina*）；蓼科：皱叶酸模（*Rumex crispus*）、水红蓼（*Polygonum bungeanum* Turcz）、红蓼（*Polygonum orientale*）；苋科：反枝苋（*Amaranthus retroflexus*）；马齿苋科：马齿苋（*Portulaca oleracea*）；唇形科：香薷（*Elsholtzia ciliata*）、益母草（*Leonurus artemisia*）；豆科：野大豆（*Glycine tomentella*）、鸡眼草（*Kummerowia striata*）；十字花科：荠菜（*Capsella bursa-pastoris*）、独行菜（*Lepidium apetalum*）；木贼科：问荆（*Equisetum arvense*）；莎草科：沼莎草（*Cyperusg lomeratusl*）、牛毛草（*Feccaovina*）、雨久花（*Monochoria korsakowii*）、眼子菜（*Potamogeton distinctus*）、泽泻（*Alisma plantago-aquatica*）、龙葵（*Solanum nigrum*）；百合科：薤白，又叫小根蒜（*Allium macrostemon*）、鸭跖草（*Commelina communis*）等。

（五）成土母质

伊春市山地森林土壤的成土母质主要为各种残积物和坡积物；宽谷、低山、江河两岸，成土母质为淤积物、河湖相沉积物、冰积物、冲积物和洪积物，在高平原为黄土状沉积物。

1. 残积物和坡积物 是山地森林土壤最重要的成土母质。现代残积物分布于山地上部，在新青、伊春为华力西期花岗岩、白岗岩、白岗质花岗岩及侏罗系酸性火山岩、碎屑岩。在金山屯、南岔、桃山主要为华力西期花岗岩，部分为燕山期花岗岩。经过长期的侵蚀、剥蚀过程风化而成，一般风化壳的厚度不超过2米，骨质粗，多含砾石和角砾石，其发育的土壤盐基饱和度低，一般为40%，呈微酸性，pH为5.0～5.7；一般土层浅薄多含石砾，主要土壤类型有山地原始暗棕壤、薄层典型暗棕壤、棕色针叶林土。风化物的坡积物，分布于山地中部和下部，发育的土壤为典型暗棕壤，在黑龙江沿岸的丘陵地为河流沉积物，母质为石英砂岩、沙砾岩和黄土状沉积物，中间常带有大量锰结核和动物化石，在这些母质上发育的土壤有暗棕壤、白浆土和草甸土。

2. 山麓冲积、洪积物 质地为重壤，在一定的地形条件下发育成白浆土、潜育暗棕壤，盐基饱和度达90%，发育的土壤比较深厚。

3. 淤积物 在黑龙江及其支流，库尔滨河、嘉荫河、结烈河以及汤旺河、呼兰河等宽广河谷和江河两侧一级阶地有第四系沉积物；河床和河漫滩堆积，多为第三系沙、沙砾石、亚黏土，铁力一线为第四系冲积、洪积、黄土状亚黏土，发育的土壤为草甸土、沼泽土、泥炭土，黄土状亚黏土沉积物发育的土壤为黑土、草甸土、沼泽土和白浆土。

二、农业发展现状

（一）农业生产水平

伊春市粮豆作物有大豆、玉米、水稻、小麦、小豆、绿豆、马铃薯等。20世纪30～60年代，以小麦、大豆、玉米、水稻四大作物为主；20世纪70～80年代，大豆、玉米、水稻面积逐年增加，小麦面积逐年减少；特别是近些年除三大作物外，水稻面积从80年代开始逐渐增加，呈增长趋势。20世纪90年代末至今，农作物种植结构有所调整，经济作物、蔬菜、杂粮播种面积有所上升，但大豆仍是伊春市第一大作物；到2009年，大豆面积达到了164 323公顷，占农作物总播种面积的68.27%；玉米达到了29 663公顷，占农作物总播种面积的12.32%；水稻面积达到了31 773公顷，占农作物总播种面积的13.20%；小麦面积呈下降趋势，仅1 003公顷，形成以大豆、玉米、水稻作物为主的三大作物。粮豆和其他作物种植比例见图1-1，2009年三大作物种植比例图1-2。

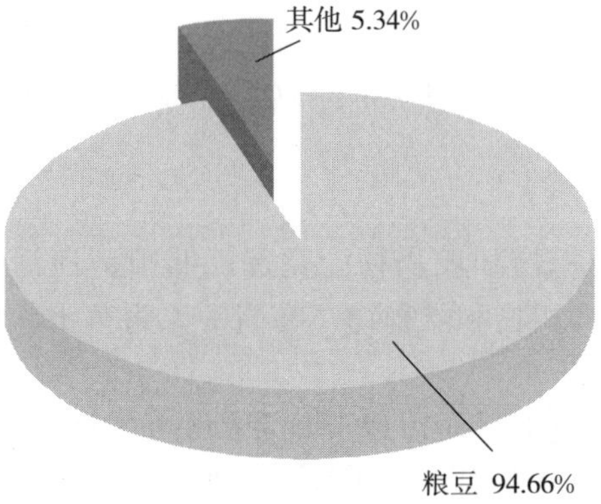

图1-1　粮豆和其他作物种植比例

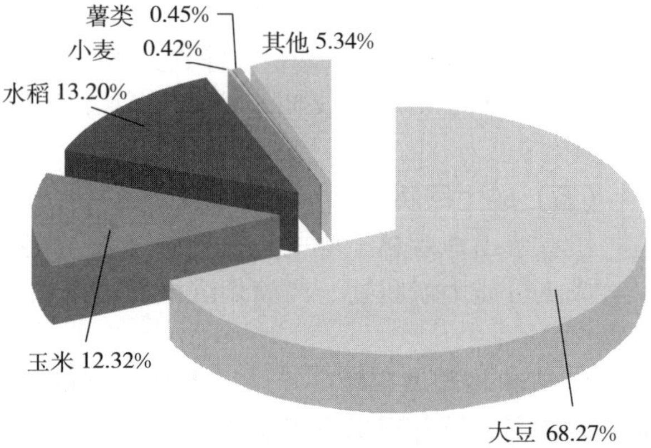

图1-2　2009年三大作物种植比例

据伊春市农业统计资料，2009年，农业总产值641 430万元，其中种植业产值427 338万元，占农业总产值66.6%。农作物总播种面积240 693公顷，总产692 305吨，其中，大豆164 323公顷，总产282 470吨；玉米29 663公顷，总产158 819吨；水稻31 773公顷，总产239 639吨，见表1-3。

表1-3　2009年伊春市农作物播种面积及产量

农作物	播种面积（公顷）	占播种面积比例（%）	总产量（吨）	占总产量比例（%）	产量（千克/公顷）
大豆	164 323	68.27	282 470	40.80	1 719
玉米	29 663	12.32	158 819	22.94	5 354
水稻	31 773	13.20	239 639	34.61	7 542
小麦	1 003	0.42	3 424	0.49	3 414
薯类	1 074	0.45	7 109	1.03	6 619
其他	12 857	5.34	844	0.12	
合计	240 693		692 305		

伊春市粮豆生产迅猛发展，粮食产量大幅度提高。仅2009年粮食产量就达69.2万

吨，是 2002 年的 1.9 倍。伊春市 1994—2009 年粮食总产变化见图 1－3，伊春市 1994—2009 年大豆单产变化见图 1－4。

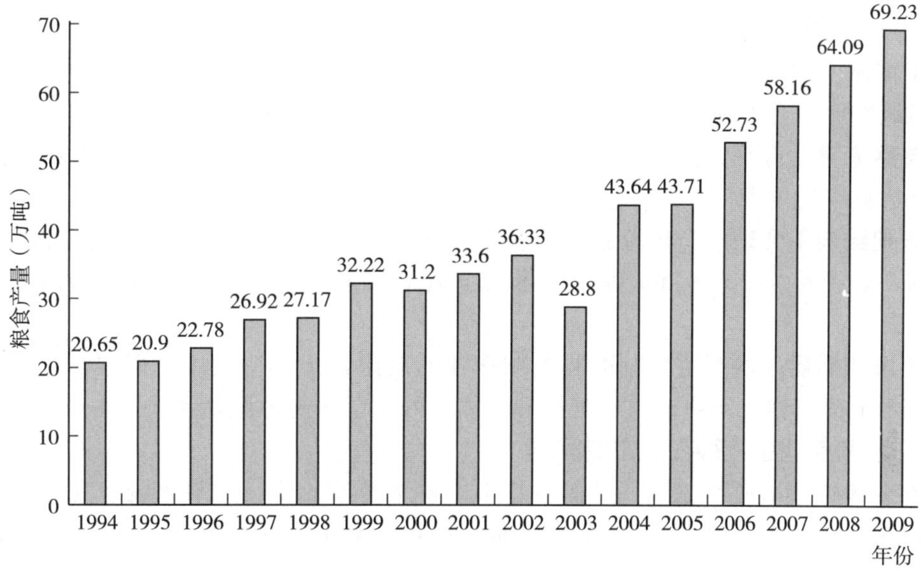

图 1－3　伊春市 1994—2009 年粮食总产变化

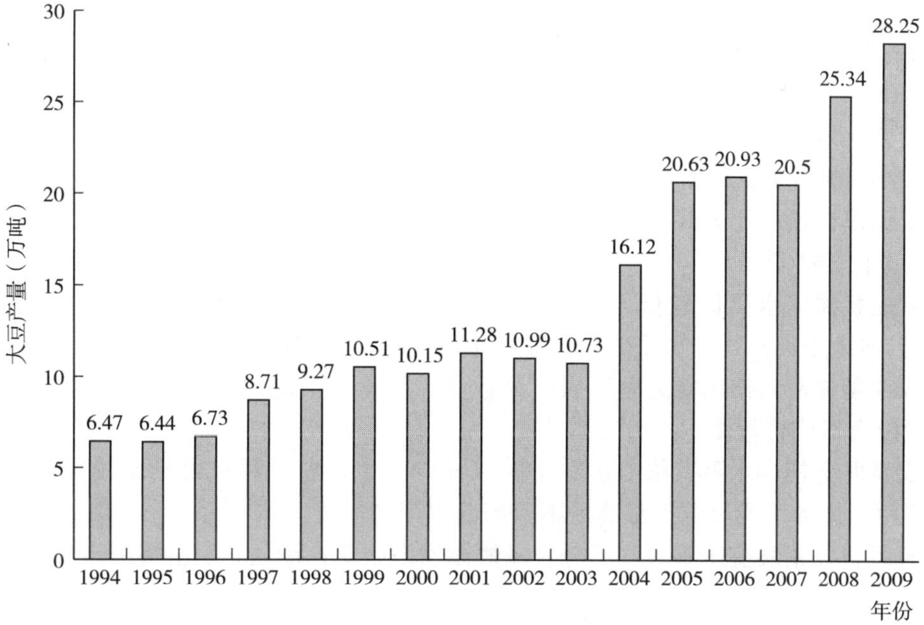

图 1－4　伊春市 1994—2009 年大豆产量变化

在种植业发展的同时，伊春市的牧业、林业、渔业也得到了长足发展。2009 年伊春市大牲畜年底数量为 106 183 头。其中，黄牛及肉牛 67 174 头，奶牛 35 636 头，马 2 479 匹，驴 674 头，骡 220 头；肉猪出栏数量 462 888 头，肉类产量 90 736 吨，禽蛋 39 514

吨，蜂蜜 2 905 吨。农、林、牧、渔业总产值达到 855 727 万元，是 1995 年的 7.25 倍。

（二）土壤资源利用上的弊端

伊春市土壤种类较多，共八大土类，有比较丰富的农业生产资源。在长期开发过程中，土壤资源结构发生了变化。

1. 土壤水土流失现象依然存在 构成了伊春市农业生产的潜在危害，加之农业耕作粗放，用地养地结合不好，使土壤表层结构破坏，物理性状恶化。

2. 自然危害 低平、低洼地区，土壤过湿易涝，使农业生产受低温、冷害、水淹渍、早霜等自然灾害的危害。

3. 施肥结构不合理 受传统施肥经验的影响，长期使用单一肥料，土壤中养分含量比例失调，微量元素投入不足；加之不积极造肥，使有机肥源相对减少，造成土壤肥力下降。

4. 土壤障碍层 由于耕作制度和机械作业的局限，土体构型中障碍层加厚，犁底层上升；加之土壤三相比不协调，土壤物理性能不好，蓄水能力低，受天气影响较大。

（三）目前农业生产存在的主要问题

1. 农业单位产出还比较低 虽然伊春市区耕地开发较晚，相对来说有比较丰富的农业生产资源，但由于地处黑龙江省最北部，有效积温低，中低产田大豆公顷产量只有 1 335 千克（2009 年），大豆产量还有相当大的潜力可挖。

2. 农业生态大有失衡趋势 据调查，20 世纪 80 年代后，化肥用量不断增加，在单产、总产有大幅度提高的同时，由于农作物种类单一、品种单一，不能及时合理轮作换茬，导致作物养分单一消耗，土壤养分失衡。另外，农药、化肥的大量应用，不同程度地造成了农业生产环境的污染。

3. 适合当地优良品种较少 目前，适合北部地区种植的大豆、玉米没有革新性品种，产量在低处徘徊，质量在国际市场上缺乏竞争力。

4. 农田基础设施比较薄弱 大田生产还是靠天吃饭，排涝、灌溉、抗旱能力差，风蚀、水蚀也比较严重。

5. 农业机械化水平比较低 市辖区农机总动力 9.5 万马力，共有大中小型拖拉机 1 843 台。耕地不连片，高质量农田作业和土地整理面积很小。

6. 农业整体应对市场能力差 农产品数量、质量、信息以及市场组织能力等方面都较落后，没有形成合作体。

7. 农技服务指导水平有限 伊春市区以林业为主，农业科技力量比较薄弱、指导服务存在死角，服务手段及管理都满足不了当前生产的需要。

8. 农民科技素质整体不高 部分农民法律意识淡薄，市场意识亟待提高和加强。

第三节 耕地利用与管理

一、耕地利用现状

耕地是人类赖以生存的基本资源和条件。从第二次土壤普查以来，人口不断增多，耕地在逐年增加，原先的一些自留地也走上前台，截至2009年伊春市耕地总面积为258 798公顷，人民生活水平也在不断提高，保持农业可持续发展首先要确保耕地的数量和质量。伊春市土地政策稳定，政策扶持力度和资金投入也在加大，提高了农民的生产积极性，使耕地利用情况日趋合理。耕地利用现状见图1-5。

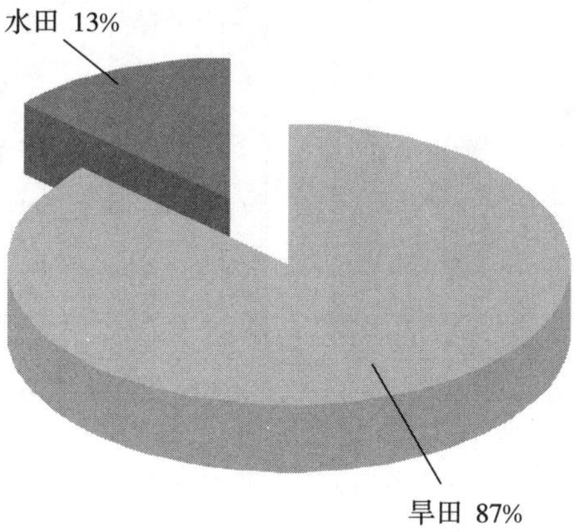

图1-5 耕地利用现状

二、耕地利用

1949—2011年，伊春市土地开发利用，大体可以划分两大阶段：

（一）自然开发与原始粗放耕作阶段

伊春市从成立之初，耕作方式以牛、马、木犁为主，拖拉机为辅；多数品种以农家品种为主，肥料投入以农家肥为主导；20世纪70年代以后才少量投入化肥，且是以低含量的磷肥（过磷酸钙）为主，配合少量尿素。土壤耕作层及理化性状在30年的时间里并没有大的变化。其主要原因是作物单产低、土壤自然生产相对较高，而且作物布局自然合理，轮作倒茬的耕作制度维持了土壤的自然土壤肥力。这一阶段伊春市耕地土壤利用与养护，可概括为“用地养地平衡，投入产出平衡”的自然生态有机农业向无机农业的过渡阶段。

（二）利用与可持续发展结合阶段

2009年，伊春市农作物总播种面积达到240 693公顷，耕作方式从牛马犁过渡至以中小型拖拉机为主，作物品种从农家品种更新为杂交种和优质高产品种，肥料投入以农家肥为主过渡到以化肥为主导，并且化肥用量连年大幅度增加，农家肥用量大幅度减少，粮食产量也连年大幅度提高。化肥用量与粮食总产的关系见图1-6。

从图1-6可以看出，伊春市从2000年到2009年肥料与粮食产量的变化规律。土地联产承包后农家肥用量逐渐下降，化肥用量高峰出现在2000年，达9 592吨，但粮食产量并没有达到预期的理想指标。2001—2005年，化肥投入一直维持在8 000吨左右，粮食总产也维持在36万～40万吨，原因是地力下降造成的粮食增产幅度下降。

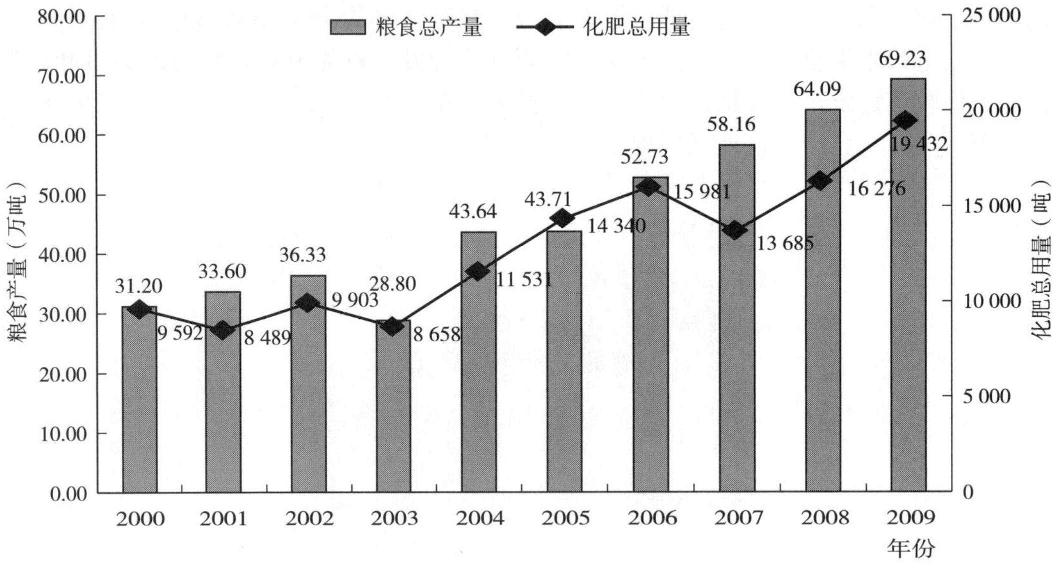

图 1-6　化肥用量与粮食总产的关系

三、施肥措施的历史更替

土地利用时间上的各阶段变化，促使伊春市肥料施用上经历了 6 个时期：

1. 农家肥开始使用时期　中华人民共和国成立前，伊春市农村很少施用农家肥，不重视农家肥建设。中华人民共和国成立后，在党和政府的号召下，广大农民逐渐开始施肥，注意农家肥建设。随着农民互助合作组织的发展，建立积肥队伍，常年积肥，施肥面积能占播种面积的 15％～20％。

2. 化肥开始使用时期　1957—1981 年，初期施用硫酸铵、硝酸铵和过磷酸钙等。

3. 化肥用量迅速攀升时期　1981—1988 年，肥料种类仍以有机肥为主，尿素、磷酸二铵为主的化肥施用量迅速增加。

4. 农化结合过渡时期　1989—1999 年，农家肥和化肥结合施用的方法普遍推广，化肥的种类已由单一的尿素、磷酸二铵向多元复合肥和多品种肥料过渡。伊春市农业科学研究技术推广中心在 1992—1995 年进行平衡施肥技术的研究、配方，并对白菜进行测土配方试验、示范。

5. 平衡施肥大力推广时期　1996—2009 年，平衡施肥技术得到推广应用，伊春市的施肥技术水平有了很大的提高，施肥方法也更加科学合理。

6. 测土配方施肥全面推进时期　2009 年至今，随着国家测土配方施肥项目在伊春市的实施，测土配方技术得到了大面积的应用。依据经验型与数据型相结合的配方，进行多元素种类、科学搭配的施肥方式已经普遍应用，测土配方专用肥料达到合理施用水平。

四、耕地保养情况

早期农田多为新开垦土地，土质肥沃，主要靠自然肥力发展农业生产，均不施肥。多年耕种后，地力减弱，施少量农家肥即能保持农作物连续增产，1956 年以前，公顷施农肥量不超过 7 500 千克。20 世纪 80 年代，开垦 20～30 年的农田，土壤有机质略有下降，伊春市土壤有机质含量普遍在 30 克/千克以上。为提高粮食产量，全市各区（镇、局）改进积肥制度，确定施肥指标，大力开展积肥造肥活动，增加农肥施用量，此时期公顷施肥达到了 10 吨以上。20 世纪 80～90 年代初，因种植面积扩大，农家肥不足，有机肥施肥量明显下降，全市施农肥量公顷在 3 000 千克左右。到土地联产承包开始伊春市的农肥投入量降到最低谷，与此同时化肥的投入量在逐年增加，从而达到了提高粮食单产与总产目的。2001—2005 年伊春市的粮食产量始终保持在一个水平线上，让伊春市政府感受到了地力下降和土壤养分不均衡而使粮食生产难以提高的危机，为此全市开始培肥地力与测土配方技术的研究与推广。2006—2009 年农肥投入量在加大（表 1-4 和表 1-5），作物均衡施肥也在逐步走向科学化，粮食产量开始逐年攀升，使伊春市的粮食产量再次步入一个新的台阶。

表 1-4　2000—2009 年化肥施用总量（折纯）统计

年度	化肥施用总量（吨）	农作物总播面积（公顷）	每公顷施用量（千克/公顷）
2000	9 592	122 422	78
2001	8 489	122 350	73
2002	9 903	121 434	82
2003	8 658	119 615	73
2004	11 531	154 664	75
2005	14 340	181 202	79
2006	15 981	198 522	80
2007	13 685	198 713	69
2008	16 276	205 477	79
2009	19 432	240 693	81

表 1-5　2000—2009 年单质化肥施用统计

单位：吨

年度	总计	氮肥	磷肥	钾肥	复合肥
2000	9 592	2 849	2 394	803	3 546
2001	8 489	2 816	1 764	862	3 047
2002	9 903	2 925	2 612	914	3 452
2003	8 658	3 292	2 326	535	2 505
2004	11 531	4 368	2 834	659	3 670
2005	14 340	5 091	3 816	2 476	2 957
2006	15 981	5 408	4 797	1 574	4 202
2007	13 685	5 195	3 449	1 179	3 862
2008	16 276	4 732	6 399	1 394	3 751
2009	19 432	5 445	7 572	1 597	4 818

第二章　土壤的形成、分类和分布

第一节　主要土壤类型的形成特点

土壤是自然体，土壤的形成受气候、地形、成土母质、水文、生物五大成土因素影响。在成土因素相互作用下形成了各种各样的土壤类型。伊春市土壤的成土过程作用包括淋溶和淀积、氧化和还原、冲刷和堆积、有机质的合成与分解，并随着不同土壤淋溶、淀积强弱程度不同，形成土壤的不同层次。因此，土壤的发生层次，是土壤发育形成的主要标志。依据土壤剖面中物质累积、迁移和转化的特点，一个发育完全的土壤剖面，从上到下可划出3个最基本的发生层次，即A、B、C层，组成典型的土体构型。森林土壤A层的上面为枯枝落叶层所覆盖，传统上称“覆盖层”或有机层，以A_{00}来表示枯枝落叶层，以A_0来表示粗有机质层，以A_1表示腐殖质层。

土壤存在多样性，在成土过程中反映在剖面上，有不同的发生层次。伊春市所见到的层次及其代表符号如下：

A_{00}：枯枝落叶层	A_0：半腐解的有机质
A_1：腐殖质层	A：耕作层
B：淀积层	AB：过渡层
C：母质层	D：母岩
P：犁底层	W：白浆层
G：潜育层	T：泥炭层

上述各层次的形成，是在长期的成土过程中，各种矛盾运动的结果。包括淋溶和淀积、氧化和还原、冲刷和堆积、有机质的合成和分解。

当土壤水饱和时，向下渗透，把土壤中的部分物质带到下层，这就是淋溶和淀积的过程。物质的溶解度和活性不同，故此淋溶和淀积有先后之分。先淋溶的淀积深，后淋溶的淀积浅，各种物质在剖面上发生分层。

残积和冲刷现象，在伊春市普遍存在。如坡地上径流带着溶解的物质和土粒到低处淀积，使不同地形部位的土层厚度、养分都出现明显的不同。从江河泛滥冲刷下来的泥沙在平原上淤积，使土壤发生分层。

低洼地的土壤常处于干湿交替状态，在水的影响下出现氧化还原和淋溶淀积，在土壤中形成铁锰结核等新生体。

土壤有机质的合成和分解对土壤形成起着主导地位，使土壤上层发生明显变化，形成A层各亚层，对底土也发生影响。因此，土壤多样性可以从成土因素中找根据，土壤层次的不同可以从上述矛盾中找原因。所以土壤是自然体，由于自然环境变化万千，自然界的土壤种类也千差万别，十分复杂。但是它和其他自然体一样，有其自身的发生、发展规律。而反映土体物质运动的内在联系和不同阶段在其土壤形态特征上的差别就是土壤分类学研究的对象。

一、棕色针叶林土成土过程

棕色针叶林土是在寒温带针叶林下形成的土壤，伊春市在垂直带上海拔320米以上有分布。

1. 针叶林毡状凋落物层的泥炭化过量　森林中落叶松、云杉、冷杉等针叶树种及林下藓类，每年有大量枯枝落叶、树皮、果实等残体落于地面，这些凋落物因缺乏灰分元素，富含单宁、树脂和酸性物质，使森林凋落物呈酸性反应。加之低温时间长，冻土层造成土壤表层湿度大，影响微生物活动，凋落物难以分解，而逐渐积累成为半泥炭化毡状层。

2. 酸性淋溶过程　针叶林下凋落物一般靠真菌的活动进行分解，在分解有机质的过程中形成了大量的有机酸类。由于森林中土壤表层持水力强，含水量大，有机酸类溶于水、渗入土层，与土壤中盐基发生作用，致使盐基淋失，土壤盐基饱和度降低，呈稳定酸性。从而产生稳定酸性淋溶过程。

3. 铁、铝、锰在表层积聚过程　土壤中的铁、铝、锰被腐殖质酸化而向下移动，淋洗到冻层上部。冬季严寒到来，表层土壤首先冻结，上下土层产生较大温差，这时下移的铁、铝、锰化合物又随水回升积聚于表层，并将土层染成棕色，而产生铁、铝、锰在土壤表层的积聚过程。

二、暗棕壤化成土过程

暗棕壤的形成是在温带湿润气候条件下，针阔混交林植被作用下形成的。

1. 腐殖质积累过程　该地区以红松为主的针阔叶混交林，主要生长有红松、云杉、冷杉等针叶树种及杨、桦、枫、榆、槭、椴、水曲柳、黄菠萝、胡桃楸等阔叶树以及大量下木、下草和蕨类，共有2 000余种植物，这些植物每年每公顷有2～4吨的凋落物留在土壤表面。凋落物中树枝、树叶、树皮、花果的灰分元素含量很高，这些灰分元素以钙、镁为主。在林下水热条件较好的情况下，这些凋落物经微生物分解，使土壤表层积累大量腐殖质。

2. 弱酸性淋溶过程　在温带湿润条件下，由于林木郁闭，每年有大量雨水集中在夏季，在土壤中产生强烈的淋溶过程。由于腐殖质中酸性物质的存在，使暗棕壤呈弱酸性反应。

以有机溶胶为主的淋溶液，呈弱酸性，是强烈的还原剂，高价铁被还原或低价铁溶于水而下渗。同时下渗的水还把上部土壤中黏粒带到下层淀积起来，随黏粒下移的铁、锰由于心土根圈附近氧化条件较好，开始氧化沉淀，并以棕色薄膜包被于土粒表面，使土壤呈棕色。所以，暗棕壤表层为腐殖质层，中部为棕色黏粒的淀积物，下部为岩石风化物母质层。

三、黑土化成土过程

伊春市的铁力（市）属松嫩平原，原生植被为草甸植被，俗称“五花草塘”。杂草丛生，种类繁多，根系发达。夏季高温多雨，降水集中在7～9月，土壤水分充足。草本植物生长繁茂，秋末冬初死亡，每年都有大量植物残体留于地表和地下，这时，温度已较低，微生物活动弱，基本停止活动，植物残体得不到充分分解。待到次年春季，土温升高，土壤解冻，土壤湿度增大，但由于下层土壤还冻结，通气不良，有机质腐殖化过程还比较缓慢；仲夏以后，温度升高，同时由于水分蒸发量大，土壤内部水分减少，空气进入，好气性微生物活动旺盛，加强有机质的腐殖化过程。这样年复一年，土壤中积累起深厚的腐殖质层。

草甸植被形成的腐殖质以胡敏酸为主，呈中性淋溶，土体内可溶盐和碱土金属碳酸盐先后被淋溶，使黑土无石灰反应，而使土壤呈中性和弱酸性。在过湿条件下，一部分硅酸盐水解产生 SiO_2 随水移动，并附于结构体表面。在水分较丰富条件下，高价铁、锰氧化物被还原成低价铁、锰随水运动，并在土层内逐渐被氧化成铁、锰结核和锈斑等淀积物，与此同时上层土壤黏粒随水下移富集于下层。所以，黑土下层淀积有 SiO_2 粉末，黏粒含量高，铁锈斑纹和盐基成分等物质的聚积。

四、草甸化成土过程

草甸化过程主要特征为腐殖质的积累过程，由于草甸植物种类繁多，生长旺盛，根系发达，又由于雨量充沛，地下水位较高，土壤水分非常充足，植物死亡后，由于通气性不良，在嫌气微生物的分解下，有机质分解缓慢，在表层积累了大量有机质。

草甸化过程的另一特点是土壤处于强烈氧化还原状态。由于季节性积水，干湿交替，当地下水位较高时，地下水直接湿润土壤表层，使土壤表层水分饱和，土壤处于还原状态，高价铁、锰氧化物还原成低价铁、锰氧化物；当地下水下降，土壤干旱，低价铁、锰又氧化成高价铁、锰氧化物。由于铁、锰氧化物移动和淀积，形成锈斑和铁锰结核留在土壤剖面中，使土体呈锈色斑纹。

五、沼泽化成土过程

沼泽土是在地形低洼、母质黏重、气候湿润、地表水多、地下水位高、土壤水分长期处于饱和状态、喜湿性植被条件下形成的土壤，其形成特点是泥炭化过程和潜育化过程。

1. 泥炭化过程 由于土壤低温，沼泽植被生长繁茂，植株死亡后，每年留给土壤大量有机残体。在通气性差，有机质分解以嫌气微生物为主；有机质分解缓慢，分解不彻底，年复一年的堆积而形成较厚的腐殖质层或泥炭层。

2. 潜育化过程 在泥炭层之下，由于长期处于水饱和状态，引起了土壤物理性状变劣，一方面，土壤结构遭到破坏，孔隙度降低，导致土壤缺氧，大量三氧化物被还原，特别是高价铁、锰的还原作用，使土壤剖面具有灰蓝色的潜育层，并生成 H_2S、CH_4 等气体；另一方面，潜育化过程使母质中的盐基和可溶性铁逐渐淋失，而相对的使硅酸和铝逐渐增多起来；另外，潜育层有机质含量少，贫瘠化并且有紧密化，产生紧密化与盐基淋失而酸化的土层。

六、白浆化成土过程

在伊春市嘉荫县的缓坡丘陵及铁力（市）区，属浅山区，缓坡漫岗地区分布有白浆土，白浆化成土过程具有表层草甸-潜育-淋溶过程。

1. 草甸过程　白浆土母质黏重，透水性差，地势平缓，排水不良，每年雨季产生土层临时性滞水，地势低平的地方有短期的地表积水，这时为草甸植物生长旺季，高温多雨，表层有机质积累过程明显，使白浆土有肥沃的表层。

2. 潜育过程　白浆土地区夏季积水多，亚表层处于周期性过湿状态，土壤中还原过程旺盛，使高价铁、锰等有色矿物还原为低价状态并随水移动。一部分随侧流水淋洗到土体以外；另一部分在水消失时氧化成高价铁，形成铁、锰结核固定在下层。这样使亚表层脱色形成白浆层。

3. 淋溶过程　白浆土地区降水丰富，淋溶的途径主要通过土体的裂隙向下淋洗，土壤黏粒向下移动，下层黏粒增多，淀积层结构表面上有明显的胶膜，由于侧流的影响，部分黏粒也流出土体以外。

上述草甸、潜育、淋溶综合一起称为白浆化过程。

七、熟化过程

土壤在自然成土因素的影响下，逐渐形成不同种类的土壤。而不同自然土壤在人为生产活动的影响下，如耕作、施肥及排水灌溉、改土、植树等土壤发生新的发育过程，称为熟化过程。熟化过程主要有：

1. 土体构造的变化　每一种土壤都有自身的土体构型，而自然土壤一旦被开垦后，长期的、周而复始的耕作逐渐形成新的土体构型，如耕作后形成耕作层、犁底层。适宜于耕作的土壤层次。在耕作层中，由于经常不断产生物质的交换，如施肥、掺沙、改土等，自然土层层次中的物理、化学性状都在变化。

2. 改变土壤水、肥、气、热状态及土壤障碍层次　通过耕作、排水、灌溉、施肥、植树等活动改变土壤的酸性和碱性，使土壤沿着人们的意志发展，有利于作物生长，达到稳产、高产。

第二节　土壤的分类（第二次土壤普查）

土壤是自然体，由于自然环境变化万千，自然界的土壤种类也千差万别，十分复杂。但是它和其他自然体一样，有其自身的发生、发展规律。而反映土体物质运动的内在联系和不同阶段在其土壤形态特征上的差别就是土壤分类学研究的对象。

伊春市林区的土壤主要是自然土壤，自然土壤分类的依据是发生学原则。而该区农业土壤也是在自然土壤的基础上发育起来的，但原来的成土因素仍在继续起作用，所以自然土壤和农业土壤很难截然分开，必须统一起来进行分类。

土壤分类是对不同的土壤加以区分，以及针对不同的土壤类型进行评价，为合理利用、开发和保护，提供科学依据。

第二次土壤普查是按照全国和黑龙江省省级林业系统的森林土壤分类系统进行的，采用土类、亚类、土属、土种和变种五级分类制，县级及林业企业局主要划分到土种，而其他地区着重划分到土属，主要森林土壤-典型暗棕壤在论述时划分到土种。

一、土　类

土类是分类系统的基本单元，其划分依据是，土类是在相同的生物、气候和土壤水文条件及人为条件下具有相同的发育方向和成土过程。因此，土类是具有相同的内在和外部形态特征。土类与土类之间在性质上有质的差异。伊春市地带性土壤有黑土、棕色针叶林土、暗棕壤，以及非地带性土壤的草甸土、沼泽土、泥炭土、白浆土、水稻土共 8 个土类。在成土过程中，反映在剖面上，有不同的发生层次。

棕色针叶林土的剖面有枯枝落叶层（A_{oo}）、泥炭化层（A_t）、过渡层（AB)、淀积层（B)、母质层（C)，这类土壤的诊断层是泥炭化层（A_t）。暗棕壤剖面分枯枝落叶层（A_{oo} 和 A 层）、淋溶层（A_1 腐殖质层）、过渡层（AB 层）、淀积层（B)、母质层（C）为花岗岩的风化物。二者都是森林土壤，均有枯枝落叶层，在小兴安岭同一个垂直带上出现，对这两类土壤的活性铁、铝分析，两者有较大的差异。棕色针叶林土的活性铁、铝在表层聚积，而暗棕壤则不明显，并在下层，见表 2-1。

表 2-1　活性铁（Fe)、铝（Al）在棕色针叶林土及暗棕壤的分布

土类	层次	Fe (me/百克土)	Al (me/百克土)	土类	层次	Fe (me/百克土)	Al (me/百克土)
棕色针叶林土	A_o	67.18	102.83	暗棕壤	A_o	—	—
	A_t	147.92	152.55		A_1	14.06	1.62
	AB	24.77	136.16		AB	17.03	3.40
	B	—	—		B	12.76	4.02
	C	—	—		C	5.81	3.11

黑土土类具有腐殖质层（A_1）、过渡层（ABL)、淀积层（B)、母质层（C)，其母质为第四纪黄土状沉积物。白浆土的黑土层（A_1）为腐殖质层，岗地白浆土中的自然土壤可见枯枝落叶层（A_o），而潜育白浆土表层微显泥炭化，白浆层（AW)、淀积层（B)、母质层（C）为黏重的河湖相沉积物和冰水沉积物，白浆土的诊断层为白浆层（AW)。草甸土有两个发生层次，腐殖酸层（A_1）和锈色斑纹层（CW)，在表层还有草根盘结层（AM)。沼泽土有泥炭层（T）和潜育层（G)。泥炭土从发生和泥炭利用角度出发，当泥炭层大于 50 厘米，有机质含量超过 300 克/千克以上的沼泽土称泥炭土。本次土壤普查是根据各土类的发育剖面层次组合及其层次的形态特征的差异进行分类的。

二、亚　　类

亚类是土类以下的续分单位，划分亚类的依据是每个亚类具有一定的地方性生物、气候特征，或者因地形引起的水热条件的变化，是土类同一成土过程的不同发育阶段，或是一个主要成土过程的土壤类型；有的是土壤的过渡类型。不同亚类的土体构型和外部形态特征是不同的。

1. 暗棕壤土类　分 5 个亚类：典型暗棕壤、草甸暗棕壤、白浆化暗棕壤、潜育暗棕壤、原始暗棕壤。典型暗棕壤具有 A_{oo}、A_o、A_1、AB、B、C 层次，暗棕壤不同亚类之间在外部土体构型上的差异表现为：草甸暗棕壤不同于典型暗棕壤的是有一表层，草根盘结层（AM），下层（B、C 层）可见锈斑，母质层比较黏重，母质层多为冲积、洪积黄土状黏土；白浆化暗棕壤不同于典型暗棕壤的是在腐殖质层下面发育了白浆化层（AW），母质层也比较黏重，多为冲积、洪积黄土状黏土，透水性差；而潜育暗棕壤的 B 层和 C 层有潜育化现象，具有锈斑或白灰相间，有灰蓝色潜育斑块，土壤过湿；原始暗棕壤只具有 A_o、A_1、C 层，是淀积层还未形成的年轻土壤。

2. 黑土　分典型黑土、草甸化黑土和白浆化黑土 3 个亚类。典型黑土的构型为 A_1、AB、B、C。3 个亚类的剖面构型外部形态差异是草甸化黑土的 C 层有潜育化现象，而白浆化黑土在腐殖质层以下为白浆化层。

3. 白浆土　分白浆土、草甸白浆土和潜育白浆土 3 个亚类。三者在形态特征上的差异是草甸白浆土的 B 层有棕褐色胶膜，而 C 层可见锈斑；而潜育白浆土表层具有半泥炭化草根层，C 层可见锈斑。

4. 草甸土　可分典型草甸土、潜育化草甸土、暗棕壤化草甸土、层状草甸土。

5. 沼泽土　亚类是沼泽土、腐殖质沼泽土、泥炭腐殖质沼泽土、草甸沼泽土。

6. 泥炭土　分典型泥炭土。

7. 棕色针叶林土　分棕色针叶林土和潜育棕色针叶林土 2 个亚类，潜育棕色针叶林土过湿，下层有铁子、锈斑和灰蓝色斑块，土层颜色为黄白相间。

8. 水稻土　分黑土型水稻土、草甸型水稻土和沼泽型水稻土 3 个亚类。

三、土　　属

土属在土壤分类与发生上，具有承上启下的特点，主要是根据岩石、母质、水文、侵蚀和堆积等地方性因子来划分的。考虑母质的特征和组成、水分的来源状况，地形部位的不同引起的侵蚀和堆积，这些原因引起的土壤性状变化，只能加速或延续形成过程的方向，伊春市区的土壤共划分 35 个土属。

四、土　　种

土种划分按 A_1 层的厚度划分，当 A_1 层≤10 厘米为薄层，10 厘米＜A_1 层＜20 厘米为中层，A_1 层≥20 厘米为厚层。伊春市区的土壤共划分 72 个土种。

五、第二次土壤普查土壤分类系统

根据分类原则、依据和标准，伊春市区的土壤共划分 8 个土类、25 个亚类、35 个土属，72 个土种，见表 2-2。

表 2-2　伊春市区耕地土壤分类系统（第二次土壤普查）

序号	土类（8个）	亚类（25个）	土属（35个）		土属代码	剖面构型
			名称（林业）	同土异名（农业）		
1	棕色针叶林土	棕色针叶林土	棕色针叶林土	棕色针叶林土	111	$A_{00}-A_o-A_t-AB-BC-C$ $A_{00}-A_o-A_t-AB-BC-C$ $A_{00}-A_o-A_t-AB-BC-C$
		潜育棕色针叶林土	潜育棕色针叶林土	潜育棕色针叶林土	121	$A_{00}-A_o-A_t-AB-B_g-C_g$ $A_{00}-A_o-A_t-AB-B_g-C_g$ $A_{00}-A_o-A_t-AB-B_g-C_g$
2	暗棕壤	典型暗棕壤	典型暗棕壤	典型暗棕壤	211	$A_{00}-A_o-A-AB-B-C$ $A_{00}-A_o-A-AB-B-C$ $A_{00}-A_o-A-AB-B-C$
			埋藏典型暗棕壤	埋藏典型暗棕壤	212	$A_{00}-A_o-A-AB-B-A-B-C$ $A_{00}-A_o-A-AB-B-A-B-C$ $A_{00}-A_o-A-AB-B-A-B-C$
			侵蚀典型暗棕壤	侵蚀典型暗棕壤	213	$A_o-A-AB-B-C$
			石质典型暗棕壤	石质典型暗棕壤	215	$A_{00}-A_o-A-AB-B-C$
			残余碳酸盐典型暗棕壤	残余碳酸盐典型暗棕壤	214	$A_{00}-A-AB-B_{Ca}-C$ $A_{00}-A-AB-B_{Ca}-C$ $A_{00}-A-AB-B_{Ca}-C$
			沙质底典型暗棕壤	沙质底典型暗棕壤	216	$A_o-A-AB-B-C$
		潜育暗棕壤	潜育暗棕壤	潜育暗棕壤	221	$A_o-A-AB-B_g-C_g$ $A_o-A-AB-B_g-C_g$ $A_o-A-AB-B_g-C_g$
			埋藏潜育暗棕壤	埋藏潜育暗棕壤	222	$A_o-A-AB_gA_g-AB_g-B_g-C_g$ $A_o-A-AB_gA_g-AB_g-B_g-C_g$ $A_o-A-AB_gA_g-AB_g-B_g-C_g$
		草甸暗棕壤	草甸暗棕壤	草甸暗棕壤	231	$AM-A-AB-B-C$ $AM-A-AB-B-C$ $AM-A-AB-B-C$

（续）

序号	土类（8个）	亚类（25个）	土属（35个）		土属代码	剖面构型
			名称（林业）	同土异名（农业）		
2	暗棕壤	草甸暗棕壤	埋藏草甸暗棕壤	埋藏草甸暗棕壤	232	AM－A－B－A－AB－B－C AM－A－B－A－AB－B－C AM－A－B－A－AB－B－C
		白浆化暗棕壤	白浆化暗棕壤	白浆化暗棕壤	241	A_o－A－AW－B_g－C_g A_o－A－AW－B_g－C_g A_o－A－AW－B_g－C_g
		原始暗棕壤	山地原始暗棕壤	山地原始暗棕壤	251	A_o－A－C A_o－A－C
			河岸原始暗棕壤	河岸原始暗棕壤	252	A_o－A－C A_o－A－C A_o－A－C
3	白浆土	白浆土	白浆土	岗地白浆土	411	A－AW－B－D A－AW－B－D A－AW－B－D
		草甸白浆土	草甸白浆土	平地白浆土	421	A－AW－BC－C A－AW－BC－C A－AW－BC－C
		潜育白浆土	潜育白浆土	低地白浆土	431	A－AW－B_g－C_g A－AW－B_g－C_g A－AW－B_g－C_g
4	黑土	典型黑土	—	岗地黑土	311	A－AB－B－C A－AB－B－C A－AB－B－C
				平地黑土	312	A－AB－B－C A－AB－B－C A－AB－B－C
		草甸化黑土	—	平地草甸黑土	321	A－AB－B－C A－AB－B－C A－AB－B－C
		白浆化黑土	—	岗地白浆化黑土	331	A－AB－B－C A－AB－B－C A－AB－B－C

（续）

序号	土类（8个）	亚类（25个）	土属（35个）		土属代码	剖面构型
			名称（林业）	同土异名（农业）		
5	草甸土	典型草甸土	草甸土	平地草甸土	511	A-AB-BC-C A-AB-BC-C A-AB-BC-C
				沟谷草甸土	512	A-AB-BC-C A-AB-BC-C A-AB-BC-C
		潜育化草甸土	潜育化草甸土	潜育化草甸土	521	A-BC-C_g A-BC-C_g A-BC-C_g
		暗棕壤化草甸土	暗棕壤化草甸土	暗棕壤化草甸土	541	A_o-A-AB-C A_o-A-AB-C A_o-A-AB-C
		层状草甸土	埋藏草甸土	层状草甸土	531	A-C_1-A-C_1
6	沼泽土	沼泽土	沼泽土	碟形沼泽土	61	T-G
		泥炭腐殖质沼泽土	泥炭腐殖质沼泽土	塔头泥炭沼泽土	62	T-A-G
		草甸沼泽土	草甸沼泽土	碟形草甸沼泽土	63	AM-T-G
		腐殖质沼泽土	腐殖质沼泽土	腐殖质沼泽土	64	A-G
7	泥炭土	典型泥炭土	泥炭土	泥炭土	71	T-G
8	水稻土	草甸型水稻土	—	草甸型水稻土	82	Ap-A_{pp}-AB-B-C_g
		黑土型水稻土	—	黑土型水稻土	81	Ap-A_{pp}-AB-BC-C_g
		沼泽型水稻土	—	沼泽型水稻土	83	Ap-A_{pp}-A_t-G

第三节　土壤分布（第二次土壤普查）

一、土壤分布

土壤是各种成土因素综合作用的产物，而成土因素都是具有地理规律性，因此，土壤类型及其分布也反映出地理规律性，这就是土壤的地带性。地带性分纬度地带性、经度地带性、垂直地带性和土壤区域性。伊春市土壤体现的是纬度地带性、垂直地带性和土壤区域性。

1. 纬度地带性　伊春市纬度地带性土壤有黑土、暗棕壤。伊春市纬度虽然跨3°，同属一个气候区，但地形却大有差别，伊春主要部分在小兴安岭山脉，只有铁力一线处在松嫩平原往小兴安岭山脉过渡的起伏台地，由于大地形截然不同，成土因素如成土母质，山地主要是花岗岩风化残积物，而平原是冰水沉积黄土状母质；植被，山地是森林，而平原是草甸植被，这些成土因素大不相同。因此，伊春地带性土壤出现了平原土壤黑土和山地森林土壤暗棕壤两个性质各异的地带性土壤。

2. 垂直土壤分布　伊春市有小兴安岭纵贯南北，属低山丘陵，最高海拔为 1 429 米，随着山体海拔高度的增加，温度下降（海拔每增加 100 米，温度下降 0.6℃），湿度增加，植被由针阔混交林过渡到云冷杉林、岳桦云冷杉林、越桔、落叶松云冷杉林，海拔更高一些，局部有草甸疏林。由于成土条件发生变化，土壤也发生有规律的变化，在海拔 316.67 米以下分布着暗棕壤，而在 316.67 米以上分布着棕色针叶林土。

3. 区域性分布　由于地形、水文条件、成土母质等局部成土条件的影响，在同一个地区出现有别于地带性的土壤组合。这种土壤组合在一般情况下，可以是一定地区由区域性土壤的各个亚类及该土带内的隐域性土壤组成，地域性土壤组合有：

（1）平原台地的土壤组合：铁力（市）双丰镇属松嫩平原，它的土壤带属黑土带，由于地形母质和水文条件的不一致形成了黑土各亚类与白浆土、草甸土、沼泽土和泥炭土的各亚类、土属的土壤组合。

（2）山区过渡到平原的过渡带土壤组合：铁力（市）桃山镇是小兴安岭与松嫩平原的过渡带，小兴安岭余脉自桃山镇终止，因此这里形成了山地森林土壤暗棕壤与平原土壤黑土及白浆土、草甸土、沼泽土、泥炭土的各土类、亚类的组合。

（3）山地土壤组合：小兴安岭山地丘陵，地形起伏，土壤区域比较复杂，在每一个较短距离内，土壤类型变化差异很大，并呈有规则的变化，一般自山区河流为起点，向两侧山麓至山顶依次更替，土壤类型有泥炭土、沼泽土、草甸土、暗棕壤、棕色针叶林土及其亚类。

（4）枝状土壤组合：在山地丘陵地带，由于河谷发育和山地丘陵的切割，随着水系呈树枝状伸展形成一系列树枝状土壤组合，组合内由地带性土类和半水成及水成土及其亚类、土属构成，以河谷、水系为树枝核心，向两侧依次排列土壤有泥炭土、沼泽土、草甸土、暗棕壤。

另外在一些宽沟，随着地形的变化，地形呈低-高-低的不断变化，在高处呈岛状地段，生长着森林植被而发育的土壤是暗棕壤；稍高处存在季节性积水，生长着五花草而发育成草甸土；而低处常年积水即为沼泽土、泥炭土。伊春市区主要土壤分布的地形与林分类型见表 2-3。

二、土壤变化规律

根据各种土壤分布和组合的分析，土壤的分布组合都是有规律的，这个规律是随地形、植被、地质、母质、水文等成土条件的变化呈有规律的变化。

伊春市森林土壤占多数，森林土壤是在五大成土因素综合作用下形成的，特别是在气候条件基本相同的条件下，地形与生物（植被）的作用尤为显著。一旦地形与森林植被变化了，水热条件就起变化，土壤的种类也发生变化。它们之间是互相制约、互相影响的，经综合分析，它们之间的关系归纳一起得出伊春市土壤与地形、植被的关系，为今后识别

表 2-3　伊春市主要土壤分布的地形与林分类型

土壤类型名称	地形				林分类型	植被
	坡向	坡度	地形部位	海拔（米）		
泥炭土	—	平	簸箕开低洼沼泽地	330	①无林 ②杜香、越桔、落叶松林 ③云冷杉林	塔头薹草、落叶松、云、冷杉、越桔、珍珠梅、大小叶樟、泥炭藓、丛桦等
沼泽土	—	平	①河岸宽谷沼泽地 ②沟塘子口 ③泥炭土分布的边缘	255～410	①无林 ②云冷杉、白桦、赤杨林 ③丛桦落叶松林	赤杨、珍珠梅、蓝靛果、忍冬、柳叶绣线菊、塔头薹草、小叶樟、落叶松、丛桦等
泥炭腐殖质沼泽土	—	平	宽谷洼地	255～365	①无林 ②散生白桦或沼柳 ③散生落叶桦、白桦 ④落叶松林	塔头薹草、小叶樟、沼柳、蓝靛果、忍冬、杜香
腐殖质沼泽土	—	平 个别 2°	①宽谷和谷地的边缘处 ②沟塘子边 ③沼泽地分布的边缘处	265～490	①白桦幼林或散生白桦 ②云冷杉、白桦林 ③白桦、落叶松林	珍珠梅、沼柳、白桦、杨、塔头薹草、小叶樟、蚊子草、蓝靛果、忍冬、杜香。
草甸沼泽土	—	平 个别 5°	宽谷和谷地的边缘处	230～235	①无林 ②落叶松林 ③散生白桦、落叶松林	①塔头薹草 ②塔头薹草、乌头、百合或蚊子草
沼泽化草甸土	—	平	①宽谷和谷地的边缘处 ②沼泽地的边缘 ③宽沟塘子边缘处	255～300	无林	五花草塘（塔头薹草、小叶樟、蚊子草、百合、乌头、单穗升麻、升麻）
草甸土	—	平	①宽谷和谷地的边缘处 ②沟塘子和谷地边缘处 ③河岸阶地	245～270	无林	五花草、小叶樟、蚊子草、水稗草
暗棕壤化草甸土	—	平	①沟塘子头 ②山间谷地	435～470	①杨桦林 ②桦、冷、红（阔叶混交林）	珍珠梅、臭李子、薹草、小叶樟

（续）

土壤类型名称	地形				林分类型	植被
	坡向	坡度	地形部位	海拔（米）		
草甸化暗棕壤	EW	2°～5°	①高山顶草地 ②河岸阶地 ③宽谷外缘 ④漫沟塘 ⑤山脚平地	265～425	①无林、小叶樟、蚊子草、薹草 ②桦、云、冷、红（针阔叶混交林） ③白林桦 ④桦、杨、曲、榆（阔叶林）	臭李、暴马丁香、榛子、珍珠梅、问荆、小叶樟、蚊子草、薹草、蕨
潜育暗棕壤	各坡向	2°～15°	①宽谷漫滩地 ②河岸高阶地 ③沟塘子外缘地 ④沼泽地的外缘 ⑤山脚平地	290～500	①杨桦、云、冷（针阔叶混交林） ②桦、曲、色（阔叶林） ③杨桦林 ④落叶桦天然林	榛子、珍珠梅、忍冬、青桦楷子、蚊子草、小叶樟、薹草、蕨、问荆
白浆化暗棕壤	S—N	0°～5°	漫岗或坡积	255～295	①散生柞桦林 ②落叶松人工林	胡榛、蚊子草、问荆
棕色针叶林土	—	平	高山大平岗顶	950 以上	云冷纯林、杜香落叶松、云冷杉林	无灌木、藓类、羊胡子草
原始暗棕壤	各坡向	22°～35°	①山顶 ②山脊 ③>22°的陡坡	650～1 040 个别 310	①红、云、冷、桦（针阔叶混交林） ②云冷杉林 ③柞桦林	杜鹃、胡枝子、榛子、羊胡子草、蕨
石质暗棕壤	S 或 N	9°～35°	①宽谷河流两侧断裂带的陡坡 ②山顶	265～548	①柞木岗 ②柞桦 ③柞红色	榛子、杜鹃、胡枝子、羊胡子草
侵蚀暗棕壤	各坡向	>25°或山顶、山脊边 10°～18°	①山坡中部、中上部陡坡 ②山脊的边缘地 ③山坡火烧迹	350～945	①红、云、冷、椴、桦榆针阔混 ②柞林 ③柞桦 ④火烧迹地	杜鹃、卫茅、忍冬、羊胡子草、柴胡、接骨木（火烧迹地）

（续）

土壤类型名称	地形				林分类型	植被
	坡向	坡度	地形部位	海拔（米）		
残余碳酸盐暗棕壤	ES	0°～5°	河岸高台地、山中下部	250～280	①人工落叶松林 ②柞木枫桦林	榛子、胡枝子、忍冬、暴马丁香、刺梅、小叶樟
薄层典型暗棕壤	各坡向	<25°	①山顶和山顶部 ②山脊 ③岗地	270～1 000	①云、冷、红、杨、桦（针阔混交林） ②柞矮色椴（阔叶混交林） ③柞矮林 ④人工樟子林	榛子、胡枝子、忍冬、山梅花、杜鹃、羊胡子草、蕨、柴胡
中层典型暗棕壤	各坡向	<21°	①山的中上部缓坡 ②比较平的山顶 ③山间谷地边的平坡	270～930	①云、冷、红、桦、椴色曲（针阔混交） ②杨桦、椴色曲、榆（阔叶混交林） ③人工落叶松和白桦椴曲（人工混交林） ④杨桦云冷（针阔混交林） ⑤皆伐谠地或低改地 ⑥柞桦椴或柞矮林	榛子、忍冬、山梅花、刺五加宽叶薹草、午鹤草
厚层典型暗棕壤	各坡向	<19°	①山坡中部或下部，陡坡下的缓坡地 ②较平缓的山顶或山头 ③山坡下部的平阶地 ④沟塘、山间谷地的边缘	280～620 个别 944	①云、冷、红、桦、椴色曲（针阔混交） ②杨、桦、红、云、冷（针阔混交林） ③人工红松林或人工落叶松林 ④杨、桦	榛子、忍冬、青桦楷子、蕨、暴马丁香、臭李子、毛缘薹草、小叶樟、午鹤草
白浆土	各坡向	<15°	①漫岗阶地 ②山前缓坡台地	200～400	①白桦林 ②杂木林 ③疏林草甸	山杨、白桦、柞、榛子、小叶樟、羊胡草、败酱、透骨草
草甸白浆土	各坡向	<5°	①河岸阶地 ②台地平坦处	200～300	①杂草类草甸 ②散生桦、杨灌丛	草甸植被

注：该表引自 1985 年第二次土壤普查。

土壤和适树人工造林打下基础。

（一）山地土壤腐殖质层（A_1）与坡度的变化规律

伊春市区的山地丘陵广泛发育为地带性山地森林土壤-暗棕壤，为加强森林经营，将此土类划分到土种。土种划分主要依据 A_1 层的厚度，而厚度与坡度存在着关系，两者之间变化规律是坡度越大、腐殖层就越薄，坡度越小、A_1 层就越厚，两者之间的关系是负相关。为建立坡度与 A_1 层厚度关系方程，进行回归分析，现对调查资料地形（坡度）按1°划分，与之相对应的 A_1 层厚度取平均值，见表 2－4。

表 2－4　坡度与腐殖质层厚度关系

坡度（°）	0	1	2	3	4	5	6	7	8	9	10	11	12	13	14	15	16
厚度（厘米）	22	21	15	15	12	12	11	17	11	9	10	12	12	8	7	9	111
n	20	14	12	15	15	32	10	11	40	2	51	3	15	2	3	78	11
坡度（°）	17	18	19	20	21	22	23	24	25	26	27	28	29	30	31	35	—
厚度（厘米）	8	8	—	9	10	8	9	4	8	—	—	—	8	—	9	7	—
n	4	30	2	50	2	3	3	6	17	—	—	—	1	—	1	1	—

用表 2－4 的资料绘制典型暗棕壤 A_1 层厚度与坡度之间关系散点图。根据表 2－4 材料进行相关分析，经计算 $r=-0.77$，用自由度 $n=26-2=24$，查表得 $r_{0.05}=0.388$，$r_{0.01}=0.496$。$|r|=0.77>r_{0.01}=0.496$。说明伊春市山地暗棕壤腐殖质层（A_1）的厚度与坡度之间相关关系为极显著相关水平，并为负相关。

由于 A_1 层厚度与坡度成负相关，且达极显著水平，现对两者进行回归分析，建立回归方程。

从坡度与 A_1 层厚度的回归方程可以看出，当山地有坡度时，土壤 A_1 层厚度急剧下降，随着坡度继续增大，腐殖质土层虽然下降，但其下降的比率却降低，到坡度增大到15°以上时，腐殖质层却趋于稳定，说明这时水土流失与坡度关系是相当密切的，但在坡度增加到一定程度后，水土流失反而趋于稳定。森林植被对水土保持起着主导作用，当森林被采伐，森林植被的保护就失去作用，那么，上面的曲线就不会存在。按一定坡度和斜率直接与横坐标相交，亦即成为荒山秃顶，岩石裸露了。

（二）南北土壤性质的变化规律

伊春市南北纬度跨 3°，南北直线长 300 千米。小兴安岭自南往北温度下降，植被也发生变化，南部和中部以阔叶红松林为主，往北森林植被类型已向达乌尔区系过渡，主要有兴安落叶松、樟子松和白桦、黑桦等，由于气候、水文条件、植被的不同，森林土壤暗棕壤的化学性质也发生有规律的变化，见表 2－5。

表 2－5　小兴安岭森林土壤暗棕壤南北性质变化

单位：克/千克

项目	A_1 层有机质	pH	盐基饱和度（%）	水解性总数（毫克/百克土）	活性铁（毫克/百克土）	n
南部朗乡	90	5.14	71.09	13.11	14.4	25
北部乌伊岭	160	4.96	68.29	17.34	16.6	40

从表 2－5 统计值可以看出，伊春市从南到北，温度降低，A_1 层的有机质和含氮量增加，这里证明了一个规律，当气候从较温暖地带到较寒冷地带，有机质和氮的含量有逐步增加的趋势，暗棕壤的平均值与棕色针叶林土的平均值相比较，小兴安岭南部的土壤是典型暗棕壤性状，而北部的土壤性状接近于棕色针叶林土，具有暗棕壤向棕色针叶林土过渡的性状，在今后森林经营与更新造林过程中，树种的选择、经营方式的确定，应该符合土壤的这个过渡性质，达到科学的经营目的。

第四节　土壤类型与特征

伊春市地形属小兴安岭低山丘陵，南部多中山，中部多低山，北部山体浑圆，为丘陵地，西南部桃山镇以西为山地向平原过渡地带，东北部嘉荫县沿黑龙江为沿江平原。由于地形及纬度的变化自南往北温度递减，西南干冷，中部和北部湿润、冷湿。植被类型属长白山植物区系，森林植被是以红松为主的针阔混交林。在这种地形、植被和气候影响下，该地区土壤分布有棕色针叶林土、暗棕壤、黑土、白浆土、草甸土、沼泽土、泥炭土和水稻土，计 8 个土类、25 个亚类、35 个土属、72 个土种，其分布与面积见表 2－6。

表 2－6　伊春市土壤类型及面积统计

序号	土类名称	亚类数量（个）	土属数量（个）	土种数量（个）	总面积（公顷）	占总面积（%）	耕地面积（公顷）	占总耕地（%）
1	棕色针叶林土	2	2	6	16 707.1	0.51	—	—
2	暗棕壤	5	13	33	2 558 094.2	77.70	13 359.57	8.95
3	黑　土	3	4	12	59 547.0	1.81	13 155.00	8.81
4	白浆土	3	3	9	36 310.9	1.10	10 824.73	7.26
5	草甸土	4	5	12	330 948.0	10.05	96 097.73	64.41
6	沼泽土	4	4	—	272 503.7	8.28	8 408.73	5.64
7	泥炭土	1	1	—	10 846.0	0.33	—	—
8	水稻土	3	3	—	7 347.33	0.22	7 347.33	4.92
合计	8 个	25	35	72	3 292 304.23	100.00	149 193.09	—

一、棕色针叶林土

棕色针叶林土是我国北部寒温带针叶林下的地带性土壤；伊春市在垂直带上部出现，一般在海拔 316.67 米以上分布，面积为 16 707.1 公顷，占总面积的 0.51%，该类土壤均为林地。

棕色针叶林土是在低温和冻层的气候条件和明亮针叶林或暗针叶林植被条件下形成的，而该地区一般植被为暗针叶林，即云冷杉林，伴有兴安落叶松和岳桦。

棕色针叶林土形成过程具有下面特点，即针叶林毡状凋落物层的泥炭化过程、酸性淋溶过程和铁铝在表层的聚积过程，由于棕色针叶林土在伊春市分布较少，并且多分布于山地顶部，在林业生产中的作用一般，因此，本次调查只调查到亚类。分棕色针叶林土和潜育棕色针叶林土 2 个亚类。

（一）棕色针叶林土亚类

棕色针叶林土亚类只有棕色针叶林土 1 个土属，该土属代号 111，面积为 14 424.13 公顷，占总面积的 0.44%，分布于海拔 316.67 米以上的山头、平岗、分水岭。森林植被为蕨类云冷杉林，伴有岳桦和兴安落叶松，母质为酸性、中性花岗岩的风化残积物。

1. 形态特征和理化性状　棕色针叶林土剖面形态由枯枝落叶层（A_o）、泥炭化层（A_t）、过渡层（AB）、淀积层（B）、母质层（C）组成。现以美溪林业局金沙河小白山顶部，美- 442 - 01 号剖面为例，剖面形态特征如下：

A_{oo}层：0～2 厘米，云冷杉及落叶松落叶、枯枝层，上部与蕨类混合，下部为半分解物，可揭卷成层，向下过渡不明显。

A_t 层：2～8 厘米，棕色，中壤质，团粒状结构，为毡状凋落物和矿质混合物，为毡状泥炭层，有白色菌丝体。

AB 层：8～16 厘米，棕灰色，质地中壤，块状结构，含小石块，石块底部可见少量铁锰胶膜，较紧实，多树木粗根，过渡不明显。

B 层：16～26 厘米，淡黄棕色，重壤土，核状结构，含石块，石块底部明显可见铁锰胶膜，少量植物根系，紧实。

C 层：26 厘米以下，母质层，淡黄棕色，为大小砾石，为残积花岗岩风化物。

棕色针叶林土理化性状见表 2 - 7。

表 2 - 7　棕色针叶林土亚类理化性状统计

项目	厚度（厘米）	有机质（克/千克）	全氮（克/千克）	全磷（克/千克）	全钾（克/千克）	pH	盐基饱和度（%）	水解性总酸度（me/百克土）	阳离子代换量（me/百克土）	交换性 H^+（me/百克土）	交换性 Al^{3+}（me/百克土）	物理性黏粒（%）	物理性沙粒（%）
A_t	2～8	413.5	10.89	1.23	14.1	4.3	51.96	27.42	57.08	0.31	1.61	8.3	91.7
AB	8～16	161.7	4.67	0.95	13.4	4.0	47.79	26.59	50.93	0.51	13.04	35.4	64.6
B	16～26	77.8	2.58	0.64	15.7	4.2	51.89	19.19	39.89	0.33	12.06	45.8	54.2

2. 生产性能　棕色针叶林土潜在养分高，但酸性大；有效养分低，森林生长量低。由于铁和铝活性大，土壤妨碍植物生长的障碍因子多、有毒物质含量高，使云冷杉林细根腐烂死亡；又由于云冷杉林杆材阶段就开始了腐殖质层的酸化积累，阳离子浓度增加，腐殖质层重金属的积累，而使杆材腐烂，因此，容易引起枯死和风倒；在山顶处常可见站杆塘和整片风倒，原因就在这里。又由于棕色针叶林土在伊春地区所处气候条件恶劣，分布于分水岭，易引起水土流失，在森林经营中应列为水土保护区，保护水土和涵养水源。森林采伐方式不应选“皆伐”，而应“选择伐”和“经营择伐”，且采伐强度应低于 30%以下。

（二）潜育棕色针叶林土亚类

该亚类只有 1 个土属，代号 121，面积仅占 0.07%，分布于山顶、平岗，如分水岭的地势平缓处。植被以云冷杉为主，土壤母质较为黏重。与典型棕色针叶林土不同之处在 A_t 下出现灰蓝色质地黏重的潜育层。该亚类在经营中应列为水土保持，森林不宜“皆伐”，应选择“经营采伐”。理化性状见表 2 - 8。

表 2-8 潜育棕色针叶林土亚类理化性状统计

项目	厚度（厘米）	有机质（克/千克）	全氮（克/千克）	全磷（克/千克）	全钾（克/千克）	pH	盐基饱和度（%）	水解性总酸度（me/百克土）	阳离子代换量（me/百克土）	交换性 H^+（me/百克土）	交换性 Al^{3+}（me/百克土）	物理性黏粒（%）	物理性沙粒（%）
A_t	2～14	132.7	8.56	0.61	17.5	3.4	14.46	47.61	56.99	1.92	16.23	31.2	66.8
AB_g	15～20	289.5	9.48	1.18	15.1	3.9	36.37	39.95	65.89	2.01	4.11	18.8	81.2
B_g	20～40	106.5	3.46	0.51	16.1	4.1	40.98	35.51	60.17	0.63	13.32	45.9	54.1
C	40～63	68.9	2.35	0.38	1.81	4.1	62.22	18.60	49.23	0.63	15.28	45.9	51.1

二、暗 棕 壤

暗棕壤是伊春市林区主要森林土壤，面积 2 558 094.2 公顷，占总面积的 77.7%，是我国温带湿润地区针阔混交林下发育的地带性土壤。生产力高，原始林蓄积可达 300～500 立方米/公顷。森林覆被率高，超过 80%以上，是我国主要木材生产基地之一。

暗棕壤基本成土条件是温带湿润季风气候区，年平均温度为 1～5℃，年降水量 500～600 毫米，夏季温暖多雨，冬季漫长而寒冷。植被以红松为主的针阔叶混交林，共有植物 2 000余种，针阔混交比为 4∶6。母岩主要以花岗岩为主，其次为片麻岩、石英砂等；母质为其风化残积和坡积物。成土过程是腐殖质累积过程和弱酸性淋溶过程。

由于暗棕壤分布在山地丘陵地带，山地丘陵地形复杂，植被种类繁多，水热条件差异大。由于暗棕壤的附加成土过程的作用，可分典型暗棕壤、潜育暗棕壤、草甸暗棕壤、白浆化暗棕壤和原始暗棕壤 5 个亚类。其中，典型暗棕壤分 6 个土属，其他亚类皆各分 2 个土属，共计 13 个土属，现按土属分别进行叙述。

（一）典型暗棕壤亚类

典型暗棕壤亚类面积为 2 191 545.5 公顷，占土壤总面积的 66.57%。根据其地形、母质、侵蚀的不同，分 6 个土属，即典型暗棕壤、石质典型暗棕壤、残余碳酸盐典型暗棕壤、侵蚀典型暗棕壤、埋藏典型暗棕壤和沙质底典型暗棕壤。

1. 典型暗棕壤土属 该土属代号 211，土壤面积为 2 030 118.6 公顷，占土壤总面积的 61.66%。典型暗棕壤土属分布于小兴安岭海拔 316.67 米以下的各坡和山的各个部位。该土属的森林生长最好，肥力高，生产力强，是伊春市林区木材生产基地。典型暗棕壤土属植被以阔叶红松林等各种林型为主，目前尚存有数量不多的原始林，一般为次生林及经采伐后的过伐林和人工更新后郁闭和未郁闭的人工林。

（1）外部形态特征（厚度为数理统计范围值）：该土属由枯枝落叶层（A_o、A_{oo}）、腐殖质层（A_1）、过渡层（AB）、淀积层（B）和母质层（C）组成。剖面形态特征如下：

A_o、A_{oo}层：2～4 厘米，由林木的凋落物和林下草本植物残体构成。A_{oo}层为当年未分解凋落物，A_o 层为隔年或更早时的半分解凋落物，松散无结构，下部可见白色菌丝体，向下过渡明显。

A_1 层：4～35 厘米，淋溶层，腐殖质层，暗棕色，质地轻壤-中壤，团粒状结构，疏松，多植物根系，向下过渡较明显，有白色 SiO_2 粉末，多动物穴及蚯蚓，部分可见木炭。

AB 层：4～50 厘米，过渡层，白灰棕-暗灰棕色，质地中壤-重壤，团块状结构，较紧实，多木质根，有白色 SiO_2 粉末，有动物穴，向下过渡明显。

B 层：5～100 厘米，淀积层，棕色，核块状结构，质地重壤-轻黏，紧实，含有石砾，石砾底面可见铁锰胶膜，有木质根，结构体表面有较明显的 SiO_2 粉末，向下过渡不明显。

C 层：10～300 厘米，母质层为花岗岩风化残积、坡积物。

（2）分类：该土属在林业生产中地位重要，由于土种不同，生产性能、肥力情况都不一样，为更好地在林业中应用土壤普查成果，该土属分 3 个土种，土种的划分以 A_1 在 10～20 厘米的为中层典型暗棕壤，$A_1 \leqslant 10$ 厘米的为薄层典型暗棕壤，$A_1 \geqslant 20$ 厘米为厚层典型暗棕壤，其他各土属划分土种均可按此类推。

（3）各土种理化性状：分别见表 2-9～表 2-11。

表 2-9　厚层典型暗棕壤土种理化性状统计

项目	厚度（厘米）	有机质（克/千克）	全氮（克/千克）	全磷（克/千克）	全钾（克/千克）	pH	盐基饱和度（%）	代换量（me/百克土）	水解性酸度（me/百克土）	交换性 H^+（me/百克土）	活性铝（me/百克土）	活性铁（me/百克土）	物理性黏粒（%）	物理性沙粒（%）
A_1	24	113.2	8.39	1.26	17	5.0	72.5	51.73	15.17	0.54	1.65	24.1	39.7	60.3
AB	26	49.5	6.11	0.87	18.9	4.8	66.9	37.82	12.95	0.33	2.58	25.01	49.7	50.3
B	30	30.3	1.71	0.64	19.3	4.8	71.9	31.15	9.79	0.35	2.86	11.61	49.9	50.1
C	22	19.6	1.23	0.66	20.6	4.9	69.9	27.44	7.00	0.31	2.55	8.06	34.6	65.4

表 2-10　中层典型暗棕壤土种理化性状统计

项目	厚度（厘米）	有机质（克/千克）	全氮（克/千克）	全磷（克/千克）	全钾（克/千克）	pH	盐基饱和度（%）	代换量（me/百克土）	水解性酸度（me/百克土）	交换性 H^+（me/百克土）	活性铝（me/百克土）	活性铁（me/百克土）	物理性黏粒（%）	物理性沙粒（%）
A_1	17	142.5	6.54	1.22	16.8	5.1	71.5	54.00	14.45	0.44	1.56	12.96	36.0	64.0
AB	22	49.5	2.54	0.85	18.8	4.7	62.2	36.47	13.73	0.53	3.49	13.35	51.2	48.8
B	15	30.7	2.00	0.69	19.4	4.8	65.1	31.82	11.40	0.46	3.29	10.51	52.8	47.2
C	17	14.8	1.06	0.78	20.3	4.9	72.2	24.79	6.71	0.53	2.37	4.53	35.7	64.3

表 2-11　薄层典型暗棕壤土种理化性状统计

项目	厚度（厘米）	有机质（克/千克）	全氮（克/千克）	全磷（克/千克）	全钾（克/千克）	pH	盐基饱和度（%）	代换量（me/百克土）	水解性酸度（me/百克土）	交换性 H^+（me/百克土）	活性铝（me/百克土）	活性铁（me/百克土）	物理性黏粒（%）	物理性沙粒（%）
A_1	8	153.6	6.94	1.18	16.1	5.2	71.2	54.36	14.80	0.63	1.62	14.06	31.1	68.9
AB	14	60.3	3.12	0.80	18.5	4.8	61.7	36.90	12.96	0.64	3.40	17.03	46.5	53.5
B	27	35.6	2.06	0.67	18.9	4.7	63.3	30.42	11.36	0.80	4.02	12.76	50.2	49.8
C	26	18.1	1.29	0.65	20.2	4.9	69.0	23.56	7.39	0.63	3.11	5.81	33.3	66.7

（4）特性和生产性能：土壤表层有机质、全氮、全磷、全钾含量普遍高，由 A_1 层向下明显降低，养分集中在 A_1 层；全剖面呈微酸性反应，A_1 层 pH 为 5.1，自 A_1 层向下酸度增加，生物（树种）分布对 pH 影响很大，针叶树比重越大 pH 就越小，呈负相关，与酸度呈正相关；阳离子代换量 54me/百克土，保水保肥性能好，盐基饱和度为 71.1%，阳离子代换量与盐基饱和度自 A_1 层往下递减；土壤黏粒，自 B 层有所增多，物理性黏粒自 A_1 层的 27.7%增加到 B 层 43.7%。B 层为重壤质，接近轻黏土；是伊春市林区重要森林土壤，是木材生产的基地之一，可培育以红松为主的针阔混交林。厚层典型暗棕壤可营造红松、云杉、落叶松、水曲柳、胡桃楸、黄菠萝、椴树、大青杨等针阔叶树种，并营造速生丰产林。中薄层典型暗棕壤也可营造以上各树种。但落叶松生长情况较差，对陡坡、阳坡可营造樟子松和柞树等耐干旱和耐贫瘠的树种。

2. 埋藏典型暗棕壤土属 该土属代号 212，面积为 23 935.53 公顷，占土壤总面积的 0.73%。该土属分布于小兴安岭的山下腹部或山麓坡积、洪积母质地带，呈断续带状分布。

（1）外部形态特征：剖面构型为 A_{00}、A′、B′、A_1、B、C 等层次，从剖面的构型看，这个土属是山地土壤所特有，由于山上部土壤被侵蚀，流失到山下部，在原发育完全的典型暗棕壤，经过多次侵蚀、堆积，由 1 个或 2 个以上发生层次重复出现，构成埋藏层次。

（2）理化性状：基本接近典型暗棕壤，见表 2-12。

表 2-12 埋藏典型暗棕壤理化性状统计

项目	厚度（厘米）	有机质（克/千克）	全氮（克/千克）	全磷（克/千克）	全钾（克/千克）	pH	盐基饱和度（%）	水解性酸度（me/百克土）	阳离子代换量（me/百克土）	交换性 H^+（me/百克土）	交换性 Al^{3+}（me/百克土）	活性铁（me/百克土）	物理性黏粒（%）	物理性沙粒（%）
A_1'	5～20	68.7	5.36	1.17	15.4	4.7	51.05	23.51	48.03	4.13	2.07	29.00	37.5	62.5
AB′	20～27	32.9	4.91	0.91	15.7	5.0	55.09	14.61	32.53	0.27	1.10	43.5	39.6	60.4
A_1	27～30	275.0	3.26	1.88	15.7	5.0	70.50	23.07	78.13	0.27	1.10	5.60	41.7	58.3
B	30～50	18.5	1.42	0.47	17.3	4.8	72.22	9.88	35.57	0.20	1.75	25.00	27.3	72.7
C	50～100	13.5	0.66	0.44	20.3	4.7	67.70	8.80	24.93	0.12	2.42	19.50	29.2	70.8

（3）生产性能和特点：从理化性状统计看，埋藏典型暗棕壤土属与典型暗棕壤土属特性基本相同，但由于埋藏典型暗棕壤土属有埋藏的重复层次出现，因此有其特殊的性质。

①土壤有机质及养分含量在整个剖面中呈马鞍形，出现两次高峰，即在表层腐殖质 A_1'层和埋藏层 A_1 出现，表层 A_1'与被埋藏的 A_1 的有机质含量分别为 68.7 克/千克和 275 克/千克。被埋藏层 A_1 有机质大于表层 A_1'层的含量，这是下层有机质与上层有机质所处的水热条件不一样，下层 A_1 处于冷凉水湿，空气少，微生物活动受抑，有机质难于分解的原因。这个性质很重要，对一些深根性树种提供了两层的养分，这也说明该土属是比较肥沃的土壤的原因所在。

②全剖面其他化学性状如阳离子代换量和盐基饱和度也呈现马鞍形。

③土壤黏粒向下移动，被埋藏 A_1 层的黏粒比表层 A_1'黏粒高，表层 A_1'的黏粒<0.01毫米的为35.5%，而被埋藏的 A_1 颗粒<0.01毫米物理性黏粒为41.7%，黏粒向下移动。被埋藏的腐殖质 A_1 层的化学、物理性状都在变化，黏粒在下层聚积。既具有腐殖层的性质、也具有淀积层的性质。

通过分析该土属的特点得出，土壤剖面的理化性状不管新土层、老土层都符合自上而下的变化规律，而养分却保持着原上层的特点，这对一些深根性树种，特别是青杨提供了两层养分供给。在营造人工林时，可考虑深根性树种和浅根性树种互相混交造林，使其养分供给各得其所，互为补充。

3. 石质典型暗棕壤土属　该土属代号212，面积为92 844公顷，占总面积的2.82%。该土属分布于小兴安岭山地丘陵的陡坡、险坡、跳石塘处。

（1）石质典型暗棕壤剖面形态：剖面构型为 A_{oo}、A_o、A_1、AB、B、C，与典型暗棕壤相同。但石质暗棕壤土属的剖面各层次含有直径大于0.3厘米的粗砾石块和角砾石数量超过50%。

（2）石质典型暗棕壤理化性状：见表2-13。

表2-13　石质典型暗棕壤理化性状统计

项目	厚度（厘米）	有机质（克/千克）	全氮（克/千克）	全磷（克/千克）	全钾（克/千克）	pH	盐基饱和度（%）	水解性酸度（me/百克土）	阳离子代换量（me/百克土）	交换性 H^+（me/百克土）	交换性 Al^{3+}（me/百克土）	物理性黏粒（%）	物理性沙粒（%）
A_1	2～11	83.7	4.77	2.55	23.0	6.8	94.82	1.68	32.44	0.037	0.074	2.09	79.1
B	11～22	45.8	2.78	1.78	24.4	6.1	92.25	2.05	26.46	0.074	0.11	25.0	75.0
C	22～50	12.8	0.51	0.85	23.9	6.4	36.53	10.98	17.3	0.037	0.22	23.0	77.0

（3）石质典型暗棕壤生产性能：该土属由于地势险恶，土层浅薄，土层中又多含石块，生产力不高，不宜木材生产及人工更新造林，该地区应划为水土保护区，防止水土流失。

4. 侵蚀典型暗棕壤土属　该土属代号213，面积为22 757公顷，占土壤总面积的0.69%。由于侵蚀性质的不同，山的各部位均有分布。首先，由于所处部位在山的中上部，坡度陡险，多位于阳坡，土壤由于重力的因素引起侵蚀；其次，因森林被采伐、火烧或林木病虫害等自然死亡和风倒等，植被遭破坏，土壤引起侵蚀；再次，由于暴雨或山洪等外力原因，引起土壤侵蚀；最后，由于劈山开路、采石、开垦农地等自然和人为的破坏，使其自然土层受破坏。上层、心土层受不同程度的侵蚀，使原典型剖面土层缺陷或缺表层 A_1 层或缺淀积层B层。

（1）侵蚀暗棕壤土体构形和特点：土体构型为 A_{oo}、A_o、A_1、AB、B、C，与典型暗棕壤相同。

（2）侵蚀典型暗棕壤理化性状：见表2-14。

表 2-14 侵蚀典型暗棕壤理化性状统计

项目	厚度（厘米）	有机质（克/千克）	全氮（克/千克）	全磷（克/千克）	全钾（克/千克）	pH	盐基饱和度（%）	水解性酸度（me/百克土）	阳离子代换量（me/百克土）	交换性 Al^{3+}（me/百克土）	活性铁（me/百克土）	物理性黏粒（%）	物理性沙粒（%）
A_1	1～6	42.9	2.19	0.99	34.2	6.4	92.33	2.47	32.20	0.06	—	27.2	72.8
AB	6～26	7.2	0.46	0.86	34.4	5.2	93.16	2.03	29.68	0.04	—	20.8	79.2
B	26～51	10.3	0.75	0.69	31	5	91.95	2.39	29.68	0.09	0.07	20.9	79.1
C	51～100	8	0.28	0.75	35	5	92.16	1.23	15.68	0.07	0.14	12.6	87.4

（3）侵蚀典型暗棕壤生产性能：该土属多分布于山上部、阳陡坡、山分水岭处，其他地方也有分布，植被为耐干旱、贫瘠的樟子松、柞树，下木为杜鹃、胡枝子等。严重侵蚀的为岩石裸露等，生产力低。为使土壤不再遭侵蚀，要严禁采伐，超坡度的农耕地应退耕还林。在阳陡坡柞树林内更新造林，应割横带，客土容器造林。

该土属特点：养分流失，A_1 层的有机质只有 42.9 克/千克，显然 A_1 层的有机质和养分被侵蚀流失；A_1 层和 AB 层的黏粒被侵蚀流失，土粒粒径在 1～0.25 毫米或>1 毫米的原典型暗棕壤 A_1 层分别为 25.4%和 2.4%，而侵蚀典型暗棕壤的 A_1 层土层增加到 57.3%、23.1%。原典型暗棕壤 AB 层分别为 11.6%、2.89%，而侵蚀典型暗棕壤的 A_1 层增加到 57.3%、23.1%。原典型暗棕壤 B 层分别为 11.6%、2.89%，而侵蚀典型暗棕壤增加到 41%、45%。很显然，土壤黏粒直径小，易被水带走，而形成侵蚀。而土壤粒径大的土粒重不易被水带走而留下，沙粒比例增大。

5. 残余碳酸盐典型暗棕壤土属 该土属代号 215，面积为 960 公顷，占土壤总面积的 0.03%。该土属的母岩为火山碎屑钙质沉积角砾岩上发育的暗棕壤，在母质层或淀积层均有碳酸盐反应。在 B 层，这个反应在结核状残余钙质沉积物中存在，而正常土体并不具有这个反应，在 C 层这个反应在钙质沉积角砾岩上发生，正常 C 层土体并没有碳酸盐反应。因此，在 B 层中钙质核状化合物是新生体。在正常的主体化验中 B 层仍为微酸性反应，有的 pH 并不比表层高，有的只稍高一些。

（1）外部形态：土体构型为 A_{oo}、A_o、A_1、AB、B_{Ca}、C_{Ca}，B_{Ca}、C_{Ca} 两层代表有碳酸盐反映。

（2）残余碳酸盐典型暗棕壤理化性状：见表 2-15。

表 2-15 残余碳酸盐典型暗棕壤理化性状统计

项目	厚度（厘米）	有机质（克/千克）	全氮（克/千克）	全磷（克/千克）	全钾（克/千克）	pH	盐基饱和度（%）	水解性酸度（me/百克土）	阳离子代换量（me/百克土）	交换性 H^+（me/百克土）	交换性 Al^{3+}（me/百克土）	物理性黏粒（%）	物理性沙粒（%）
A_1	2～8	62.9	2.86	2.63	23.3	7.5	95.69	25.8	59.9	—	—	27.6	72.4
BC	8～40	9.3	1.75	1.40	18.8	7.9	71.52	14.36	50.42	0.415	2.81	59.5	40.5

（3）生产性能和特点：该土属性质与典型暗棕壤基本相同，特点是从 pH 的土壤反应看，土体 pH 一般要比典型暗棕壤高。该土属肥力高，生产性能强，在地势较平坦处已垦为农地。

6. 沙质底典型暗棕壤土属　该土属代号 216，面积为 20 930.33 公顷，占暗棕壤面积的 0.82%，该土壤主要分布于黑龙江沿岸丘陵地带。母质为河相沉积的石英沙或河卵石或黏土状沉积物，母质中含有动物化石，母质含有锰结核，植被多为柞树，伴有黑桦，土层较薄。该土属与典型暗棕壤性质不同点是典型暗棕壤母岩为花岗岩的风化物，而沙质底暗棕壤母岩为沉积岩中的砂岩、石英沙及黏土状沉积物。该土属在植被遭破坏后很易引起水土流失。

（二）潜育暗棕壤亚类

该亚类面积为 135 035.66 公顷，占土壤总面积的 4.1%，该亚类是暗棕壤附加潜育化过程而形成的亚类，根据埋藏的不同分 2 个土属，分别是潜育暗棕壤和埋藏潜育暗棕壤。

1. 潜育暗棕壤土属　该土属代号 211，面积为 131 725 公顷，占土壤总面积的 4%。多分布在丘陵平缓坡地的下部、河岸高阶地及山间沟谷边缘；地面排水较差。自然植被有云冷杉林、白桦林、兴安落叶松林、赤杨等。林下生长喜湿性草甸植被和藓类等。由于地下水位较高，土壤下层产生潜育化过程，在 B 层和 C 层有潜育化现象。

（1）形态特征和理化性状：潜育暗棕壤土属土体构型为 A_{oo}、A_o、A_1、AB、B_g、C_g。剖面形态特征如下：

A_1 层：2～16 厘米，团粒状结构，暗灰棕色，疏松，质地中壤-重壤，湿-潮湿，多植物细根，向下过渡不明显。

AB 层，过渡层，16～71 厘米，粒状结构-块状结构，暗灰棕色，质地重壤，较紧实，多木质根，土壤湿重，呈波状过渡。

B_g 层：71～180 厘米，块状、核状结构或无结构，黄棕色，黄白相间，质地黏重，土壤湿重，结构体表面有白色 SiO_2 粉末，可见亚铁物质-蓝色斑块和条块。

C_g 层：180 厘米以下，母质层，多为洪积黄土状沉积物，无结构，质地黏重，土壤湿重，185 厘米处见地下水，多蓝色亚铁斑块，多含石砾。

潜育暗棕壤理化性状：见表 2-16。

表 2-16　潜育暗棕壤理化性状统计

项目	厚度（厘米）	有机质（克/千克）	全氮（克/千克）	全磷（克/千克）	全钾（克/千克）	pH	盐基饱和度（%）	水解性酸度（me/百克土）	阳离子代换量（me/百克土）	交换性 H^+（me/百克土）	交换性 Al^{3+}（me/百克土）	活性铁（me/百克土）	物理性黏粒（%）	物理性沙粒（%）
A_1	14	118.2	5.48	2.82	19.3	4.8	59.73	20.68	55.36	0.55	3.17	46.25	50.1	49.9
AB	18	50.2	2.57	1.64	23.1	4.7	59.35	14.48	37.77	0.78	4.70	24.67	62.4	37.6
B_g	35	27.5	1.55	1.48	22.4	4.7	70.24	9.08	32.43	0.62	2.06	21.86	68.8	31.2
C	21	25.5	1.48	1.92	23.4	4.8	73.58	7.55	29.28	0.42	1.46	12.28	56.4	43.6

（2）生产性能和特点：该土属整个土体比较黏重，特别是 B 层和 C 层，由于土壤湿

重、冷浆，pH 较暗棕壤低，有时表层可见微泥炭化，下层湿重，滞水性强，B 层以下铁铝活化，亚铁物质多，对植物有毒害作用，是土壤的障碍层次。由于以上原因，该土壤肥力发挥较差，生产力不高，应进行排水；造林可考虑营造落叶松与桦树混交，也可营造云、冷杉或天然云、冷、桦混交；在采伐方式上应考虑“择伐”，由于这种土壤亚类多为云、冷杉林，采伐强度应严格控制在 30%以下，防止伐后林木风倒、整片死亡、土壤积水等不良现象发生。

2. 埋藏潜育暗棕壤土属 该土属代号 222，面积为 3 311.67 公顷，占土壤总面积的 0.1%。该土属是潜育暗棕壤土属剖面上部覆盖新的土壤层次。由于外力的作用，从他处带来的新土层长期发育而成。

（1）土体构型：土体结构为 A_{oo}、A_o、A_1'、$AB'A_g$、AB_g、B_g、C。

（2）埋藏潜育暗棕壤理化性状：见表 2-17。

表 2-17 埋藏潜育暗棕壤理化性状统计

项目	厚度（厘米）	有机质（克/千克）	全氮（克/千克）	全磷（克/千克）	全钾（克/千克）	pH	盐基饱和度（%）	水解性酸度（me/百克土）	阳离子代换量（me/百克土）	交换性 H^+（me/百克土）	活性铁（me/百克土）	交换性 Al^{3+}（me/百克土）	物理性黏粒（%）	物理性沙粒（%）
A_1'	5～38	92.4	4.39	4.69	17.8	4.9	48.04	29.38	56.54	2.18	162.00	5.11	48.0	52.0
AB′	38～61	39.4	2.55	4.15	17.2	4.8	63.01	19.34	52.29	0.27	75.00	2.09	62.5	37.5
A_{1g}	61～88	87.4	3.37	3.71	18.5	4.6	67.95	17.93	55.94	0.43	90.50	3.07	—	—
B_g	88～115	5.5	1.22	1.09	22.2	4.7	73.60	9.63	36.48	0.35	25.75	1.68	73.0	27.0
C	115～150	0.2	0.21	0.49	18.7	4.9	63.10	20.75	56.24	0.35	47.50	1.01	68.8	31.2

（3）生产性能和特点：该土属养分出现两次高峰，在埋藏 A_1 层中养分被储存起来。黏粒往下移动，A_{1g}的黏粒比 A_1 的高，所以黏粒在下层聚积，黏重。其生产性能与潜育暗棕壤相同。

（三）草甸暗棕壤亚类

该亚类面积为 166 222 公顷，占土壤总面积的 5%。草甸暗棕壤分 2 个土属，分别是：草甸暗棕壤和埋藏草甸暗棕壤。

1. 草甸暗棕壤土属 该土属代号 213，面积为 161 486 公顷，占土壤总面积的 4.9%。主要分布在平缓岗地、林间空地、森林边缘的缓坡地以及地势平缓的老采伐迹地及疏林地。植被多为次生针阔混交林或萌生阔叶林，以疏林草甸为主，母质为冲积、洪积、沉积物。该土属是暗棕壤附加草甸化过程形成的，是由于森林被火烧或被采伐，草甸植被侵入林下，又因所处地形部位较低，地下水位埋深较浅，草甸腐殖化过程代替了森林腐殖化过程。草本植物残体不仅从地面，而且在地下直接加入土体而形成。

（1）形态特征和理化性状：草甸暗棕壤的土体构型为 AM、A_1、AB、B_g、C 等层次。剖面形态特征如下：

AM 层：草根盘结层，0～9 厘米，暗灰棕色-黑棕色，团粒状结构，多草根，成盘结状态，疏松潮湿。

A_1 层：腐殖质层，9～16 厘米，黑棕色，团粒状结构，疏松，潮湿，多为中壤，多植物细根，过渡不明显。

AB 层：过渡层，16～31 厘米，棕色，小块状结构，质地为重壤，较紧实，湿润，有铁锈斑点，为波状过渡。

B_g 层：31～42 厘米，质地轻黏，核状结构，黄棕色，有铁锈斑，潮湿，黄白相间。

C 层：42 厘米以下，为母质层，黄棕色，质地黏重，有小量砾石，石英沙石，为黄土状亚黏土，洪积-坡积物，无结构，有锈色斑纹。

草甸暗棕壤理化性状：见表 2－18。

表 2－18　草甸暗棕壤理化性状统计

项目	厚度（厘米）	有机质（克/千克）	全氮（克/千克）	全磷（克/千克）	全钾（克/千克）	pH	盐基饱和度（%）	水解性酸度（me/百克土）	阳离子代换量（me/百克土）	交换性 H^+（me/百克土）	交换性 Al^{3+}（me/百克土）	活性铁（me/百克土）	物理性黏粒（%）	物理性沙粒（%）
AM	0～7	184.4	8.48	1.41	1.6	5.1	73.6	13.84	55.64	0.46	0.3	23.08	29.3	60.7
A_1	7～23	88.8	4.50	1.27	18.6	4.7	66.83	13.61	44.95	0.43	1.79	25.15	42.8	37.2
AB	23～33	100.3	1.59	0.97	18.7	4.7	76.12	9.43	41.02	0.52	1.29	3.26	49.1	50.9
B	33～43	30.2	3.19	0.89	20.1	4.7	63.8	7.27	31.88	0.47	0.92	22.82	49.4	50.6
C	43～56	17.3	0.78	0.27	43	4.3	84.56	3.64	23.58	—	0.45	0.12	36.9	63.1

（2）生产性能和特点：该土属养分储量高，腐殖质层深厚，比典型暗棕壤含量高，不但表层有机质高达 18.44%，且在亚表层（AB）也含有机质 10.03%，B 层有机质含量 3.02%。有效养分也较高，养分含量随深度增加缓慢减少。这是一种过渡型土壤，从机械组成图看，通体较黏重，而下层较上层为黏，说明土壤黏粒淋溶趋势。淀积层可见锈斑或灰蓝色条纹。土壤呈微酸性反应，盐基饱和度较高，活性铁高，这是草本植物残体不断释放盐基的结果。盐基组成以 Ca、Mg 为主，土体中也含有较大量的代换性铝。

由于草甸暗棕壤具有以上特点，该土壤多已被开垦为农田。这类土壤由于表层有草根层，天然下种，种子不能与土壤直接接触，天然更新困难。应进行人工造林，造林时因表层草根盘结，对幼苗生长不利，所以在造林过程中要加强精细整地。造林树种可选落叶松与水曲柳、黄菠萝等硬阔混交，也可与桦树混交。

2. 埋藏草甸暗棕壤土属　该土属代号 232，面积为 4 736 公顷，占土壤总面积的 0.14%。该土属是草甸暗棕壤具有埋藏性质的土属，土体构型为 AM、A'_1、B'、A_1、AB、B、C。

埋藏型与草甸暗棕壤性质比较具有以下特点：养分储量更丰富，养分在全剖面达两次高峰，AM 层养分被储存起来，黏粒淋溶下移，但在下层原剖面下移不明显，说明黏粒淋溶过程在新覆盖层上。铁的还原淋溶也同样在土体新的埋藏层上和原土体的 AM 层。下层铁的还原反而减弱，这一类土属由于地势平坦、肥力高，也多被开垦为农地和选为苗圃地。埋藏草甸暗棕壤理化性状见表 2－19。

表 2-19 埋藏草甸暗棕壤理化性状统计

项目	厚度（厘米）	有机质（克/千克）	全氮（克/千克）	全磷（克/千克）	全钾（克/千克）	pH	盐基饱和度（%）	水解性酸度（me/百克土）	阳离子代换量（me/百克土）	交换性H^+（me/百克土）	交换性A1^{3+}（me/百克土）	活性铁（me/百克土）	物理性黏粒（%）	物理性沙粒（%）
A'_1	10～16	322.0	8.15	2.82	17.7	4.0	42.92	29.52	51.72	1.11	4	34.50	29.9	70.1
B′	16～44	46.5	2.16	1.21	21.8	4.0	44.47	20.09	36.18	0.19	10.17	19.50	58.4	41.6
A_1	44～60	215.6	5.64	1.28	17.5	4.1	37.34	38.79	61.91	1.96	12.66	60.50	27.0	73.0
B	60～84	6.7	0.43	0.88	25.1	4.2	68.96	5.79	19.30	2.04	0.22	6.50	56.3	43.7
C	85 以下	0.6	0.76	1.04	24.1	4.4	80.16	4.84	24.39	0.30	1.55	7.25	50.1	49.9

（四）白浆化暗棕壤亚类

该亚类面积为 24 826.33 公顷，占土壤总面积的 0.75%，只有白浆化暗棕壤 1 个土属。

白浆化暗棕壤土属 该土属代号 241，面积为 24 826.33 公顷，占土壤总面积的 0.75%。该土属分布于地势平缓的坡地、平顶山、漫岗顶部，尤以山区与平原过渡地带为多见，自然植被喜湿性森林和疏林、草甸森林等，母质以第四纪冰水沉积物、洪积黄土状物质为主，质地黏重。白浆化暗棕壤被认为是主要暗棕壤化成土过程和次要白浆化过程而形成的土属。白浆化暗棕壤土体构型为 A_{oo}、A_o、A_1、ABw、B、C。

（1）形态特征和理化性状：

A_1 层比一般暗棕壤色浅，ABw 层为白浆化层，有时呈黄白、灰白相间，蒜瓣结构或片状结构。

B 层为核状结构，核面有铁锰胶膜，质地黏重，母质为棕色沉积物。

白浆化暗棕壤理化性状见表 2-20。

表 2-20 白浆化暗棕壤理化性状统计

项目	厚度（厘米）	有机质（克/千克）	全氮（克/千克）	全磷（克/千克）	全钾（克/千克）	pH	盐基饱和度（%）	水解性酸度（me/百克土）	阳离子代换量（me/百克土）	交换性H^+（me/百克土）	交换性A1^{3+}（me/百克土）	活性铁（me/百克土）	物理性黏粒（%）	物理性沙粒（%）
A_1	2～14	229.8	9.99	4.55	20.1	5.8	83.45	11.20	67.67	0.07	0.30	14.63	22.9	77.1
ABw	14～28	32.5	1.29	1.16	25.6	5.0	67.74	6.73	20.86	0.15	1.70	15.06	56.3	43.7
B	28～70	19.2	0.98	1.07	28.7	5.0	72.83	6.81	25.06	0.30	1.48	6.05	56.3	43.7
C	70 以下	12.8	0.80	1.29	27.3	4.5	75.06	6.41	25.82	0.19	1.44	6.00	60.4	39.6

（2）生产性能：该土属成土母质为第四纪冰水沉积、洪积黄土状物质，剖面通体黏重，表面有机质含量较高，但向下迅速下降，白浆化层有机质含量极少，其他含量也剧减，说明白浆化暗棕壤养分流失，铁、锰被还原强烈，通过土体裂隙向下淋洗，淀积层土粒结构表面可见铁锰胶膜等。该土属由于养分流失，下层滞水，排水不畅。因此，土壤肥力不佳，易干旱、易涝，生产力较低。

（五）原始暗棕壤亚类

该亚类土壤面积为40 465.67公顷，占土壤总面积的1.23%。原始暗棕壤亚类分山地原始暗棕壤与河岸原始暗棕壤2个土属。

1. 山地原始暗棕壤 该土属代号251，面积为30 578.33公顷，占土壤总面积的0.93%。该土属是一种年轻的、发育处于初期的土壤，一般分布于山的上部、山脊、陡坡及石砾子处，自然植被为柞林、红松林、云冷杉林，土体发育不完全。

（1）形态特征和理化性状：该土属土体构形为A_o、A_l、C或A_l、D型2种。

A_l层：腐殖质层，2～9厘米，暗棕色，壤土，团粒状结构，疏松，多植物根，过渡明显。

C层：母质层，花岗岩风化残积物。

该土属A_1层腐殖质较丰富，但土层较薄。理化性状见表2-21。

表2-21 山地原始暗棕壤理化性状统计

项目	厚度（厘米）	有机质（克/千克）	全氮（克/千克）	全磷（克/千克）	全钾（克/千克）	pH	盐基饱和度（%）	水解性酸度（me/百克土）	阳离子代换量（me/百克土）	交换性H^+（me/百克土）	交换性Al^{3+}（me/百克土）	活性铁（me/百克土）	物理性黏粒（%）	物理性沙粒（%）
A_1	2～9	164.0	5.30	2.67	17.9	5.0	84.31	8.70	55.44	0.04	0.04	3.36	35.30	64.6
C	9以下	36.9	1.21	1.61	20.4	4.1	62.98	11.09	29.16	1.28	3.74	6.79	38.90	1.71

（2）生产性能：生产力较一般，由于地形的关系，该土属易引起水土流失，又因某种特大自然灾害造成水土流失，成为岩石裸露后，由于长期生物风化作用而逐渐形成的。因此，山地原始暗棕壤在进行木材生产和选择采伐方式时应采取抚育采伐方式，应划为水土保护区。因山高坡陡，人工更新比较困难，更新方式选天然更新。

2. 河岸原始暗棕壤 该土属代号252，面积为9 887.33公顷，占土壤总面积的0.3%。该土属土壤面积较多，河岸原始暗棕壤的特点为：地形部位在河岸及阶地上，母质为河湖相淤积物，自然植被一般为次生林、杂木林，草甸土和沼泽土呈复区存在，土体构型为A_1、C。

（1）剖面形态特征如下：

腐殖质层（A_1）：黑棕色，中壤，团粒状结构，疏松，潮湿，多草根，过渡明显。

母质层（C）：深棕色，为河流沙土或黄土状沉积物，有锈斑。

河岸原始暗棕壤理化性状：见表2-22。

表2-22 河岸原始暗棕壤理化性状统计

项目	厚度（厘米）	有机质（克/千克）	全氮（克/千克）	全磷（克/千克）	全钾（克/千克）	pH	盐基饱和度（%）	水解性酸度（me/百克土）	阳离子代换量（me/百克土）	交换性H^+（me/百克土）	交换性Al^{3+}（me/百克土）	活性铁（me/百克土）	物理性黏粒（%）	物理性沙粒（%）
A_1	2～28	115.7	5.75	1.29	15.8	5.1	63.04	48.55	12.23	0.7	7.00	46.98	30.6	69.4
C	28～59	52.9	2.31	1.11	18.8	4.7	63.10	37.53	13.28	0.63	2.32	29.38	60.4	399.6

（2）生产性能：该土属有机质含量很高，是森林枯枝落叶凋落物的腐殖化累积。从机械组成黏粒看，全剖面黏重，下层比上层较黏，黏粒往下移动。这一类土壤也易引起水蚀，抗恶劣自然条件能力差，应划为河岸保护区。适宜树种为落叶松、水曲柳、榆树、杨树等。

三、黑　　土

黑土主要分布在松嫩平原，在伊春市铁力（市）一带，小兴安岭山前波状起伏的台地上集中连片。面积为24 213.67公顷，占伊春市区耕地面积的27.8%，是粮、豆生产的主要土壤。

黑土是我国温带半湿润季风气候下发育的土壤。气候特点，冬季长而严寒；夏季短而热，年均温0.5～6℃，≥10℃积温2 500～3 000℃，年降水量450～600毫米，多集中在夏秋季节，土壤冻结时间长，冻结深度可达2米。植被为草原化草甸类型或森林草甸草原，以杂草（五花草塘）为主，主要草甸植物有黄花菜、马兰、报春花、薹草、小叶樟、小叶蒿、落豆秧、扁竹兰、狼尾巴草等。木本植物主要有榛子、柞、山杨、黑桦、刺玫等，植物生长繁茂，根系发达，覆盖度大。黑土形成母质主要是第四纪冰积、洪积的黄土沉积物，母质矿物组成主要是水云母及蒙脱石，这种黄土状母质吸水性强，透水性差。黑土形成地形大部分是波状起伏的漫坡、漫岗和平原，坡度为1°～5°，坡长可达500～1 000米。黑土形成过程主要特点是腐殖质的累积过程和物质的淋溶和淀积过程，黑土剖面有3个发生层次A、B、C，主要特征是有深厚的腐殖质层，结构好，疏松多孔，全剖面有SiO_2粉末，下部土层可见铁锰结核，有锈斑，土壤反应呈中性-微酸性，代换量高，以钙镁为主，保肥力强，是较好的农业土壤。黑土土类分典型黑土、草甸化黑土、白浆化黑土3个亚类，其中典型黑土亚类分2个土属、其他各分1个土属，共计4个土属，现按土属分别进行叙述。

典型黑土亚类

该亚类土壤分4个土属，分述如下：

1. 岗地黑土土属　该土属代号311，面积为19 476.33公顷，占土壤总面积的0.59%，黑土亚类是黑土的典型亚类，岗地黑土土属也是黑土亚类的典型土属。主要分布于波状起伏漫岗的中上部及平原地带，在伊春市铁力（市）和南岔区均有分布，剖面构型为A_1、AB、B、C等层次。

（1）剖面形态特征和理化性状：

耕作层（A层）：24厘米（统计值），最厚的可达40厘米，破皮黄只有约10厘米。暗灰色，中壤质，团粒-粒状结构，疏松多孔，湿润，植物根系多。老耕地可见坚硬、致密的犁底层，可见SiO_2粉末，无石灰反应。

过渡层（AB）：54厘米（统计值），颜色较上层稍浅，为黑黄混杂，暗灰黄色，粒状-块状结构，结构体表面有SiO_2粉末及铁锰胶膜，中壤土，灰黄色湿润，较紧实，植物根系少，腐殖质呈舌状延伸，向下过渡明显。

淀积层（B层）：53厘米，灰黄色-灰棕色，棱柱状结构，重壤，紧实，有动物穴，

可见 SiO_2 粉末、铁锰结核和胶膜。

母质层（C 层）：黄棕色，为黄土状沉积物，黏土。

黑土理化性状见表 2－23。

表 2－23　岗地黑土理化性状统计

厚度（厘米）	有机质（克/千克）	全氮（克/千克）	全磷（克/千克）	全钾（克/千克）	物理性黏粒（%）	物理性沙粒（%）	pH
0～30	39.5	2.01	1.83	36.5	57.7	42.3	5.4
30～44	21.4	—	—	—	36.3	63.7	5.4
44～69	18.4	—	—	—	55.1	44.9	5.6
69～110	9.3	—	—	—	46.6	53.4	—

（2）生产性能和特点：土壤质地较黏重，下层比上层更黏，黏粒向下移动；黑土容重在 1 克/立方厘米左右，耕层孔隙度 50%～60%，毛管孔隙可占 30%～40%，通气孔隙在 10%～30%，说明黑土有较大持水性，而通气性差；黑土 A_1 层为团粒结构，比较稳定，有较大保肥能力和供肥能力，A_1 层腐殖质耕地可达 3%～5%，荒地达 10%，养分储量丰富；黑土耕性良好，土质疏松多孔，耐涝怕旱，水土流失较严重。

2. 平地黑土土属　该土属代号 312，面积为 10 241 公顷，占土壤总面积的 0.31%，多分布于伊春市铁力（市）双丰镇一带，地形较平坦，母质较岗地黑土黏重，又称黏底黑土，土体构型与岗地黑土相同。

（1）平地黑土剖面形态特征和理化性状：

腐殖质层（A_1）：暗灰色，重壤土，团粒-粒状结构，较疏松，湿润，植物根系较密，层次过渡不明显。

过渡层（AB）：灰黄色，轻黏土，粒状核状结构，较紧实，湿润，植物根系很少，有胶膜。

淀积层（B）：黄棕色，轻黏土，核状结构，紧实，潮湿，结构体表面有 SiO_2 粉末，有胶膜和铁锰结核。

母质层（C）：黄棕色，黏土为冰积黄土状沉积物。

平地黑土理化性状见表 2－24。

表 2－24　平地黑土理化性状统计

厚度（厘米）	有机质（克/千克）	全氮（克/千克）	全磷（克/千克）	全钾（克/千克）	物理性黏粒（%）	物理性沙粒（%）	pH
0～30	45.9	2.64	1.69	34.1	49.8	50.2	5.75
30～55	10.3	—	—	—	59.3	50.7	5.87
55～120	10.6	—	—	—	61.2	38.8	5.8
120～150	6.8	—	—	—	59.2	40.8	—

（2）生产性能：该土属与岗地黑土基本相同，不同点在于整个土体比岗地黑土土属黏重，尤以底层更为黏重。该土壤肥力高，生产性能强，较耐涝，较怕旱。

3. 平地草甸黑土 该土属代号 321，面积为 3 988.33 公顷，占土壤总面积的 0.12%。一般分布在波状起伏的漫岗下部，地势低平，地下水位稍高，在伊春市铁力（市）及南岔区均有分布。草甸黑土是黑土与草甸土的过渡类型。成土过程以黑土化过程为主，附加草甸化过程。自然植被是以杂草类为主的喜湿类草甸植被。母质比较黏重，土体构型为 A_1、AB、B、C 等层次。剖面主要特征为黑土层深厚，一般为 50～100 厘米，腐殖质呈舌状下伸，土色较黑，淀积层下面有明显锈斑和铁结核，通体有 SiO_2 粉末。

（1）剖面形态特征和理化性状：

腐殖质层（A_1）：黑色，重壤土，粒状结构，较松，湿润，植物根系多。

过渡层（AB）：暗灰色，轻黏土，粒状结构，较紧实，潮湿，植物根系较少。

淀积层（B）：灰黄色，轻黏土，核状结构，紧实，结构面有明显胶膜，土体间有明显锈斑。

母质层（C）：黄棕色，为黄土状沉积物。

平地草甸黑土理化性状：见表 2－25。

表 2－25 平地草甸黑土理化性状统计

厚度（厘米）	有机质（克/千克）	全氮（克/千克）	全磷（克/千克）	全钾（克/千克）	pH	物理性黏粒（%）	物理性沙粒（%）
0～28	39.2	2.53	—	—	5.45	45.2	54.8
28～57	—	—	—	—	5.20	58.6	41.4
57～110	—	—	—	—	5.95	81.97	18.1

（2）生产性能与特点：腐殖质含量高，可达 5%～10%；通体较黑土亚类黏重，较湿，地下水位高，因而耕性不良，排水较差，冷浆；土壤下层多铁结核锈斑，氧化还原反应强烈；由于地势较平坦，无侵蚀现象。

4. 岗地白浆化黑土土属 该土属代号 331，面积为 749 公顷，仅占土壤总面积的 0.02%。主要分布于铁力（市）黑土与白浆土过渡地区，一般地形部位在台地下部和山前漫岗上。母质以黏土为主，母质层黏重紧实，透水性差，因而上层土层中易产生滞水现象，铁锰还原淋洗而脱色发白，该层的 pH 及盐基饱和度均较低，形成白浆化层次。所以，白浆化黑土形成过程是腐殖化过程附加白浆化过程。白浆化黑土土体构型为 A_1、ABw、B、C。

（1）形态特征和理化性状：

腐殖质层（A_1）：暗灰色，轻黏土，团粒-粒状结构，疏松，湿润，植物根较多，层次过渡明显。

白浆化层（ABw）：灰白色，中壤土，粒状-片状结构，紧实，潮湿，植物根系少，层次过渡明显。

淀积层（B）：灰棕色，重壤土，核状结构，结构面有铁锰胶膜，剖面层中可见锈斑，潮湿，层次过渡明显。

母质层（C）：暗灰黄色，黏土。

岗地白浆化黑土理化性状见表 2－26。

表 2-26 岗地白浆化黑土理化性状统计

厚度（厘米）	有机质（克/千克）	全氮（克/千克）	全磷（克/千克）	全钾（克/千克）	pH	物理化黏粒（%）	物理性沙粒（%）
0～22	77.8	3.85	2.38	29.8	5.2	35.3	64.7
22～40	32.0	—	—	—	5	56	44
40～150	11.1	—	—	—	6	62.6	37.4

（2）生产性能与特点：该土属黑土层浅薄、养分含量低，其最大的特点是有一个白浆化层，白浆化层由于干湿交替，氧化还原强烈，有色物质被淋洗，使土体发白，呈片状结构趋势。总之，白浆化黑土，黑土层薄、肥力差、耕性不良、易发生旱涝和水土流失，是低产土壤。应加强培肥改土，搞好农田基本建设。

四、白 浆 土

白浆土主要分布在平原与山地的过渡地带浅山近山区，伊春市多见于铁力（市）的桃山镇和双丰镇，嘉荫县也有分布，小兴安岭腹地很少分布。面积为 26 846 公顷，占土壤总面积的 0.82%。

白浆土气候条件为温带季风区，夏季温暖多雨，冬季严寒少雪，年降水量 500～600 毫米，雨量主要集中在夏秋季节。年均温度−0.5～5℃，≥10℃积温为 1 600～3 000℃，土壤结冻期达 5～6 个月，冻土层深 0.5～1.8 米。

成土母质为第四纪冲积、洪积、沉积黄土状亚黏土，颗粒多含粗粉粒（0.05～0.01 毫米），这种母质黏重而不透水，在雨季往往形成上层土壤滞水。

地形一般为第四纪各个不同时期的河岸阶地和山前洪积台地。地势较平坦，坡度在 3°以下，自然植被有森林、荒山-草甸、草甸沼泽，柞树为主杂木林，山杨白桦次生林、丛桦或毛赤杨或沼柳灌木丛、杂草群落、小叶樟、薹草群落。

白浆土形成过程包括草甸化过程、潜育过程和淋溶过程。

白浆土在外部形态上区别于其他土类的主要特征是，在腐殖质层下有一个灰白的亚表层，土体构型为 A_{00}、A_0（森林白浆土所特有）、腐殖层 A_1、白浆层 W、淀积层 B、母质层 C。白浆土在该地区有白浆土、草甸白浆土、潜育白浆土 3 个亚类，每个亚类各有 1 个土属，现按土属分别叙述如下：

（一）白浆土亚类

岗地白浆土土属 该土属为白浆土的典型土属，代号 411，面积为 24 310 公顷，占土壤总面积的 0.74%。主要分布在山前台地、河岸高阶地或低阶地中坡度较大的地方，铁力市与嘉荫县分布较多。植被有森林和草类，土体构型为 A_0、A_1、W、B、BC、C 等层次。

（1）剖面形态特征和理化性状：

腐殖质层（A_1）：2～27 厘米，灰白色-暗灰色，中壤土，团粒状结构，疏松，潮湿，植物根系多，层次过渡明显。

白浆层（W）：27～41 厘米，灰白色，重壤土，片状结构，紧实，植物根系少，有二氧化硅粉末，层次过渡明显。

淀积层（B）：41～70 厘米，黄棕色，轻黏土，核状结构，结构表面有明显胶膜，紧实，结构体表面有 SiO_2 粉末。

母质层（C）：为棕色，黄土状沉积物。

岗地白浆土土属理化性状见表 2-27。

表 2-27 岗地白浆土理化性状统计

项目	厚度（厘米）	有机质（克/千克）	全氮（克/千克）	全磷（克/千克）	全钾（克/千克）	pH	盐基饱和度（%）	代换量（me/百克土）	水解性酸度（me/百克土）	交换性 H^+（me/百克土）	交换性 Al^{3+}（me/百克土）	活性铁（me/百克土）	物理性黏粒（%）	物理性沙粒（%）
A_1	2～22	74.3	3.36	0.84	27.7	4.9	71.83	43.15	10.68	0.41	1.45	11.35	38.7	61.3
W	22～77	10.5	1.08	0.48	10.7	4.8	71.08	26.97	7.35	0.54	1.27	5.96	50.3	49.7
B	77～145	7.7	0.75	0.61	19.4	4.8	75.05	54.52	5.91	0.38	1.19	5.58	50.3	49.7
C	>145	11.1	0.6	0.78	19.7	4.9	86.54	33.5	4.51	0.11	0.17	11.76	51.1	48.9

（2）生产性能与特点：该土属通体较黏重，腐殖质层和白浆层物理性黏粒达 40%～50%，黏粒 10%～20%；淀积层更高，黏粒达 40%～50%，极差很大，呈现“二层性”，说明黏粒淋失和淀积，土壤透水性差。弱酸性反应，pH 为 5.6，有机质和营养元素高度集中表层，往下迅速减少，因此，白浆土有肥沃的表层，贫瘠恶劣的亚表层及黏重的底层之特性。因此，该土壤肥力一般，潜在肥力更低，易受旱涝影响，土壤耕性不良，属低产土壤，林业中属低生长量土壤，可造落叶松林。

（二）草甸白浆土亚类

草甸白浆土土属 该土属代号 521，面积为 736 公顷，占土壤总面积的 0.02%。主要分布在低阶地或台地平坦处，在铁力（市）及嘉荫县有分布，自然植被以杂草类草甸为主，杂草有少量的桦、杨树和灌丛。草甸化过程有一定的发展，是白浆土与草甸土的过渡类型，剖面构型是 AM、A_1、AW、B、C 等层次。

（1）形态特征和理化性状：

草根盘结层（AM）：草甸植被繁茂，草根多，成盘结状，是该土属的诊断层。

黑土层（A_1）：2～23 厘米，黑灰色，中壤土，团粒、小粒状结构，疏松，湿润，植物根系多，层次过渡明显。

白浆层（W）：23～45 厘米，灰白色，重壤土，片状结构，紧实，湿润，根系少，结构面有胶膜，有铁子，有 SiO_2 粉末，层次过渡明显。

淀积层（B）：45～120 厘米，黄棕色，质地黏重，核状结构，紧实，潮湿，有明显铁锰胶膜，土层中可见锈斑，层次过渡明显。

母质层（C）：120 厘米以下，黄棕色，黏土沉积物。

草甸白浆土理化性状见表 2-28。

表 2-28　草甸白浆土理化性状统计

项目	厚度（厘米）	有机质（克/千克）	全氮（克/千克）	全磷（克/千克）	全钾（克/千克）	pH	盐基饱和度（%）	代换量（me/百克土）	水解性酸度（me/百克土）	交换性 H^+（me/百克土）	交换性 Al^{3+}（me/百克土）	活性铁（me/百克土）	物理性黏粒（%）	物理性沙粒（%）
A_1	2～25	96.8	5.33	4.18	18.8	5.1	73.6	50.57	13.35	0.57	0.13	—	47.9	52.1
W	25～45	13.1	13.1	3.05	19.3	4.9	77.93	39.1	8.68	0.78	0.19	—	62.5	37.5
B	45～120	1	1	0.9	20.8	4.8	79.48	26.46	5.43	0.16	0.66	—	50	49.1

（2）生产性能和特点：该土属通体质地黏重，下层比上层更为黏重，黏粒的淋溶淀积较明显。有机质和养分集中在 A_1 层，比典型白浆土含量更高，向下迅速降低。草甸白浆土多已开垦为农地，耕性较好，但水分大，地温低，肥力下降快。应耕养结合，改土增肥，该土属宜种水稻。

（三）潜育白浆土亚类

潜育白浆土土属　该土属代号 431，面积为 1 800 公顷，占土壤总面积的 0.05%。主要分布在低平洼地，所处地形部位比草甸白浆土更低一些，在铁力（市）有部分分布，常短期积水。自然植被为草甸沼泽和灌丛，如小叶樟、乌拉薹草、丛桦、沼柳等。潜育白浆土成土过程以白浆化过程为主，附加潜育化过程，是白浆土向沼泽土过渡的土壤类型，土体结构为 A_{lt}-W_g、B_g-C_g。

（1）剖面形态特征如下：

半泥炭化表层（A_{lt}）：有草根盘结，亚表层泥炭化，暗灰色，轻壤土，结构不明显，粒柱状和块状结构。

白浆层（W_g）：发育不明显，灰白色，可见大量锈斑，植物根系少，无结构。

淀积层（B_g）：颜色比上层较暗，可见大量锈斑，有灰蓝色潜育斑点，土壤质地黏重，无结构。

母质层（C_g）：黏土沉积物。

（2）生产性能特点：该土属土壤特点是质地黏重，土壤过湿，有机质分解缓慢，土壤融冻较慢，土体的铁铝含量自上而下增多。在造林时应进行垄状整地，防止水淹。

五、草 甸 土

草甸土主要分布在铁力（市）和嘉荫县河流两岸、冲积平原、泛滥地和小兴安岭山间低地、下阶地。面积为 330 948 公顷，占土壤总面积的 10.1%。其中，耕地 96 097.73 公顷，占草甸土面积的 29.04%，占耕地总面积的 64.41%。

草甸土是非地带性土壤，一般地形平坦，地下水埋深 1～3 米，植被以喜湿性草甸类型为主，生长茂密，草根密实，母质为河湖相沉积物或冲积物。草甸土土类是草甸化过程作用下形成的一种半水成土壤。剖面结构一般分两层，即 A_1 层和 C_g（锈色斑纹层）。伊春市草甸土可分典型草甸土、潜育化草甸土、暗棕壤化草甸土和层状草甸土 4 个亚类，其中草甸土分 2 个土属，其他均分 1 个土属。现按土属叙述如下：

(一) 典型草甸土亚类

1. 平地草甸土土属 该土属代号 511，面积为 104 752.66 公顷，占草甸土总面积的 3.18%。主要分布在铁力（市）和嘉荫县河流两岸、冲积平原，剖面构型一般为 A_1、AB_g、BC_g、C 层。

（1）剖面形态特征如下：

草根盘结层（AM）：该层草根成盘结状，很难扒开。

腐殖质层（A_1）：黑色，质地重壤-轻黏，团粒状结构，疏松，湿润，植物根系多，上部呈盘结状，层次过渡不明显。

过渡层（AB_g）：暗灰色，轻黏土，粒状结构，较松，湿润，植物根系少，有锈斑，层次过渡不明显。

过渡层（BC_g）：黄白相间，有锈色斑纹，质地黏重，少植物根系，黏紧，过渡不明显。

母质层（C）：黄白相间，轻黏土，明显锈色斑纹。

平地草甸土理化性状见表 2-29。

表 2-29 平地草甸土理化性状统计

项目	厚度（厘米）	有机质（克/千克）	全氮（克/千克）	全磷（克/千克）	全钾（克/千克）	pH	盐基饱和度（%）	代换量（me/百克土）	水解性酸度（me/百克土）	交换性 H^+（me/百克土）	交换性 Al^{3+}（me/百克土）	活性铁（me/百克土）	物理性黏粒（%）	物理性沙粒（%）
A_1	4～43	167.1	7.43	1.43	15.4	5	69.52	55.15	17.22	0.71	27.4	84.36	39.8	60.2
AB	43～52	113.8	5.42	1.42	17.4	5	66.49	46.04	14.01	0.35	1.04	40.43	43.2	56.8
B	52～92	82.9	4.15	1.11	16.5	5.2	72.49	49.3	13.55	1	1.98	46.6	39.7	60.3
C	>92	14.2	1.12	0.56	17.9	5	79.33	29.52	6.31	0.49	2.74	25.47	24.3	75.7

（2）生产特性：该土属地势平坦，黑土层厚，有机质丰富，水分充足，多已开垦为农田。但在地势较低处，受洪涝威胁，造林可选水曲柳、核桃楸等珍贵硬阔树种及落叶松、杨树等。

2. 沟谷草甸土土属 该土属代号 512，面积为 28 623.67 公顷，占土壤总面积的 0.87%。分布于小兴安岭山间谷地及河流阶地，植被为杂草类（五花草塘），母质为河湖相沉积物，土体结构为 AM、A_1、AB_g、C。

（1）剖面形态特征和理化性状：

草根层（AM）：多草根，成盘结状。

腐殖质层（A_1）：黑色，团粒状结构，壤质，有铁子、锈斑，疏松，多植物根系，湿润，层次过渡不明显。

过渡层（AB_g）：暗灰色，轻黏土，粒状结构，湿重，植物根系少，稍紧实，有明显锈斑，层次过渡不明显。

母质层（C）：为锈色斑纹层，棕色，沙质，无植物根系，无结构，湿润，有锈色斑纹、铁锰结核。

沟谷草甸土理化性状见表 2－30。

表 2－30　沟谷草甸土理化性状统计

项目	厚度（厘米）	有机质（克/千克）	全氮（克/千克）	全磷（克/千克）	全钾（克/千克）	pH	盐基饱和度（%）	阳离子代换量（me/百克土）	水解性酸度（me/百克土）	交换性 H^+（me/百克土）	交换性 Al^{3+}（me/百克土）	活性铁（me/百克土）	物理性黏粒（%）	物理性沙粒（%）
A_1	2～25	5.4	2.69	0.96	24.1	4.7	76.11	39.48	9.43	0.19	0.38	7.21	33.3	66.7
C	25～30	1.7	1.26	0.98	24.7	5	82.14	17.08	3.05	0.15	0.21	1.96	16.7	—

（2）生产性能和特征：该土属通体质地较轻，土壤肥力较好，养分含量丰富，由于地处沟谷，易受洪涝危害。

（二）潜育化草甸土亚类

潜育化草甸土亚类只有潜育化草甸土 1 个土属，该土属也称沼泽化草甸土，代号 521，面积为 68 628 公顷，占土壤总面积的 2.08%。分布于草甸土中更低的部位，是草甸土向沼泽土过渡的一种土属，植被以小叶樟、薹草为主。由于地势低洼，地下水位较高（1～1.5 米），土壤排水不畅，经常处于过湿状态。该土属除主要草甸化成土过程外还附加潜育化成土过程，发生层次为 AM、A_1、AB_g、C_g。

（1）剖面形态特征和理化性状：

草根层（AM）。呈草根盘结状。

腐殖质层（A_1）。黑色，重壤土，团粒状结构，疏松，潮湿，植物根系多，有锈斑，层次过渡不明显。

过渡层（AB_g）。黄棕色，黏重，无结构，湿润，植物根系少，有锈斑和明显的灰蓝色潜育斑块，过渡不明显。

母质层（C_g）。为潜育层，黄棕色，为黏土沉积物，多灰蓝色潜育斑块，湿重，无结构，无植物根系。

潜育化草甸土理化性状见表 2－31。

表 2－31　潜育化草甸土理化性状统计

项目	厚度（厘米）	有机质（克/千克）	全氮（克/千克）	全磷（克/千克）	全钾（克/千克）	pH	盐基饱和度（%）	水解性酸度（me/百克土）	阳离子代换量（me/百克土）	交换性 H^+（me/百克土）	交换性 Al^{3+}（me/百克土）	活性铁（me/百克土）	物理性黏粒（%）	物理性沙粒（%）
A_1	11～28	19.3	6.97	4.35	20.4	5.6	74.05	12	46.25	0.34	0.33	—	58.3	41.7
AB_g	28～61	1.8	0.78	1.71	22.4	5.3	74.77	6.91	27.39	0.19	0.92	—	62.5	37.5
C_g	61 以下	0.7	0.29	1.50	21.2	4.8	83.51	4.37	26.5	0.11	0.23	—	54.2	45.8

（2）生产性能和特性：腐殖质层较深厚，潜在肥力比较高，地表微泥炭化，多为粗有机质。自腐殖质层往下有明显潜育特征，多锈斑和灰绿色潜育斑块，母质为潜育层；土质黏重，透水性差，上面滞水，湿度大，经排水可造落叶松。

（三）暗棕壤化草甸土亚类

暗棕壤化草甸土亚类只有暗棕壤化草甸土 1 个土属，该土属代号 541，面积 47 762 公顷，仅占土壤总面积的 1.45％。主要分布在地势平缓、排水较好的平坦处，处于森林和草甸的边缘。主要是在木本植被侵入，在森林植被的作用下，以草甸化成土过程为主，附加暗棕壤化过程而形成，发生层次为 A_{oo}、A_o、A_1、AB、C。该土属与草甸土不同之处，草根盘结层基本消失，代之而起的是枯枝落叶层。

（1）剖面形态特征和理化性状：

腐殖质层（A_1）：黑色，团粒状结构，壤质，疏松，多植物根系，层次过渡不明显。

过渡层（AB）：暗灰色，重壤土，粒状、小块状结构，湿润，植物根系少，紧实，有铁锈斑纹。

母质层（C）：棕色，壤质，湿润，有锈色斑纹和 SiO_2 粉末。

理化性状见表 2－32。

表 2－32　暗棕壤化草甸土理化性状统计

项目	厚度（厘米）	有机质（克/千克）	全氮（克/千克）	全磷（克/千克）	全钾（克/千克）	pH	盐基饱和度（％）	水解性酸度（me/百克土）	阳离子代换量（me/百克土）	交换性 H^+（me/百克土）	交换性 Al^{3+}（me/百克土）	物理性黏粒（％）	物理性沙粒（％）
A_1	3～16	266.7	10.82	3.41	18.9	5.5	83.4	14.23	85.69	0.29	0.18	48.1	51.9
AB	16～25	77.1	4.16	4.42	25.6	5.2	50	10.07	50	0.14	0.26	56.3	43.7
B_g	25～36	33.9	2.02	3.32	28.2	5.3	28.41	3.94	28.41	0.11	0.65	62.7	37.3
C_g	36～60	10	0.79	1.72	31.4	6	12.99	1.42	12.99	0.11	0.47	64.3	35

（2）生产性能和特征：暗棕壤化草甸土与典型草甸土比较有以下特点：质地较轻，养分含量 A_1 层高，自 A_1 层往下减少稍快，介于草甸土与暗棕壤之间，排水情况较好，造林可选落叶松、水曲柳等喜湿性树种。

六、沼 泽 土

沼泽土在伊春市各县、区均有分布，分布范围比较广、较普遍，凡有积水和过湿地方均有存在。沼泽土面积为 272 503.66 公顷，占土壤总面积的 8.28％。形成沼泽土的地形为分水岭的碟形地、坡地、封闭半封闭河谷盆地、冲积扇和扇形地间的洼地、河流宽广的谷地、谷地的河漫滩、阶地，植被以喜湿性沼泽类型为主，有草本沼泽群落、薹草沼泽群落、森林沼泽群落。成土母质为黏质河湖相沉积物、冰积物。气候较湿润，年降水量 400～600 毫米，夏季多雨而集中，冬季寒冷，年均温在－2℃，冰冻期长。

沼泽土形成过程为泥炭化过程和潜育化过程，沼泽土剖面一般分泥炭层（T）和潜育层（G）。沼泽土在伊春市可分沼泽土、腐殖质沼泽土、草甸沼泽土、泥炭腐殖质沼泽土 4 个亚类，4 个土属。现分别叙述如下：

（一）沼泽土亚类

沼泽土土属　该土属是沼泽土的典型土属，代号 311，面积为 94 289.33 公顷，占土壤总面积的 2.86%。小兴安岭山间低地及铁力（市）、嘉荫县均有分布，剖面层次有泥炭层（T）和潜育层（G），表层有草根层。

（1）剖面形态特征和理化性状：

泥炭层（T）：黑棕色，中壤土，无结构，疏松，表层多草根，泥炭层根系少，湿润，层次过渡明显。

潜育层（G）：是沼泽土的矿质层，位于泥炭层之下，淡灰色，土层中含有灰蓝色或灰白色斑块，干后氧化形成铁锈斑，黏重，紧实，无结构，夹有沙粒。

沼泽土理化性状见表 2－33。

表 2－33　沼泽土理化性状统计

项目	厚度（厘米）	有机质（克/千克）	全氮（克/千克）	全磷（克/千克）	全钾（克/千克）	pH	盐基饱和度（%）	水解性酸度（me/百克土）	阳离子代换量（me/百克土）	交换性 H^+（me/百克土）	交换性 Al^{3+}（me/百克土）	活性铁（me/百克土）	物理性黏粒（%）	物理性沙粒（%）
T	27	324.3	12.34	1.45	11.4	4.7	58.5	29.49	74.51	1.35	3.12	111.43	27.5	72.5
G	22	88.2	3.49	0.75	21.4	4.8	67.07	12.84	37.71	1.93	3.05	72.67	44.3	55.7

（2）生产性能和特性：该土属质地上轻下重，泥炭层一般均为轻壤，而下层 G 层为黏土，泥炭层容重低于 0.38 克/立方厘米，T 层有机质含量高，潜在肥力高，有效养分低。但由于有潜育层，土壤生产力低。应进行排水改造，在林业上排水或筑高台等，可人工栽种落叶松等。

（二）腐殖质沼泽土亚类

腐殖质沼泽土土属　该土属代号 621，面积为 68 636.67 公顷，占土壤总面积的 2.08%。该土属所处地形比典型沼泽土稍高，植被多为喜湿性灌木草甸沼泽植物群落，剖面层次为腐殖质层（A_1）和潜育层（G），表层有草根层。

（1）剖面形态特征和理化性状：

腐殖质层（A_1）：2～13 厘米，黑灰色，结构不明显，湿润，植物根系较少，较紧实，过渡较明显。

潜育层（G）：13～35 厘米，淡灰色，土层中多灰蓝色和灰绿色潜育斑块，黏重，无结构，湿重。

腐殖质沼泽土理化性状见表 2－34。

表 2－34　腐殖质沼泽土土属理化性状统计

项目	厚度（厘米）	有机质（克/千克）	全氮（克/千克）	全磷（克/千克）	全钾（克/千克）	pH	盐基饱和度（%）	水解性酸度（me/百克土）	阳离子代换量（me/百克土）	交换性 H^+（me/百克土）	交换性 Al^{3+}（me/百克土）	活性铁（me/百克土）	物理性黏粒（%）	物理性沙粒（%）
A_1	2～13	161.9	7.63	1.46	14.8	5	63.99	19.1	54.71	0.53	1.02	77.07	30.7	69.3
G	13～35	63.2	3.47	1.05	18.3	5	71.09	11.59	37.54	0.34	1.22	88.04	44.3	55.7

（2）生产性能和特性：该土属与典型沼泽土不同，有机质分解较全面，表层积累腐殖

质，腐殖质含量高，无泥炭积累。该土属比典型沼泽土生产力稍高，应进行排水和垄状整地等措施进行造林，造林树种可选落叶松。

（三）泥炭腐殖质沼泽土亚类

泥炭腐殖质沼泽土土属 该土属代号631，面积为48 296.33公顷，占土壤总面积的1.47%。分布于典型沼泽土的外缘，植物群落以薹草、芦苇、小叶樟、三叶草为主，土壤发育层次明显，主要发生层次为T_1、A_1、G。外部形态特征如下：

（1）剖面形态特征和理化性状：

泥炭层（T）：2～18厘米，黑棕色，疏软，壤质，湿，无结构，多草根，过渡明显。

腐殖质层（A_1）：18～34厘米，黑色-暗灰色。团粒-粒状结构，中壤，湿重，植物根系中等，疏松，往下过渡较明显。

潜育层（G）：34厘米以下，青灰色，土体黏重，湿重呈稀泥状，无植物根系，无结构，含石块、泥沙，紧实。

泥炭腐殖质沼泽土理化性状见表2-35。

表2-35 泥炭腐殖质沼泽土理化性状统计

项目	厚度（厘米）	有机质（克/千克）	全氮（克/千克）	全磷（克/千克）	全钾（克/千克）	pH	盐基饱和度（%）	水解性酸度（me/百克土）	阳离子代换量（me/百克土）	交换性H^+（me/百克土）	交换性Al^{3+}（me/百克土）	活性铁（me/百克土）	物理性黏粒（%）	物理性沙粒（%）
T	2～18	297.4	1.42	1.42	12.2	4.8	58.97	28.28	71.54	0.65	2.46	101.17	30.1	69.9
A_1	18～34	137.8	5.63	1.39	14.1	4.6	59.26	23.44	57.43	0.52	4.12	53.44	31.9	68.1
G	34以下	71.8	2.79	0.88	17.9	4.6	62.53	12.77	38.66	0.74	2.49	69.38	50.7	49.3

（2）生产性能和特点：从理化性状可以看出，该土壤较深厚，有机质和矿物质含量均很丰富，潜在肥力较高，呈酸性反应，交换性盐基和盐基饱和度小。可开沟排水，开垦为农地，排水后也可进行造林，造林树种可选喜湿性树种如兴安落叶松等。

（四）草甸沼泽土亚类

草甸沼泽土土属 该土属代号641，面积为61 281.33公顷，占土壤总面积的1.86%。分布于沼泽的外侧，是沼泽土向草甸土过渡的土壤。土壤经常处于湿润状态，在雨季处于积水状态，土体构型为AM、A_1、BC_g、G。

（1）剖面形态特征和理化性状：

草根层（AM）：表层多草根，呈盘结状。

腐殖质层（A_1）：黑色，粒状结构，中壤土（呈鱼卵状），疏松，湿润，可见较多锈斑，有的可见灰蓝色潜育斑点，即有潜育化现象。

过渡层（BC_g）：为潜育过渡层，灰白色，轻黏土，结构不明显，紧实，湿重，可见大量锈斑，有较多铁结核和灰蓝色潜育斑块。

潜育层（G）：为灰蓝色潜育层，黏韧，无结构，地下水浸透层，长期过湿。

草甸沼泽土理化性状见表2-36。

表 2-36　草甸沼泽土理化性状统计

项目	厚度（厘米）	有机质（克/千克）	全氮（克/千克）	全磷（克/千克）	全钾（克/千克）	pH	盐基饱和度（%）	水解性酸度（me/百克土）	阳离子代换量（me/百克土）	交换性 H^+（me/百克土）	交换性 Al^{3+}（me/百克土）	活性铁（me/百克土）	物理性黏粒（%）	物理性沙粒（%）
AM	20	157.2	7.64	1.38	14.4	4.4	—	21.66	50.38	—	3.92	92.92	53.1	46.9
A_1	17	149.1	6.73	1.12	15.4	4.9	70.13	19.73	53.88	0.37	0.92	34.6	31.6	68.4
BC_g	32	72.1	3.09	0.96	18.6	4.5	67.11	14.4	46.95	0.61	3.22	39.55	46.3	53.7
G	30	67.9	3.42	1.14	18.8	4.7	56.02	13.89	40.19	0.65	2.76	60	39.2	60.8

（2）生产性能和特点：该土属表层有机质含量高，全剖面处于氧化还原状态，而底土处于还原状态。草甸沼泽土肥力潜力大，但由于地下水位高，黏重，冷浆，养分释放慢，速效养分低，应进行排水及土壤改良。

七、泥 炭 土

泥炭土形成条件和成土过程与沼泽土相同，泥炭土类只有 1 个亚类、1 个土属。叙述如下：

典型泥炭土亚类

泥炭土土属　泥炭土土属（亚类）代号 711，面积为 10 846 公顷，占土壤总面积的 0.33%。泥炭土剖面层次明显，分泥炭层（T）和潜育层（G），而泥炭层厚度超过 50 厘米，有机质含量大于 300 克/千克。

（1）剖面形态特征和理化性状：

泥炭层（T）：0～55 厘米，黑棕色，无结构，质软，为粗腐殖质，湿重，过渡明显，有时可分 T_1、T_2 等多层次。

潜育层（G）：在 55 厘米以下，为蓝灰色或灰白色，潜育矿物质层。

泥炭土理化性状见表 2-37。

表 2-37　泥炭土理化性状统计

项目	厚度（厘米）	有机质（克/千克）	全氮（克/千克）	全磷（克/千克）	全钾（克/千克）	pH	盐基饱和度（%）	水解性酸度（me/百克土）	阳离子代换量（me/百克土）	交换性 H^+（me/百克土）	交换性 Al^{3+}（me/百克土）	活性铁（me/百克土）	物理性黏粒（%）	物理性沙粒（%）
T	0～55	428.5	13.76	1.16	10.3	4.5	46.98	34.37	64.8	2.28	3.48	132.5	37.5	62.5
G	55 以下	90.5	2.37	0.57	17.9	4.1	54.85	15.41	34.13	1.60	4.2	48	64.7	35.3

（2）生产性能和特点：泥炭土有机质含量可达 30%以上，潜在肥力高，含有多种化学元素，但有效养分低。泥炭作为矿物资源在工业、农业和医疗事业中都有广阔的利用价值，对泥炭资源应进行环境保护，不要进行排水和改土措施，以免泥炭分解遭破坏，应作为矿物资源开采利用。

八、水 稻 土

水稻土是各类土壤长期种植水稻后逐渐发育形成的一种土壤，是人类劳动的产物。水稻土是由于水耕，水潜熟化过程而形成。伊春市主要在铁力（市）少量分布，面积7 374.33 公顷，仅占土壤总面积的0.22%。土体结构常为A，P，W，G等层次，水稻土分黑土型水稻土、草甸型水稻土和沼泽型水稻土3个亚类。其中草甸型水稻土占87.31%，本书以草甸型水稻土为例，说明水稻土的特性；其他亚类仅占很少部分，不详叙述。

草甸型水稻土亚类

草甸型水稻土土属 该土属代号821，面积为6 438.67 公顷。该土属是在草甸土种植水稻而发育的土壤，土体构型为A、P，W、B_g、C_g。

（1）草甸型水稻土剖面形态特征（以剖面铁-21号为例）和理化性状：

耕作层（A）：0～25 厘米，黑色，无结构，轻黏土，松，有少量红色胶膜，大量植物根系，平行过渡。

渗育层（P）：25～32 厘米，浅灰白色，轻黏土，片状结构，紧实，少植物根系，平行过渡。

斑纹层（W）：32～60 厘米，灰黄色，重壤土，无结构，紧实，有较多锈斑和锈纹。

淀积层（B_g）：60～101 厘米，黄色，小棱块状结构，黏重，紧实，有铁、锰淀积，有锈纹和锈斑。

母质层（C_g）：101～150 厘米，黄绿色，无结构，质地黏土，紧实，有大量锈斑，潜育斑块。

草甸型水稻土理化性状见表2-38。

表2-38 草甸型水稻土理化性状统计

项　目	厚度（厘米）	有机质（克/千克）	全氮（克/千克）	全磷（克/千克）	全钾（克/千克）	pH（H_2O）
A	0～25	66.1	2.45	2.09	24.5	5.3
P	25～32	41.3	—	—	—	—
W	32～60	13.8	—	—	—	5.5
B_g	60～101	11.4	—	—	—	—
C_g	101～150	5.2	—	—	—	5.0

（2）生产性能和改良利用方向：该土属土质疏松，冷浆，潜在养分较高，有效养分低。应增施粪肥，调节氮、磷、钾比例，提高产量。

第五节 黑龙江省统一更名后土壤归类简要概述

本次耕地地力调查，伊春市土壤按黑龙江省统一分类标准进行重新归类，原棕色针叶林土划归为暗棕壤，冲积土在铁力局有一小部分面积，也划归过来。该地区土壤重新划分后分别为暗棕壤、黑土、白浆土、草甸土、沼泽土、泥炭土、水稻土和冲积土，共计 8 个土类，21 个亚类，29 个土属，45 个土种。

一、耕地土壤新旧土类检索

按照新的土壤分类系统，伊春市耕地土壤共分为 8 个土类：暗棕壤、黑土、白浆土、草甸土、沼泽土、泥炭土、水稻土和冲积土，见表 2－39。

表 2－39　伊春市耕地土壤新旧土类对照

旧土类	棕色针叶林土	暗棕壤	黑土	白浆土	草甸土	沼泽土	泥炭土	水稻土	河淤土
新土类	暗棕壤		黑土	白浆土	草甸土	沼泽土	泥炭土	水稻土	冲积土

二、耕地土壤新旧亚类检索

在伊春市耕地土壤中原 25 个亚类合并为 21 个亚类，分别是灰化暗棕壤、暗棕壤、潜育暗棕壤、草甸暗棕壤、白浆化暗棕壤、白浆土、草甸白浆土、潜育白浆土、黑土、草甸黑土、白浆化黑土、草甸土、潜育草甸土、沼泽土、泥炭沼泽土、泥炭腐殖质沼泽土、草甸沼泽土、高位泥炭土、淹育水稻土、潜育水稻土和冲积土，见表 2－40。

表 2－40　伊春市耕地土壤新旧亚类对照

新亚类名称	旧亚类名称
灰化暗棕壤	棕色针叶林土 表潜棕色针叶林土
暗棕壤	暗棕壤 原始暗棕壤
潜育暗棕壤	潜育暗棕壤
草甸暗棕壤	草甸暗棕壤
白浆化暗棕壤	白浆化暗棕壤
白浆土	白浆土
草甸白浆土	草甸白浆土
潜育白浆土	潜育白浆土
黑土	黑土
草甸黑土	草甸化黑土
白浆化黑土	白浆化黑土
草甸土	草甸土 暗棕壤化草甸土 层状草甸土

（续）

新亚类名称	旧亚类名称
潜育草甸土	潜育化草甸土
沼泽土	沼泽土
泥炭沼泽土	泥炭腐殖质沼泽土
泥炭腐殖质沼泽土	草甸沼泽土
草甸沼泽土	腐殖质沼泽土
高位泥炭土	泥炭土
淹育水稻土	草甸型水稻土 黑土型水稻土
潜育水稻土	沼泽型水稻土
冲积土	河淤土

三、耕地土壤新旧土属检索

伊春市耕地土壤中原35个土属合并为29个土属：砾沙质灰化暗棕壤、砾沙质暗棕壤、沙砾质暗棕壤、灰泥质暗棕壤、泥沙质暗棕壤、壤质潜育暗棕壤、黄土质草甸暗棕壤、黄土质白浆化暗棕壤、泥质暗棕壤、亚暗矿质潜育暗棕壤、黄土质白浆土、黏质草甸白浆土、黏质潜育白浆土、黄土质黑土、黄土质草甸黑土、黄土质白浆化黑土、黏壤质草甸土、黏壤质潜育草甸土、暗棕壤型草甸土、埋藏型草甸土、沙砾底沼泽土、泥炭沼泽土、泥炭腐殖质沼泽土、黏质草甸沼泽土、高位泥炭土、草甸土型淹育水稻土、黑土型淹育水稻土、沼泽土型潜育水稻土和砾质冲积土。

伊春市耕地土壤新旧土属对照见表2-41。

表2-41　伊春市耕地土壤新旧土属对照

新土属名称	旧土属名称
砾沙质灰化暗棕壤	棕色针叶林土 表潜棕色针叶林土
砾沙质暗棕壤	典型暗棕壤 侵蚀典型暗棕壤 石质典型暗棕壤 山地原始暗棕壤
沙砾质暗棕壤	埋藏典型暗棕壤
灰泥质暗棕壤	残余碳酸盐典型暗棕壤
泥沙质暗棕壤	沙质底典型暗棕壤

（续）

新土属名称	旧土属名称
壤质潜育暗棕壤	潜育暗棕壤 埋藏潜育暗棕壤
黄土质草甸暗棕壤	草甸暗棕壤 埋藏草甸暗棕壤
黄土质白浆化暗棕壤	白浆化暗棕壤
泥质暗棕壤	河岸原始暗棕壤
亚暗矿质潜育暗棕壤	原始暗棕壤
黄土质白浆土	岗地白浆土
黏质草甸白浆土	平地白浆土
黏质潜育白浆土	低地白浆土
黄土质黑土	岗地黑土 平地黑土
黄土质草甸黑土	平地草甸黑土
黄土质白浆化黑土	岗地白浆化黑土
黏壤质草甸土	平地草甸土 沟谷草甸土
黏壤质潜育草甸土	潜育化草甸土
暗棕壤型草甸土	暗棕壤化草甸土
埋藏型草甸土	层状草甸土
沙砾底沼泽土	碟形沼泽土
泥炭沼泽土	塔头泥炭沼泽土
泥炭腐殖质沼泽土	碟形草甸沼泽土
黏质草甸沼泽土	腐殖质沼泽土
高位泥炭土	泥炭土
草甸土型淹育水稻土	草甸型水稻土
黑土型淹育水稻土	黑土型水稻土
沼泽土型潜育水稻土	沼泽型水稻土
砾质冲积土	砾质河淤土

四、耕地土壤新旧土种检索

全国第二次土壤普查的土壤分类系统是按照全国和省级林业系统的森林土壤分类系统进行的，采用土类、亚类、土属、土种和变种五级分类制。第二次土壤普查时，棕色针叶林土、暗棕壤、黑土、白浆土、草甸土划分到土种，而沼泽土、泥炭土、水稻土划分到土属。本次耕地地力评价与第二次土壤普查的土壤分类系统对比有较大变化的是土种名称，将原82个土种名称全部更新为黑龙江省统一的土种名称，现有45个土种，见表2-42。

表2-42　新旧土种名称对照

新土种名称	旧土种名称
砾沙质灰化暗棕壤	厚层棕色针叶林土
	中层棕色针叶林土
	薄层棕色针叶林土
	厚层表潜棕色针叶林土
	中层表潜棕色针叶林土
	薄层表潜棕色针叶林土
砾沙质暗棕壤	厚层典型暗棕壤
	中层典型暗棕壤
	薄层典型暗棕壤
	侵蚀典型暗棕壤
	薄层石质典型暗棕壤
	中层山地原始暗棕壤
	薄层山地原始暗棕壤
沙砾质暗棕壤	厚层埋藏典型暗棕壤
	中层埋藏典型暗棕壤
	薄层埋藏典型暗棕壤
灰泥质暗棕壤	厚层残余碳酸盐典型暗棕壤
	中层残余碳酸盐典型暗棕壤
	薄层残余碳酸盐典型暗棕壤
泥沙质暗棕壤	沙质底典型暗棕壤
壤质潜育暗棕壤	厚层潜育暗棕壤
	中层潜育暗棕壤
	薄层潜育暗棕壤
	厚层埋藏潜育暗棕壤
	中层埋藏潜育暗棕壤
	薄层埋藏潜育暗棕壤
黄土质草甸暗棕壤	厚层草甸暗棕壤
	中层草甸暗棕壤
	薄层草甸暗棕壤
	厚层埋藏草甸暗棕壤
	中层埋藏草甸暗棕壤
	薄层埋藏草甸暗棕壤

（续）

新土种名称	旧土种名称
黄土质白浆化暗棕壤	厚层白浆化暗棕壤 中层白浆化暗棕壤 薄层白浆化暗棕壤
泥质暗棕壤	厚层河岸原始暗棕壤 中层河岸原始暗棕壤 薄层河岸原始暗棕壤
厚层黄土质白浆土	厚层岗地白浆土
中层黄土质白浆土	中层岗地白浆土
薄层黄土质白浆土	薄层岗地白浆土
厚层黏质草甸白浆土	厚层平地白浆土
中层黏质草甸白浆土	中层平地白浆土
薄层黏质草甸白浆土	薄层平地白浆土
厚层黏质潜育白浆土	厚层低地白浆土
中层黏质潜育白浆土	中层低地白浆土
薄层黏质潜育白浆土	薄层低地白浆土
厚层黄土质黑土	厚层岗地黑土 厚层平地黑土
中层黄土质黑土	中层岗地黑土 中层平地黑土
薄层黄土质黑土	薄层岗地黑土 薄层平地黑土
厚层黄土质草甸黑土	厚层平地草甸黑土
中层黄土质草甸黑土	中层平地草甸黑土
薄层黄土质草甸黑土	薄层平地草甸黑土
厚层黄土质白浆化黑土	厚层岗地白浆化黑土
中层黄土质白浆化黑土	中层岗地白浆化黑土
薄层黄土质白浆化黑土	薄层岗地白浆化黑土
厚层黏壤质草甸土	厚层沟谷草甸土 厚层平地草甸土
中层黏壤质草甸土	中层平地草甸土 中层沟谷草甸土
薄层黏壤质草甸土	薄层平地草甸土 薄层沟谷草甸土
厚层黏壤质潜育草甸土	厚层沼泽化草甸土

（续）

新土种名称	旧土种名称
中层黏壤质潜育草甸土	中层沼泽化草甸土
薄层黏壤质潜育草甸土	薄层沼泽化草甸土
暗棕壤型草甸土	厚层暗棕壤化草甸土 中层暗棕壤化草甸土 薄层暗棕壤化草甸土
浅埋藏型草甸土	层状草甸土
薄层沙砾底沼泽土	沙砾底沼泽土
薄层泥炭沼泽土	泥炭沼泽土
薄层泥炭腐殖质沼泽土	泥炭腐殖质沼泽土
薄层黏质草甸沼泽土	黏质草甸沼泽土
薄层高位泥炭土	高位泥炭土
中层草甸土型淹育水稻土	草甸土型水稻土
中层黑土型淹育水稻土	黑土型水稻土
厚层沼泽土型潜育水稻土	沼泽土型水稻土
薄层砾质冲积土	砾质河淤土
亚暗矿质潜育暗棕壤	原始暗棕壤

第六节　归类后土壤养分面积统计

归类后的土壤按土类—亚类—土属—土种进行养分、面积统计说明，数据及列表均是本次地力评价所涉及耕地的土种，不涉及的土种只列出名称，不另做详细说明。

一、暗 棕 壤

暗棕壤土类是伊春市分布最广、面积最大的一类土壤；是我国温带湿润地区针阔混交林下发育的地带性土壤，生产力高，原始林蓄积可达 300～500 立方米/公顷。森林覆被率高，在 80%以上。暗棕壤基本成土条件是温带湿润季风气候，年平均温度为 1～5℃，年降水量 500～600 毫米，夏季温暖多雨，冬季漫长而寒冷。植被以红松为主的针阔叶混交林，共有植物约 2 000 种，针阔混交比为 4∶6。母岩主要以花岗岩为主，其次为片麻岩、石英沙等，母质为风化残积和坡积物。成土过程是腐殖质累积过程和弱酸性淋溶过程。

由于暗棕壤分布在山地丘陵地带，山地丘陵地形复杂，植被种类繁多，水热条件差异大，因此有暗棕壤的附加成土过程的作用。伊春市暗棕壤土类续分灰化暗棕壤、暗棕壤、潜育暗棕壤、草甸暗棕壤和白浆化暗棕壤 5 个亚类，总面积 22 867.07 公顷，全市辖区内大部分区（局）、乡（镇）都有分布。

（一）灰化暗棕壤亚类

灰化暗棕壤只有砾沙质灰化暗棕壤1个土属，砾沙质灰化暗棕壤土属只有砾沙质灰化暗棕壤1个土种。

（二）暗棕壤亚类

暗棕壤亚类在伊春市区各区（局）、乡（镇）分布面积见表2-43。

表2-43　各区（局）、乡（镇）亚类土壤暗棕壤面积统计

区（局）、乡（镇）	耕地面积（公顷）	占该土类耕地面积（%）
五营区	365.36	1.6
浩良河镇	904.05	4.0
晨明镇	359.06	1.6
上甘岭区	115.74	0.5
友好区	94.31	0.4
翠峦区	15.64	0.1
伊春区	65.45	0.3
西林区	60.19	0.3
迎春乡	913.02	4.0
美溪区	193.02	0.8
金山屯区	510.03	2.4
乌马河区	—	—
带岭区	49.07	0.3
铁力局	2 536.17	11.1
双丰局	2 108.44	9.6
乌伊岭区	195.91	1.7
桃山局	10 943.65	57.5
朗乡局	853.44	3.7
合　计	19 621.08	100

1. 砾沙质暗棕壤土属　该土属只有砾沙质暗棕壤1个土种，农化样分析见表2-44。

表2-44　砾沙质暗棕壤耕地农化样分析统计

土壤养分	最大值	最小值	极差	平均数（x）	样本数（n）
有机质（克/千克）	64.9	5.4	59.4	35.1	1 783
全氮（克/千克）	4.961	1.262	3.699	3.671	1 783
碱解氮（毫克/千克）	457	512	406	304	1 783
有效磷（毫克/千克）	144.1	4	140.1	65	1 783
速效钾（毫克/千克）	590	5	585	172	1 783

2. 沙砾质暗棕壤土属　该土属只有沙砾质暗棕壤1个土种，农化样分析见表2-45。

表 2-45　沙砾质暗棕壤耕地农化样分析统计

土壤养分	最大值	最小值	极差	平均数（x）	样本数（n）
有机质（克/千克）	61.1	59.5	1.5	60.1	8
全氮（克/千克）	3.821	3.211	0.610	3.581	8
碱解氮（毫克/千克）	427	291	137	339	8
有效磷（毫克/千克）	92	34.8	57.2	59.9	8
速效钾（毫克/千克）	220	108	112	178	8

3. 泥沙质暗棕壤土属　该土属只有泥沙质暗棕壤 1 个土种，农化样分析见表 2-46。

表 2-46　泥沙质暗棕壤耕地农化样分析统计

土壤养分	最大值	最小值	极差	平均数（x）	样本数（n）
有机质（克/千克）	65.2	62.4	2.8	63.1	11
全氮（克/千克）	3.491	1.983	1.508	3.211	11
碱解氮（毫克/千克）	366	285	81	355	11
有效磷（毫克/千克）	41.3	19.2	22.1	36	11
速效钾（毫克/千克）	318	131	187	234	11

4. 泥质暗棕壤土属　该土属只有泥质暗棕壤 1 个土种，农化样分析见表 2-47。

表 2-47　泥质暗棕壤农化样分析统计

土壤养分	最大值	最小值	极差	平均数（x）	样本数（n）
有机质（克/千克）	70.5	57.3	13.2	60.2	13
全氮（克/千克）	4.204	3.302	0.938	3.601	13
碱解氮（毫克/千克）	357	299	58	348	13
有效磷（毫克/千克）	65.9	21.5	44.4	58.2	13
速效钾（毫克/千克）	224	142	82	165.3	13

（三）潜育暗棕壤亚类

潜育暗棕壤亚类面积分布较大的地区有桃山局 423 公顷、乌伊岭区 263 公顷，见表 2-48。

表 2-48　各区（局）、乡（镇）潜育暗棕壤亚类土壤面积统计

区（局）、乡（镇）	耕地面积（公顷）	占该土类耕地面积（%）
五营区	7.2	1.02
浩良河镇	—	—
晨明镇	—	—
上甘岭区	—	—
友好区	—	—

（续）

区（局）、乡（镇）	耕地面积（公顷）	占该土类耕地面积（%）
翠峦区	—	—
伊春区	—	—
西林区	—	—
迎春乡	—	—
美溪区	—	—
金山屯区	—	—
乌马河区	—	—
带岭区	10.44	1.49
铁力局	—	—
双丰局	—	—
乌伊岭区	262.63	37.35
桃山局	422.86	60.14
朗乡局	—	—
合　计	703.13	100

1. 壤质潜育暗棕壤土属　该土属只有壤质潜育暗棕壤1个土种，农化样分析见表2-49。

表2-49　壤质潜育暗棕壤耕地农化样分析统计

土壤养分	最大值	最小值	极差	平均数（x）	样本数（n）
有机质（克/千克）	71.1	47.8	23.3	61	89
全氮（克/千克）	4.542	1.810	2.732	3.552	89
碱解氮（毫克/千克）	450	238	212	328	89
有效磷（毫克/千克）	132.5	9.0	123.5	29.1	89
速效钾（毫克/千克）	373	85	288	191	89

2. 亚暗矿质潜育暗棕壤土属　该土属只有亚暗矿质潜育暗棕壤1个土种，农化样分析见表2-50。

表2-50　亚暗矿质潜育暗棕壤耕地农化样分析统计

土壤养分	最大值	最小值	极差	平均数（x）	样本数（n）
有机质（克/千克）	68.2	66.1	2.1	66.8	6
全氮（克/千克）	3.642	2.480	1.162	3.131	6
碱解氮（毫克/千克）	381	290	91	350	6
有效磷（毫克/千克）	38.0	27.95	10.05	16.8	6
速效钾（毫克/千克）	169	141	28	159	6

(四)草甸暗棕暗亚类

该亚类在伊春市区各区(局)、乡(镇)分布面积统计见表 2－51。

表 2－51 各区(局)、乡(镇)草甸暗棕壤亚类土壤面积统计

区(局)、乡(镇)	耕地面积(公顷)	占该土类耕地面积(%)
五营区	—	—
浩良河镇	—	—
晨明镇	—	—
上甘岭区	1.8	0.13
友好区	—	—
翠峦区	—	—
伊春区	—	—
西林区	—	—
迎春乡	663.35	48.74
美溪区	—	—
金山屯区	44.62	3.28
乌马河区	—	—
带岭区	—	—
铁力局	—	—
双丰局	—	—
乌伊岭区	—	—
桃山局	651.26	47.85
朗乡局	—	—
合　计	1 361.03	100

黄土质草甸暗棕壤土属 该土属只有黄土质草甸暗棕壤 1 个土种,农化样分析见表 2－52。

表 2－52 黄土质草甸暗棕壤农化样分析统计

土壤养分	最大值	最小值	极差	平均数(x)	样本数(n)
有机质(克/千克)	67.9	42.1	25.8	57.7	92
全氮(克/千克)	4.580	1.317	3.263	3.521	92
碱解氮(毫克/千克)	488	80	408	293	92
有效磷(毫克/千克)	138.5	17.2	121.3	29.5	92
速效钾(毫克/千克)	260	59	201	144	92

(五)白浆化暗棕壤亚类

该亚类在伊春市区各区(局)、乡(镇)分布面积统计见表 2－53。

表 2-53　各区（局）、乡（镇）白浆化暗棕壤亚类土壤面积统计

区（局）、乡（镇）	耕地面积（公顷）	占该亚类耕地面积（%）
五营区	—	—
浩良河镇	—	—
晨明镇	—	—
上甘岭区	—	—
友好区	—	—
翠峦区	—	—
伊春区	—	—
西林区	—	—
迎春乡	—	—
美溪区	—	—
金山屯区	—	—
乌马河区	—	—
带岭区	—	—
铁力局	—	—
双丰局	89.59	7.58
乌伊岭区	—	—
桃山局	1 092.24	92.42
朗乡局	—	—
合　计	1 181.83	100

黄土质白浆化暗棕壤土属　该土属只有黄土质白浆化暗棕壤 1 个土种，农化样分析见表 2-54。

表 2-54　黄土质白浆化暗棕壤农化样分析统计

土壤养分	最大值	最小值	极差	平均数（x）	样本数（n）
有机质（克/千克）	61.6	53.1	8.5	59.5	56
全氮（克/千克）	4.645	2.571	2.074	3.652	56
碱解氮（毫克/千克）	347	185	162	304	56
有效磷（毫克/千克）	97.88	27.67	70.21	41.1	56
速效钾（毫克/千克）	232	130	102	171	56

二、白 浆 土

白浆土气候条件为温带季风区，夏季温暖多雨，冬季严寒少雪，年降水量 500～600 毫米，雨量主要集中在夏秋季节。年均温度－0.5～5℃，≥10℃积温为 1 600～3 000℃，土壤结冻期达 5～6 个月，冻土层深 0.5～1.8 米。

成土母质为第四纪冲积、洪积沉积黄土状亚黏土，颗粒多含粗粉粒（0.05～0.01 毫米），这种母质黏重而不透水，在雨季往往形成上层土壤滞水。

地形一般为第四纪各个不同时期的河岸阶地和山前洪积台地。地势较平坦，坡度在 3°以下，自然植被有森林、荒山-草甸、草甸沼泽、柞树为主的杂木林，山杨白桦次生林、丛桦或毛赤杨或沼柳灌木丛、杂草群落、小叶樟、薹草群落。

白浆土形成过程包括草甸化过程、潜育过程和淋溶过程。

白浆土在外部形态上区别于其他土类的主要特征是，在腐殖质层下有一个灰白的亚表层，土体构型为 A_{00}、A_0（森林白浆土所特有），腐殖层 A_1、白浆层 W、淀积层 B、母质层 C。白浆土在该地区有白浆土、草甸白浆土、潜育白浆土 3 个亚类。

白浆土主要分布在平原与山地的过渡地带和浅山近山区，该地区多见于铁力（市）桃山镇和双丰镇，嘉荫县也有分布，小兴安岭腹地很少分布。本次评价白浆土面积 2 220 公顷，主要分布于铁力林业局和双丰林业局（表 2－55）。

表 2－55　各区（局）、乡（镇）白浆土亚类土壤面积统计

区（局）、乡（镇）	耕地面积（公顷）	占该土类耕地面积（%）
五营区	—	—
浩良河镇	—	—
晨明镇	—	—
上甘岭区	—	—
友好区	—	—
翠峦区	—	—
伊春区	—	—
西林区	—	—
迎春乡	—	—
美溪区	—	—
金山屯区	—	—
乌马河区	—	—
带岭区	—	—
铁力局	28.90	1.30
双丰局	—	—
乌伊岭区	—	—
桃山局	2 191.49	98.70
朗乡局	—	—
合　计	2 220.39	100

（一）白浆土亚类

该亚类只有黄土质白浆土 1 个土属，有 3 个土种，分别为厚层黄土质白浆土土种、中层黄土质白浆土土种和薄层黄土质白浆土土种，农化样分析见表 2－56。

表 2－56　厚层黄土质白浆土农化样分析统计

土壤养分	最大值	最小值	极差	平均数（x）	样本数（n）
有机质（克/千克）	67.0	52.5	14.5	59.3	104
全氮（克/千克）	4.861	3.201	1.660	4.103	104
碱解氮（毫克/千克）	408	253	155	325	104
有效磷（毫克/千克）	121.39	18.0	103.39	32.6	104
速效钾（毫克/千克）	329	88	241	147	104

（二）草甸白浆土亚类

草甸白浆土主要分布在低阶地或台地平坦处，该地区在铁力（市）和嘉荫县有少量分布。自然植被以杂草类草甸为主，杂生有少量的桦、杨树和灌丛。母质为第四纪洪积黄土状黏土沉积物，该亚类除主要成土过程外，草甸化过程有一定发展，是白浆土与草甸土的过渡类型。该地区主要有黏质草甸白浆土 1 个土属，下分 3 个土种，分别为：厚层黏质草甸白浆土土种、中层黏质草甸白浆土土种和薄层黏质草甸白浆土土种。

（三）潜育白浆土亚类

该亚类只有黏质潜育白浆土 1 个土属，下分 3 个土种，分别为：厚层黏质潜育白浆土土种、中层黏质潜育白浆土土种和薄层黏质潜育白浆土土种。

三、黑　　土

黑土主要分布在松嫩平原，在伊春市铁力（市）一带、小兴安岭山前波状起伏的台地上集中连片。面积为 855.88 公顷，主要分布在铁力（市），是粮、豆生产的主要土壤。

黑土是我国温带半温润季风气候下发育的土壤。气候特点，冬季长而严寒；夏季短而热，年均温 0.5～6℃，≥10℃积温 2 500～3 000℃，年降水量 450～600 毫米，多集中在夏秋季节，土壤冻结时间长，冻结深度可达 2 米。植被为草原化草甸类型或森林草甸草原，以杂草（五花草塘）为主，主要草甸植物有黄花菜、马兰、报春花、薹草、小叶樟、小叶蒿、落豆秧、扁竹兰、狼尾巴草等。木本植物主要有榛子、柞、山杨、黑桦、刺玫等，生长繁茂，根系发达，覆盖度大。黑土形成母质主要是第四纪冰积、洪积的黄土沉积物，母质矿物组成主要是水云母及蒙脱石，这种黄土状母质吸水性强，透水性差。黑土形成地形大部是波状起伏的漫坡、漫岗和平原，坡度为 1°～5°，坡长可达 500～1 000 米。黑土形成过程主要特点是腐殖质的累积过程和物质的淋溶和淀积过程。黑土剖面有 3 个发生层次 A、B、C，主要特征是有深厚的腐殖质层，结构好，疏松多孔，全剖面有 SiO_2 粉末，下部土层可见铁锰结核，有锈斑，土壤反应呈中性-微酸性，代换量高，以钙镁为主，保肥力强，是较好的农业土壤。

本次耕地地力评价伊春市区内黑土土类主要分布铁力市林业局和和南岔区迎春乡，总面积为 855.88 公顷，黑土土类分黑土、草甸黑土、白浆化黑土 3 个亚类。

(一) 黑土亚类

该亚类黑土主要分布（表 2 - 57）在起伏的漫岗中上部，原始植被为灌木草甸，母质为黄土状黏质沉积物。现只 1 个黄土质黑土土属，是由原 2 个土属即岗地黑土土属和平地黑土土属合并而成。

表 2 - 57　各区（局）、乡（镇）黑土亚类土壤面积统计

区（局）、乡（镇）	耕地面积（公顷）	占该亚类耕地面积（%）
五营区	—	—
浩良河镇	—	—
晨明镇	—	—
上甘岭区	—	—
友好区	—	—
翠峦区	—	—
伊春区	—	—
西林区	—	—
迎春乡	—	—
美溪区	—	—
金山屯区	—	—
乌马河区	—	—
带岭区	—	—
铁力局	598.67	100.0
双丰局	—	—
乌伊岭区	—	—
桃山局	—	—
朗乡局	—	—
合　计	598.67	100

黄土质黑土土属　该土属只有厚层黄土质黑土 1 个土种，农化样分析见表 2 - 58。

表 2 - 58　厚层黄土质黑土耕地农化样分析统计

土壤养分	最大值	最小值	极差	平均数（x）	样本数（n）
有机质（克/千克）	67.5	39.3	28.2	57.7	24
全氮（克/千克）	4.3	3.301	1.003	3.901	24
碱解氮（毫克/千克）	366	245	121	310	24
有效磷（毫克/千克）	144	33.5	110.5	70.1	24
速效钾（毫克/千克）	212	92	120	145	24

（二）草甸黑土亚类

该亚类在伊春市各区（局）、乡（镇）面积统计见表2-59。

表2-59　各区（局）、乡（镇）草甸黑土亚类土壤面积统计

区（局）、乡（镇）	耕地面积（公顷）	占该亚类耕地面积（%）
五营区	—	—
浩良河镇	—	—
晨明镇	—	—
上甘岭区	—	—
友好区	—	—
翠峦区	—	—
伊春区	—	—
西林区	—	—
迎春乡	257.21	100.0
美溪区	—	—
金山屯区	—	—
乌马河区	—	—
带岭区	—	—
铁力局	—	—
双丰局	—	—
乌伊岭区	—	—
桃山局	—	—
朗乡局	—	—
合　计	257.21	100

该亚类只有黄土质草甸黑土1个土属，下分3个土种，分别为厚层黄土质草甸黑土土种、中层黄土质草甸黑土土种、薄层黄土质草甸黑土土种，农化样分析见表2-60。

表2-60　厚层黄土质草甸黑土耕地农化样分析统计

土壤养分	最大值	最小值	极差	平均数（x）	样本数（n）
有机质（克/千克）	64.7	58.2	6.5	61.8	9
全氮（克/千克）	4.2	3.2	1	3.7	9
碱解氮（毫克/千克）	349	182	167	255	9
有效磷（毫克/千克）	68.6	25.4	43.2	54.1	9
速效钾（毫克/千克）	201	127	74	155	9

（三）白浆化黑土亚类

该亚类土壤多分布于台地下部和山前漫岗上。植被为疏林草甸。母质以黏土为主，母质层黏重而紧实，透水性极差，因而上层土层易产生滞水现象。铁、锰等有色矿物还原、淋溶侧流损失，使土色脱色发白，形成亚表层白浆化层次。白浆化黑土是以黑土化过程为主附加白浆化过程而形成的黑土向白浆土过渡的亚类，该地区出现的土属为黄土质白浆化黑土，下分 3 个土种，分别为：厚层黄土质白浆化黑土土种、中层黄土质白浆化黑土土种、薄层黄土质白浆化黑土土种。

四、草甸土

草甸土主要分布在铁力（市）和嘉荫县河流两岸、冲积平原、泛滥地和小兴安岭山间低地、下阶地。草甸土是非地带性土壤，一般地形平坦，地下水埋深 1～3 米，植被以喜湿性草甸类型为主，生长茂密，草根密实，母质为河湖相沉积物或冲积物。草甸土土类是草甸化过程作用下形成的一种半水成土壤。剖面结构一般分两层，即 A_1 层和 Cg（锈色斑纹层）。按黑龙江省分类系统可分草甸土和潜育草甸土 2 个亚类。

本次耕地地力评价草甸土类土壤伊春市辖区内分布广泛，多数区（局）、乡（镇）都有分布，面积 16 601.39 公顷，主要包括草甸土和潜育草甸土 2 个亚类。

（一）草甸土亚类

该亚类在伊春市区各区（局）、乡（镇）面积统计见表 2-61。

表 2-61　各区（局）、乡（镇）草甸土亚类土壤面积统计

区（局）、乡（镇）	耕地面积（公顷）	占该亚类耕地面积（%）
五营区	—	—
浩良河镇	1 159.41	7.84
晨明镇	—	—
上甘岭区	106.02	0.72
友好区	1 248.67	8.44
翠峦区	0.59	0
伊春区	283.71	1.92
西林区	450.88	3.05
迎春乡	1 639.45	11.09
美溪区	434.68	2.94
金山屯区	1 010.05	6.83
乌马河区	120.48	0.81
带岭区	812.92	5.50
铁力局	749.07	5.07
双丰局	—	—
乌伊岭区	855.91	5.79
桃山局	4 649.32	31.45
朗乡局	1 267.19	8.57
合　计	14 788.35	100

1. 黏壤质草甸土土属　该土属下分 3 个土种，厚层黏壤质草甸土土种、中层黏壤质草甸土土种、薄层黏壤质草甸土土种，农化样分析见表 2-62。

表 2-62　厚层黏壤质草甸土耕地农化样分析统计

土壤养分	最大值	最小值	极差	平均数（x）	样本数（n）
有机质（克/千克）	78.6	27.5	51.1	57.4	356
全氮（克/千克）	4.512	1.261	3.251	3.391	356
碱解氮（毫克/千克）	456	93	363	284	356
有效磷（毫克/千克）	144.4	7.1	137.3	32.3	356
速效钾（毫克/千克）	551	5	546	180	356

2. 暗棕壤型草甸土土属　该土属只有 1 个土种，暗棕壤型草甸土土种，农化样分析见表 2-63。

表 2-63　暗棕壤型草甸土耕地农化样分析统计

土壤养分	最大值	最小值	极差	平均数（x）	样本数（n）
有机质（克/千克）	82.2	14.2	67.0	56.1	371
全氮（克/千克）	5.575	1.823	3.752	3.473	371
碱解氮（毫克/千克）	468	37	431	282	371
有效磷（毫克/千克）	135	1	134	23.4	371
速效钾（毫克/千克）	462	2	460	147	371

3. 埋藏型草甸土土属　该土属只有 1 个土种，浅埋藏型草甸土种，农化样分析见表 2-64。

表 2-64　浅埋藏型草甸土农化样分析统计

土壤养分	最大值	最小值	极差	平均数（x）	样本数（n）
有机质（克/千克）	62.2	18.7	43.5	40.8	12
全氮（克/千克）	4.787	3.2	1.6	4	12
碱解氮（毫克/千克）	393	145	248	310	12
有效磷（毫克/千克）	39	9.5	29.5	22.4	12
速效钾（毫克/千克）	590	77	513	209	12

（二）潜育草甸土亚类

该亚类土壤位于草甸土更低的地形部位，介于草甸土与沼泽土之间。植被以小叶樟、薹草为主。地下水位较高，一般为 1～1.3 米，地表排水不好，土壤经常处在过湿状态。成土过程以草甸化过程为主，附加有潜育化过程。现有黏壤质潜育草甸土 1 个土属，见表 2-65。

表 2-65　各区（局）、乡（镇）潜育草甸土亚类土壤面积统计

区（局）、乡（镇）	耕地面积（公顷）	占该亚类耕地面积（%）
五营区	—	—
浩良河镇	—	—
晨明镇	—	—
上甘岭区	851.15	46.95
友好区	—	—
翠峦区	—	—
伊春区	—	—
西林区	—	—
迎春乡	—	—
美溪区	—	—
金山屯区	—	—
乌马河区	—	—
带岭区	—	—
铁力局	—	—
双丰局	—	—
乌伊岭区	—	—
桃山局	142.78	7.88
朗乡局	819.11	45.17
合　计	1 813.04	100

黏壤质潜育草甸土土属　该土属下分 3 个土种，厚层黏壤质潜育草甸土土种、中层黏壤质潜育草甸土土种、薄层黏壤质潜育草甸土土种，农化样分析见表 2-66。

表 2-66　厚层黏壤质潜育草甸土农化样分析统计

土壤养分	最大值	最小值	极差	平均数（x）	样本数（n）
有机质（克/千克）	70.9	38.7	32.5	60.1	96
全氮（克/千克）	4.645	2.111	2.534	3.572	96
碱解氮（毫克/千克）	429	198	231	337	96
有效磷（毫克/千克）	135.3	9.5	125.8	21.8	96
速效钾（毫克/千克）	329	73	256	143	96

五、沼 泽 土

沼泽土在伊春市区各区（局）、乡（镇）均有分布，分布范围比较广，凡有积水和过湿地方均有分布。形成沼泽土的地形为分水岭的碟形地、坡地、封闭半封闭河谷盆地、冲积扇和扇形地间的洼地、河流宽广的谷地、谷地的河漫滩、阶地，植被以喜湿性沼泽类型为主，有草本沼泽群落、薹草沼泽群落、森林沼泽群落。成土母质为黏质河湖相沉积物、冰积物。气候较湿润，年降水量为400～600毫米，夏季多雨而集中，冬季寒冷，年均温在－2℃，冰冻期长。

沼泽土形成过程为泥炭化过程和潜育化过程，该土壤剖面一般分泥炭层（T）和潜育层（C）。沼泽土在伊春市区可分沼泽土、泥炭沼泽土、泥炭腐殖质沼泽土、草甸沼泽土4个亚类。本次耕地地力评价，沼泽土面积15 272.39公顷，分布在伊春市各区（局）、乡（镇）。

（一）沼泽土亚类

沼泽土是沼泽土土类的典型亚类。成土过程具有典型的泥炭化过程和潜育化过程，因而剖面特点可分两个明显的层次，即泥炭层（T）和潜育层（G）。现有沙砾底沼泽土1个土属。该亚类分布见表2－67。

表2－67　各区（局）、乡（镇）沼泽土亚类土壤面积统计

区（局）、乡（镇）	耕地面积（公顷）	占该亚类耕地面积（%）
五营区	122.75	1.42
浩良河镇	319.58	3.69
晨明镇	—	—
上甘岭区	300.38	3.47
友好区	733.72	8.47
翠峦区	—	—
伊春区	—	—
西林区	—	—
迎春乡	—	—
美溪区	—	—
金山屯区	115.58	1.33
乌马河区	—	—
带岭区	37.43	0.43
铁力局	8.98	0.10
双丰局	5 264.12	60.80
乌伊岭区	325.03	3.75
桃山局	1 430.91	16.54
朗乡局	—	—
合　计	8 658.48	100

沙砾底沼泽土土属　该土属下只有1个土种，薄层沙砾底沼泽土土种，农化样分析见表2－68。

表 2-68 薄层沙砾底沼泽土农化样分析统计

土壤养分	最大值	最小值	极差	平均数（x）	样本数（n）
有机质（克/千克）	107.5	29.4	78.1	58.5	297
全氮（克/千克）	4.948	1.531	3.427	3.704	297
碱解氮（毫克/千克）	500	66	434	291	297
有效磷（毫克/千克）	142.5	7.0	135.5	36.6	297
速效钾（毫克/千克）	492	27	465	186	297

（二）泥炭沼泽土亚类

该亚类在伊春市区分布见表 2-69。

表 2-69 各区（局）、乡（镇）泥炭沼泽土亚类土壤面积统计

区（局）、乡（镇）	耕地面积（公顷）	占该亚类耕地面积（%）
五营区	—	—
浩良河镇	—	—
晨明镇	—	—
上甘岭区	—	—
友好区	—	—
翠峦区	553.84	24.56
伊春区	607.68	26.90
西林区	—	—
迎春乡	—	—
美溪区	—	—
金山屯区	—	—
乌马河区	136.63	6.05
带岭区	—	—
铁力局	—	—
双丰局	—	—
乌伊岭区	468.72	20.75
桃山局	206.82	9.16
朗乡局	285.29	12.58
合　计	2 258.08	100

泥炭沼泽土土属　该土属只有 1 个土种，薄层泥炭沼泽土土种，农化样分析见表 2-70。

表 2-70　薄层泥炭沼泽土农化样分析统计

土壤养分	最大值	最小值	极差	平均数（x）	样本数（n）
有机质（克/千克）	72.7	32.3	40.5	61.9	125
全氮（克/千克）	4.415	1.412	3.003	3.081	125
碱解氮（毫克/千克）	424	157	267	308	125
有效磷（毫克/千克）	126.0	8.5	117.5	20.8	125
速效钾（毫克/千克）	426	74	352	197	125

（三）泥炭腐殖质沼泽土亚类

该亚类在伊春市区只有泥炭腐殖质沼泽土 1 个土属。

泥炭腐殖质沼泽土土属　该土属只有 1 个土种，薄层泥炭腐殖质沼泽土土种，见表 2-71、表 2-72。

表 2-71　各区（局）、乡（镇）泥炭腐殖质沼泽土亚类土壤面积统计

区（局）、乡（镇）	耕地面积（公顷）	占该亚类耕地面积（%）
五营区	—	—
浩良河镇	42.34	1.17
晨明镇	1 403.14	38.74
上甘岭区	—	—
友好区	246.75	6.81
翠峦区	—	—
伊春区	—	—
西林区	—	—
迎春乡	—	—
美溪区	16.87	0.47
金山屯区	—	—
乌马河区	—	—
带岭区	66.29	1.83
铁力局	—	—
双丰局	7.69	0.21
乌伊岭区	436.16	12.04
桃山局	1 073.88	29.65
朗乡局	328.56	9.08
合　计	3 621.68	100

表 2-72 薄层泥炭腐殖质沼泽土耕地农化样分析统计

土壤养分	最大值	最小值	极差	平均数（x）	样本数（n）
有机质（克/千克）	75.2	42.8	32.4	60.3	173
全氮（克/千克）	4.987	1.196	3.791	3.290	173
碱解氮（毫克/千克）	500	137	363	299	173
有效磷（毫克/千克）	147.5	8	139.5	27.1	173
速效钾（毫克/千克）	583	23	560	171	173

(四) 草甸沼泽土亚类

草甸沼泽土主要分布沼泽的外侧，从地形分布看比腐殖质沼泽土要更高一些，介于草甸土和沼泽土之间，是一种过渡性的土壤。植被以小叶樟、塔头薹草为主要植物群落。母质为河湖相黏土沉积物。该亚类沼泽土的成土特点是以潜育化为主并附加有草甸化成土过程而形成的土壤。土壤表层多草根及粗腐殖质，中间为多量铁子的过渡层，其下为灰蓝色的潜育层。分 1 个土属，即黏质草甸沼泽土。该亚类在伊春市区分布见表 2-73。

表 2-73 各区（局）、乡（镇）草甸沼泽土亚类土壤面积统计

区（局）、乡（镇）	耕地面积（公顷）	占该亚类耕地面积（%）
五营区	—	—
浩良河镇	—	—
晨明镇	353.76	48.25
上甘岭区	—	—
友好区	37.32	5.09
翠峦区	—	—
伊春区	—	—
西林区	—	—
迎春乡	40.24	5.49
美溪区	—	—
金山屯区	—	—
乌马河区	—	—
带岭区	—	—
铁力局	—	—
双丰局	—	—
乌伊岭区	70.89	9.67
桃山局	231.04	31.50
朗乡局	—	—
合　计	733.25	100

黏质草甸沼泽土土属　该土属只有 1 个土种，薄层黏质草甸沼泽土土种，见表 2-74。

表 2-74　薄层黏质草甸沼泽土农化样分析统计

土壤养分	最大值	最小值	极差	平均数 (x)	样本数 (n)
有机质（克/千克）	72.8	43.6	29.2	57.9	56
全氮（克/千克）	4.254	2.252	2.002	3.441	56
碱解氮（毫克/千克）	418	231	187	320	56
有效磷（毫克/千克）	141	24.2	116.8	39.4	56
速效钾（毫克/千克）	274	23	251	148	56

六、泥 炭 土

泥炭土是非地带性水成土壤，是沼泽土的特殊范畴，按其泥炭层超过 50 厘米、有机质超过 30%而划分的。主要分布于宽甸低洼处、低河漫滩、坡地、山间沟谷、簸箕形盆地等。植被为喜湿性草本沼泽植物群落、薹草沼泽植物群落、越桔、落叶松丛桦森林植物群落、泥炭藓落叶松林等。母质为河湖相沉积物。

泥炭土成土过程主要为泥炭化过程和潜育化过程，由于泥炭层深厚，导热性差，泥炭土地段一般都为永冻层。泥炭土形成条件和成土过程与沼泽土相同，只有 1 个高位泥炭土亚类。

泥炭土在伊春市区各区（局）、乡（镇）均有分布，桃山局分布面积较大，泥炭深厚，集中连片。现以泥炭土典型亚类、典型土属为例说明其特性（表 2-75）。

表 2-75　各区（局）、乡（镇）泥炭土亚类土壤面积统计

区（局）、乡（镇）	耕地面积（公顷）	占该亚类耕地面积（%）
五营区	16.58	2.09
浩良河镇	—	—
晨明镇	—	—
上甘岭区	—	—
友好区	—	—
翠峦区	—	—
伊春区	—	—
西林区	—	—
迎春乡	—	—
美溪区	—	—
金山屯区	—	—
乌马河区	—	—
带岭区	—	—
铁力局	—	—

（续）

区（局）、乡（镇）	耕地面积（公顷）	占该亚类耕地面积（%）
双丰局	—	—
乌伊岭区	—	—
桃山局	776.66	97.91
朗乡局	—	—
合　计	793.24	100

高位泥炭土亚类

该亚类在伊春市区只有高位泥炭土 1 个土属。

高位泥炭土土属　该土属只有 1 个土种，薄层高位泥炭土土种，农化样分析见表 2-76。

表 2-76　薄层高位泥炭土耕地农化样分析统计

土壤养分	最大值	最小值	极差	平均数（x）	样本数（n）
有机质（克/千克）	73.0	58.9	14.1	66.1	33
全氮（克/千克）	4.798	2.355	2.443	4.12	33
碱解氮（毫克/千克）	344	155	189	230	33
有效磷（毫克/千克）	141.5	22.1	119.4	47.4	33
速效钾（毫克/千克）	244	98	146	142	33

七、水 稻 土

水稻土是各类土壤长期种植水稻后逐渐发育形成的一种土壤，是人类劳动的产物。水稻土是由水耕，水潜熟化过程而形成。伊春市区主要在铁力局有少量分布，只有淹育水稻土和潜育水稻土 2 个亚类，面积 15.94 公顷，土体结构常为 A，P，W，G 等层次，见表 2-77。

表 2-77　各区（局）、乡（镇）淹育水稻土面积统计

区（局）、乡（镇）	耕地面积（公顷）	占该土类耕地面积（%）
五营区	—	—
浩良河镇	—	—
晨明镇	—	—
上甘岭区	—	—
友好区	—	—
翠峦区	—	—
伊春区	—	—
西林区	—	—
迎春乡	—	—

（续）

区（局）、乡（镇）	耕地面积（公顷）	占该土类耕地面积（%）
美溪区	—	—
金山屯区	—	—
乌马河区	—	—
带岭区	—	—
铁力局	15.94	100.0
双丰局	—	—
乌伊岭区	—	—
桃山局	—	—
朗乡局	—	—
合　计	15.94	100.0

（一）淹育水稻土亚类

淹育水稻土亚类是由黑土型水稻土、草甸型水稻土和沼泽型水稻土三者合并为1个亚类，下有草甸土型淹育水稻土和黑土型淹育水稻土2个土属。

1. 草甸土型淹育水稻土土属　该土属只有1个土种，中层草甸土型淹育水稻土土种，农化样分析见表2-78。

表2-78　中层草甸土型淹育水稻土耕地农化样分析统计

土壤养分	最大值	最小值	极差	平均数（x）	样本数（n）
有机质（克/千克）	67	59	8.0	63.9	3
全氮（克/千克）	4.256	3.462	0.794	3.853	3
碱解氮（毫克/千克）	315	253	62	286	3
有效磷（毫克/千克）	121.2	33.5	87.7	45.0	3
速效钾（毫克/千克）	119	88	31	106	3

2. 黑土型淹育水稻土土属　该土属只有1个土种，中层黑土型淹育水稻土土种。

（二）潜育水稻土亚类

该亚类在伊春市区只有沼泽土型潜育水稻土1个土属。

沼泽土型潜育水稻土土属　该土属只有1个土种，厚层沼泽土型潜育水稻土土种。

八、新 积 土

新积土土类在伊春市区只有冲积土1个亚类。该亚类在伊春市区各区（局）、乡（镇）分布见表2-79。

表 2-79　各区（局）、乡（镇）冲积土面积统计

区（局）、乡（镇）	耕地面积（公顷）	占该亚类耕地面积（%）
五营区	—	—
浩良河镇	—	—
晨明镇	—	—
上甘岭区	—	—
友好区	—	—
翠峦区	—	—
伊春区	—	—
西林区	—	—
迎春乡	—	—
美溪区	—	—
金山屯区	—	—
乌马河区	—	—
带岭区	—	—
铁力局	72.55	100.0
双丰局	—	—
乌伊岭区	—	—
桃山局	—	—
朗乡局	—	—
合　计	72.55	100.0

砾质冲积土土属　该土属只有1个土种，薄层砾质冲积土土种，农化样分析见表2-80。

表 2-80　薄层砾质冲积土农化样分析统计

土壤养分	最大值	最小值	极差	平均数（x）	样本数（n）
有机质（克/千克）	56.7	56.7	—	56.7	9
全氮（克/千克）	4.241	4.241	—	4.241	9
碱解氮（毫克/千克）	299	299	—	299	9
有效磷（毫克/千克）	131.5	131.5	—	65.8	9
速效钾（毫克/千克）	124	124	—	124	9

九、伊春市土壤分类总结

伊春市耕地土壤分类见表2-81，耕地土壤分类简化见表2-82，各土壤面积统计见表2-83，伊春市区各区（局）、乡（镇）各土类土壤面积统计见表2-84。

表 2-81　伊春市耕地土壤分类系统表（本次调查）

土纲	亚纲	土类名称	土类代码	亚类名称	亚类代码	土属名称	土属代码	新土种（地力评价）名称	新土种（地力评价）代码	原土种（第二次土壤普查）名称	原土种（第二次土壤普查）代码
淋溶土	湿温淋溶土	暗棕壤	03	灰化暗棕壤	0302	砾沙质灰化暗棕壤	030202	砾沙质灰化暗棕壤	03020201	厚层棕色针叶林土	111
										中层棕色针叶林土	111
										薄层棕色针叶林土	111
										厚层表潜棕色针叶林土	121
										中层表潜棕色针叶林土	121
										薄层表潜棕色针叶林土	121
				暗棕壤	0301	砾沙质暗棕壤	030105	砾沙质暗棕壤	03010501	厚层典型暗棕壤	211
										中层典型暗棕壤	211
										薄层典型暗棕壤	211
										侵蚀典型暗棕壤	213
										薄层石质典型暗棕壤	215
										中层山地原始暗棕壤	251
										薄层山地原始暗棕壤	251
						沙砾质暗棕壤	030106	沙砾质暗棕壤	03010601	厚层埋藏典型暗棕壤	212
										中层埋藏典型暗棕壤	212
										薄层埋藏典型暗棕壤	212
						灰泥质暗棕壤	030109	灰泥质暗棕壤	03010901	厚层残余碳酸盐典型暗棕壤	214
										中层残余碳酸盐典型暗棕壤	214
										薄层残余碳酸盐典型暗棕壤	214
						泥沙质暗棕壤	030107	泥沙质暗棕壤	03010701	沙质底典型暗棕壤	216
						泥质暗棕壤	030108	泥质暗棕壤	03010801	厚层河岸原始暗棕壤	252
										中层河岸原始暗棕壤	252
										薄层河岸原始暗棕壤	252
				潜育暗棕壤	0305	壤质潜育暗棕壤	030502	壤质潜育暗棕壤	03050201	厚层潜育暗棕壤	221
										中层潜育暗棕壤	221
										薄层潜育暗棕壤	221
										厚层埋藏潜育暗棕壤	222
										中层埋藏潜育暗棕壤	222
										薄层埋藏潜育暗棕壤	222
						亚暗矿质潜育暗棕壤	030501	亚暗矿质潜育暗棕壤	03050101	亚暗矿质潜育暗棕壤	1-3-3-1
				草甸暗棕壤	0304	黄土质草甸暗棕壤	030404	黄土质草甸暗棕壤	03040401	厚层草甸暗棕壤	231
										中层草甸暗棕壤	231
										薄层草甸暗棕壤	231
										厚层埋藏草甸暗棕壤	232
										中层埋藏草甸暗棕壤	232
										薄层埋藏草甸暗棕壤	232
				白浆化暗棕壤	0303	黄土质白浆化暗棕壤	030304	黄土质白浆化暗棕壤	03030401	厚层白浆化暗棕壤	241
										中层白浆化暗棕壤	241
										薄层白浆化暗棕壤	241

（续）

土纲	亚纲	土类名称	土类代码	亚类名称	亚类代码	土属名称	土属代码	新土种（地力评价）名称	新土种（地力评价）代码	原土种（第二次土壤普查）名称	原土种（第二次土壤普查）代码
半淋溶土	半湿温半淋溶土	白浆土	04	白浆土	0401	黄土质白浆土	040102	厚层黄土质白浆土	04010201	厚层岗地白浆土	411
								中层黄土质白浆土	04010202	中层岗地白浆土	411
								薄层黄土质白浆土	04010203	薄层岗地白浆土	411
				草甸白浆土	0402	黏质草甸白浆土	040202	厚层黏质草甸白浆土	04020201	厚层平地白浆土	421
								中层黏质草甸白浆土	04020202	中层平地白浆土	421
								薄层黏质草甸白浆土	04020203	薄层平地白浆土	421
				潜育白浆土	0403	黏质潜育白浆土	040301	厚层黏质潜育白浆土	04030101	厚层低地白浆土	431
								中层黏质潜育白浆土	04030102	中层低地白浆土	431
								薄层黏质潜育白浆土	04030103	薄层低地白浆土	431
		黑土	05	黑土	0501	黄土质黑土	050103	厚层黄土质黑土	05010301	厚层岗地黑土	311
										厚层平地黑土	312
								中层黄土质黑土	05010302	中层岗地黑土	311
										中层平地黑土	312
								薄层黄土质黑土	05010303	薄层岗地黑土	311
										薄层平地黑土	312
				草甸黑土	0502	黄土质草甸黑土	050203	厚层黄土质草甸黑土	05020301	厚层平地草甸黑土	321
								中层黄土质草甸黑土	05020302	中层平地草甸黑土	321
								薄层黄土质草甸黑土	05020303	薄层平地草甸黑土	321
				白浆化黑土	0503	黄土质白浆化黑土	050303	厚层黄土质白浆化黑土	05030301	厚层岗地白浆化黑土	331
								中层黄土质白浆化黑土	05030302	中层岗地白浆化黑土	331
								薄层黄土质白浆化黑土	05030303	薄层岗地白浆化黑土	331

（续）

土纲	亚纲	土类		亚类		土属		新土种（地力评价）		原土种（第二次土壤普查）	
		名称	代码	名称	代码	名称	代码	名称	代码	名称	代码
半水成土	暗半水成土	草甸土	08	草甸土	0801	黏壤质草甸土	080104	厚层黏壤质草甸土	08010401	厚层平地草甸土	511
										厚层沟谷草甸土	512
								中层黏壤质草甸土	08010402	中层平地草甸土	511
										中层沟谷草甸土	512
								薄层黏壤质草甸土	08010403	薄层平地草甸土	511
										薄层沟谷草甸土	512
						暗棕壤型草甸土	080106	暗棕壤型草甸土	08010601	厚层暗棕壤化草甸土	541
										中层暗棕壤化草甸土	541
										薄层暗棕壤化草甸土	541
						埋藏型草甸土	080108	浅埋藏型草甸土	08010801	层状草甸土	531
				潜育草甸土	0804	黏壤质潜育草甸土	080402	厚层黏壤质潜育草甸土	08040201	厚层沼泽化草甸土	521
								中层黏壤质潜育草甸土	08040202	中层沼泽化草甸土	521
								薄层黏壤质潜育草甸土	08040203	薄层沼泽化草甸土	521
水成土	矿质水成土	沼泽土	09	沼泽土	0901	沙砾底沼泽土	090101	薄层沙砾底沼泽土	09010103	碟形沼泽土	611
				泥炭沼泽土	0902	泥炭沼泽土	090201	薄层泥炭沼泽土	09020103	塔头泥炭沼泽土	631
				泥炭腐殖质沼泽土	0902	泥炭腐殖质沼泽土	090202	薄层泥炭腐殖质沼泽土	09020203	碟形草甸沼泽土	641
	有机水成土	泥炭土	010	草甸沼泽土	0903	黏质草甸沼泽土	090302	薄层黏质草甸沼泽土	09030203	腐殖质沼泽土	621
				高位泥炭土	01001	高位泥炭土	0100101	薄层高位泥炭土	010010103	泥炭土	711
人为土	人为水成土	水稻土	017	淹育水稻土	01701	草甸土型淹育水稻土	0170102	中层草甸土型淹育水稻土	017010202	草甸型水稻土	821
						黑土型淹育水稻土	0170106	中层黑土型淹育水稻土	017010602	黑土型水稻土	811
				潜育水稻土	01702	沼泽土型潜育水稻土	0170201	厚层沼泽土型潜育水稻土	017020101	沼泽型水稻土	831
初育土	土质初育土	新积土	015	冲积土	01501	砾质冲积土	0150102	薄层砾质冲积土	015010203	沙夹黏砾质河淤土	71101
										黏夹沙砾质河淤土	71102

表 2-82　伊春市耕地土壤分类系统简化（本次调查）

土类	亚　类	土　属	土　种
暗棕壤	灰化暗棕壤	砾沙质灰化暗棕壤	砾沙质灰化暗棕壤
	暗棕壤	砾沙质暗棕壤	砾沙质暗棕壤
		沙砾质暗棕壤	沙砾质暗棕壤
		灰泥质暗棕壤	灰泥质暗棕壤
		泥沙质暗棕壤	泥沙质暗棕壤
		泥质暗棕壤	泥质暗棕壤
	潜育暗棕壤	壤质潜育暗棕壤	壤质潜育暗棕壤
		亚暗矿质潜育暗棕壤	亚暗矿质潜育暗棕壤
	草甸暗棕壤	黄土质草甸暗棕壤	黄土质草甸暗棕壤
	白浆化暗棕壤	黄土质白浆化暗棕壤	黄土质白浆化暗棕壤
白浆土	白浆土	黄土质白浆土	厚层黄土质白浆土
			中层黄土质白浆土
			薄层黄土质白浆土
	草甸白浆土	黏质草甸白浆土	厚层黏质草甸白浆土
			中层黏质草甸白浆土
			薄层黏质草甸白浆土
	潜育白浆土	黏质潜育白浆土	厚层黏质潜育白浆土
			薄层黏质潜育白浆土
黑土	黑土	黄土质黑土	厚层黄土质黑土
			中层黄土质黑土
			薄层黄土质黑土
	草甸黑土	黄土质草甸黑土	厚层黄土质草甸黑土
			中层黄土质草甸黑土
			薄层黄土质草甸黑土
	白浆化黑土	黄土质白浆化黑土	厚层黄土质白浆化黑土
			中层黄土质白浆化黑土
			薄层黄土质白浆化黑土
草甸土	草甸土	黏壤质草甸土	厚层黏壤质草甸土
			中层黏壤质草甸土
			薄层黏壤质草甸土
		暗棕壤型草甸土	暗棕壤型草甸土
		埋藏型草甸土	浅埋藏型草甸土
	潜育草甸土	黏壤质潜育草甸土	厚层黏壤质潜育草甸土
			中层黏壤质潜育草甸土
			薄层黏壤质潜育草甸土

（续）

土类	亚　类	土　属	土　种
沼泽土	沼泽土	沙砾底沼泽土	薄层沙砾底沼泽土
	泥炭沼泽土	泥炭沼泽土	薄层泥炭沼泽土
	泥炭腐殖质沼泽土	泥炭腐殖质沼泽土	薄层泥炭腐殖质沼泽土
	草甸沼泽土	黏质草甸沼泽土	薄层黏质草甸沼泽土
泥炭土	高位泥炭土	高位泥炭土	薄层高位泥炭土
水稻土	淹育水稻土	草甸土型淹育水稻土	中层草甸土型淹育水稻土
		黑土型淹育水稻土	中层黑土型淹育水稻土
	潜育水稻土	沼泽土型潜育水稻土	厚层沼泽土型潜育水稻土
新积土	冲积土	砾质冲积土	薄层砾质冲积土

表 2－83　伊春市区土壤面积统计（本次调查）

土壤编号	土壤名称	面积（公顷）	占土壤面积（%）	占总耕地面积（%）
一、暗棕壤类		22 867.07	0.9	39.0
1	砾沙质暗棕壤	19 294.55	0.9	32.9
2	黄土质草甸暗棕壤	1 361.03	0.8	2.3
3	壤质潜育暗棕壤	609.62	0.5	1.0
4	黄土质白浆化暗棕壤	1 181.83	4.8	2.0
5	泥质暗棕壤	55.25	0.5	0.1
6	沙砾质暗棕壤	76.71	0.3	0.1
7	泥沙质暗棕壤	194.57	0.9	0.3
8	亚暗矿质潜育暗棕壤	93.51	1.7	0.2
二、白浆土类		2 220.39	8.3	3.8
9	厚层黄土质白浆土	2 220.39	8.3	3.8
三、草甸土类		16 601.39	5.0	28.3
10	厚层黏壤质草甸土	7 949.49	6.0	13.5
11	浅埋藏型草甸土	142.19	0.2	0.2
12	厚层黏壤质潜育草甸土	1 813.04	2.6	3.1
13	暗棕壤型草甸土	6 696.67	14.0	11.4
四、沼泽土类		15 272.39	1.8	26.0
14	薄层沙砾底沼泽土	8 333.45	8.8	14.2
15	薄层泥炭腐殖质沼泽土	3 946.71	0.6	6.7
16	薄层泥炭沼泽土	2 258.98	4.7	3.8
17	薄层黏质草甸沼泽土	733.25	1.1	1.2
五、泥炭土类		793.24	7.3	1.4
18	薄层高位泥炭土	793.24	7.3	1.4
六、黑土类		855.88	3.5	1.5
19	厚层黄土质草甸黑土	257.21	5.4	0.4

（续）

土壤编号	土壤名称	面积（公顷）	占土壤面积（%）	占总耕地面积（%）
20	厚层黄土质黑土	598.67	3.1	1.0
七、新积土类		72.55	1.6	0.1
21	薄层砾质冲积土	72.55	1.6	0.1
八、水稻土类		15.94	0.2	0.027
22	中层草甸土型淹育水稻土	15.94	0.2	0.027
	总计	58 698.85	—	—

表 2-84　伊春市区各区（局）、乡（镇）各土类土壤面积统计

单位：公顷

各区（局）、乡（镇）	面积	沼泽土	暗棕壤	草甸土	黑土	泥炭土	白浆土	水稻土	新积土
五营区	511.89	122.75	372.56	—	—	16.58	—	—	—
浩良河镇	2 425.38	361.92	904.05	1 159.41	—	—	—	—	—
晨明镇	2 115.96	1 756.9	359.06	—	—	—	—	—	—
上甘岭区	1 375.09	300.38	117.54	957.17	—	—	—	—	—
友好区	2 360.77	1 017.79	94.31	1 248.67	—	—	—	—	—
翠峦区	570.07	553.84	15.64	0.59	—	—	—	—	—
伊春区	956.84	607.68	65.45	283.71	—	—	—	—	—
西林区	511.07	—	60.19	450.88	—	—	—	—	—
迎春乡	2 851.8	40.24	914.9	1 639.45	257.21	—	—	—	—
美溪区	644.57	16.87	193.02	434.68	—	—	—	—	—
金山屯区	1 680.28	115.58	554.65	1 010.05	—	—	—	—	—
乌马河区	257.11	136.63	—	120.48	—	—	—	—	—
带岭区	976.15	103.72	59.51	812.92	—	—	—	—	—
铁力局	4 010.28	8.98	2 536.17	749.07	598.67	—	28.9	15.94	72.55
双丰局	7 469.84	5 271.81	2 198.03	—	—	—	—	—	—
乌伊岭区	2 615.25	1 300.8	458.54	855.91	—	—	—	—	—
桃山局	23 812.91	2 942.65	13 110.01	4 792.1	—	776.66	2 191.49	—	—
朗乡局	3 553.59	613.85	853.44	2 086.3	—	—	—	—	—
合　计	58 698.85	15 272.39	22 867.07	16 601.39	855.88	793.24	2 220.39	15.94	72.55

第三章　耕地地力调查

开展耕地地力评价，摸清耕地地力状况，是实施测土配方施肥的重要内容，是构建科学施肥长效机制的重要基础。耕地地力评价是对耕地的土壤属性、耕地的养分状况等进行调查，在查清耕地地力和质量的基础上，根据地力的好坏进行等级划分，最终对耕地质量进行综合评价，同时建立耕地质量管理地理信息系统。这项工作不仅直接为当前农业和生态环境建议服务，更是为今后更好地培育肥沃的土壤、建立安全健康的农业生产立地环境和现代耕地质量管理方式奠定基础。科学合理的技术路线是耕地地力评价和质量评价的关键，因此，为确保此项工作的顺利进行，在工作中始终遵循统一性原则，充分利用现有成果结合实际，把好技术质量关。

第一节　调查方法与内容

一、调查方法

本次耕地地力调查工作采取的方法是内业调查与外业调查相结合的方法。内业调查主要包括图件资料的收集、文字资料的收集；外业调查包括耕地的土壤调查、环境调查和农业生产情况的调查。

（一）内业调查

1. 基础资料准备　包括图件资料、文件资料和数字资料 3 种。

（1）图件资料：主要包括 1987 年第二次土壤普查编绘的 1∶200 000 的《伊春市土壤图》、伊春市国土资源局土地详查时编绘的 1∶100 000 的《伊春市土地利用现状图》及 1∶100 000 的《伊春市行政区划图》。

（2）数字资料：主要采用伊春市统计局最新的统计数据资料。伊春市耕地总面积采用 2010 年伊春市统计年鉴的面积，为 258 798 公顷。

（3）文件资料：包括第二次土壤普查编写的《伊春市土壤》《伊春市土种》《伊春市志》、《伊春市年鉴》等。

2. 参考资料准备　包括《伊春市农业委员会年鉴（2005—2010 年）》，农田水利建设资料，伊春市农机具统计资料，伊春市城乡建设总体规划，伊春市乡（镇）、村屯建设规划图等 10 余篇。

3. 补充调查资料准备　对上述资料记载不够详尽或因时间推移利用现状发生变化的资料，进行了专项的补充调查。主要包括：近年来农业技术推广概况，如良种推广、科技施肥技术的推广、病虫鼠害防治等；农业机械，特别是耕作机械的种类、数量、应用效果等；大田种植面积、生产状况、产量等方面的改变与调整进行了补充调查。

（二）外业调查

外业调查包括土壤调查、环境调查和农户生产情况调查。主要方法如下：

1. 布点 布点是调查工作的重要一环，正确的布点能保证获取信息的典型性和代表性；能提高耕地地力评价成果的准确性和可靠性；能提高工作效率，节省人力和资金。

（1）布点原则：代表性、兼顾均匀性。一方面，考虑到伊春市耕地的典型土壤类型和土地利用类型；另一方面，耕地地力调查布点要与土壤环境调查布点相结合。

①典型性。样本的采集必需能够正确反映样点的土壤肥力变化和土地利用方式的变化。采样点布设在利用方式相对稳定、避免各种非正常因素干扰的地块。

②比较性。尽可能在第二次土壤普查的采样点上布点，以反映第二次土壤普查以来的耕地地力和土壤质量的变化。

③均匀性。同一土类、同一土壤利用类型在不同区域内应保证点位的均匀性。

（2）布点方法：采用专家经验法，聘请了熟悉伊春市及各区情况，参加过第二次土壤普查的有关技术人员和黑龙江土壤肥料管理站等有关部门的专家参加工作，依据以上布点原则，确定调查的采样点。具体方法：

①修订土壤分类系统。为了便于以后黑龙江省耕地地力调查工作的汇总和这次评价工作的实际需要，把伊春市第二次土壤普查确定土壤分类系统归并到省级分类系统。伊春市原有的分类系统为8个土类、25个亚类、35个土属、82个土种；归并到省级分类系统为8个土类、21个亚类、29个土属、45个土种。

②编绘土种图：在修订土种名称的基础上，对伊春市原有的土壤图进行了重新编绘。

③容重调查点数的确定和布点。容重调查布点是根据土壤（种）的分布和所占比例与采样相结合确定的调查点的位置和数量，大田容重样本占样本总数的10%～20%。共设容重样本120个。

（3）确定调查点数和布点：按照黑龙江省对耕地地力评价的要求，对辖区内56个行政村进行布点采样，后期考虑伊春属政企合一地市，将一些大的林场所的林业耕地也进行评价，所以根据林区耕地地块小、面长、分散的特点，在确定布点数量时，以40～50公顷这个原则为控制基数进行大田调查点数的确定和布点，而不是完全按照黑龙江省采样布点大田平均每个点代表53.3～66.6公顷的要求。伊春市区本次耕地地力评价的面积为58 698.85公顷，在布点过程中，充分考虑了各土壤类型所占耕地总面积的比例、耕地类型以及点位的均匀性等。然后将《土地利用现状图》和重新编绘的《伊春市土壤图》及《基本农田区划图》三图叠加，确定调查点位。在土壤类型和耕地利用类型相同的不同区域内，保证点位均匀，伊春市行政村及林场所确定点位1 222个。

（4）绘制调查点位图：在1∶100 000重新编绘的土壤图上标注所确定的点位，采用目测转绘法勾绘到1∶25 000土地利用现状图上，量出每一采样点大致的经度、纬度，并逐一记录造册，同样用目测转绘法勾绘到1∶25 000的各乡（镇）土壤图上，为外业时准确找到目标采样点做好准备工作。

2. 采样 大田土样在作物种植之前和作物收获后取样。

（1）确定采样田块：根据点位图到点位所在的村、场，首先向农民了解本村的农业生产情况，确定具有代表性的田块；其次田块面积要求在40公顷以上。依据田块的准确方位修正点位图上的点位位置，并用GPS定位仪进行定位。

（2）调查、取样：向已确定采样田块的户主，按调查表格的内容逐项进行调查填写。在该田块中按旱田0～20厘米土层采样；采用X法、S法（图3－1）、棋盘法其中任何一种方法，均匀随机采取15个采样点，充分混合后，四分法留取1千克（图3－2）。采样方法见图3－3。

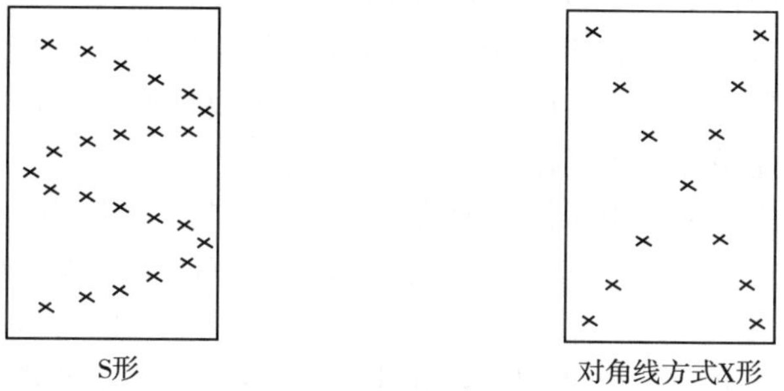

图3－1　采样路线示意图

图3－2　四分法采样示意图

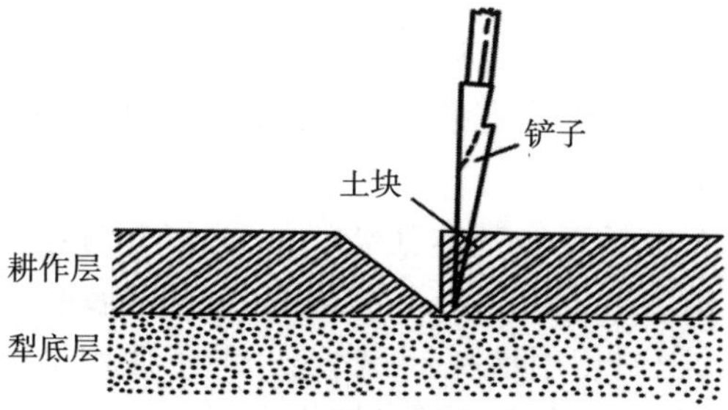

图3－3　采样方法示意图

二、调查内容及步骤

（一）调查内容

按照《耕地地力调查与质量评价技术规程》（以下简称《规程》）要求，对所列项目，如立地条件、土壤属性、农田基础设施条件、栽培管理和污染等情况进行了详细调查。为更透彻的分析和评价，所列的项目要无一遗漏，并按说明所规定的技术范围来描述。对要求未涉及，但对当地耕地地力评价又起着重要作用的一些因素，在表中附加，并将相应的填写标准在表后注明。

调查内容为：基本情况、化肥使用情况、农药使用情况、产品销售调查等。

（二）调查步骤

伊春市耕地地力评价工作大体分为 4 个阶段。

1. 准备阶段 2011 年 4 月 1 日至 8 月 1 日，此阶段主要工作是收集、整理、分析资料。具体内容包括：

（1）统一野外编号：伊春市辖区（局）56 个行政村、林场，编号按每个村的邮政编号开头（如友好区爱国村 153025G20110415A001）。

（2）确定调查点数和布点：伊春市确定调查点位 1 222 个。依据这些点位所在的乡（镇）、村、林场为单位，填写了《调查点登记表》，主要说明调查点的地理位置、野外编号和土壤名称，为外业做好准备工作。

（3）外业准备：伊春市大田作物的种植是一年一熟制，作物的生育期较长，收获期最晚的在 10 月 1 日左右，到 10 月 10 日前后才能基本结束，而土壤的封冻期为 11 月 2 日前后。中心分 5 个小组，第一次外业于 2011 年 4 月 14 日至 4 月 30 日进行，主要任务是对 56 个行政村采集土样，填写土样登记表，并用 GPS 卫星定位系统进行准确定位；第二次外业是秋收后 10 月 9 日至 10 月 20 日进行，主要是针对林场所采集土样，填写土样登记表，并用 GPS 卫星定位系统进行准确定位；按照《黑龙江省耕地地力与质量评价技术规程》中所规定的调查项目，设计制订了野外调查表格，统一项目，统一标准进行调查记载，同时补充第一次外业时遗漏的项目。

2. 第一次外业调查 分四步进行。

（1）组建外业调查组：本次耕地地力调查工作得到了伊春市及各区（局）、乡（镇）等有关部门的大力支持，为保证外业质量，伊春市农业技术研究推广中心抽出技术骨干，组成工作小组，负责调查任务。

（2）培训和试点：人员和任务确定后，为使工作人员熟练掌握调查方法，明确调查内容、程序及标准，伊春市农业技术研究推广中心组织有关技术人员和参加人员进行了外业的试点工作，并进行试点调查。

（3）全面调查：各方面准备工作基本就绪，2011 年 9 月第一次外业调查工作全面开展。调查组在当地技术人员配合下，确定了被调查的具体地块及所属农户的基本情况，完成了《采样点基本情况》《肥料使用情况》《农药、种子使用情况》3 个基础表格的填写，同时填写了乡（镇）、村、屯、户为单位的《调查点登记表》。第一次外业调查工作于 9 月末至 10 月初陆续结束。

（4）审核调查：在第一次外业至入户调查任务完成后，对各地上报的各种表格及调查登记表进行了统一汇总，并电话逐一做了审核。

3. 第二次外业调查阶段 分三步进行。

（1）制订方案和培训：在第一次外业的基础上，进一步完善了第二次外业的工作方案，并制订采集土样登记表。准备工作安排就续后，于秋收前举办了第二次培训班，对第二次外业的工作任务和采样的要求进行了系统的培训，并在土壤肥料工作站技术人员的带领下，进行了实地讲解和演练。

（2）调查和采样：

①调查。第二次外业从 10 月 7 日开始到 10 月末全部结束。第二次外业的主要任务

是：补充调查所增加的点位，对所有确定为调查点位的地块采集耕层样本，按《规程》的要求，兼顾点位的均匀性及各土壤类型，采集了容重样本。

②采样。对所有被确定为调查点位的地块，依据田块的具体位置，用GPS卫星定位系统进行定位，记录准确的经、纬度。面积较大地块采用X法或棋盘法，面积较小地块采用S法，均匀并随机采集15个采样点，充分混合用四分法留取1千克。每袋土样填写2张标签，内外各具1张。标签主要内容：该样本野外编号、土壤类型、采样深度、采样地点、采样时间和采样人等。

（3）汇总整理：第二次外业截止到10月15日全部结束，对采集的样本逐一进行检查和对照，并对调查表格进行认真核对，无差错后统一汇总。

4. 化验分析阶段　本次耕地地力调查共化验了1 222个土壤样本，测定了碱解氮、有效磷、速效钾、有机质、pH、全氮、全磷、全钾和有效铜、有效铁、有效锰、有效锌及容重13个项目。对外业调查资料和化验结果进行了系统的统计和分析。

第二节　样品分析及质量控制

一、实验室检测质量控制

（一）检测前

1. 样品确认　确保样品的唯一性、安全性。

2. 检测方法确认　当同一项目有几种检测方法时。

3. 检测环境确认　温度、湿度及其他干扰。

4. 检测用仪器设备的状况确认　标志、使用记录。

（二）检测中

1. 严格执行标准　本次地力评价共检测pH、有机质、碱解氮、有效磷、速效钾、全氮、全磷、全钾、有效铁、有效锌、有效锰、有效铜、容重13项内容，分析方法，执行《规程》中要求的土壤化验分析方法。

2. 坚持重复试验　在检测过程中，随机误差是无法避免的，但根据统计学原理，通过增加测定次数可减少随机误差，提高平均值的精密度。在样品测定中，每个项目首次分析时需做100%的重复试验，结果稳定后，重复次数可减少，但最少须做10%～15%重复样。5个样品以下的，增加为100%的平行。重复测定结果的误差在规定允许范围内者为合格，否则应对该批样品增加重复测定比率进行复查，直至满足要求为止。

3. 注意空白试验　空白试验即在不加试样的情况下，按照分析试样完全相同的操作步骤和条件进行的试验。得到的结果称为空白值。它包括了试剂、蒸馏水中杂质带来的干扰。从待测试样的测定值中扣除，可消除上述因素带来的系统误差。

4. 做好校准曲线　为消除温度和其他因素影响，每批样品均需做校准曲线，与样品同条件操作。标准系列应设置6个以上浓度点，根据浓度和吸光值绘制校准曲线或求出一元线性回归方程。计算其相关系数，当相关系数大于0.999时为通过。

5. 用标准物质校核实验室的标准溶液、标准滴定溶液。

（三）检测后

加强原始记录校核、审核，确保数据准确无误。原始记录的校核、审核，主要是核查检验方法、计量单位、检验结果是否正确，重复试验结果是否超差、控制样的测定值是否准确，空白试验是否正常、校准曲线是否达到要求、检测条件是否满足、记录是否齐全、记录更改是否符合程序等。发现问题及时研究、解决或召开质量分析会议，达成共识。同时进行异常值处理和复查。

二、地力评价土壤化验项目

（一）物理性状

土壤容重采用环刀法。

（二）化学性状

土壤样品分析项目：pH、有机质、碱解氮、有效磷、速效钾、全氮、全磷、全钾、有效铁、有效锌、有效锰、有效铜、容重，分析方法见表 3-1。

表 3-1　土壤样本化验项目及方法

分析项目	分析方法	标准代号
pH	酸度计法	NY/T 1377
有机质	浓硫酸——重铬酸钾法	NY/T 1121.6
碱解氮	碱解扩散法	LY/T 29—1999
有效磷	碳酸氢钠——钼锑抗比色法	NY/T 148
速效钾	乙酸铵——火焰光度法	NY/T 889—2004
全氮	消解凯氏蒸馏法	NY/T 53—1987
全磷	氢氧化钠——钼锑抗比色法	GB 9837—88
全钾	氢氧化钠——火焰光度法	GB 9836—88
有效铜、有效锌、有效铁、有效锰	DTPA 提取原子吸收光谱法	NY/T 890—2004

第三节　数据库的建立

一、田间调查取样数据

按照《黑龙江省耕地地力质量评价技术规程》的要求，填写调查表格。抽取 10%的调查采样点进行审核。对调查内容或程序不符合《规程》要求的、抽查合格率低于 80%的，重新调查取样。

二、数据审核

数据录入前仔细审核，对不同类型的数据审核重点各有侧重。

1. 数值型资料　注意量纲、上下限、小数点位数、数据长度等。

2. 地名（村场名） 注意同名村、汉字多音字、繁简体、简全称等问题。

3. 土壤类型、地形地貌、成土母质等 注意相关名称的规范性，避免同一土壤类型、地形地貌或成土母质出现不同的表达。

4. 土壤化验数据 注意对可疑数据的筛选和剔除。根据当地耕地养分状况、种植类型和施肥情况，确定检测数据与录入的调查信息是否吻合。结合对10%的数据重点审查的原则，确定审查检测数据大值和小值的界限，对于超出界限的数据进行重点审核，经审核可信的数据保留，对检测数据明显偏高或偏低、不符合实际情况的数据或者剔除，或者返回检验室重新测定。若检验分析后，检测结果仍不符合实际的。可能是该点在采样等其他环节出现问题，应予以作废。

三、数据录入

采用规范的数据格式，按照统一的录入软件录入，并采取两次录入进行数据核对。

第四节 资料的收集与整理

耕地是重要的农业生产资料，因此，耕地地力与自然环境条件和人类生产活动有着密切的关系。进行耕地地力评价，首先必须调查研究耕地的一些可度量或可测定的属性。这些属性概括起来有两大类型，即自然属性和社会属性。自然属性包括气候、地形地貌、水文地质、植被等自然成土因素和土壤剖面形态等；社会属性包括地理交通条件、农业经济条件、农业生产技术条件等。这些属性数据的获得，可通过多种方式来完成，一是打电话向基层技术人员核实了解当地农业生产情况；二是野外实际调查及测定；三是收集和分析相关学科已有的调查成果和文献资料。

一、资料收集与整理流程

本次耕地地力评价工作一方面充分收集有关伊春市区的耕地情况资料，建立起耕地质量管理数据库；另一方面还进行了外业的补充调查和室内化验分析。在此基础上，通过GIS系统平台，采用ArcView软件对调查的数据和图件进行矢量化处理（此部分工作由哈尔滨万图信息技术开发有限公司完成），最后利用扬州市土壤肥料工作站开发的《县域耕地资源管理信息系统V3.2》进行耕地地力评价。

二、资料收集与整理方法

1. 收集 在调研的基础上广泛收集相关资料。同一类资料不同时间、不同来源、不同版本、不同介质都进行收集，以便将来相互检查、补充及佐证。

2. 登记 对收集到的资料进行登记，记载资料名称、内容、来源、页（幅）数、收集时间、密级、是否要求归还、保管人员信息等；对图件资料进行记载比例尺、坐标系、高程系等有关技术参数；对数据产品还应记载介质类型、数据格式、打开工具等。

3. 完整性检查 资料的完整性至关重要，一套图中如果缺少一幅，则整套图无法使用；一套统计数据如果不完全，这些数据也只能作为辅助数据，无法实现与现有数据的完整性比较。

4. 可靠性检查 资料只有翔实可靠，才有使用价值，否则只能是一堆文字垃圾。必须检查资料或数据产生的时间、背景等信息，来源不清的资料或数据不能使用。

5. 筛选 通过以上几个步骤的检查可基本确定哪些是有用的资料，在这些资料里还可能存在重复、冗余或过于陈旧的资料，应作进一步的筛选。耕地评价资料能用的复印留下，不可用则退回原提供单位。

6. 分类 按图件、报表、文档、图片、视频等资料类型或资料涉及内容进行分类。

7. 编码 为便于管理和使用，所有资料进行统一编码成册。

8. 整理 对已经编码的资料，按照耕地地力评价的内容，如评价因素、成果资料要求的内容进行针对性的、进一步的整理，珍贵资料采取适当的保护措施。

9. 归档 对已整理的所有资料建立了管理和查阅使用制度，防止资料散失。

三、图件资料的收集

收集的图件资料包括：行政区划图、土地利用现状图、土壤图、第二次土壤普查成果图等专业图。

1. 土壤图（1∶200 000） 在进行调查和采样点位确定时，通过土壤图了解土壤类型等信息。另外，土壤图也是进行耕地地力评价单元确定的重要图件，也是各类评价成果展示的基础底图（伊春林业科学院提供）。

2. 土壤养分图（1∶50 000） 包括第二次土壤普查获得的土壤养分全氮、全磷、全钾分布图及测土配方施肥新绘制的土壤养分图（伊春林业科学院提供）。

3. 土地利用现状图（1∶25 000） 土地管理部门开展了土地利用现状调查工作，并绘制了土地利用现状图，这些图件可为耕地地力评价及其成果报告的分析与编写提供基础资料（伊春市国土资源局提供）。

4. 行政区划图（1∶100 000） 由于近年来撤乡并镇工作的开展，致使部分地区行政区域变化较大，因此，利用2009年伊春市行政区划图。

四、数据及文本资料的收集

1. 数据资料的收集 数据资料的收集内容包括：县级农村及农业生产基本情况资料、土地利用现状资料、土壤肥力监测资料等，具体包括以下内容：

（1）近3年粮食单产、总产、种植面积统计资料。

（2）近3年肥料用量统计表及测土配方施肥获得的农户施肥情况调查表。

（3）土地利用地块登记表。

（4）第二次土壤普查农化数据资料。

（5）测土配方施肥农户调查表。

（6）测土配方施肥田间试验、技术示范相关资料。

（7）测土配方施肥土壤样品化验结果表，包括土壤有机质、大量元素、中量元素、微量元素及 pH、容重等土壤理化性状化验资料。

（8）区、乡、村编码表。

（9）村、林场耕地面积。

2. 文本资料的收集　具体包括以下几种：

（1）农村及农业基本情况资料。

（2）20 年内农业气象资料。

（3）第二次土壤普查的土壤志及土种。

（4）土地利用现状调查报告及基本农田保护区划定报告。

（5）近 3 年农业生产统计文本资料。

（6）田间试验示范资料。

（7）其他文本资料，如水土保持、土壤改良、生态环境建设等资料。

（8）伊春市志及市年鉴。

（9）伊春市农业委员会编制 2005—2009 年年鉴。

（10）伊春市农业多种经营发展第十二个五年规划（2011—2015 年）。

五、其他资料的收集

包括采样照片、化验照片、试验录像、培训课件多媒体等资料。

第五节　耕地资源管理信息系统的建立

一、属性数据库的建立

属性数据库的建立实际上包括两大部分内容，一是相关历史数据的标准化和数据库的建立；二是测土配方施肥项目产生的大量属性数据的录入和数据库的建立。

（一）历史数据的标准化及数据库的建立

1. 数据内容　历史属性数据主要包括市域内主要河流，湖泊基本情况统计表，灌溉渠道及农田水利综合分区统计表，公路网基本情况统计表，县、乡、村行政编码及农业基本情况统计表，土地利用现状分类统计表，土壤分类系统表，各土种典型剖面理化性状统计表，土壤农化数据表，基本农田保护登记表，基本农田保护区基本情况统计表（村），地貌类型属性表，土壤肥力监测点基本情况统计表等。

2. 数据分类与编码　数据的分类编码是对数据资料进行有效管理的重要依据。编码的主要目的是节省计算机内存空间，便于用户理解使用。地理属性进入数据库之前进行编码是必要的，只有进行了正确的编码，才能使空间数据库与属性数据正确连接。

编码格式有英文字母、字母数字组合等形式。主要采用数字表示的层次型分类编码体系，它能反映专题要素分类体系的基本特征。

3. 建立编码字典 数据字典是数据应用的重要内容，是描述数据库中各类数据及其组合的数据集合，也称元数据。地理数据库的数据字典主要用于描述属性数据，它本身是一个特殊用途的文件，在数据库整个生命周期里都起着重要的作用。它避免重复数据项的出现，并提供了查询数据的唯一入口。

（二）测土配方施肥项目产生的大量属性数据的录入和数据库的建立

测土配方施肥属性数据主要包括 3 个方面的内容，一是田间试验和示范数据；二是调查数据；三是土壤检测数据。

（三）各项数据的录入与审核

数据录入前仔细审核，数值型资料注意量纲、上下限；地名注意汉字、多音字、繁简体、简全称等问题，审核定稿后再录入。录入后还应仔细检查，经过二次录入相互对照方法，保证数据录入无误后，将数据库转为规定的格式（dBase 的 dbf 格式文件），再根据数据字典中的文件名编码命名后保存在子目录下。

另外，文本资料以 TXT 格式命名，声音、音乐以 WAV 或 MID 文件保存，超文本以 HTML 格式保存，图片以 BMP 或 JPG 格式保存，视频以 AVI 或 MPG 格式保存，动画以 GIF 格式保存。这些文件分别保存在相应的子目录下，其相对路径和文件名录入相应的属性数据库中。

二、空间数据建立

将纸图扫描后，校准地理坐标，然后采用鼠标数字化的方法将纸图矢量化，建立空间数据库。图件扫描的分辨率为 300dpi，彩色图用 24 位真彩，单色图用黑白格式。数字化图件包括：土地利用现状图、土壤图、地形图、行政区划图等。

图件数字化的软件采用 SuperMapGIS，坐标系为 1954 北京坐标系，高斯投影。比例尺为 1∶50 000 和 1∶100 000。评价单元图件的叠加、调查点点位图的生成、评价单元克立格插值是使用软件平台为 ArcMap 软件，文件保存格式为 .shp 格式。矢量化方法主要图层配置见表 3-2。

表 3-2 矢量化方法主要图层配置

序号	图层名称	图层属性	连接属性表
1	土地利用现状图	多边形	土地利用现状属性数据
2	行政区划图	线层	行政区化
3	土壤图	多边形	土种属性数据表
4	土壤采样点位图	点层	土壤样品分析化验结果数据表

三、空间数据库与属性数据库的连接

ArcInfo 系统采用不同的数据模型分别对属性数据和空间数据进行存储管理，属性数据采用关系模型，空间数据采用网状模型。两种数据的连接非常重要。在一个图幅工作单元 Coverage 中，每个图形单元由一个标识码来唯一确定。同时一个 Coverage 中可以有若干个关系数据库文件即要素属性表，用以完成对 Coverage 的地理要素的属性描述。图形单元标识码是要素属性表中的一个关键字段，空间数据与属性数据以此字段形成关联，完成对地图的模拟。这种关联使 ArcInfo 的两种数据模型连成一体，可以方便地从空间数据检索属性数据或者从属性数据检索空间数据。对属性数据与空间数据的连接有四种不同的途径：一是用数字化仪数字化多边形标识点，记录标识码与要素属性，建立多边形编码表，用关系数据库软件 FoxPro 输入多边形属性；二是用屏幕鼠标，采取屏幕地图对照的方式实现上述步骤；三是利用 ArcInfo 的编辑模块对同种要素一次添加标识点再同时输入属性编码；四是自动生成标识点，对照地图输入属性。

第六节　图件编制

一、耕地地力评价单元图斑的生成

耕地地力评价单元图斑是在矢量化土壤图、土地利用现状图的基础上，在 ArcMap 中利用矢量图的叠加分析功能，将以上 2 个图件叠加，生成评价单元图斑。

二、采样点位图的生成

采样点位的坐标用 GPS 进行野外采集，在 ArcInfo 中将采集的点位坐标转换成与矢量图一致的北京 1954 坐标系。将转换后的点位图转换成可以与 ArcView 进行交换的 .shp 格式。

三、专题图的编制

采样点位图在 ArcMap 中利用地理统计分析子模块中的克立格插值法进行空间插值，完成各种养分的空间分布图。其中有 pH、有机质、有效磷、速效钾、有效锌、耕层厚度、全氮等专题图。

四、耕地地力等级图的编制

首先利用 ArcMap 的空间分析子模块的区域统计方法，将生成的专题图件与评价单元图挂接。在耕地资源管理信息系统中根据专家打分、层次分析模型与隶属函数模型进行耕地生产潜力评价，生成耕地地力等级图。

第四章　耕地土壤属性

土壤是人类最基础的生产资料，被称为“衣食之源，生存之本”。它不仅是农业生产的基础、各种作物的生活基地、人类衣食住行所需物质和能量的主要来源，而且是物质和能量转化的场地，通过它使物质和能量不断循环，满足作物和人类生活的需要。

土壤资源是指具有农林牧业生产力的各种土壤类型的总称。它具有明确的质量和数量概念，不同的土壤资源，具有不同的土壤类型的组合和属性，并具有不同的土壤生产力与利用方向。通过土壤普查和地力评价调查，取得了大量的第一手调查研究资料，为伊春市对土壤资源进行科学综合评价打下了基础。本次对伊春市区土壤资源进行评价，主要是对各种土壤类型进行土壤资源适宜性的质量评价，并在质量评价基础上，进行资源的数量统计，以便评定出伊春市不同土壤类型与组合对农林牧各业的适宜性与利用方向，为具体进行土地利用的全面规划提供较为可靠的依据。

第二次土壤普查的土壤养分分级标准是按照当时的耕地生产水平以及土壤养分状况制订的，从1985年至今已经经历了30多年，由于耕作制度的改变、农作物品种的更新、施肥水平的提高等农业生产条件的变化，土壤养分的分级标准也要进行相应地修正。特别是多年来有机肥的施用减少和氮肥施用量的增加，使土壤有机质、全氮、碱解氮养分含量也发生了很大的变化，随着农作物品种产量的提高、施肥结构的改变，原来的土壤养分标准已经不能完全反映土壤养分水平的高低了。因此，根据近年的肥效试验结果、土壤养分含量结构的变化以及当前实际生产条件的改变，有必要对第二次土壤普查的土壤养分分级标准进行修正。这次参照2009年6月10日经黑龙江省耕地地力评价领导小组第四次专家组会议审定，确定的“黑龙江省耕地地力评价养分分级指标（试行）”进行评价分级，见表4-1。

表4-1　黑龙江省耕地地力评价养分分级指标

养　分	分　级					
	一级	二级	三级	四级	五级	六级
有机质（克/千克）	＞60	40～60	30～40	20～30	10～20	＜10
全氮（N）（克/千克）	＞2.5	2～2.5	1.5～2	1～1.5	＜1	—
全磷（P）（克/千克）	＞2.0	1.5～2	1.0～1.5	0.5～1	＜0.5	—
全钾（K）（克/千克）	＞30	25～30	20～25	10～20	＜10	—
碱解氮（N）（毫克/千克）	＞250	180～250	150～180	120～150	80～120	＜80
有效磷（P）（毫克/千克）	＞60	40～60	20～40	10～20	5～10	＜5
速效钾（K）（毫克/千克）	＞200	150～200	100～150	50～100	30～50	＜30
锰（Mn）（毫克/千克）	＞15	10～15	7.5～10	5～7.5	＜5	—
铁（Fe）（毫克/千克）	＞4.5	3～4.5	2～3	＜2	—	—
有效硫（S）（毫克/千克）	＞40	24～40	12～24	＜12	—	—
有效铜（Cu）（毫克/千克）	＞1.8	1～1.8	0.2～1	0.1～0.2	＜0.1	—
有效锌（Zn）（毫克/千克）	＞2	1.5～2	1～1.5	0.5～1	＜0.5	—

伊春市耕地土壤自1985年第二次土壤普查以来，经过30多年耕作制度的改革和各种自然因素的影响，土壤的基础肥力状况已经发生了明显的变化。总的变化趋势是：土壤有机质、土壤速效钾、土壤碱解氮普遍呈下降趋势，土壤酸性增强。

本次耕地地力调查与评价工作，共采集土壤样品（采样深度为0～20厘米）1 222个。分析了有机质、pH、碱解氮、有效磷、速效钾、全氮、全磷、全钾、有效铜、有效铁、有效锌、有效锰、容重13项含量。分析数据17 108余个，根据县域耕地资源信息管理系统，共确定评价单元数3 726个，并采用空间插值法所得数据。

第一节　土壤资源评价的原则、依据及方法

一、土壤资源评价的原则及依据

伊春市地域辽阔，土壤资源丰富，利用方式多样。对伊春市土壤资源的评价，主要遵循如下的原则与依据：

（一）土壤生产力是土壤资源评价的基础

土壤生产力是土壤在一定的利用方式下，所表现的土壤生产性能与肥力水平。它是反映在一定利用情况下，作物（包括森林和牧草）产品数量与质量的标志。因此，与土壤生产力相关的土壤环境因素，以及土壤的肥力水平，如潜在肥力与有效肥力，都是土壤资源评价的重要依据。即土壤生产力是决定农林牧用地的基础，可以根据土壤生产力确定土壤资源的适宜利用方式与土壤质量等级。所谓土壤资源的适宜利用方式，是指土壤在某种方式下能最有效地发挥其生产力，并能在利用中使土壤肥力不断提高的方式。所谓土壤资源质量等级，是指土壤在某种利用方式下所反映出的有效肥力与潜在肥力水平。所有这些，也正是评价土壤资源利用方式与质量等级划分的原则。

（二）农林牧用地适宜性的配置是土壤资源评价的依据

土壤资源评价首先是评定土壤的适宜利用方式。土壤利用的主要方式有农林牧三方面，它们各自要求不同的土壤条件。土壤资源评价的首要任务，就是根据土壤条件和农林牧各业的要求，评定土壤宜农、宜林或宜牧方向，并在此基础上进一步作质量好坏的评价。为了正确进行农林牧用地配置，必须坚持农林牧三者相互依存、缺一不可，以及宜农则农、宜林则林、宜牧则牧的原则，充分发挥土壤资源的生产潜力，使土壤资源得以合理利用、全面安排。

（三）各种因素的综合分析是土壤资源评价的重要环节

影响土壤利用方式的因素很多，既有以温度、水分、地形等为主要内容的土壤环境因素；又有以土壤有机质、氮、磷、钾素含量，土壤速效养分含量为主要内容的土壤养分肥力因素；也有以地下水埋藏深度及其矿物质组成为主要内容的土壤水文地质因素；还有反映土壤生产力水平的各种作物（包括森林和牧草）产量的土壤生物因素。所有这些因素，对农林牧各业的生产有不同影响，彼此间处于不断相互转化之中。例如，同种土壤资源，在不同热量条件下，有不同的利用方式，寒温带地区的沼泽土只宜牧业或宜水产业，而温带地区的沼泽土则可宜农。土壤水分含量多，对于旱地区土壤资源是有利的，但对低平地

区则是不利因素。因此，在土壤资源评价中，如何对这些因素进行辩证的、综合的分析，并确定其在不同土壤资源评价中的主次地位，特别是对这些因素影响土壤生产力的各种对比关系，如有利和不利因素、质量与数量、自然与人为因素等进行综合分析，将对正确评价土壤资源有重要意义。

（四）坚持当前与长远，用地与养地相结合，是土壤资源评价的原则

土壤资源评价，按农业生产发展的要求，主要以农林牧生产需要和土壤属性为依据。为便于当前生产利用与规划，一种土壤资源暂只确定一种主要的利用方式，但随着生产发展，这种主要的利用方式也将发生相应变化。例如，草甸沼泽土是以牧业利用为主，但随着水利改良、积水疏导，可以转变为较好的农用地。因此，在评定土壤资源中既要考虑当前的利用方式，也要注意其发展方向。但由于在发展过程中变化复杂，故在评价中仍将当前的主要利用方式作为重点。此外，为了保证土壤资源的合理利用，在土壤资源评价中还必须因地制宜，把用地与养地结合起来，做到用养结合，以不断提高土壤的生产能力。

二、土壤资源评价的方法

伊春市区土壤资源评价的方法步骤如下：

第一阶段为土壤资源的质量评价，也称为总体评价。首先对伊春市区所有土壤进行农林牧适宜性的综合评价，确定出各土壤类型所适宜的农林牧用地总方向。在此基础上，又对农林牧业用地的土壤资源分别进行质量评价，确定出各业用地各土壤类型的质量等级。

第二阶段为土壤资源的数量统计。按行政区和土壤分区对全市土壤类型进行全面的数量统计。得出各类土壤在不同地区分布的数量和各类土壤之间的数量对比关系。

第三阶段为土壤资源的质量与数量的综合评价。为土壤改良利用分区和各分区的土壤改良利用方向提供依据。

土壤属性是耕地地力调查的核心，对农业生产、管理和规划起着指导作用，它包括土壤化学性状、物理性状、土壤微生物作用等。

第二节　土壤养分状况

土壤养分主要指由（通过）土壤所提供的供植物生长所必需的营养元素，是土壤肥力的重要物质基础，植物体内已知的化学元素达 40 余种，按照植物体内的化学元素含量多少，分为大量元素和微量元素两类。目前已知的大量元素有碳（C）、氢（H）、氧（O）、氮（N）、磷（P）、钾（K）、钙（Ca）、镁（Mg）、硫（S）等，微量元素有铁（Fe）、锰（Mn）、硼（B）、钼（Mo）、铜（Cu）、锌（Zn）及氯（Cl）等。植物体内铁（Fe）含量较其他微量元素多（100 毫克/千克左右），所以也有人把它归于大量元素。

受自然因素和人为因素的综合影响，土壤在不停地发展和变化着。作为基本特性的土壤肥力，也随之发展和变化，总的来说，土壤向良性方向发展。下面就伊春市土壤养分状况，做以综述。

根据土壤养分丰缺情况评价耕地土壤养分，我国各地也有不同的标准，参照黑龙江省耕地土壤养分分级标准，结合当地实际情况制订了此次耕地地力评价的养分分级标准。

一、土壤有机质

释义：土壤中除碳酸盐以外的所有含碳化合物的总含量。

字段代码：SO120203

字段名称：有机质

英文名称：Organic matter

数据类型：数值

量纲：克/千克

小数位：1

极小值：0

极大值：500

土壤有机质是衡量土壤肥力高低的重要因子，是耕地地力的重要标志。它可以为植物生长提供必要的氮、磷、钾等营养元素；可以改善耕地土壤的结构性能以及生物学和物理、化学性质。通常在其他大的立地条件相似的情况下，有机质含量的多少，可以反映出耕地地力水平的高低。

本次调查结果表明，伊春市区耕地土壤有机质含量平均为 58.1 克/千克，变化幅度在 8.9～107.4 克/千克，在《黑龙江省第二次土壤普查技术规程》分级基础上，将伊春市区耕地土壤有机质分为 6 级，其中含量大于 60 克/千克的占 52.25%，含量为 40～60 克/千克的占 45.93%，含量为 30～40 克/千克的占 1.12%，含量为 20～30 克/千克的占 0.11%，含量为 10～20 克/千克的占 0.53%，含量小于 10 克/千克的占 0.06%。

伊春市区分布的沼泽土、暗棕壤、草甸土、黑土、泥炭土、白浆土、水稻土和新积土 8 个土类，有机质平均含量分别为 59.6 克/千克、57.9 克/千克、56.9 克/千克、58.8 克/千克、66.1 克/千克、59.3 克/千克、63.9 克/千克和 56.7 克/千克。

（一）土壤有机质分级面积情况

本次地力评价调查分析，按照黑龙江省耕地有机质养分分级标准（伊春市的标准与此相同），有机质养分一级耕地面积 30 668.68 公顷，占此次评价耕地面积的 52.26%；有机质养分二级耕地面积 26 961.41 公顷，占此次评价耕地面积的 45.94%；有机质养分三级耕地面积 659.57 公顷，占此次评价耕地面积的 1.12%；有机质养分四级耕地面积 62.73 公顷，占此次评价耕地面积的 0.11%；有机质养分五级耕地面积 309.83 公顷，占此次评价耕地面积的 0.53%；有机质养分六级耕地面积 36.63 公顷，占此次评价耕地面积的 0.06%。有机质养分一级耕地面积所占比例最多的区是双丰林业局、乌伊岭区、铁力林业局、桃山林业局，见表 4－2 和图 4－1。

表 4-2 各区（局）、乡（镇）土壤有机质分级面积统计

区（局）、乡（镇）	面积（公顷）	一级		二级		三级		四级		五级		六级	
		面积（公顷）	占总面积（%）	面积（公顷）	占总面积（%）	面积（公顷）	占总面积（%）	面积（公顷）	占总面积（%）	面积（公顷）	占总面积（%）	面积（公顷）	占总面积（%）
五营区	511.89	511.89	0.87	0	0	0	0	0	0	0	0	0	0
浩良河镇	2 425.38	170.89	0.29	2 254.49	3.84	0	0	0	0	0	0	0	0
晨明镇	2 115.96	395.62	0.67	1 720.34	2.93	0	0	0	0	0	0	0	0
上甘岭区	1 375.09	742.71	1.27	567.57	0.97	64.81	0.11	0	0	0	0	0	0
友好区	2 360.77	0	0	2 360.77	4.02	0	0	0	0	0	0	0	0
翠峦区	570.07	570.07	0.97	0	0	0	0	0	0	0	0	0	0
伊春区	956.84	909.06	1.55	47.78	0.08	0	0	0	0	0	0	0	0
西林区	511.07	0	0	50.54	0.09	58.61	0.10	62.73	0.11	302.56	0.52	36.63	0.06
迎春乡	2 851.80	856.66	1.46	1 729.85	2.95	265.29	0.45	0	0	0	0	0	0
美溪区	644.57	635.38	1.08	9.19	0.02	0	0	0	0	0	0	0	0
金山屯区	1 680.28	1 101.19	1.88	574.26	0.98	4.83	0.01	0	0	0	0	0	0
乌马河区	257.11	0	0.00	143.09	0.24	106.75	0.18	0	0	7.27	0	0	0
带岭区	976.15	951.03	1.62	25.12	0.04	0	0	0	0	0	0	0	0
铁力局	4 010.28	1 668.47	2.84	2 341.81	3.99	0	0	0	0	0	0	0	0
双丰局	7 469.84	2 428.05	4.14	5 022.1	8.56	19.69	0.03	0	0	0	0	0	0
乌伊岭区	2 615.25	2 301.76	3.92	313.49	0.53	0	0	0	0	0	0	0	0
桃山局	23 812.91	16 227.84	27.65	7 496.15	12.77	88.92	0.15	0	0	0	0	0	0
朗乡局	3 553.59	1 198.06	2.04	2 304.86	3.93	50.67	0.09	0	0	0	0	0	0
合　计	58 698.85	30 668.68	52.25	26 961.41	45.93	659.57	1.12	62.73	0.11	309.83	0.53	36.63	0.06

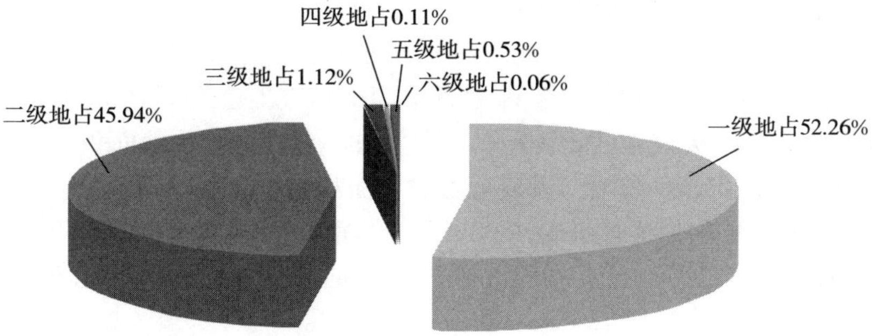

图 4-1　伊春市区土壤有机质分级面积比例示意图

（二）土壤有机质含量变化情况

本次地力评价土壤化验分析，伊春市区各区（局）、乡（镇）土壤有机质含量最大值是 107.4 克/千克，最小值是 8.9 克/千克，平均值是 58.1 克/千克，见表 4-3。

表 4-3　各区（局）、乡（镇）土壤有机质含量统计

单位：克/千克

区（局）、乡（镇）	平均值	最大值	最小值
五营区	69.9	76.6	64.5
浩良河镇	52.7	78.6	43.0
晨明镇	56.1	70.3	48.3
上甘岭区	58.1	70.9	38.4
友好区	48.1	58.5	42.9
翠峦区	65.3	67.0	60.6
伊春区	64.4	69.3	57.5
西林区	25.6	52.8	8.9
迎春乡	56.7	65.5	33.2
美溪区	66.8	74.5	58.0
金山屯区	59.3	71.4	39.2
乌马河区	38.4	54.9	18.8
带岭区	67.3	87.8	56.6
铁力局	58.1	70.7	39.3
双丰局	56.4	107.4	29.4
乌伊岭区	66.3	75.2	54.8
桃山局	58.3	77.0	42.8
朗乡局	58.6	85.6	30.7

（三）耕地土壤有机质分级面积情况

按照黑龙江省耕地有机质分级标准，各种土类分级情况如下：

1. 暗棕壤类 有机质养分一级耕地面积 12 277.2 公顷，占该土类耕地面积的 53.69%；有机质养分二级耕地面积 10 408.58 公顷，占该土类耕地面积的 45.52%；有机质养分三级耕地面积 125.75 公顷，占该土类耕地面积的 0.55%；有机质养分四级耕地面积 13.55 公顷，占该土类耕地面积的 0.059%；有机质养分五级耕地面积 5.36 公顷，占该土类耕地面积的 0.023%；有机质养分六级耕地面积 36.63 公顷，占该土类耕地面积的 0.16%。

2. 白浆土类 有机质养分一级耕地面积 1 958.9 公顷，占该土类耕地面积的 88.22%；有机质养分二级耕地面积 261.49 公顷，占该土类耕地面积的 11.78%；其他等级耕地均无有机质养分面积。

3. 草甸土类 有机质养分一级耕地面积 8 444.13 公顷，占该土类耕地面积的 50.86%；有机质养分二级耕地面积 7 380.84 公顷，占该土类耕地面积的 44.46%；有机质养分三级耕地面积 422.77 公顷，占该土类耕地面积的 2.55%；有机质养分四级耕地面积 49.18 公顷，占该土类耕地面积的 0.29%；有机质养分五级耕地面积 304.47 公顷，占该土类耕地面积的 1.83%；其他等级耕地无有机质养分面积。

4. 沼泽土类 有机质养分一级耕地面积 7 037.35 公顷，占该土类耕地面积的 46.08%；有机质养分二级耕地面积 8 123.99 公顷，占该土类耕地面积的 53.19%；有机质养分三级耕地面积 111.05 公顷，占该土类耕地面积的 0.73%；其他等级耕地无有机质养分面积。

5. 泥炭土类 有机质养分一级耕地面积 601.44 公顷，占该土类耕地面积的 75.82%；有机质养分二级耕地面积 191.8 公顷，占该土类耕地面积的 24.18%；其他等级耕地均无有机质养分面积。

6. 黑土类 有机质养分一级耕地面积 269.77 公顷，占该土类耕地面积的 31.52%；有机质养分二级耕地面积 586.11 公顷，占该土类耕地面积的 68.48%；其他等级耕地均无有机质养分面积。

7. 新积土类 有机质养分一级耕地面积 72.55 公顷，占该土类耕地面积的 100%；其他等级耕地均无有机质养分面积。

8. 水稻土类 有机质养分一级耕地面积 7.34 公顷，占该土类耕地面积的 46.05%；有机质养分二级耕地面积 8.6 公顷，占该土类耕地面积的 53.95%；其他等级耕地均无有机质养分面积。见表 4-4。

（四）土壤类型有机质含量变化情况

本次调查化验分析各土类土壤有机质如下：暗棕壤类有机质含量平均值 57.9 克/千克，白浆土类有机质含量平均 59.3 克/千克，草甸土类有机质含量平均 56.9 克/千克，沼泽土类有机质含量平均 59.6 克/千克，泥炭土类有机质含量平均 66.1 克/千克，黑土类有机质含量平均 58.8 克/千克，新积土类有机质含量平均 56.7 克/千克，水稻土类有机质含量平均 63.9 克/千克，见表 4-5。

表 4-4　耕地土壤有机质分级面积统计

土壤类型	面积（公顷）	一级		二级		三级		四级		五级		六级	
		面积（公顷）	占总面积（%）	面积（公顷）	占总面积（%）	面积（公顷）	占总面积（%）	面积（公顷）	占总面积（%）	面积（公顷）	占总面积（%）	面积（公顷）	占总面积（%）
一、暗棕壤类	22 867.07	12 277.2	20.57	10 408.58	17.44	125.75	0.22	13.55	0.02	5.36	0.01	36.63	0.06
1. 砾沙质暗棕壤	19 294.55	9 714.47	16.27	9 425.75	15.79	98.79	0.17	13.55	0.02	5.36	0.01	36.63	0.06
2. 黄土质草甸暗棕壤	1 361.03	662.51	1.11	698.52	1.17	0	0	0	0	0	0	0	0
3. 壤质潜育暗棕壤	609.62	409.55	0.69	173.11	0.29	26.96	0.05	0	0	0	0	0	0
4. 黄土质白浆化暗棕壤	1 181.83	1 092.24	1.83	89.59	0.15	0	0	0	0	0	0	0	0
5. 泥质暗棕壤	55.25	55.25	0.09	0	0	0	0	0	0	0	0	0	0
6. 沙砾质暗棕壤	76.71	55.1	0.09	21.61	0.04	0	0	0	0	0	0	0	0
7. 泥沙质暗棕壤	194.57	194.57	0.33	0	0	0	0	0	0	0	0	0	0
8. 亚暗矿质潜育暗棕壤	93.51	93.51	0.16	0	0	0	0	0	0	0	0	0	0
二、白浆土类	2 220.39	1 958.9	3.28	261.49	0.44	0	0	0	0	0	0	0	0
9. 厚层黄土质白浆土	2 220.39	1 958.9	3.28	261.49	0.44	0	0	0	0	0	0	0	0
三、草甸土类	16 601.39	8 444.13	14.14	7 380.84	12.36	422.77	0.71	49.18	0.08	304.47	0.51	0	0
10. 厚层黏壤质草甸土	7 949.49	3 727.23	6.24	3 972.2	6.65	247.57	0.41	2.49	0	0	0	0	0
11. 浅埋藏型草甸土	142.19	0	0	119.53	0.2	15.39	0.03	0	0	7.27	0.01	0	0
12. 厚层黏壤质潜育草甸土	1 813.04	976.68	1.64	771.55	1.29	64.81	0.11	0	0	0	0	0	0
13. 暗棕壤型草甸土	6 696.67	3 740.22	6.27	2 517.56	4.22	95	0.16	46.69	0.08	297.2	0.5	0	0

（续）

土壤类型	面积（公顷）	一级		二级		三级		四级		五级		六级	
		面积（公顷）	占总面积（%）	面积（公顷）	占总面积（%）	面积（公顷）	占总面积（%）	面积（公顷）	占总面积（%）	面积（公顷）	占总面积（%）	面积（公顷）	占总面积（%）
四、沼泽土类	15 272.39	7 037.35	11.79	8 123.99	13.61	111.05	0.19	0	0	0	0	0	0
14. 薄层沙砾底沼泽土	8 333.45	3 083.28	5.16	5 230.48	8.76	19.69	0.03	0	0	0	0	0	0
15. 薄层泥炭腐殖质沼泽土	3 946.71	1 995.14	3.34	1 951.57	3.27	0	0	0	0	0	0	0	0
16. 薄层泥炭沼泽土	2 258.98	1 714.47	2.87	453.15	0.76	91.36	0.15	0	0	0	0	0	0
17. 薄层黏质草甸沼泽土	733.25	244.46	0.41	488.79	0.82	0	0	0	0	0	0	0	0
五、泥炭土类	793.24	601.44	1.01	191.8	0.32	0	0	0	0	0	0	0	0
18. 薄层高位泥炭土	793.24	601.44	1.01	191.8	0.32	0	0	0	0	0	0	0	0
六、黑土类	855.88	269.77	0.45	586.11	0.98	0	0	0	0	0	0	0	0
19. 厚层黄土质草甸黑土	257.21	248.18	0.42	9.03	0.02	0	0	0	0	0	0	0	0
20. 厚层黄土质黑土	598.67	21.59	0.04	577.08	0.97	0	0	0	0	0	0	0	0
七、新积土类	72.55	72.55	0.12	0	0	0	0	0	0	0	0	0	0
21. 薄层砾质冲积土	72.55	72.55	0.12	0	0	0	0	0	0	0	0	0	0
八、水稻土类	15.94	7.34	0.01	8.6	0.01	0	0	0	0	0	0	0	0
22. 中层草甸土型淹育水稻土	15.94	7.34	0.01	8.6	0.01	0	0	0	0	0	0	0	0
合　计	59 698.85	30 668.68	52.25	26 961.41	45.93	659.57	1.12	62.73	0.11	309.83	0.53	36.63	0.06

表 4-5　耕地土壤有机质含量统计

单位：克/千克

土壤类型	最大值	最小值	平均值
一、暗棕壤类	106.3	8.9	57.9
1. 砾沙质暗棕壤	106.3	8.9	57.6
2. 黄土质草甸暗棕壤	67.9	42.1	57.6
3. 壤质潜育暗棕壤	71.1	47.7	61.2
4. 黄土质白浆化暗棕壤	61.6	53.2	59.6
5. 泥质暗棕壤	70.5	57.3	60.1
6. 沙砾质暗棕壤	61.1	59.5	60.1
7. 泥沙质暗棕壤	65.2	62.4	63.2
8. 亚暗矿质潜育暗棕壤	68.2	66.1	66.8
二、白浆土类	67.0	52.5	59.3
9. 厚层黄土质白浆土	67.0	52.5	59.3
三、草甸土类	82.2	14.2	56.9
10. 厚层黏壤质草甸土	78.6	27.5	57.4
11. 浅埋藏型草甸土	62.2	18.8	40.8
12. 厚层黏壤质潜育草甸土	70.9	38.4	60.1
13. 暗棕壤型草甸土	82.2	14.2	56.1
四、沼泽土类	107.4	29.4	59.6
14. 薄层沙砾底沼泽土	107.4	29.4	58.5
15. 薄层泥炭腐殖质沼泽土	75.2	42.9	60.3
16. 薄层泥炭沼泽土	72.7	32.3	61.9
17. 薄层黏质草甸沼泽土	72.8	43.6	58.0
五、泥炭土类	73.0	58.9	66.1
18. 薄层高位泥炭土	73.0	58.9	66.1
六、黑土类	67.5	39.3	58.8
19. 厚层黄土质草甸黑土	64.7	58.1	61.8
20. 厚层黄土质黑土	67.5	39.3	57.7
七、新积土类	56.7	56.7	56.7
21. 薄层砾质冲积土	56.7	56.7	56.7
八、水稻土类	67.0	59.1	63.9
22. 中层草甸土型淹育水稻土	67.0	59.1	63.9

二、土壤全氮

释义：土壤中的全氮含量，表示氮素的供应容量，是土壤中无机态氮和有机态氮的总和。

字段代码：SO120204

英文名称：Total nitrogen

数据类型：数值

量纲：克/千克

数据长度：6

小数位：3

极小值：0

极大值：20

土壤全氮包括有机氮和无机氮，是土壤肥力的一项重要指标。土壤的全氮含量与土壤有机质含量成正相关，有机质含量高，全氮含量也高。

（一）土壤全氮分级面积情况

伊春市区按照黑龙江省耕地全氮养分分级标准，全氮养分一级耕地面积 52 689.81 公顷，占本次调查耕地面积的 89.8%；全氮养分二级耕地面积 4 117.13 公顷，占本次调查耕地面积的 7.0%，全氮养分三级耕地面积 1 545.38 公顷，占本次调查耕地面积的 2.6%；全氮养分四级耕地面积 346.53 公顷，占本次调查耕地面积的 0.6%，见图 4-2，表 4-6。

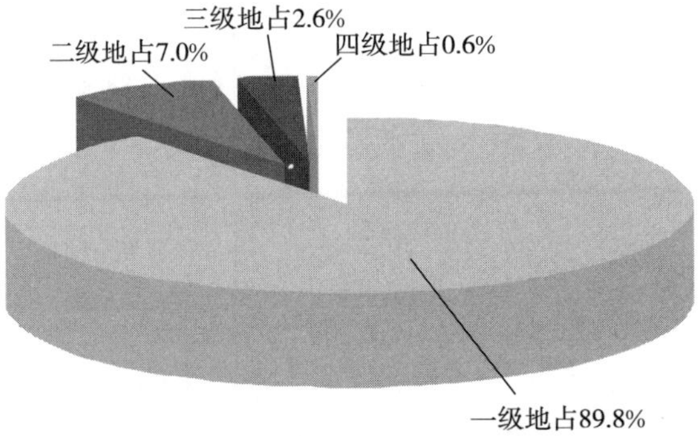

图 4-2　伊春市区土壤全氮分级面积比例示意图

表 4-6　各区（局）、乡（镇）耕地土壤全氮分级面积统计

区（局）、乡（镇）	面积（公顷）	一级		二级		三级		四级		五级	
		面积（公顷）	占总面积（%）	面积（公顷）	占总面积（%）	面积（公顷）	占总面积（%）	面积（公顷）	占总面积（%）	面积（公顷）	占总面积（%）
五营区	511.89	278.35	0.5	233.54	0.4	0	0	0	0	0	0
浩良河镇	2 425.38	1 020	1.7	788.17	1.3	617.19	1.1	0	0	0	0
晨明镇	2 115.96	1 414.2	2.4	257.26	0.4	177.05	0.3	267.48	0.5	0	0
上甘岭区	1 375.09	1 187.5	2.0	187.61	0.3	0	0	0	0	0	0
友好区	2 360.77	2 360.8	4.0	0	0	0	0	0	0	0	0
翠峦区	570.07	565.33	1.0	4.74	0	0	0	0	0	0	0

（续）

区（局）、乡（镇）	面积（公顷）	一级		二级		三级		四级		五级	
		面积（公顷）	占总面积（%）	面积（公顷）	占总面积（%）	面积（公顷）	占总面积（%）	面积（公顷）	占总面积（%）	面积（公顷）	占总面积（%）
伊春区	956.84	446.85	0.8	405.51	0.7	101.62	0.2	2.86	0	0	0
西林区	511.07	255.44	0.4	166.82	0.3	88.81	0.2	0	0	0	0
迎春乡	2 851.80	2 463	4.2	388.78	0.7	0	0	0	0	0	0
美溪区	644.57	448.79	0.8	195.78	0.3	0	0	0	0	0	0
金山屯区	1 680.28	59.9	0.1	1 075.94	1.8	468.25	0.8	76.19	0.1	0	0
乌马河区	257.11	257.11	0.4	0	0	0	0	0	0	0	0
带岭区	976.15	976.15	1.7	0	0	0	0	0	0	0	0
铁力局	4 010.28	4 010.3	6.8	0	0	0	0	0	0	0	0
双丰局	7 469.84	7 469.8	12.7	0	0	0	0	0	0	0	0
乌伊岭区	2 615.25	2 109.8	3.6	412.98	0.7	92.46	0.2	0	0	0	0
桃山局	23 812.91	23 813	40.6	0	0	0	0	0	0	0	0
朗乡局	3 553.59	3 553.6	6.1	0	0	0	0	0	0	0	0
合　计	58 698.85	52 690	89.8	4 117.13	7	1 545.4	2.6	346.53	0.6	0	0

（二）土壤全氮含量

本次耕地地力调查土壤化验分析，全氮最大值 5.569 克/千克，最小值是 1.193 克/千克，平均值 3.590 克/千克，见表 4－7。

表 4－7　各区（局）、乡（镇）土壤全氮含量统计

单位：克/千克

区（局）、乡（镇）	最大值	最小值	平均值
五营区	3.523	2.313	2.610
浩良河镇	4.068	1.527	2.519
晨明镇	4.399	1.193	2.642
上甘岭区	4.514	2.076	2.933
友好区	4.129	2.525	3.325
翠峦区	4.202	2.099	3.398
伊春区	3.032	1.412	2.352
西林区	4.705	1.689	2.428
迎春乡	4.581	2.302	3.414
美溪区	3.649	2.138	2.672
金山屯区	4.295	1.258	2.217
乌马河区	4.778	3.229	3.932

（续）

区（局）、乡（镇）	最大值	最小值	平均值
带岭区	4.839	3.714	4.183
铁力局	4.891	2.756	3.877
双丰局	4.955	2.574	3.793
乌伊岭区	3.796	1.65	2.898
桃山局	4.944	2.542	3.816
朗乡局	5.569	2.702	3.865

（三）耕地土壤全氮分级面积情况

按照黑龙江省耕地全氮分级标准，各种土类分级情况如下：

1. 暗棕壤类 全氮养分一级耕地面积 21 339.77 公顷，占该土类耕地面积的 93.32%；全氮养分二级耕地面积 899.32 公顷，占该土类耕地面积的 3.93%；全氮养分三级耕地面积 586.36 公顷，占该土类耕地面积的 2.56%；全氮养分四级耕地面积 41.62 公顷，占该土类耕地面积的 0.18%；其他等级耕地均无全氮养分面积分布。

2. 白浆土类 全氮养分一级耕地面积 2 220.39 公顷，占该土类耕地面积的 100%；其他等级耕地均无全氮养分面积分布。

3. 草甸土类 全氮养分一级耕地面积 13 724.27 公顷，占该土类耕地面积的 82.67%；全氮养分二级耕地面积 2 221.15 公顷，占该土类耕地面积的 13.38%；全氮养分三级耕地面积 621.4 公顷，占该土类耕地面积的 3.74%；全氮养分四级耕地面积 34.57 公顷，占该土类耕地面积的 0.21%；其他等级耕地均无全氮养分面积分布。

4. 沼泽土类 全氮养分一级耕地面积 13 684.35 公顷，占该土类耕地面积的 89.6%；全氮养分二级耕地面积 980.08 公顷，占该土类耕地面积的 6.42%；全氮养分三级耕地面积 337.62 公顷，占该土类耕地面积的 2.21%；全氮养分四级耕地面积 270.34 公顷，占该土类耕地面积的 1.77%；其他等级耕地均无全氮养分面积分布。

5. 泥炭土类 全氮养分一级耕地面积 776.66 公顷，占该土类耕地面积的 97.91%；全氮养分二级耕地面积 16.58 公顷，占该土类耕地面积的 2.09%；其他等级耕地均无全氮养分面积分布。

6. 黑土类 全氮养分一级耕地面积 855.88 公顷，占该土类耕地面积的 100%；其他等级耕地均无全氮养分面积分布。

7. 新积土类 全氮养分一级耕地面积 72.55 公顷，占该土类耕地面积的 100%；其他等级耕地均无全氮养分面积分布。

8. 水稻土类 全氮养分一级耕地面积 15.94 公顷，占该土类耕地面积的 100%；其他等级耕地均无全氮养分面积分布。

耕地土类全氮分级面积统计见表 4－8。

（四）土壤类型全氮含量变化情况

本次调查化验分析各土类土壤全氮养分如下：暗棕壤类全氮含量平均值 3.652 克/千克，白浆土类全氮含量平均 4.103 克/千克，草甸土类全氮含量平均 3.451 克/千克，沼泽

表 4-8 耕地土类全氮分级面积统计

土壤类型	面积（公顷）	一级		二级		三级		四级		五级	
		面积（公顷）	占总面积（%）	面积（公顷）	占总面积（%）	面积（公顷）	占总面积（%）	面积（公顷）	占总面积（%）	面积（公顷）	占总面积（%）
一、暗棕壤类	22 867.07	21 339.77	36.4	899.32	1.5	586.36	1	41.62	0.1	0	0
1. 砾沙质暗棕壤	19 294.55	17 880.38	30.5	857.03	1.5	534.39	0.9	22.75	0	0	0
2. 黄土质草甸暗棕壤	1 361.03	1 338.87	2.3	3.29	0	0	0	18.87	0	0	0
3. 壤质潜育暗棕壤	609.62	541.75	0.9	37.9	0.1	29.97	0.1	0	0	0	0
4. 黄土质白浆化暗棕壤	1 181.83	1 181.83	2	0	0	0	0	0	0	0	0
5. 泥质暗棕壤	55.25	55.25	0.1	0	0	0	0	0	0	0	0
6. 沙砾质暗棕壤	76.71	76.71	0.1	0	0	0	0	0	0	0	0
7. 泥沙质暗棕壤	194.57	172.57	0.3	0	0	22	0	0	0	0	0
8. 亚暗矿质潜育暗棕壤	93.51	92.41	0.2	1.1	0	0	0	0	0	0	0
二、白浆土类	2 220.39	2 220.39	3.8	0	0	0	0	0	0	0	0
9. 厚层黄土质白浆土	2 220.39	2 220.39	3.8	0	0	0	0	0	0	0	0
三、草甸土类	16 601.39	13 724.27	23.4	2 221.15	3.8	621.4	1.1	34.57	0.1	0	0
10. 厚层黏壤质草甸土	7 949.49	6 459.59	11	1 114.68	1.9	340.65	0.6	34.57	0.1	0	0
11. 浅埋藏型草甸土	142.19	142.19	0.2	0	0	0	0	0	0	0	0
12. 厚层黏壤质潜育草甸土	1 813.04	1 737.69	3	75.35	0.1	0	0	0	0	0	0
13. 暗棕壤型草甸土	6 696.67	5 384.8	9.2	1 031.12	1.8	280.75	0.5	0	0	0	0

（续）

土壤类型	面积（公顷）	一级		二级		三级		四级		五级	
		面积（公顷）	占总面积（%）	面积（公顷）	占总面积（%）	面积（公顷）	占总面积（%）	面积（公顷）	占总面积（%）	面积（公顷）	占总面积（%）
四、沼泽土类	15 272.39	13 684.35	23.3	980.08	1.7	337.62	0.6	270.34	0.5	0	0
14. 薄层沙砾底沼泽土	8 333.45	8 079.86	13.8	198.87	0.3	54.72	0.1	0	0	0	0
15. 薄层泥炭腐殖质沼泽土	3 946.71	3 058.39	5.2	439.56	0.7	181.28	0.3	267.48	0.5	0	0
16. 薄层泥炭沼泽土	2 258.98	1 841.55	3.1	312.95	0.5	101.62	0.2	2.86	0	0	0
17. 薄层黏质草甸沼泽土	733.25	704.55	1.2	28.7	0	0	0	0	0	0	0
五、泥炭土类	793.24	776.66	1.3	16.58	0	0	0	0	0	0	0
18. 薄层高位泥炭土	793.24	776.66	1.3	16.58	0	0	0	0	0	0	0
六、黑土类	855.88	855.88	1.5	0	0	0	0	0	0	0	0
19. 厚层黄土质草甸黑土	257.21	257.21	0.4	0	0	0	0	0	0	0	0
20. 厚层黄土质黑土	598.67	598.67	1	0	0	0	0	0	0	0	0
七、新积土类	72.55	72.55	0.1	0	0	0	0	0	0	0	0
21. 薄层砾质冲积土	72.55	72.55	0.1	0	0	0	0	0	0	0	0
八、水稻土类	15.94	15.94	0	0	0	0	0	0	0	0	0
22. 中层草甸土型淹育水稻土	15.94	15.94	0	0	0	0	0	0	0	0	0
合　计	58 698.85	52 689.81	89.8	4 117.13	7	1 545.4	2.6	346.53	0.6	0	0

土类全氮含量平均 3.453 克/千克，泥炭土类全氮含量平均 4.122 克/千克，黑土类全氮含量平均 3.841 克/千克，新积土类全氮含量平均 4.240 克/千克，水稻土类全氮含量平均 3.853 克/千克，见表 4－9。

表 4－9　伊春市耕地土壤全氮含量统计

单位：克/千克

土壤类型	最大值	最小值	平均值
一、暗棕壤类	4.961	1.262	3.652
1. 砾沙质暗棕壤	4.961	1.262	3.671
2. 黄土质草甸暗棕壤	4.580	1.317	3.521
3. 壤质潜育暗棕壤	4.542	1.810	3.552
4. 黄土质白浆化暗棕壤	4.645	2.571	3.652
5. 泥质暗棕壤	4.240	3.302	3.601
6. 沙砾质暗棕壤	3.821	3.211	3.581
7. 泥沙质暗棕壤	3.491	1.983	3.211
8. 亚暗矿质潜育暗棕壤	3.642	2.480	3.131
二、白浆土类	4.861	3.201	4.103
9. 厚层黄土质白浆土	4.861	3.201	4.103
三、草甸土类	5.575	1.261	3.451
10. 厚层黏壤质草甸土	4.512	1.261	3.391
11. 浅埋藏型草甸土	4.787	3.234	4.032
12. 厚层黏壤质潜育草甸土	4.648	2.111	3.572
13. 暗棕壤型草甸土	5.575	1.823	3.473
四、沼泽土类	4.987	1.196	3.453
14. 薄层沙砾底沼泽土	4.943	1.531	3.704
15. 薄层泥炭腐殖质沼泽土	4.987	1.196	3.290
16. 薄层泥炭沼泽土	4.415	1.412	3.081
17. 薄层黏质草甸沼泽土	4.254	2.252	3.441
五、泥炭土类	4.798	2.355	4.122
18. 薄层高位泥炭土	4.798	2.355	4.122
六、黑土类	4.304	3.201	3.841
19. 厚层黄土质草甸黑土	4.151	3.201	3.681
20. 厚层黄土质黑土	4.304	3.301	3.901
七、新积土类	4.241	4.241	4.241
21. 薄层砾质冲积土	4.241	4.241	4.241
八、水稻土类	4.256	3.462	3.853
22. 中层草甸土型淹育水稻土	4.256	3.462	3.853

三、土壤碱解氮

释义：用碱解扩散法测得的土壤中可被植物吸收的氮量。

字段代码：SO120224

英文名称：Alkali-hydrolysabie nitrogen

数据类型：数值

量纲：毫克/千克

数据长度：5

小数位：1

极小值：0

极大值：999.9

备注：1mol/NaOH 碱解扩散法

土壤水解性氮或称碱解氮，能反映土壤近期内氮素供应情况，包括无机态氮（铵态氮、硝态氮）及易水解的有机态氮（氨基酸、酰铵和易水解蛋白质）。土壤碱解氮含量与作物生长关系密切，因此它在推荐施肥中意义更大。

碱解氮是由全氮经微生物活动转化来的。第二次土壤普查测定速效氮是用 1.0 摩尔/升氢氧化钠水解土壤样品，然后用扩散滴定的方法测得“碱解氮”。它包括氨态氮、硝态氮和易被水解的小分子有机氮。碱解氮比全氮更能反映土壤的氮素供应水平。

碱解氮的含量和有机质含量及质量有关，有机质含量高、熟化程度高，有机态氮含量也高；反之，有机质含量低、熟化程度低，有效态氮的含量也低。碱解氮含量作为植物氮素营养较无机氮有更好的相关性，所以测定碱解氮比测定氨态氮和硝态氮更能确切地反映出近期内土壤的供氮水平。

土壤碱解氮是反映土壤供氮水平的一种较为稳定的指标，一般认为土壤中碱解氮小于 50 毫克/千克为供应较低，50～100 毫克/千克为供应中等，大于 100 毫克/千克为供应较高。

（一）土壤碱解氮分级面积情况

按照黑龙江省土壤碱解氮分级标准，伊春市区碱解氮一级耕地面积 44 744.05 公顷，占本次调查耕地面积的 76.24%；碱解氮二级耕地面积 11 818.94 公顷，占本次调查耕地面积的 20.13%；碱解氮三级耕地面积 1 366.55 公顷，占本次调查耕地面积的 2.33%；碱解氮四级耕地面积 369.84 公顷，占本次调查耕地面积的 0.63%；碱解氮五级耕地面积 168.01 公顷，占本次调查耕地面积的 0.29%；碱解氮六级耕地面积 231.46 公顷，占本次调查耕地面积的 0.39%，见表 4－10、图 4－3。

（二）土壤碱解氮含量变化情况

本次调查，伊春市土壤碱解氮最大值为 500 毫克/千克，最小值为 38 毫克/千克，平均值为 300 毫克/千克，见表 4－11。

表 4-10　各区（局）、乡（镇）耕地土壤碱解氮分级面积统计

区（局）、乡（镇）	面积（公顷）	一级		二级		三级		四级		五级		六级	
		面积（公顷）	占总面积（%）	面积（公顷）	占总面积（%）	面积（公顷）	占总面积（%）	面积（公顷）	占总面积（%）	面积（公顷）	占总面积（%）	面积（公顷）	占总面积（%）
五营区	511.89	452	0.8	59.89	0.1	0	0	0	0	0	0	0	0
浩良河镇	2 425.38	518.52	0.9	1 680.07	2.9	73.19	0.1	153.6	0.3	0	0	0	0
晨明镇	2 115.96	922.39	1.6	1 150.52	2	43.05	0.1	0	0	0	0	0	0
上甘岭区	1 375.09	1 259.47	2.1	115.62	0.2	0	0	0	0	0	0	0	0
友好区	2 360.77	2 360.77	4	0	0	0	0	0	0	0	0	0	0
翠峦区	570.07	191.49	0.3	373.84	0.6	4.74	0	0	0	0	0	0	0
伊春区	956.84	896.89	1.5	59.95	0.1	0	0	0	0	0	0	0	0
西林区	511.07	0	0	59.94	0.1	222.99	0.4	110.46	0.2	15.43	0	102.25	0.2
迎春乡	2 851.80	800.59	1.4	1 696.03	2.9	342.75	0.6	0	0	12.43	0	0	0
美溪区	644.57	278.95	0.5	326.71	0.6	35.69	0.1	3.22	0	0	0	0	0
金山屯区	1 680.28	0.51	0	1 167.62	2	193.46	0.3	95.29	0.2	94.19	0.2	129.21	0.2
乌马河区	257.11	249.84	0.4	0	0	0	0	7.27	0	0	0	0	0
带岭区	976.15	399.83	0.7	500.55	0.9	29.81	0.1	0	0	45.96	0.1	0	0
铁力局	4 010.28	3 624.6	6.2	364	0.6	21.68	0	0	0	0	0	0	0
双丰局	7 469.84	5 452.02	9.3	1 879.5	3.2	138.32	0.2	0	0	0	0	0	0
乌伊岭区	2 615.25	2 610.7	4.4	4.55	0	0	0	0	0	0	0	0	0
桃山局	23 812.91	22 347.04	38.1	1 345.03	2.3	120.84	0.2	0	0	0	0	0	0
朗乡局	3 553.59	2 378.44	4.1	1 035.12	1.8	140.03	0.2	0	0	0	0	0	0
合　计	58 698.85	44 744.05	76.2	11 818.94	20.1	1 366.55	2.3	369.84	0.6	168.01	0.3	231.46	0.4

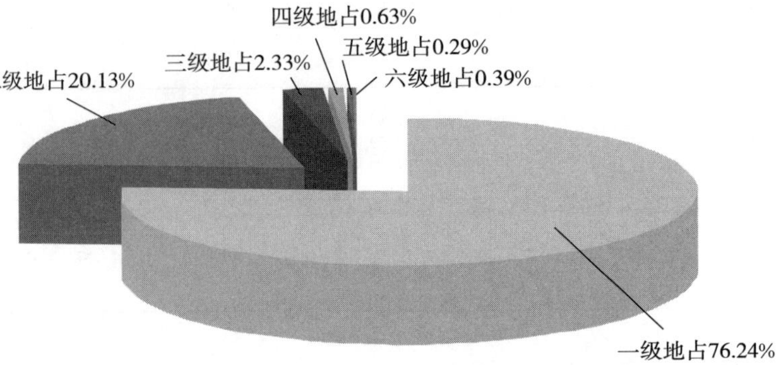

图 4-3 伊春市区土壤碱解氮分级面积比例示意图

表 4-11 各区（局）、乡（镇）土壤碱解氮含量统计

单位：毫克/千克

区（局）、乡（镇）	最大值	最小值	平均值
五营区	274	217	255
浩良河镇	349	137	225
晨明镇	425	162	263
上甘岭区	456	209	334
友好区	500	270	391
翠峦区	325	157	252
伊春区	415	221	304
西林区	233	38	136
迎春乡	349	117	221
美溪区	365	145	249
金山屯区	267	64	178
乌马河区	397	145	332
带岭区	349	93	251
铁力局	367	170	286
双丰局	382	170	259
乌伊岭区	476	245	341
桃山局	488	155	319
朗乡局	469	170	319

（三）耕地土壤碱解氮分级面积情况

按照黑龙江省耕地土壤碱解氮分级标准，伊春市各类土壤碱解氮分级如下：

1. 暗棕壤类　碱解氮养分一级耕地面积 18 952.18 公顷，占该土类耕地面积的 82.88%；碱解氮养分二级耕地面积 3 473.88 公顷，占该土类耕地面积的 15.19%；碱解氮养分三级耕地面积 336.77 公顷，占该土类耕地面积的 1.47%；碱解氮养分四级耕地面积 77.07 公顷，占该土类耕地面积的 0.34%；碱解氮养分五级耕地面积 20.96 公顷，占该土类耕地面积的 0.09%；碱解氮养分六级耕地面积 6.21 公顷，占该土类耕地面积的 0.02%。

2. 白浆土类　碱解氮养分一级耕地面积 2 220.39 公顷，占该土类耕地面积的 100%；其他等级耕地均无碱解氮养分面积分布。

3. 草甸土类　碱解氮养分一级耕地面积 10 904.69 公顷，占该土类耕地面积的 65.69%；碱解氮养分二级耕地面积 4 386.38 公顷，占该土类耕地面积的 26.42%；碱解氮养分三级耕地面积 723.68 公顷，占该土类耕地面积的 4.36%；碱解氮养分四级耕地面积 220.48 公顷，占该土类耕地面积的 1.34%；碱解氮养分五级耕地面积 147.05 公顷，占该类耕地面积的 0.86%；碱解氮养分六级耕地面积 219.44 公顷，占该类耕地面积的 1.33%。

4. 沼泽土类　碱解氮养分一级耕地面积 11 473.76 公顷，占该土类耕地面积的 75.13%；碱解氮养分二级耕地面积 3 534.94 公顷，占该土类耕地面积的 23.15%；碱解氮养分三级耕地面积 185.26 公顷，占该土类耕地面积的 1.21%；碱解氮养分四级耕地面积 72.29 公顷，占该土类耕地面积的 0.47%；碱解氮养分六级耕地面积 6.14 公顷，占该类耕地面积的 0.04%，其他等级耕地均无碱解氮养分面积分布。

5. 泥炭土类　碱解氮养分一级耕地面积 467.6 公顷，占该土类耕地面积的 58.95%；碱解氮养分二级耕地面积 204.8 公顷，占该土类耕地面积的 25.82%；碱解氮养分三级耕地面积 120.84 公顷，占该土类耕地面积的 15.23%；其他等级耕地均无碱解氮养分面积分布。

6. 黑土类　碱解氮养分一级耕地面积 636.94 公顷，占该土类耕地面积的 74.42%；碱解氮养分二级耕地面积 218.94 公顷，占该土类耕地面积的 25.58%，其他等级耕地均无碱解氮养分面积分布。

7. 新积土类　碱解氮养分一级耕地面积 72.55 公顷，占该土类耕地面积的 100%；其他等级耕地均无碱解氮养分面积分布。

8. 水稻土类　碱解氮养分一级耕地面积 15.94 公顷，占该土类耕地面积的 100%；其他等级耕地均无碱解氮养分面积分布。

耕地土壤碱解氮分级面积统计见表 4－12。

（四）土壤类型碱解氮含量变化情况

本次调查化验分析各土类土壤碱解氮养分含量如下：暗棕壤类碱解氮含量平均值 305 毫克/千克，白浆土类碱解氮含量平均 325 毫克/千克，草甸土类碱解氮含量平均 289 毫克/千克，沼泽土类碱解氮含量平均 299 毫克/千克，泥炭土类碱解氮含量平均 230 毫克/千克，黑土类碱解氮含量平均 295 毫克/千克，新积土类碱解氮含量平均 299 毫克/千克，水稻土类碱解氮含量平均 286 毫克/千克，见表 4－13。

表 4-12　耕地土壤碱解氮分级面积统计

土壤类型	面积（公顷）	一级		二级		三级		四级		五级		六级	
		面积（公顷）	占总面积（%）	面积（公顷）	占总面积（%）	面积（公顷）	占总面积（%）	面积（公顷）	占总面积（%）	面积（公顷）	占总面积（%）	面积（公顷）	占总面积（%）
一、暗棕壤类	22 867.07	18 952.18	32.3	3 473.88	5.9	336.77	0.6	77.07	0.1	20.96	0	6.21	0
1. 砾沙质暗棕壤	19 294.55	15 795	26.9	3 131.2	5.3	282.3	0.5	77.07	0.1	3.07	0	6.21	0
2. 黄土质草甸暗棕壤	1 361.03	971.04	1.7	317.63	0.5	54.47	0.1	0	0	17.89	0	0	0
3. 壤质潜育暗棕壤	609.62	595.1	1	14.52	0	0	0	0	0	0	0	0	0
4. 黄土质白浆化暗棕壤	1 181.83	1 171.3	2	10.51	0	0	0	0	0	0	0	0	0
5. 泥质暗棕壤	55.25	55.25	0.1	0	0	0	0	0	0	0	0	0	0
6. 沙砾质暗棕壤	76.71	76.71	0.1	0	0	0	0	0	0	0	0	0	0
7. 泥沙质暗棕壤	194.57	194.57	0.3	0	0	0	0	0	0	0	0	0	0
8. 亚暗矿质潜育暗棕壤	93.51	93.51	0.2	0	0	0	0	0	0	0	0	0	0
二、白浆土类	2 220.39	2 220.4	3.8	0	0	0	0	0	0	0	0	0	0
9. 厚层黄土质白浆土	2 220.39	2 220.4	3.8	0	0	0	0	0	0	0	0	0	0
三、草甸土类	16 601.39	10 904.69	18.6	4 386.38	7.5	723.68	1.2	220.48	0.4	147.05	0.3	219.11	0.4
10. 厚层黏壤质草甸土	7 949.49	5 206.5	8.9	2 490.3	4.2	94.33	0.2	101.04	0.2	57.39	0.1	0	0
11. 浅埋藏型草甸土	142.19	134.92	0.2	0	0	0	0	7.27	0	0	0	0	0
12. 厚层黏壤质潜育草甸土	1 813.04	1 355.3	2.3	457.75	0.8	0	0	0	0	0	0	0	0
13. 暗棕壤型草甸土	6 696.67	4 208	7.2	1 438.4	2.5	629.35	1.1	112.17	0.2	89.66	0.2	219.11	0.4

（续）

土壤类型	面积（公顷）	一级		二级		三级		四级		五级		六级	
		面积（公顷）	占总面积（%）	面积（公顷）	占总面积（%）	面积（公顷）	占总面积（%）	面积（公顷）	占总面积（%）	面积（公顷）	占总面积（%）	面积（公顷）	占总面积（%）
四、沼泽土类	15 272.39	11 473.76	19.5	3 534.94	6	185.26	0.3	72.29	0.1	0	0	6.14	0
14. 薄层沙砾底沼泽土	8 333.45	6 373.1	10.9	1 718.6	2.9	166.31	0.3	69.25	0.1	0	0	6.14	0
15. 薄层泥炭腐殖质沼泽土	3 946.71	2 532.1	4.3	1 397.4	2.4	14.21	0	3.04	0	0	0	0	0
16. 薄层泥炭沼泽土	2 258.98	1 858.3	3.2	395.94	0.7	4.74	0	0	0	0	0	0	0
17. 薄层黏质草甸沼泽土	733.25	710.22	1.2	23.03	0	0	0	0	0	0	0	0	0
五、泥炭土类	793.24	467.6	0.8	204.8	0.3	120.84	0.2	0	0	0	0	0	0
18. 薄层高位泥炭土	793.24	467.6	0.8	204.8	0.3	120.84	0.2	0	0	0	0	0	0
六、黑土类	855.88	636.94	1.1	218.94	0.4	0	0	0	0	0	0	0	0
19. 厚层黄土质草甸黑土	257.21	58.44	0.1	198.77	0.3	0	0	0	0	0	0	0	0
20. 厚层黄土质黑土	598.67	578.5	1	20.17	0	0	0	0	0	0	0	0	0
七、新积土类	72.55	72.55	0.1	0	0	0	0	0	0	0	0	0	0
21. 薄层砾质冲积土	72.55	72.55	0.1	0	0	0	0	0	0	0	0	0	0
八、水稻土类	15.94	15.94	0	0	0	0	0	0	0	0	0	0	0
22. 中层草甸土型淹育水稻土	15.94	15.94	0	0	0	0	0	0	0	0	0	0	0
合　　计	58 698.85	44 744	76.2	11 819	20.1	1 366.6	2.3	369.84	0.6	168.01	0.3	231.46	0.4

表 4-13　耕地土壤碱解氮含量统计

单位：毫克/千克

土壤类型	最大值	最小值	平均值
一、暗棕壤类	488	52	305
1. 砾沙质暗棕壤	457	52	304
2. 黄土质草甸暗棕壤	488	80	293
3. 壤质潜育暗棕壤	450	238	328
4. 黄土质白浆化暗棕壤	347	185	304
5. 泥质暗棕壤	357	299	348
6. 沙砾质暗棕壤	427	291	339
7. 泥沙质暗棕壤	366	285	355
8. 亚暗矿质潜育暗棕壤	381	290	350
二、白浆土类	408	253	325
9. 厚层黄土质白浆土	408	253	325
三、草甸土类	469	38	289
10. 厚层黏壤质草甸土	456	93	284
11. 浅埋藏型草甸土	393	145	310
12. 厚层黏壤质潜育草甸土	429	198	337
13. 暗棕壤型草甸土	469	38	282
四、沼泽土类	500	66	299
14. 薄层沙砾底沼泽土	500	66	291
15. 薄层泥炭腐殖质沼泽土	500	137	299
16. 薄层泥炭沼泽土	424	157	308
17. 薄层黏质草甸沼泽土	418	231	320
五、泥炭土类	344	155	230
18. 薄层高位泥炭土	344	155	230
六、黑土类	367	182	295
19. 厚层黄土质草甸黑土	349	182	255
20. 厚层黄土质黑土	367	246	311
七、新积土类	299	299	299
21. 薄层砾质冲积土	299	299	299
八、水稻土类	316	253	286
22. 中层草甸土型淹育水稻土	316	253	286

四、土壤全磷

释义：土壤中的磷的总储量，以每千克干土中所含磷的克数计。

字段代码：SO120205

英文名称：Total phosphorus

数据类型：数值

数据长度：4

量纲：克/千克

小数位：4

极小值：0

极大值：90

土壤全磷量即磷的总贮量，包括有机磷和无机磷两大类。土壤中的磷素大部分是以迟效性状态存在，因此土壤全磷含量并不能作为土壤磷素供应的指标，全磷含量高时并不意味着磷素供应充足，而全磷含量低于某一水平时，却可能意味着磷素供应不足。

（一）土壤全磷分级面积情况

本次调查按照黑龙江省土壤养分分级标准，全磷养分分级面积如下：

伊春市区土壤全磷养分一级、二级、三级的耕地无分布；全磷养分四级耕地面积6 141.58公顷，占本次调查耕地面积的10.46%；全磷养分五级耕地面积52 557.27公顷，占本次调查耕地面积的89.54%。主要耕地集中在四级、五级，见图4-4、表4-14。

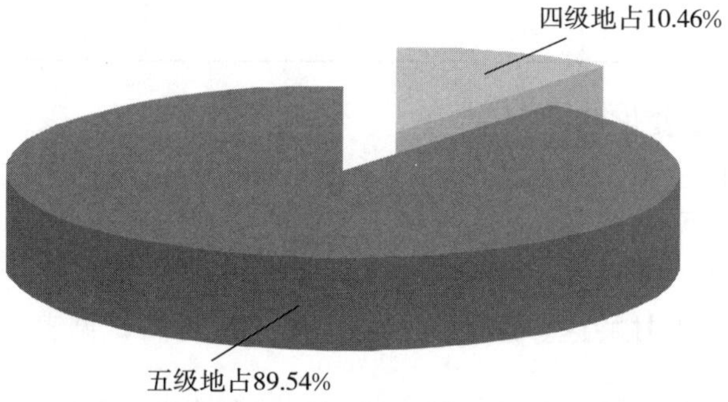

图4-4　伊春市区土壤全磷分级面积比例示意图

表4-14　各区（局）、乡（镇）耕地土壤全磷分级面积统计

区（局）、乡（镇）	面积（公顷）	一级		二级		三级		四级		五级	
		面积（公顷）	占总面积（%）	面积（公顷）	占总面积（%）	面积（公顷）	占总面积（%）	面积（公顷）	占总面积（%）	面积（公顷）	占总面积（%）
五营区	511.89	0	0	0	0	0	0	0	0	511.89	0.87
浩良河镇	2 425.38	0	0	0	0	0	0	1 343.45	2.29	1 081.93	1.84
晨明镇	2 115.96	0	0	0	0	0	0	1 029.78	1.75	1 086.18	1.85
上甘岭区	1 375.09	0	0	0	0	0	0	249.61	0.43	1 125.48	1.92
友好区	2 360.77	0	0	0	0	0	0	0	0	2 360.77	4.02
翠峦区	570.07	0	0	0	0	0	0	0	0	570.07	0.97
伊春区	956.84	0	0	0	0	0	0	2.86	0	953.98	1.63

（续）

区（局）、乡（镇）	面积（公顷）	一级		二级		三级		四级		五级	
		面积（公顷）	占总面积（%）	面积（公顷）	占总面积（%）	面积（公顷）	占总面积（%）	面积（公顷）	占总面积（%）	面积（公顷）	占总面积（%）
西林区	511.07	0	0	0	0	0	0	0	0	511.07	0.87
迎春乡	2 851.80	0	0	0	0	0	0	561.03	0.96	2 290.77	3.9
美溪区	644.57	0	0	0	0	0	0	11.28	0.02	633.29	1.08
金山屯区	1 680.28	0	0	0	0	0	0	50.65	0.09	1 629.63	2.78
乌马河区	257.11	0	0	0	0	0	0	46.46	0.08	210.65	0.36
带岭区	976.15	0	0	0	0	0	0	48.83	0.08	927.32	1.58
铁力局	4 010.28	0	0	0	0	0	0	431.29	0.73	3 578.99	6.1
双丰局	7 469.84	0	0	0	0	0	0	104.19	0.18	7 365.65	12.55
乌伊岭区	2 615.25	0	0	0	0	0	0	63.81	0.11	2 551.44	4.35
桃山局	23 812.91	0	0	0	0	0	0	2 163.73	3.69	21 649.18	36.88
朗乡局	3 554.59	0	0	0	0	0	0	34.61	0.06	3 518.98	5.99
总计	58 698.85	0	0	0	0	0	0	6 141.58	10.46	52 557.27	89.54

（二）土壤全磷含量变化情况

磷是构成植物体的重要组成元素之一。土壤中的磷易被植物吸收利用的部分称之为有效磷，它是土壤供磷水平的重要指标。

本次采样化验分析：土壤全磷最大值为 0.95 克/千克，最小值为 0.05 克/千克，平均值为 0.36 克/千克。以上甘岭区、晨明镇、桃山局含量为高，见表 4-15。

表 4-15　各区（局）、乡（镇）土壤全磷含量统计

单位：克/千克

区（局）、乡（镇）	最大值	最小值	平均值
五营区	0.474	0.277	0.37
浩良河镇	0.865	0.271	0.57
晨明镇	0.894	0.381	0.552
上甘岭区	0.945	0.05	0.399
友好区	0.462	0.103	0.35
翠峦区	0.434	0.163	0.326
伊春区	0.642	0.154	0.304
西林区	0.483	0.156	0.291
迎春乡	0.624	0.135	0.419
美溪区	0.621	0.123	0.377

（续）

区（局）、乡（镇）	最大值	最小值	平均值
金山屯区	0.541	0.126	0.355
乌马河区	0.528	0.259	0.378
带岭区	0.502	0.246	0.354
铁力局	0.571	0.081	0.253
双丰局	0.586	0.148	0.369
乌伊岭区	0.596	0.112	0.275
桃山局	0.876	0.088	0.359
朗乡局	0.577	0.091	0.276

（三）耕地土类全磷分级面积情况

伊春市区耕地土壤全磷养分标准共分五级。一级、二级、三级全磷养分耕地全市区无分布，全磷养分耕地面积主要集中在四级和五级。

1. 暗棕壤类　一级、二级、三级全磷养分耕地无分布；全磷养分四级耕地面积 2 056.27 公顷，占该土类耕地面积的 8.99%；全磷养分五级耕地面积 20 810.80 公顷，占该土类耕地面积的 91.01%。

2. 白浆土类　一级、二级、三级全磷养分耕地无分布，全磷养分四级耕地面积 49.47 公顷，占该土类耕地面积的 2.23%；全磷养分五级耕地面积 2 170.92 公顷，占该土类耕地面积的 97.77%。

3. 草甸土类　一级、二级、三级全磷养分耕地无分布，全磷养分四级耕地面积 1 836.5 公顷，占该耕地面积的 11.06%；全磷养分五级耕地面积 14 764.89 公顷，占该土类耕地面积的 88.94%。

4. 沼泽土类　一级、二级、三级全磷养分耕地无分布，全磷养分四级耕地面积 1 807.26 公顷，占该土类耕地面积的 11.83%；全磷养分五级耕地面积 13 465.13 公顷，占该土类耕地面积的 88.17%。

5. 泥炭土类　一级、二级、三级全磷养分耕地无分布，全磷养分四级耕地面积 152.09 公顷，占该土类耕地面积的 19.17%；全磷养分五级耕地面积 641.15 公顷，占该土类耕地面积的 80.83%。

6. 黑土类　一级、二级、三级全磷养分耕地无分布，全磷养分四级耕地面积 239.99 公顷，占该土类耕地面积的 28.04%；全磷养分五级耕地面积 615.89 公顷，占该土类耕地面积的 71.96%。

7. 新积土类　一级、二级、三级全磷养分耕地无分布，全磷养分四级耕地面积 72.55 公顷，占该土类耕地面积的 100%。

8. 水稻土类　一级、二级、三级、四级全磷养分耕地无分布，全磷养分五级耕地面积 15.94 公顷，占该土类耕地面积的 100%。

耕地土壤全磷分级面积统计见表 4 - 16。

表 4-16 耕地土壤全磷分级面积统计

土壤类型	面积（公顷）	一级		二级		三级		四级		五级	
		面积（公顷）	占总面积（%）	面积（公顷）	占总面积（%）	面积（公顷）	占总面积（%）	面积（公顷）	占总面积（%）	面积（公顷）	占总面积（%）
一、暗棕壤类	22 867.07	0	0	0	0	0	0	2 056.27	3.5	20 810.80	35.44
1. 砾沙质暗棕壤	19 294.55	0	0	0	0	0	0	1 848.96	3.15	17 445.59	29.72
2. 黄土质草甸暗棕壤	1 361.03	0	0	0	0	0	0	151.60	0.26	1 209.43	2.06
3. 壤质潜育暗棕壤	609.62	0	0	0	0	0	0	55.71	0.09	553.91	0.94
4. 黄土质白浆化暗棕壤	1 181.83	0	0	0	0	0	0	0	0	1 181.83	2.01
5. 泥质暗棕壤	55.25	0	0	0	0	0	0	0	0	55.25	0.09
6. 沙砾质暗棕壤	76.71	0	0	0	0	0	0	0	0	76.71	0.13
7. 泥沙质暗棕壤	194.57	0	0	0	0	0	0	0	0	194.57	0.33
8. 亚暗矿质潜育暗棕壤	93.51	0	0	0	0	0	0	0	0	93.51	0.16
二、白浆土类	2 220.39	0	0	0	0	0	0	49.47	0.08	2 170.92	3.7
9. 厚层黄土质白浆土	2 220.39	0	0	0	0	0	0	49.47	0.08	2 170.92	3.7
三、草甸土类	16 601.39	0	0	0	0	0	0	1 836.50	3.13	14 764.89	25.15
10. 厚层黏壤质草甸土	7 949.49	0	0	0	0	0	0	1 340.32	2.28	6 609.17	11.26
11. 浅埋藏型草甸土	142.19	0	0	0	0	0	0	0	0	142.19	0.24
12. 厚层黏壤质潜育草甸土	1 813.04	0	0	0	0	0	0	303.18	0.52	1 509.86	2.57
13. 暗棕壤型草甸土	6 696.67	0	0	0	0	0	0	192.97	0.33	6 503.7	11.08

（续）

土壤类型	面积（公顷）	一级		二级		三级		四级		五级	
		面积（公顷）	占总面积（%）	面积（公顷）	占总面积（%）	面积（公顷）	占总面积（%）	面积（公顷）	占总面积（%）	面积（公顷）	占总面积（%）
四、沼泽土类	15 272.39	0	0	0	0	0	0	1 807.26	3.08	13 465.13	22.94
14. 薄层沙砾底沼泽土	8 333.45	0	0	0	0	0	0	376.36	0.64	7 957.09	13.56
15. 薄层泥炭腐殖质沼泽土	3 946.71	0	0	0	0	0	0	802.01	1.37	3 144.70	5.36
16. 薄层泥炭沼泽土	2 258.98	0	0	0	0	0	0	68.49	0.12	2 190.49	3.73
17. 薄层黏质草甸沼泽土	733.25	0	0	0	0	0	0	560.41	0.95	172.84	0.29
五、泥炭土类	793.24	0	0	0	0	0	0	152.09	0.26	641.15	1.09
18. 薄层高位泥炭土	793.24	0	0	0	0	0	0	152.09	0.26	641.15	1.09
六、黑土类	855.88	0	0	0	0	0	0	239.99	0.41	615.89	1.05
19. 厚层黄土质草甸黑土	257.21	0	0	0	0	0	0	0.61	0	256.60	0.44
20. 厚层黄土质黑土	598.67	0	0	0	0	0	0	239.38	0.41	359.29	0.61
七、新积土类	72.55	0	0	0	0	0	0	0	0	72.55	0.12
21. 薄层砾质冲积土	72.55	0	0	0	0	0	0	0	0	72.55	0.12
八、水稻土类	15.94	0	0	0	0	0	0	0	0	15.94	0.03
22. 中层草甸土型淹育水稻土	15.94	0	0	0	0	0	0	0	0	15.94	0.03
合　计	58 698.85	0	0	0	0	0	0	6 141.58	10.46	52 557.27	89.54

（四）土壤类型全磷含量变化情况

本次调查化验分析各土类土壤全磷养分如下：暗棕壤类全磷含量平均值 0.35 克/千克，白浆土类全磷含量平均 0.36 克/千克，草甸土类全磷含量平均 0.36 克/千克，沼泽土类全磷含量平均 0.37 克/千克，泥炭土类全磷含量平均 0.47 克/千克，黑土类全磷含量平均 0.37 克/千克，新积土类全磷含量平均 0.34 克/千克，水稻土类全磷含量平均 0.39 克/千克，见表 4－17。

表 4－17　耕地土壤全磷含量统计

单位：克/千克

土壤类型	最大值	最小值	平均值
一、暗棕壤类	0.894	0.081	0.351
1. 砾沙质暗棕壤	0.894	0.081	0.351
2. 黄土质草甸暗棕壤	0.622	0.119	0.362
3. 壤质潜育暗棕壤	0.698	0.116	0.356
4. 黄土质白浆化暗棕壤	0.478	0.243	0.382
5. 泥质暗棕壤	0.316	0.169	0.243
6. 沙砾质暗棕壤	0.335	0.170	0.220
7. 泥沙质暗棕壤	0.332	0.217	0.238
8. 亚暗矿质潜育暗棕壤	0.321	0.162	0.254
二、白浆土类	0.561	0.088	0.363
9. 厚层黄土质白浆土	0.561	0.088	0.363
三、草甸土类	0.945	0.050	0.355
10. 厚层黏壤质草甸土	0.865	0.050	0.373
11. 浅埋藏型草甸土	0.446	0.273	0.361
12. 厚层黏壤质潜育草甸土	0.945	0.129	0.353
13. 暗棕壤型草甸土	0.876	0.091	0.337
四、沼泽土类	0.778	0.112	0.368
14. 薄层沙砾底沼泽土	0.756	0.120	0.366
15. 薄层泥炭腐殖质沼泽土	0.742	0.112	0.374
16. 薄层泥炭沼泽土	0.642	0.135	0.311
17. 薄层黏质草甸沼泽土	0.778	0.224	0.484
五、泥炭土类	0.726	0.250	0.465
18. 薄层高位泥炭土	0.726	0.250	0.465
六、黑土类	0.568	0.282	0.371
19. 厚层黄土质草甸黑土	0.527	0.282	0.385
20. 厚层黄土质黑土	0.568	0.300	0.366
七、新积土类	0.335	0.335	0.335
21. 薄层砾质冲积土	0.335	0.335	0.335
八、水稻土类	0.455	0.335	0.387
22. 中层草甸土型淹育水稻土	0.455	0.335	0.387

五、土壤有效磷

释义：耕层土壤中能供作物吸收的磷元素的含量。以每千克干土中所含磷的毫克数表示。

字段代码：SO120206

英文名称：Available phosphorous，缩写为 A－P

数据类型：数值

量纲：毫克/千克

数据长度：5

小数位：1

极小值：0

极大值：999.9

备注：碳酸氢钠（石灰性土、水稻土）或氟化铵-盐酸（红壤、红黄壤）提取——钼锑抗比色法。

土壤有效磷是土壤中可被植物吸收的磷的组分，包括全部水溶性磷、部分吸附态磷及有机态磷，有的土壤中还包括某些沉淀态磷。在化学上，有效磷定义为：能与^{32}P进行同位素交换的或容易被某些化学试剂提取的磷及土壤溶液中的磷酸盐。

土壤中有效磷含量状态指能被当季作物吸收的磷量。了解土壤中有效磷的供应状况，对于施肥有着直接的意义。在有效磷的测定上，生物方法测定被认为是最可靠的，伊春市区采用的是最普遍的化学测速法。所谓化学测速法，即利用提取剂提取土壤中的有效磷。提取剂采用 0.5 摩尔/升的 $NaHCO_3$（即 Olsen 法）。

在农业生产中一般采用土壤有效磷的指标来指导施用磷肥。土壤有效磷含量是决定磷肥有无效果以及效果大小的主要因素。所以能否用好磷肥必须根据土壤有效磷的含量区别对待。

有效磷能较好地反映土壤的供磷能力。第二次土壤普查采用 0.5 摩尔碳酸氢钠溶液浸提，钼锑抗显色，721 型分光光度计比色的方法进行测定，结果以 P_2O_5 数表示。

（一）土壤有效磷分级面积情况

按照黑龙江省土壤有效磷分级标准，伊春市区有效磷一级耕地面积 26 132.3 公顷，占本次调查耕地面积的 44.52%；有效磷二级耕地面积 14 859.72 公顷，占本次调查耕地面积的 25.32%；有效磷三级耕地面积 12 379.83 公顷，占本次调查耕地面积的 21.09%；有效磷四级耕地面积 3 935.25 公顷，占本次调查耕地面积的 6.7%；有效磷五级耕地面积 1 284.08 公顷，占本次调查耕地面积的 2.19%，有效磷六级耕地面积为 107.67，占本次调查耕地面积的 0.18%，见表 4－18、图 4－5。

（二）土壤有效磷含量变化情况

本次采样化验分析：土壤有效磷最大值为 147.5 毫克/千克，最小值为 1 毫克/千克，平均值为 39.6 毫克/千克，见表 4－19。

表 4-18　各区（局）、乡（镇）耕地土壤有效磷分级面积统计

区（局）、乡（镇）	面积（公顷）	一级		二级		三级		四级		五级		六级	
		面积（公顷）	占总面积（%）	面积（公顷）	占总面积（%）	面积（公顷）	占总面积（%）	面积（公顷）	占总面积（%）	面积（公顷）	占总面积（%）	面积（公顷）	占总面积（%）
五营区	511.89	0	0	34.25	0.06	92.33	0.16	326.05	0.56	59.26	0.10	0	0
浩良河镇	2 425.38	1 618.81	2.76	572.35	0.98	214.27	0.37	0	0	19.95	0.03	0	0
晨明镇	2 115.96	217.37	0.37	1 886.44	3.21	12.15	0.02	0	0	0	0	0	0
上甘岭区	1 375.09	0	0	26.58	0.05	369.61	0.63	920.05	1.57	58.85	0.10	0	0
友好区	2 360.77	0	0	0	0	1 325.23	2.26	487.08	0.83	548.46	0.93	0	0
翠峦区	570.07	9.31	0.02	31.72	0.05	271.43	0.46	257.61	0.44	0	0	0	0
伊春区	956.84	208.87	0.36	207.4	0.35	441.36	0.75	99.21	0.17	0	0	0	0
西林区	511.07	0	0	54.2	0.09	63.48	0.11	38.7	0.07	247.02	0.42	107.67	0.18
迎春乡	2 851.8	1 840.16	3.13	596.59	1.02	415.05	0.71	0	0	0	0	0	0
美溪区	644.57	0	0	64.44	0.11	361.03	0.62	215.88	0.37	3.22	0	0	0
金山屯区	1 680.28	13.37	0.02	54.65	0.09	552.9	0.94	1 045.27	1.78	14.09	0.02	0	0
乌马河区	257.11	0	0	26.32	0.04	162.95	0.28	17.12	0.03	50.72	0.09	0	0
带岭区	976.15	0	0	56.69	0.10	798.72	1.36	112.42	0.19	8.32	0.01	0	0
铁力局	4 010.28	1 099.17	1.87	1 950.71	3.32	942.88	1.61	17.52	0.03	0	0	0	0
双丰局	7 469.84	5 789.70	9.86	1 019.63	1.74	587.98	1.00	72.53	0.12	0	0	0	0
乌伊岭区	2 615.25	0	0	88.96	0.15	2 426.07	4.13	100.22	0.17	0	0	0	0
桃山局	23 812.91	14 185.60	24.17	7 607.83	12.96	1 527.51	2.60	217.78	0.37	274.19	0.47	0	0
朗乡局	3 553.59	1 149.94	1.96	580.96	0.99	1 814.88	3.09	7.81	0.01	0	0	0	0
总　计	58 698.85	26 132.30	44.52	14 859.72	25.32	12 379.83	21.09	3 935.25	6.70	1 284.08	2.19	107.67	0.18

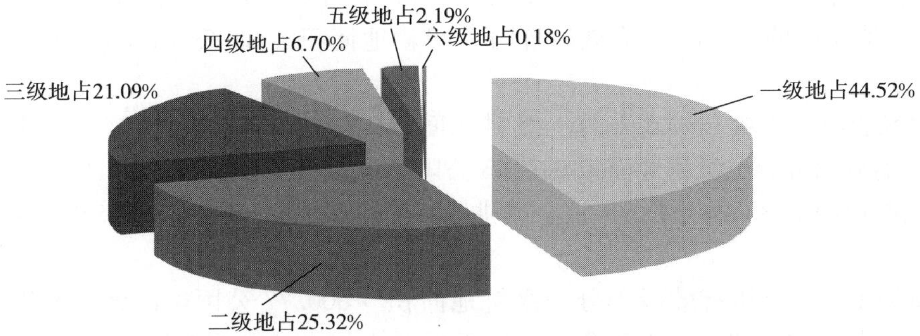

图 4－5　伊春市区土壤有效磷分级面积比例示意图

表 4－19　各区（局）、乡（镇）土壤有效磷含量统计

单位：毫克/千克

区（局）、乡（镇）	最大值	最小值	平均值
五营区	51.5	8.5	19.4
浩良河镇	137.5	6.5	63.7
晨明镇	91.0	32.7	59.3
上甘岭区	40.5	7.0	17.3
友好区	34.9	8.0	21.5
翠峦区	107.0	13.5	32.2
伊春区	87.3	14.8	33.6
西林区	59.5	1.0	15.8
迎春乡	138.5	24.5	69.8
美溪区	41.5	10.0	23.1
金山屯区	66.0	9.0	26.6
乌马河区	48.0	8.5	21.8
带岭区	57.0	9.0	27.6
铁力局	144.0	7.5	54.9
双丰局	142.5	18.5	72.8
乌伊岭区	46.5	13.3	31.8
桃山局	147.5	8.5	71.9
朗乡局	107.5	13.5	50.0

（三）耕地土壤有效磷分级面积情况

按照黑龙江省耕地土壤有效磷分级标准，伊春市区各类土壤有效磷分级如下：

1. 暗棕壤类　土壤有效磷养分一级耕地面积 9 896.87 公顷，占该土类耕地面积的 43.28%；土壤有效磷养分二级耕地面积 8 277.78 公顷，占该土类耕地面积的 36.2%；有效磷养分三级耕地面积 3 392.21 公顷，占该土类耕地面积的 14.83%；有效磷养分四级耕地面积 937.13 公顷，占该土类耕地面积的 4.1%；有效磷养分五级耕地面积 360.2 公顷，占该土类耕地面积的 1.58%；有效磷养分六级耕地面积 2.88 公顷，占该土类耕地面积的 0.01%。

2. 白浆土类 土壤有效磷养分一级耕地面积 1 506.02 公顷，占该土类耕地面积的 67.83%；有效磷养分二级耕地面积 645.55 公顷，占该土类耕地面积的 29.07%；有效磷养分三级耕地面积 68.82 公顷，占该土类耕地面积的 3.1%；四级、五级和六级养分耕地无分布。

3. 草甸土类 土壤有效磷养分一级耕地面积 5 800.77 公顷，占该土类耕地面积的 34.94%；土壤养分二级耕地面积 2 765.75 公顷，占该土类耕地面积的 16.66%；土壤有效磷养分三级耕地面积 5 571.74 公顷，占该土类耕地面积的 33.56%；土壤有效磷养分四级耕地面积 2 079.71 公顷，占该土类耕地面积的 12.53%；土壤有效磷养分五级耕地面积 278.63 公顷，占该土类耕地面积的 1.68%；土壤有效磷养分六级耕地面积 104.79 公顷，占该土类耕地面积的 0.63%。

4. 沼泽土类 土壤有效磷养分一级耕地面积 7 555.41 公顷，占该土类耕地面积的 49.47%；土壤有效磷养分二级耕地面积 3 054.29 公顷，占该土类耕地面积的 20%；土壤有效磷养分三级耕地面积 3 099.03 公顷，占该土类耕地面积的 20.29%；土壤有效磷养分四级耕地面积 918.41 公顷，占该土类耕地面积的 6.01%；土壤有效磷养分五级耕地面积 645.25 公顷，占该土类耕地面积的 4.22%；六级养分耕地无分布。

5. 泥炭土类 土壤有效磷养分一级耕地面积 699.71 公顷，占该土类耕地面积的 88.21%；土壤有效磷养分二级耕地面积 76.95 公顷，占该土类耕地面积的 9.7%；土壤有效磷养分三级耕地面积 16.58 公顷，占该土类耕地面积的 2.09%；四级、五级和六级养分耕地无分布。

6. 黑土类 土壤有效磷养分一级耕地面积 593.63 公顷，占该土类耕地面积的 69.36%；土壤有效磷养分二级耕地面积 39.4 公顷，占该土类耕地面积的 4.60%；土壤有效磷养分三级耕地面积 222.85 公顷，占该土类耕地面积的 26.04%；四级、五级和六级养分耕地无分布。

7. 新积土类 土壤有效磷养分一级耕地面积 72.55 公顷，占该土类耕地面积的 100%；其他养分耕地无分布。

8. 水稻土类 土壤有效磷养分一级耕地面积 7.34 公顷，占该土类耕地面积的 46.05%；土壤有效磷养分三级耕地面积 8.6 公顷，占该土类耕地面积的 53.95%；其他养分耕地无分布。

耕地土壤有效磷分级面积统计见表 4 - 20。

（四）土壤类型有效磷含量变化情况

本次调查化验分析各土类土壤有效磷养分含量如下：暗棕壤类有效磷含量平均值为 32.1 毫克/千克，白浆土类有效磷含量平均 32.6 毫克/千克，草甸土类有效磷含量平均 26.8 毫克/千克，沼泽土类有效磷含量平均 29.8 毫克/千克，泥炭土类有效磷含量平均 47.4 毫克/千克，黑土类有效磷含量平均 32.9 毫克/千克，新积土类有效磷含量平均 65.8 毫克/千克，水稻土类有效磷含量平均 45 毫克/千克，见表 4 - 21。

表 4-20　耕地土壤有效磷分级面积统计

土壤类型	面积（公顷）	一级		二级		三级		四级		五级		六级	
		面积（公顷）	占总面积（%）	面积（公顷）	占总面积（%）	面积（公顷）	占总面积（%）	面积（公顷）	占总面积（%）	面积（公顷）	占总面积（%）	面积（公顷）	占总面积（%）
一、暗棕壤类	22 867.07	9 896.87	16.86	8 277.78	14.1	3 392.21	5.78	937.13	1.6	360.2	0.61	2.88	0
1. 砾沙质暗棕壤	19 294.55	8 380.2	14.28	6 914.24	11.78	2 771.78	4.72	879.7	1.5	345.75	0.59	2.88	0
2. 黄土质草甸暗棕壤	1 361.03	1 200.26	2.04	73.42	0.13	85.55	0.15	1.8	0	0	0	0	0
3. 壤质潜育暗棕壤	609.62	159.12	0.27	203.11	0.35	192.72	0.33	54.67	0.09	0	0	0	0
4. 黄土质白浆化暗棕壤	1 181.83	75.24	0.13	1 029.55	1.75	77.04	0.13	0	0	0	0	0	0
5. 泥质暗棕壤	55.25	28.16	0.05	12.64	0.02	0	0	0	0	14.45	0.02	0	0
6. 沙砾质暗棕壤	76.71	53.89	0.09	22.82	0.04	0	0	0	0	0	0	0	0
7. 泥沙质暗棕壤	194.57	0	0	22.00	0.04	171.61	0.29	0.96	0	0	0	0	0
8. 亚暗矿质潜育暗棕壤	93.51	0	0	0	0	93.51	0.16	0	0	0	0	0	0
二、白浆土类	2 220.39	1 506.02	2.57	645.55	1.1	68.82	0.12	0	0	0	0	0	0
9. 厚层黄土质白浆土	2 220.39	1 506.02	2.57	645.55	1.1	68.82	0.12	0	0	0	0	0	0
三、草甸土类	16 601.39	5 800.77	9.88	2 765.75	4.71	5 571.74	9.49	2 079.71	3.54	278.63	0.47	104.79	0.18
10. 厚层黏壤质草甸土	7 949.49	3 137.41	5.34	1 557.34	2.65	2 674.48	4.56	538.66	0.92	41.6	0.07	0	0
11. 浅埋藏型草甸土	142.19	0	0	21.71	0.04	105.04	0.18	11.18	0.02	4.26	0.01	0	0
12. 厚层黏壤质潜育草甸土	1 813.04	422.09	0.72	83.93	0.14	725.83	1.24	578.82	0.99	2.37	0	0	0
13. 暗棕壤型草甸土	6 696.67	2 241.27	3.82	1 102.77	1.88	2 066.39	3.52	951.05	1.62	230.4	0.39	104.79	0.18

（续）

土壤类型	面积（公顷）	一级		二级		三级		四级		五级		六级	
		面积（公顷）	占总面积（%）	面积（公顷）	占总面积（%）	面积（公顷）	占总面积（%）	面积（公顷）	占总面积（%）	面积（公顷）	占总面积（%）	面积（公顷）	占总面积（%）
四、沼泽土类	15 272.39	7 555.41	1.29	3 054.29	5.2	3 099.03	5.28	918.41	1.56	645.25	1.1	0	0
14. 薄层沙砾底沼泽土	8 333.45	6 037.45	10.29	742.6	1.27	531.53	0.91	435.32	0.74	586.55	1	0	0
15. 薄层泥炭腐殖质沼泽土	3 946.71	855.24	1.46	1 697.21	2.89	1 252.84	2.13	129.18	0.22	12.24	0.02	0	0
16. 薄层泥炭沼泽土	2 258.98	388.96	0.66	371.28	0.63	1 098.37	1.87	353.91	0.6	46.46	0.08	0	0
17. 薄层黏质草甸沼泽土	733.25	273.76	0.47	243.2	0.41	216.29	0.37	0	0	0	0	0	0
五、泥炭土类	793.24	699.71	1.19	76.95	0.13	16.58	0.03	0	0	0	0	0	0
18. 薄层高位泥炭土	793.24	699.71	1.19	76.95	0.13	16.58	0.03	0	0	0	0	0	0
六、黑土类	855.88	593.63	1.01	39.4	0.07	222.85	0.38	0	0	0	0	0	0
19. 厚层黄土质草甸黑土	257.21	195.98	0.33	8.75	0.01	52.48	0.09	0	0	0	0	0	0
20. 厚层黄土质黑土	598.67	397.65	0.68	30.65	0.05	170.37	0.29	0	0	0	0	0	0
七、新积土类	72.55	72.55	0.12	0	0	0	0	0	0	0	0	0	0
21. 薄层砾质冲积土	72.55	72.55	0.12	0	0	0	0	0	0	0	0	0	0
八、水稻土类	15.94	7.34	0.01	0	0	8.6	0.01	0	0	0	0	0	0
22. 中层草甸土型淹育水稻土	15.94	7.34	0.01	0	0	8.6	0.01	0	0	0	0	0	0
合　计	58 698.85	26 132.30	44.52	14 859.72	25.32	12 379.83	21.09	3 935.25	6.7	1 284.08	2.19	107.67	0.18

表 4-21　耕地土壤有效磷含量统计

单位：毫克/千克

土壤类型	最大值	最小值	平均值
一、暗棕壤类	144.10	4.00	32.1
1. 砾沙质暗棕壤	144.10	4.00	32.2
2. 黄土质草甸暗棕壤	138.50	17.20	29.5
3. 壤质潜育暗棕壤	132.50	9.00	29.1
4. 黄土质白浆化暗棕壤	97.88	27.67	41.1
5. 泥质暗棕壤	65.96	21.50	29.1
6. 沙砾质暗棕壤	92.00	34.78	59.9
7. 泥沙质暗棕壤	40.50	18.50	36.0
8. 亚暗矿质潜育暗棕壤	38.00	27.95	16.8
二、白浆土类	121.39	18.00	32.6
9. 厚层黄土质白浆土	121.39	18.00	32.6
三、草甸土类	144.40	1.00	26.8
10. 厚层黏壤质草甸土	144.40	7.10	32.3
11. 浅埋藏型草甸土	39.00	9.50	22.4
12. 厚层黏壤质潜育草甸土	135.30	9.50	21.8
13. 暗棕壤型草甸土	135.00	1.00	23.4
四、沼泽土类	147.50	7.00	29.8
14. 薄层沙砾底沼泽土	142.50	7.00	33.6
15. 薄层泥炭腐殖质沼泽土	147.50	8.00	27.1
16. 薄层泥炭沼泽土	126.00	8.50	20.8
17. 薄层黏质草甸沼泽土	141.00	24.25	39.4
五、泥炭土类	141.50	22.03	47.4
18. 薄层高位泥炭土	141.50	22.03	47.4
六、黑土类	144.00	24.50	32.9
19. 厚层黄土质草甸黑土	67.51	24.50	27.1
20. 厚层黄土质黑土	144.00	33.50	35.1
七、新积土类	65.80	65.80	65.8
21. 薄层砾质冲积土	65.80	65.80	65.8
八、水稻土类	121.00	33.50	45.0
22. 中层草甸土型淹育水稻土	121.00	33.50	45.0

六、土壤全钾

释义：耕层土壤中钾素的总量，以每千克干土中所含钾的克数计。

字段代码：SO120225

英文名称：Total potassium

数据类型：数值

量纲：克/千克

数据长度：4

小数位：1

极小值：0

极大值：99.9

备注：GB/T 7480 酚二磺酸分光光度法或紫外比色法或离子色谱法。

土壤中的钾包括3种形态：一是矿物钾，主要存在于土壤粗粒部分，约占全钾的90%，植物极难吸收；二是缓效性钾，占全钾的2%～8%，是土壤速效钾的给源；三是速效性钾，指吸附于土壤胶体表面的代换性钾和土壤溶液中的钾离子。植物主要是吸收土壤溶液中的钾离子。当季植物的钾营养水平主要决定于土壤速效钾的含量。一般速效性钾含量仅占全钾的0.1%～2%，其含量除受耕作、施肥等影响外，还受土壤缓效性钾贮量和转化速率的控制。

（一）土壤全钾分级面积情况

按照黑龙江省土壤养分分级标准，伊春市区本次调查耕地面积58 698.85公顷。其中，全钾养分一级耕地面积21 356.79公顷，占本次调查耕地面积的36.38%；全钾养分二级耕地面积11 477.63公顷，占本次调查耕地面积的19.55%；三级耕地面积11 758.34公顷，占本次调查耕地面积的20.03%；四级耕地面积10 207.89公顷，占本次调查耕地面积的17.39%；五级耕地面积3 722.52公顷，占本次调查耕地面积的5.33%；六级耕地面积775.68公顷，占本次调查耕地面积的1.32%，见图4-6、表4-22。

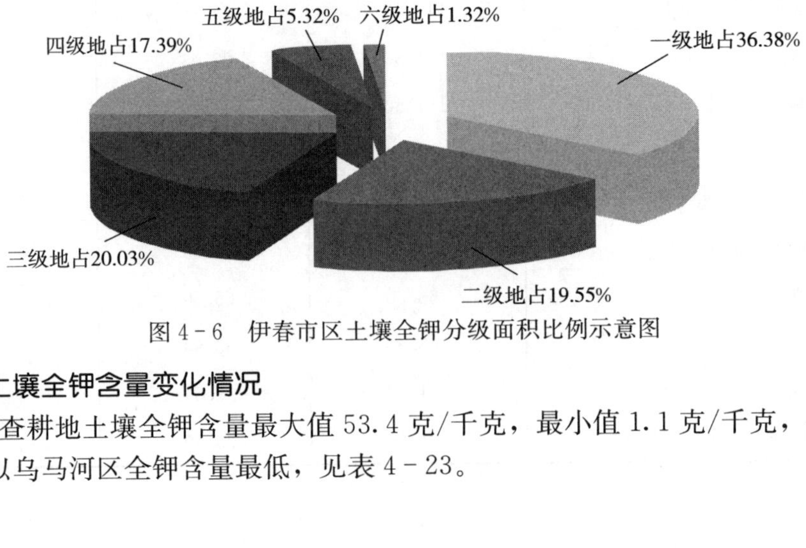

图4-6 伊春市区土壤全钾分级面积比例示意图

（二）土壤全钾含量变化情况

本次调查耕地土壤全钾含量最大值53.4克/千克，最小值1.1克/千克，平均值31.1克/千克。以乌马河区全钾含量最低，见表4-23。

表 4-22　各区（局）、乡（镇）耕地土壤全钾分级面积统计

区（局）、乡（镇）	面积（公顷）	一级		二级		三级		四级		五级		六级	
		面积（公顷）	占总面积（%）	面积（公顷）	占总面积（%）	面积（公顷）	占总面积（%）	面积（公顷）	占总面积（%）	面积（公顷）	占总面积（%）	面积（公顷）	占总面积（%）
五营区	511.89	218.6	0.4	235.9	0.4	57.39	0.1	0	0	0	0	0	0
浩良河镇	2 425.38	1 415.06	2.4	221.64	0.4	190.5	0.3	131.28	0.2	225.8	0.4	241.1	0.4
晨明镇	2 115.96	2 115.96	3.6	0	0	0	0	0	0	0	0	0	0
上甘岭区	1 375.09	186.2	0.3	384.2	0.7	633.39	1.1	171.3	0.3	0	0	0	0
友好区	2 360.77	2 052	3.5	274	0.5	34.77	0.1	0	0	0	0	0	0
翠峦区	570.07	0	0	0	0	443.07	0.8	127	0.2	0	0	0	0
伊春区	956.84	687.1	1.2	214.8	0.4	16.39	0	7.13	0	31.42	0.1	0	0
西林区	511.07	196.7	0.3	114.3	0.2	33.47	0.1	166.6	0.3	0	0	0	0
迎春乡	2 851.80	2 459	4.2	280.34	0.5	25.97	0	69.41	0.1	0	0	17.08	0
美溪区	644.57	635.51	1.1	9.06	0	0	0	0	0	0	0	0	0
金山屯区	1 680.28	624.7	1.1	769.3	1.3	93.85	0.2	192.43	0.3	0	0	0	0
乌马河区	257.11	169.3	0.3	0	0	80.54	0.1	0	0	0	0	7.27	0
带岭区	976.15	976.15	1.7	0	0	0	0	0	0	0	0	0	0
铁力局	4 010.28	412.73	0.7	55.81	0.1	346.1	0.6	2 341	4	847.6	1.4	7.04	0
双丰局	7 469.84	3 326.34	5.7	1 416.4	2.4	1 044.1	1.8	1 232	2.1	205.9	0.4	245.1	0.4
乌伊岭区	2 615.25	482.14	0.8	474.61	0.8	1 512.1	2.6	146.4	0.2	0	0	0	0
桃山局	23 812.91	5 399.3	9.2	6 939	11.8	6 670.31	11.4	4 153.21	7.1	637.8	1.1	13.29	0
朗乡局	3 553.59	0	0	88.27	0.1	576.39	1	1 470.13	2.5	1 174	2	244.8	0.4
合　计	58 698.85	21 356.79	36.38	11 477.63	19.55	11 758.34	20.03	10 207.89	17.39	3 722.52	5.32	775.68	1.32

表 4-23　各区（局）、乡（镇）土壤全钾含量统计

单位：克/千克

区（局）、乡（镇）	最大值	最小值	平均值
五营区	31.8	22.8	29.0
浩良河镇	48.2	2.9	31.1
晨明镇	52.2	37.0	46.6
上甘岭区	42.5	16.1	26.0
友好区	48.5	23.6	41.7
翠峦区	24.7	18.2	21.8
伊春区	41.0	10.0	33.3
西林区	42.8	19.3	29.6
迎春乡	53.4	9.3	37.0
美溪区	51.8	29.5	35.5
金山屯区	41.0	19.5	30.0
乌马河区	47.2	1.1	31.6
带岭区	51.9	39.3	48.7
铁力局	43.6	9.5	19.8
双丰局	45.4	7.0	30.3
乌伊岭区	39.9	16.4	25.2
桃山局	50.2	9.3	25.6
朗乡局	27.5	8.2	17.0

（三）耕地土壤全钾分级面积情况

按照黑龙江省耕地土壤全钾分级标准，伊春市区各类土壤全钾分级如下：

1. 暗棕壤类　土壤全钾养分一级耕地面积 6 549.49 公顷，占该土类耕地面积的 28.64%；土壤全钾养分二级耕地面积 4 545.17 公顷，占该土类耕地面积的 19.87%；全钾养分三级耕地面积 5 338.78 公顷，占该土类耕地面积的 23.35%；全钾养分四级耕地面积 5 187.77 公顷，占该土类耕地面积的 22.69%；全钾养分五级耕地面积 1 165.97 公顷，占该土类耕地面积的 5.09%；土壤全钾养分六级耕地面积 80.79 公顷，占该土类耕地面积的 0.35%。

2. 白浆土类　土壤全钾养分一级耕地面积 308.50 公顷，占该土类耕地面积的 13.89%；全钾养分二级耕地面积 741.6 公顷，占该土类耕地面积的 33.39%；全钾养分三级耕地面积 375.0 公顷，占该土类耕地面积的 16.89%；全钾养分四级耕地面积 776.0 公顷，占该土类耕地面积的 34.95%；土壤全钾养分五级耕地面积 19.29 公顷，占该土类耕地面积的 0.87%；全钾养分六级耕地无分布。

3. 草甸土类　土壤全钾养分一级耕地面积 6 299.57 公顷，占该土类耕地面积的 37.94%；土壤全钾养分二级耕地面积 3 992.4 公顷，占该土类耕地面积的 24.05%；土壤全钾养分三级耕地面积 2 890.45 公顷，占该土类耕地面积的 17.41%；土壤全钾养分四级

表 4-24 耕地土壤全钾分级面积统计

土壤类型	面积（公顷）	一级		二级		三级		四级		五级		六级	
		面积（公顷）	占总面积（%）	面积（公顷）	占总面积（%）	面积（公顷）	占总面积（%）	面积（公顷）	占总面积（%）	面积（公顷）	占总面积（%）	面积（公顷）	占总面积（%）
一、暗棕壤类	22 867.07	6 549.59	11.2	4 545.17	7.7	5 338.78	9.1	5 187.77	8.8	1 165.97	2.0	80.79	0.1
1. 砾沙质暗棕壤	19 294.55	4 726.95	8.1	3 622.36	6.2	4 701.65	8	5 013.91	8.5	1 165.97	2.0	63.71	0.1
2. 黄土质草甸暗棕壤	1 361.03	941.55	1.6	80.43	0.1	207.07	0.4	114.9	0.2	0	0	17.08	0
3. 壤质潜育暗棕壤	609.62	204.74	0.3	123.4	0.2	222.52	0.4	58.96	0.1	0	0	0	0
4. 黄土质白浆化暗棕壤	1 181.83	542.81	0.9	627.3	1.1	11.72	0	0	0	0	0	0	0
5. 泥质暗棕壤	55.25	37.15	0.1	14.45	0	3.65	0	0	0	0	0	0	0
6. 砂沙质暗棕壤	76.71	3.01	0	54.13	0.1	19.57	0	0	0	0	0	0	0
7. 泥沙质暗棕壤	194.57	0.97	0	22	0	171.6	0.3	0	0	0	0	0	0
8. 亚暗矿质潜育暗棕壤	93.51	92.41	0.2	1.1	0	0	0	0	0	0	0	0	0
二、白浆土类	2 220.39	308.5	0.5	741.6	1.3	375.0	0.6	776.0	1.3	19.29	0	0	0
9. 厚层黄土质白浆土	2 220.39	308.5	0.5	741.6	1.3	375.0	0.6	776.0	1.3	19.29	0	0	0
三、草甸土类	16 601.39	6 298.57	10.7	3 992.4	6.8	2 890.45	4.9	2 332.20	4	1 013.1	1.7	474.67	0.8
10. 厚层黏壤质草甸土	7 949.49	4 032.79	6.9	1 190	2	1 316	2.2	837.9	1.4	350.2	0.6	222.6	0.4
11. 浅埋藏型草甸土	142.19	125.27	0.2	0	0	9.65	0	0	0	0	0	7.27	0
12. 厚层黏壤质潜育草甸土	1 813.04	157.64	0.3	313.4	0.5	452.8	0.8	170.3	0.3	474.1	0.8	244.8	0.4
13. 暗棕壤型草甸土	6 696.67	1 982.87	3.4	2 089	3.6	1 112	1.9	1 324	2.3	188.8	0.3	0	0

（续）

土壤类型	面积（公顷）	一级		二级		三级		四级		五级		六级	
		面积（公顷）	占总面积（%）	面积（公顷）	占总面积（%）	面积（公顷）	占总面积（%）	面积（公顷）	占总面积（%）	面积（公顷）	占总面积（%）	面积（公顷）	占总面积（%）
四、沼泽土类	15 272.39	7 828.41	13.3	2 157.23	3.7	3 032.19	5.2	1 465.32	2.5	569.02	1.0	220.22	0.4
14. 薄层砂砾底沼泽土	8 333.45	4 147	7.1	1 586.29	2.7	1 166.22	2	1 115	1.9	98.72	0.2	220.22	0.4
15. 薄层泥炭腐殖质沼泽土	3 946.71	2 137.71	3.6	184	0.3	1 257	2.1	183	0.3	185	0.3	0	0
16. 薄层泥炭沼泽土	2 258.98	888.78	1.5	379.5	0.6	577.4	1	128	0.2	285.3	0.5	0	0
17. 薄层黏质草甸沼泽土	733.25	654.92	1.1	7.44	0	31.57	0.1	39.32	0.1	0	0	0	0
五、泥炭土类	793.24	28.96	0	421.8	0.7	116.68	0.2	103.6	0.2	122.2	0.2	0	0
18. 薄层高位泥炭土	793.24	28.96	0	421.8	0.7	116.68	0.2	103.6	0.2	122.2	0.2	0	0
六、黑土类	855.88	262.97	0.4	19.37	0	6.24	0	334.4	0.6	232.94	0.4	0	0
19. 厚层黄土质草甸黑土	257.21	250.97	0.4	0	0	6.24	0	0	0	0	0	0	0
20. 厚层黄土质黑土	598.67	11.9	0	19.37	0	0	0	334.4	0.6	232.94	0.4	0	0
七、新积土类	72.55	72.55	0.1	0	0	0	0	0	0	0	0	0	0
21. 薄层砾质冲积土	72.55	72.55	0.1	0	0	0	0	0	0	0	0	0	0
八、水稻土类	15.94	7.34	0	0	0	0	0	8.6	0	0	0	0	0
22. 中层草甸土型淹育水稻土	15.94	7.34	0	0	0	0	0	8.6	0	0	0	0	0
合　计	58 698.85	21 356.79	36.4	11 477.63	19.55	11 758.34	20	10 207.89	17.4	3 122.52	6.3	775.68	1.3

耕地面积 2 332.2 公顷，占该土类耕地面积的 14.05%；土壤全钾养分五级耕地面积 1 013.1公顷，占该土类耕地面积的 6.10%；土壤全钾养分六级耕地面积 474.67 公顷，占该土类耕地面积的 2.86%。

4. 沼泽土类　土壤全钾养分一级耕地面积 7 828.41 公顷，占该土类耕地面积的 5.13%；土壤全钾养分二级耕地面积 2 157.23 公顷，占该土类耕地面积的 1.41%；土壤全钾养分三级耕地面积 3 032.19 公顷，占该土类耕地面积的 1.99%；土壤全钾养分四级耕地面积 1 465.32 公顷，占该土类耕地面积的 0.96%；土壤全钾养分五级耕地面积 569.02 公顷，占该土类耕地面积的 0.37%；全钾养分六级耕地面积 220.22 公顷，占该土类耕地面积的 0.14%。

5. 泥炭土类　土壤全钾养分一级耕地面积 28.96 公顷，占该土类耕地面积的 3.65%；土壤全钾养分二级耕地面积 421.8 公顷，占该土类耕地面积的 53.18%；土壤全钾养分三级耕地面积 116.68 公顷，占该土类耕地面积的 14.71%；土壤全钾养分四级耕地面积 103.6 公顷，占该土类耕地面积的 13.06%；土壤全钾养分五级耕地面积 122.2 公顷，占该土类耕地面积的 15.41%；全钾养分六级耕地无分布。

6. 黑土类　土壤全钾养分一级耕地面积 262.97 公顷，占该土类耕地面积的 30.71%；土壤全钾养分二级耕地面积 19.37 公顷，占该土类耕地面积的 2.27%；土壤全钾养分三级耕地面积 6.24 公顷，占该土类耕地面积的 0.73%；土壤全钾养分四级耕地面积 334.40 公顷，占该土类耕地面积的 39.07%；土壤全钾养分五级耕地面积 232.94 公顷，占该土类耕地面积的 27.22%；全钾养分六级耕地无分布。

7. 新积土类　土壤全钾养分一级耕地面积 72.55 公顷，占该土类耕地面积的 100%；土壤全钾养分二级以下耕地无分布。

8. 水稻土类　土壤全钾养分一级耕地面积 7.34 公顷，占该土类耕地面积的 46.05%；土壤全钾养分四级耕地面积 8.6 公顷，占该土类耕地面积的 53.95%；全钾养分二级、三级、五级、六级耕地无分布，见表 4－24。

（四）土壤类型全钾含量变化情况

本次调查伊春市区耕地土壤全钾养分含量如下：暗棕壤类全钾养分含量平均 26 克/千克，白浆土类全钾养分含量平均 24.3 克/千克，草甸土类全钾养分含量平均 26.6 克/千克，沼泽土类全钾养分含量平均 30.4 克/千克，泥炭土类全钾养分含量平均 21.6 克/千克，黑土类全钾养分含量平均 24.5 克/千克，新积土类全钾养分含量平均 43.6 克/千克，水稻土类全钾养分含量平均 26.8 克/千克，见表 4－25。

表 4－25　耕地土壤全钾含量统计

单位：克/千克

土壤类型	最大值	最小值	平均值
一、暗棕壤类	53.4	8.4	26.0
1. 砾沙质暗棕壤	53.4	8.4	25.7
2. 黄土质草甸暗棕壤	46.5	9.3	26.1
3. 壤质潜育暗棕壤	42.1	17.3	27.7

（续）

土壤类型	最大值	最小值	平均值
4. 黄土质白浆化暗棕壤	42.5	20.7	29.8
5. 泥质暗棕壤	34.8	25.0	31.3
6. 沙砾质暗棕壤	35.3	23.6	28.4
7. 泥沙质暗棕壤	30.2	24.4	25.1
8. 亚暗矿质潜育暗棕壤	34.9	27.9	33.4
二、白浆土类	40.3	12.8	24.3
9. 厚层黄土质白浆土	40.3	12.8	24.3
三、草甸土类	51.9	1.1	26.6
10. 厚层黏壤质草甸土	50.0	2.9	27.3
11. 浅埋藏型草甸土	45.2	1.1	30.7
12. 厚层黏壤质潜育草甸土	36.9	8.2	20.9
13. 暗棕壤型草甸土	51.9	10.0	27.3
四、沼泽土类	52.2	7.0	30.4
14. 薄层沙砾底沼泽土	51.8	7.0	28.3
15. 薄层泥炭腐殖质沼泽土	52.2	13.1	32.1
16. 薄层泥炭沼泽土	47.2	13.2	30.7
17. 薄层黏质草甸沼泽土	50.5	16.4	35.7
五、泥炭土类	37.0	14.4	21.6
18. 薄层高位泥炭土	37.0	14.4	21.6
六、黑土类	53.4	12.6	24.5
19. 厚层黄土质草甸黑土	53.4	24.6	41.5
20. 厚层黄土质黑土	43.6	12.6	18.2
七、新积土类	43.6	43.6	43.6
21. 薄层砾质冲积土	43.6	43.6	43.6
八、水稻土类	31.9	18.0	26.8
22. 中层草甸土型淹育水稻土	31.9	18.0	26.8

七、土壤速效钾

释义：土壤中容易为作物吸收利用的钾素含量。包括土壤溶液中的以及吸附在土壤胶体上的代换性钾离子。以每千克干土中所含钾的毫克数表示。

字段代码：SO120208

英文名称：Available potassium

数据类型：数值

量纲：毫克/千克

数据长度：3

小数位：0

极小值：0

极大值：900

备注：乙酸铵提取——火焰光度法。

土壤速效钾是指水溶性钾和黏土矿物晶体外表面吸附的交换性钾，这一部分钾素植物可以直接吸收利用，对植物生长及其品质起着重要作用。其含量水平的高低反映了土壤的供钾能力，是土壤质量的主要指标。

通常土壤中存在水溶性钾，因为这部分钾能很快地被植物吸收利用，故称为速效钾；缓效钾是指存在于层状硅酸盐矿物层间和颗粒边缘，不能被中性盐在短时间内浸提出的钾，因此，也叫非交换性钾，占土壤全钾的1%～10%。

速效钾含量分析按照规定采用中性醋酸铵溶液浸提，火焰光度计测定的方法。

（一）土壤速效钾分级面积情况

按照黑龙江省土壤速效钾分级标准，伊春市区速效钾一级耕地面积13 952.22公顷，占此次调查耕地面积的23.8%；速效钾二级耕地面积16 651.53公顷，占此次调查耕地面积的28.4%；速效钾三级耕地面积17 837.85公顷，占此次调查耕地面积的30.4%；速效钾四级耕地面积9 122.2公顷，占此次调查耕地面积的15.5%；速效钾五级耕地面积117.74公顷，占此次调查耕地面积的0.2%；速效钾六级耕地面积1 017.31公顷，占本次调查耕地面积的1.7%，见图4-7、表4-26。

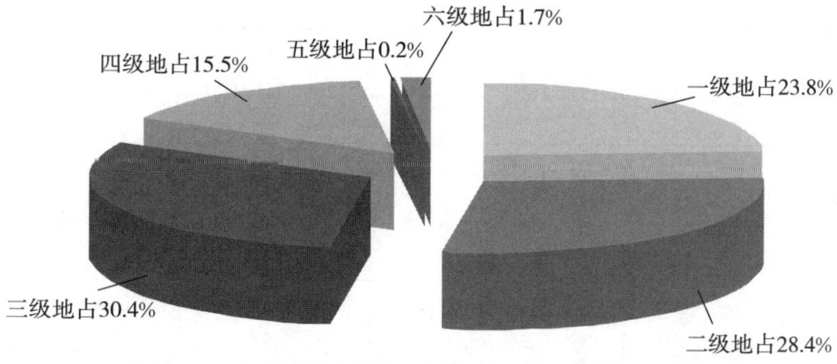

图4-7　伊春市区土壤速效钾分级面积比例示意图

（二）土壤速效钾含量变化情况

本次耕地地力评价调查采样化验分析，速效钾最大值590毫克/千克，最小值2毫克/千克，平均值170毫克/千克，详见表4-27。

表 4-26　各区（局）、乡（镇）耕地土壤速效钾分级面积统计

区（局）、乡（镇）	面积（公顷）	一级		二级		三级		四级		五级		六级	
		面积（公顷）	占总面积（%）	面积（公顷）	占总面积（%）	面积（公顷）	占总面积（%）	面积（公顷）	占总面积（%）	面积（公顷）	占总面积（%）	面积（公顷）	占总面积（%）
五营区	511.89	0	0	0	0	129.57	0.2	382.32	0.7	0	0	0	0
浩良河镇	2 425.38	141.2	0.2	355.55	0.6	1 335.05	2.3	593.58	1.0	0	0	0	0
晨明镇	2 115.96	700.12	1.2	601.49	1.0	335.99	0.6	478.36	0.8	0	0	0	0
上甘岭区	1 375.09	285.79	0.5	502.72	0.9	402.09	0.7	184.49	0.3	0	0	0	0
友好区	2 360.77	562.33	1.0	490.33	0.8	548.46	0.9			0	0	759.65	1.3
翠峦区	570.07	132.72	0.2	257.48	0.4	16.39	0	163.48	0	0	0	0	0
伊春区	956.84	673.96	1.1	247.12	0.4	35.76	0.1	0	0	0	0	0	0
西林区	511.07	0	0	0	0	76.53	0.1	213.07	0.4	15.85	0	205.62	0.4
迎春乡	2 851.80	650.09	1.1	325.98	0.6	1 219.18	2.1	642.22	1.1	5.19	0	9.14	0
美溪区	644.57	0	0	0	0	11.63	0	632.94	1.1	0	0	0	0
金山屯区	1 680.28	0	0	0	0	284.99	0.5	1 300.08	2.2	95.21	0.2	0	0
乌马河区	257.11	22.31	0	136.69	0.2	37.77	0.1	60.34	0.1	0	0	0	0
带岭区	976.15	0	0	17.14	0	671.23	1.1	244.88	0.4	0	0	42.9	0.1
铁力局	4 010.28	123.92	0.2	263.07	0.4	2 817.73	4.8	804.07	1.4	1.49	0	0	0
双丰局	7 469.84	2 628.5	4.5	3 633.6	6.2	1 150.43	2	57.31	0.1	0	0	0	0
乌伊岭区	2 615.25	1 267.9	2.2	770.41	1.3	525.45	0.9	51.49	0.1	0	0	0	0
桃山局	23 812.91	6 650.2	11.3	8 933.4	15.2	6 825	11.6	1 404.31	2.4	0	0	0	0
朗乡局	3 553.59	113.18	0.2	116.56	0.2	1 414.59	2.4	1 909.26	3.3	0	0	0	0
合　计	58 698.85	13 952.22	23.8	16 651.54	28.4	17 837.84	30.4	9 122.2	15.5	117.74	0.2	1 017.31	1.7

表 4-27　各区（局）、乡（镇）土壤速效钾含量统计

单位：毫克/千克

区（局）、乡（镇）	最大值	最小值	平均值
五营区	114	75	94
浩良河镇	359	57	181
晨明镇	583	83	181
上甘岭区	264	73	163
友好区	264	23	111
翠峦区	260	90	167
伊春区	321	129	212
西林区	136	5	50
迎春乡	276	24	137
美溪区	117	57	72
金山屯区	127	44	85
乌马河区	228	74	146
带岭区	151	2	104
铁力局	212	44	115
双丰局	485	82	192
乌伊岭区	417	91	193
桃山局	590	65	189
朗乡局	201	52	101

（三）耕地土类速效钾分级面积情况

1. 暗棕壤类　土壤速效钾养分一级耕地面积 4 932.81 公顷，占该土类耕地面积的 21.57%；土壤速效钾养分二级耕地面积 6 823.02 公顷，占该土类耕地面积的 29.84%；速效钾养分三级耕地面积 7 607.1 公顷，占该土类耕地面积的 33.27%；速效钾养分四级耕地面积 3 405.01 公顷，占该土类耕地面积的 14.89%；速效钾养分五级耕地面积 18.58 公顷，占该土类耕地面积的 0.08%；速效钾养分六级耕地面积 80.55 公顷，占该土类耕地面积的 0.35%。

2. 白浆土类　土壤速效钾养分一级耕地面积 49.58 公顷，占该土类耕地面积的 2.23%；速效钾养分二级耕地面积 757.56 公顷，占该土类耕地面积的 34.12%；速效钾养分三级耕地面积 1 379.03 公顷，占该土类耕地面积的 62.11%；速效钾养分四级耕地面积 34.22 公顷，占该土类耕地面积的 1.54%；速效钾养分五级、六级耕地无分布。

3. 草甸土类　土壤速效钾养分一级耕地面积 3 811.74 公顷，占该土类耕地面积的 22.96%；土壤养分二级耕地面积 3 603 公顷，占该土类耕地面积的 21.7%；土壤速效钾养分三级耕地面积 4 431.55 公顷，占该土类耕地面积的 26.69%；土壤速效钾养分四级耕地面积 4 011.82 公顷，占该土类耕地面积的 24.17%；土壤速效钾养分五级耕地面积 99.16 公顷，占该土类耕地面积的 0.6%；土壤速效钾养分六级耕地面积 644.12 公顷，占

表 4-28 耕地土壤速效钾分级面积统计

土壤类型	面积（公顷）	一级		二级		三级		四级		五级		六级	
		面积（公顷）	占总面积（%）	面积（公顷）	占总面积（%）	面积（公顷）	占总面积（%）	面积（公顷）	占总面积（%）	面积（公顷）	占总面积（%）	面积（公顷）	占总面积（%）
一、暗棕壤类	22 867.07	4 932.81	8.4	6 823.02	11.6	7 607.10	13.0	3 405.01	5.8	18.58	0	80.55	0.1
1. 砾沙质暗棕壤	19 294.55	4 406.91	7.5	4 788.11	8.2	6 737.71	11.5	3 262.69	5.6	18.58	0	80.55	0.1
2. 黄土质草甸暗棕壤	1 361.03	145.51	0.2	425.55	0.7	659.71	1.1	130.26	0.2	0	0	0	0
3. 壤质潜育暗棕壤	609.62	148.69	0.3	315.50	0.5	133.37	0.2	12.06	0	0	0	0	0
4. 黄土质白浆化暗棕壤	1 181.83	4.07	0	1 157.93	2.0	19.83	0	0	0	0	0	0	0
5. 泥质暗棕壤	55.25	14.45	0	37.15	0.1	3.65	0	0	0	0	0	0	0
6. 沙砾质暗棕壤	76.71	19.57	0	55.34	0.1	1.80	0	0	0	0	0	0	0
7. 泥沙质暗棕壤	194.57	193.61	0.3	0	0	0.96	0	0	0	0	0	0	0
8. 亚暗矿质潜育暗棕壤	93.51	0	0	43.44	0.1	50.07	0.1	0	0	0	0	0	0
二、白浆土类	2 220.39	49.58	0.1	757.56	1.3	1 379.03	2.3	34.22	0.1	0	0	0	0
9. 厚层黄土质白浆土	2 220.39	49.58	0.1	757.56	1.3	1 379.03	2.3	34.22	0.1	0	0	0	0
三、草甸土类	16 601.39	3 811.74	6.5	3 603.00	6.1	4 431.55	7.5	4 011.82	6.8	99.16	0.2	644.12	1.1
10. 厚层黏壤质草甸土	7 949.49	2 172.21	3.7	1 705	2.9	2 522.96	4.3	1 034.12	1.8	78.12	0.1	437.08	0.7
11. 浅埋藏型草甸土	142.19	22.83	0	92.18	0.2	15.65	0	11.53	0	0	0	0	0
12. 厚层黏壤质潜育草甸土	1 813.04	349.15	0.6	282.30	0.5	668.09	1.1	513.50	0.9	0	0	0	0
13. 暗棕壤型草甸土	6 696.67	1 267.55	2.2	1 523.52	2.6	1 224.85	2.1	2 452.67	4.2	21.04	0	207.04	0.4

（续）

土壤类型	面积（公顷）	一级		二级		三级		四级		五级		六级	
		面积（公顷）	占总面积（%）	面积（公顷）	占总面积（%）	面积（公顷）	占总面积（%）	面积（公顷）	占总面积（%）	面积（公顷）	占总面积（%）	面积（公顷）	占总面积（%）
四、沼泽土类	15 272.39	4 857.64	8.3	5 244.87	8.9	3 244.24	5.5	1 633	2.8		0	292.64	0.5
14. 薄层沙砾底沼泽土	8 333.45	2 661.37	4.5	3 486.38	5.9	1 578.14	2.7	484.88	0.8	0	0	122.68	0.2
15. 薄层泥炭腐殖质沼泽土	3 946.71	1 248.7	2.1	928.06	1.6	1 275.92	2.2	361.39	0.6	0	0	132.64	0.2
16. 薄层泥炭沼泽土	2 258.98	790.07	1.3	738.72	1.3	232.61	0.4	497.58	0.8	0	0	0	0
17. 薄层黏质草甸沼泽土	733.25	157.5	0.3	91.71	0.2	157.57	0.3	289.15	0.5	0	0	37.32	0.1
五、泥炭土类	793.24	20.77	0	75.28	0.1	685.84	1.2	11.35	0	0	0	0	0
18. 薄层高位泥炭土	793.24	20.77	0	75.28	0.1	685.84	1.2	11.35	0	0	0	0	0
六、黑土类	855.88	279.68	0.5	147.8	0.3	408.23	0.7	20.17	0	0	0	0	0
19. 厚层黄土质草甸黑土	257.21	177.44	0.3	13.71	0	66.06	0.1	0	0	0	0	0	0
20. 厚层黄土质黑土	598.67	102.24	0.2	134.09	0.2	342.17	0.6	20.17	0	0	0	0	0
七、新积土类	72.55	0	0	0	0	72.55	0.1	0	0	0	0	0	0
21. 薄层砾质冲积土	72.55	0	0	0	0	72.55	0.1	0	0	0	0	0	0
八、水稻土类	15.94	0	0	0	0	9.31	0	6.63	0	0	0	0	0
22. 中层草甸土型淹育水稻土	15.94	0	0	0	0	9.31	0	6.63	0	0	0	0	0
合　计	58 698.85	13 952.22	23.8	16 651.53	28.4	17 837.85	30.4	9 122.20	15.5	117.74	0.2	1 017.31	1.7

该土类耕地面积的3.88%。

4. 沼泽土类 土壤速效钾养分一级耕地面积4 857.64公顷，占该土类耕地面积的31.81%；土壤速效钾养分二级耕地面积5 244.87公顷，占该土类耕地面积的34.34%；土壤速效钾养分三级耕地面积3 244.24公顷，占该土类耕地面积的21.24%；土壤速效钾养分四级耕地面积1 633公顷，占该土类耕地面积的10.69%；土壤速效钾养分六级耕地面积292.64公顷，占该土类耕地面积的1.92%；速效钾五级养分耕地无分布。

5. 泥炭土类 土壤速效钾养分一级耕地面积20.77公顷，占该土类耕地面积的2.62%；土壤速效钾养分二级耕地面积75.28公顷，占该土类耕地面积的9.49%；土壤速效钾养分三级耕地面积685.84公顷，占该土类耕地面积的86.46%；土壤速效钾养分四级耕地面积11.35公顷，占该土类耕地面积的1.43%；速效钾养分五级和六级耕地无分布。

6. 黑土类 土壤速效钾养分一级耕地面积279.68公顷，占该土类耕地面积的32.68%；土壤速效钾养分二级耕地面积147.8公顷，占该土类耕地面积的17.27%；土壤速效钾养分三级耕地面积408.23公顷，占该土类耕地面积的47.70%；土壤速效钾养分四级耕地面积20.17公顷，占该土类耕地面积的2.36%；土壤速效钾养分五级、六级耕地无分布。

7. 新积土类 土壤速效钾养分三级耕地面积72.55公顷，占该土类耕地面积的100%；土壤速效钾养分一级、二级、四级、五级、六级耕地无分布。

8. 水稻土类 土壤速效钾养分三级耕地面积9.31公顷，占该土类耕地面积的58.41%；土壤速效钾养分四级耕地面积6.63公顷，占该土类耕地面积的41.59%；土壤速效钾养分一级、二级、五级、六级耕地无分布，见表4-28。

（四）土壤类型速效钾含量变化情况

本次调查化验分析土壤速效钾养分含量如下：暗棕壤类速效钾含量平均值172毫克/千克，白浆土类速效钾含量平均147毫克/千克，草甸土类速效钾含量平均161毫克/千克，沼泽土类速效钾含量平均181毫克/千克，泥炭土类速效钾含量平均142毫克/千克，黑土类速效钾含量平均147毫克/千克，新积土类速效钾含量平均124毫克/千克，水稻土类速效钾含量平均106毫克/千克，见表4-29。

表4-29 耕地土壤速效钾含量统计

单位：毫克/千克

土壤类型	最大值	最小值	平均值
一、暗棕壤类	590	5	172
1. 砾沙质暗棕壤	590	5	172
2. 黄土质草甸暗棕壤	260	59	144
3. 壤质潜育暗棕壤	373	85	191
4. 黄土质白浆化暗棕壤	232	130	171
5. 泥质暗棕壤	224	142	165
6. 沙砾质暗棕壤	220	108	178
7. 泥沙质暗棕壤	318	131	234

（续）

土壤类型	最大值	最小值	平均值
8. 亚暗矿质潜育暗棕壤	169	141	159
二、白浆土类	329	88	147
9. 厚层黄土质白浆土	329	88	147
三、草甸土类	590	2	161
10. 厚层黏壤质草甸土	551	5	180
11. 浅埋藏型草甸土	590	77	209
12. 厚层黏壤质潜育草甸土	329	73	143
13. 暗棕壤型草甸土	462	2	147
四、沼泽土类	583	23	181
14. 薄层沙砾底沼泽土	492	27	186
15. 薄层泥炭腐殖质沼泽土	583	23	171
16. 薄层泥炭沼泽土	426	74	197
17. 薄层黏质草甸沼泽土	274	23	148
五、泥炭土类	244	98	142
18. 薄层高位泥炭土	244	98	142
六、黑土类	212	92	147
19. 厚层黄土质草甸黑土	201	127	155
20. 厚层黄土质黑土	212	92	145
七、新积土类	124	124	124
21. 薄层砾质冲积土	124	124	124
八、水稻土类	119	88	106
22. 中层草甸土型淹育水稻土	119	88	106

八、土壤 pH

释义：土壤酸碱度，代表土壤溶液中氢离子活度的负对数。
字段代码：SO120201
英文名称：Soil acidity
数据类型：数值
量纲：无
数据长度：4
小数位：1
极小值：0
极大值：14
土壤的酸碱性是土壤的重要化学性质。它不仅直接影响作物的生长，而且左右着土壤中的许多化学和生物化学变化，特别是与养分释放和有害物质的出现有关，另外还可影响土壤的某些物理性质，土壤酸碱性一般用 pH 表示。第二次土壤普查中土壤 pH 测定采用水土比 5∶1 的悬浊液，用雷磁 25 型酸度计测定土壤酸碱度分级。

（一）土壤 pH 分布面积情况

本次地力评价土壤 pH 分级采取的是直接顺序分级。按照分级标准，pH 在 8.5 以上耕地伊春市区无分布，pH 为 7.5～8.5 的耕地面积为 585.68 公顷，占本次调查耕地面积的 1.0%；pH 为 6.5～7.5 的耕地面积为 7 095.11 公顷，占本次调查耕地面积的 12.1%；pH 为 5.5～6.5 的耕地面积为 47 098.64 公顷，占本次调查耕地面积的 80.2%；pH 为 4.5～5.5 的耕地在面积为 3 919.42 公顷，占本次调查耕地面积的 6.7%，见图 4－8、表 4－30。

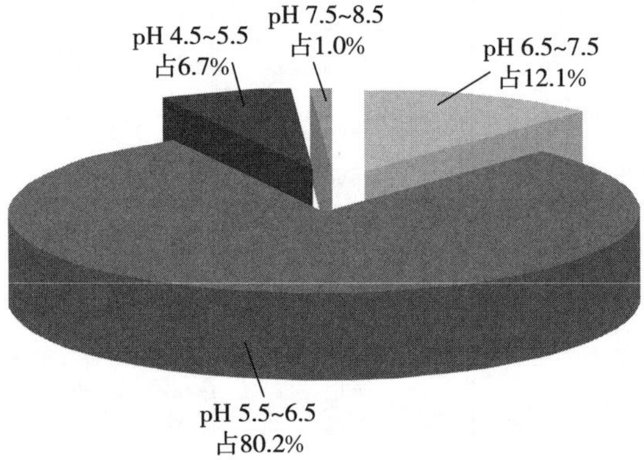

图 4－8　伊春市区土壤 pH 分级面积比例示意图

表 4－30　各区（局）、乡（镇）耕地土壤不同 pH 面积统计

区（局）、乡（镇）	面积（公顷）	>8.5		7.5～8.5		6.5～7.5		5.5～6.5		4.5～5.5	
		面积（公顷）	占总面积（%）	面积（公顷）	占总面积（%）	面积（公顷）	占总面积（%）	面积（公顷）	占总面积（%）	面积（公顷）	占总面积（%）
五营区	511.89	0	0	0	0	397.13	0.7	114.76	0.2	0	0
浩良河镇	2 425.38	0	0	140.46	0.2	454.81	0.8	1 830.11	3.1	0	0
晨明镇	2 115.96	0	0	0	0	694.03	1.2	1 421.93	2.4	0	0
上甘岭区	1 375.09	0	0	0	0	2.37	0	1 372.72	2.3	0	0
友好区	2 360.77	0	0	0	0	0	0	1 812.31	3.1	548.46	0.9
翠峦区	570.07	0	0	0	0	90.53	0.2	479.54	0.8	0	0
伊春区	956.84	0	0	0	0	90.38	0.2	866.46	1.5	0	0
西林区	511.07	0	0	0	0	274.08	0.5	235.62	0.4	1.37	0
迎春乡	2 851.8	0	0	0	0	42.51	0.1	2 809.29	4.8	0	0
美溪区	644.57	0	0	0	0	101.74	0.2	542.83	0.9	0	0
金山屯区	1 680.28	0	0	0	0	293.65	0.5	1 386.63	2.4	0	0
乌马河区	257.11	0	0	0	0	8.66	0	248.45	0.4	0	0
带岭区	976.15	0	0	0	0	0	0	976.15	1.7	0	0

（续）

区（局）、乡（镇）	面积（公顷）	>8.5		7.5～8.5		6.5～7.5		5.5～6.5		4.5～5.5	
		面积（公顷）	占总面积（%）	面积（公顷）	占总面积（%）	面积（公顷）	占总面积（%）	面积（公顷）	占总面积（%）	面积（公顷）	占总面积（%）
铁力局	4 010.28	0	0	428.92	0.7	440.46	0.8	3 098.71	5.3	42.19	0.1
双丰局	7 469.84	0	0	16.3	0	2 267.54	3.9	5 052.46	8.6	133.54	0.2
乌伊岭区	2 615.25	0	0	0	0	512.93	0.9	2 102.32	3.6	0	0
桃山局	23 812.91	0	0	0	0	1 424.29	2.4	20 281.43	34.6	2 107.19	3.6
朗乡局	3 553.59	0	0	0	0	0	0	2 466.92	4.2	1 086.67	1.9
合　计	58 698.85	0	0	585.68	1.0	7 095.11	12.1	47 098.64	80.2	3 919.42	6.7

（二）土壤 pH 变化情况

本次调查伊春市区耕地土壤 pH，最大值是 7.7，最小值是 4.8，平均值 6.1，见表 4－31。

表 4－31　各区（局）、乡（镇）土壤 pH 统计

区（局）、乡（镇）	最大值	最小值	平均值
五营区	6.8	6.3	6.5
浩良河镇	7.7	5.7	6.5
晨明镇	7.1	5.9	6.4
上甘岭区	6.7	5.6	6.0
友好区	6.5	5.5	6.0
翠峦区	6.6	5.9	6.2
伊春区	6.9	6.2	6.4
西林区	7.0	5.2	6.5
迎春乡	6.7	5.6	6.2
美溪区	6.8	6.2	6.4
金山屯区	7.1	6.0	6.4
乌马河区	6.6	5.8	6.1
带岭区	6.5	6.0	6.3
铁力局	7.6	5.3	6.3
双丰局	7.6	5.3	6.5
乌伊岭区	6.6	6.1	6.4
桃山局	7.4	5.1	6.0
朗乡局	6.4	4.8	5.6

（三）耕地土壤pH分布面积情况

本次评价调查各类土壤分级如下：

1. 暗棕壤类 pH在7.5以上的耕地无分布；pH为6.5～7.5的耕地面积为2 376.33公顷，占该土类耕地面积的10.39%；pH为5.5～6.5的耕地面积为18 829.15公顷，占该土类耕地面积的82.34%；pH为4.5～5.5的耕地面积为1 661.59公顷，占该土类耕地面积的7.27%。

2. 白浆土类 pH在7.5以上和pH在4.5以下的耕地无分布；pH为6.5～7.5的耕地面积为28.9公顷，占该土类耕地面积的1.3%；pH为5.5～6.5的耕地面积为2 191.49公顷，占该土类耕地面积的98.70%。

3. 草甸土类 pH在8.5以上的耕地无分布；pH为7.5～8.5的耕地面积为290.58公顷，占该土类耕地面积的1.75%；pH为6.5～7.5的耕地面积为1 361.37公顷，占该土类耕地面积的8.20%；pH为5.5～6.5的耕地面积为13 740.13公顷，占该土类耕地面积的82.76%；pH为4.5～5.5的耕地面积为1 209.31公顷，占该土类耕地面积的7.28%。

4. 沼泽土类 pH在8.5以上的耕地无分布；pH为7.5～8.5的耕地面积为55.72公顷，占该土类耕地面积的0.36%；pH为6.5～7.5的耕地面积为3 190.92公顷，占该土类耕地面积的20.89%；pH为5.5～6.5的耕地面积为11 167.44公顷，占该土类耕地面积的73.12%；pH为4.5～5.5的耕地面积858.31公顷，占该土类耕地面积的5.62%。

5. 泥炭土类 pH在7.5以上的耕地无分布；pH为6.5～7.5的耕地面积为21.02公顷，占该土类耕地面积的2.65%；pH为5.5～6.5的耕地面积为582.01公顷，占该土类耕地面积的73.37%；pH为4.5～6.5的耕地面积为190.21公顷，占该土类耕地面积的23.98%。

6. 黑土类 pH在8.5以上、4.5以下的耕地无分布；pH为7.5～8.5的耕地面积为239.38公顷，占该土类耕地面积的27.97%；pH为6.5～7.5的耕地面积为36.68公顷，占该土类耕地面积的4.29%；pH为5.5～6.5的耕地面积为579.82公顷，占该土类耕地面积的67.75%。

7. 新积土类 pH在7.5以上、5.5以下的耕地无分布；pH为6.5～7.5的耕地面积为72.55公顷，占该土类耕地面积的100%。

8. 水稻土类 pH在7.5以上、4.5以下的耕地无分布；pH为6.5～7.5的耕地面积为7.34公顷，占该土类耕地面积的46.05%；pH为5.5～6.5的耕地面积为8.6公顷，占该土类耕地面积的53.95%，见表4-32。

（四）土壤类型pH变化情况

本次地力评价不同土类pH如下：暗棕壤类pH最高7.3，最低5.0，平均6.1；白浆土类pH最高7.1，最低5.5，平均6.0；草甸土类pH最高7.7，最低5.0，平均6.1；沼泽土类pH最高7.7，最低4.8，平均6.3；泥炭土类pH最高6.8，最低5.2，平均5.8；黑土类pH最高7.6，最低5.6，平均6.2；新积土类pH最高6.9，最低6.9，平均6.9；水稻土pH最高为7.1，最低为5.8，平均为6.6，见表4-33。

表 4-32　耕地土壤 pH 分级面积统计

土壤类型	面积（公顷）	>8.5		7.5～8.5		6.5～7.5		5.5～6.5		4.5～5.5	
		面积（公顷）	占总面积（%）	面积（公顷）	占总面积（%）	面积（公顷）	占总面积（%）	面积（公顷）	占总面积（%）	面积（公顷）	占总面积（%）
一、暗棕壤类	22 837.07	0	0	0	0	2 376.33	4.0	18 829.15	32.1	1 661.59	2.8
1. 砾沙质暗棕壤	19 294.55	0	0	0	0	1 843.58	3.1	15 868.17	27.0	1 582.8	2.7
2. 黄土质草甸暗棕壤	1 331.03	0	0	0	0	343.25	0.6	1 014.55	1.7	3.23	0
3. 壤质潜育暗棕壤	609.62	0	0	0	0	113.79	0.2	434.72	0.7	61.11	0.1
4. 黄土质白浆化暗棕壤	1 131.83	0	0	0	0	10.41	0	1 171.42	2.0	0	0
5. 泥质暗棕壤	55.25	0	0	0	0	0	0	40.8	0.1	14.45	0
6. 沙砾质暗棕壤	76.71	0	0	0	0	0	0	76.71	0.1	0	0
7. 泥沙质暗棕壤	194.57	0	0	0	0	22.96	0	171.61	0.3	0	0
8. 亚暗矿质潜育暗棕壤	93.51	0	0	0	0	42.34	0.1	51.17	0.1	0	0
二、白浆土类	2 220.39	0	0	0	0	28.9	0	2 191.49	3.7	0	0
9. 厚层黄土质白浆土	2 220.39	0	0	0	0	28.9	0	2 191.49	3.7	0	0
三、草甸土类	16 601.39	0	0	290.58	0.5	1 361.37	2.3	13 740.13	23.4	1 209.31	2.1
10. 厚层黏壤质草甸土	7 949.49	0	0	290.58	0.5	829.47	1.4	6 631.61	11.3	197.83	0.3
11. 浅埋藏型草甸土	142.19	0	0	0	0	0	0	142.19	0.2	0	0
12. 厚层黏壤质潜育草甸土	1 813.04	0	0	0	0	23.45	0	1 440.46	2.5	349.13	0.6
13. 暗棕壤型草甸土	6 696.67	0	0	0	0	508.45	0.9	5 525.87	9.4	662.35	1.1

（续）

土壤类型	面积（公顷）	>8.5		7.5～8.5		6.5～7.5		5.5～6.5		4.5～5.5	
		面积（公顷）	占总面积（%）	面积（公顷）	占总面积（%）	面积（公顷）	占总面积（%）	面积（公顷）	占总面积（%）	面积（公顷）	占总面积（%）
四、沼泽土类	15 272.39	0	0	55.72	0.1	3 190.92	5.4	11 167.44	19.0	858.31	1.5
14. 薄层沙砾底沼泽土	8 333.45	0	0	55.72	0.1	2 040.57	3.5	5 700.94	9.7	536.22	0.9
15. 薄层泥炭腐殖质沼泽土	3 946.71	0	0	0	0	979.99	1.7	2 851.4	4.9	115.32	0.2
16. 薄层泥炭沼泽土	2 258.98	0	0	0	0	170.36	0.3	1 974.81	3.4	113.81	0.2
17. 薄层黏质草甸沼泽土	733.25	0	0	0	0	0	0	640.29	1.1	92.96	0.2
五、泥炭土类	793.24	0	0	0	0	21.02	0	582.01	1.0	190.21	0.3
18. 薄层高位泥炭土	793.24	0	0	0	0	21.02	0	582.01	1.0	190.21	0.3
六、黑土类	855.88	0	0	239.38	0.4	36.68	0.1	579.82	1.0	0	0
19. 厚层黄土质草甸黑土	257.21	0	0	0	0	5.35	0	251.86	0.4	0	0
20. 厚层黄土质黑土	598.67	0	0	239.38	0.4	31.33	0.1	327.96	0.6	0	0
七、新积土类	72.55	0	0	0	0	72.55	0.1	0	0	0	0
21. 薄层砾质冲积土	72.55	0	0	0	0	72.55	0.1	0	0	0	0
八、水稻土类	15.94	0	0	0	0	7.34	0	8.6	0	0	0
22. 中层草甸土型淹育水稻土	15.94	0	0	0	0	7.34	0	8.6	0	0	0
合　计	58 698.85	0	0	585.68	1.0	7 095.11	12.1	47 098.64	80.2	3 919.42	6.7

表 4-33　土壤类型 pH 情况统计

土壤类型	最大值	最小值	平均值
一、暗棕壤类	7.3	5.0	6.1
1. 砾沙质暗棕壤	7.3	5.0	6.0
2. 黄土质草甸暗棕壤	6.7	5.3	6.2
3. 壤质潜育暗棕壤	7.3	5.4	6.2
4. 黄土质白浆化暗棕壤	7.1	5.7	6.3
5. 泥质暗棕壤	5.7	5.4	5.7
6. 沙砾质暗棕壤	5.9	5.6	5.7
7. 泥沙质暗棕壤	6.6	6.3	6.4
8. 亚暗矿质潜育暗棕壤	6.5	6.3	6.5
二、白浆土类	7.1	5.5	6.0
9. 厚层黄土质白浆土	7.1	5.5	6.0
三、草甸土类	7.7	5.0	6.1
10. 厚层黏壤质草甸土	7.7	5.1	6.3
11. 浅埋藏型草甸土	6.5	5.8	6.2
12. 厚层黏壤质潜育草甸土	6.7	5.0	5.7
13. 暗棕壤型草甸土	7.0	5.0	6.0
四、沼泽土类	7.7	4.8	6.3
14. 薄层沙砾底沼泽土	7.7	5.5	6.3
15. 薄层泥炭腐殖质沼泽土	7.1	4.8	6.3
16. 薄层泥炭沼泽土	6.8	5.5	6.3
17. 薄层黏质草甸沼泽土	6.4	5.1	5.9
五、泥炭土类	6.8	5.2	5.8
18. 薄层高位泥炭土	6.8	5.2	5.8
六、黑土类	7.6	5.6	6.2
19. 厚层黄土质草甸黑土	6.7	5.7	6.3
20. 厚层黄土质黑土	7.6	5.6	6.2
七、新积土类	6.9	6.9	6.9
21. 薄层砾质冲积土	6.9	6.9	6.9
八、水稻土类	7.1	5.8	6.6
22. 中层草甸土型淹育水稻土	7.1	5.8	6.6

九、土壤有效锌

释义：耕层土壤中能供作物吸收的锌的含量，以每千克干土中所含锌的毫克数表示。

字段代码：SO120209

英文名称：Available zinc

数据类型：数值

量纲：毫克/千克

数据长度：5

小数位：2

极小值：0

极大值：99.99

备注：DTPA 提取——原子吸收光谱法。

锌是农作物生长发育不可缺少的微量营养元素，它既是植物体内氧化还原过程的催化剂，又是参与植物细胞呼吸作用的碳酸酐酶的组成成分。在作物体内锌主要参与生长素的合成和某些酶的活动。缺锌时作物生长受抑制，叶小簇生，坐蔸不发，叶脉间失绿发白，叶黄矮化，根系生长不良，不利于种子形成，从而影响作物产量及品质。如玉米缺锌时出现花白苗，在 3～5 叶期幼叶呈淡黄色或白色，中后期节间缩短，植株矮小，根部发黑，不结果穗或果穗秃尖瞎粒，甚至干枯死亡；水稻缺锌，植株矮缩，小花不孕率增加，延迟成熟。不同作物对锌肥敏感度不同，对锌肥敏感的作物有玉米、水稻、高粱、大豆、番茄、西瓜等。

（一）土壤有效锌分级面积情况

按照黑龙江省土壤有效锌分级标准，分级情况如下：

伊春市区耕地有效锌养分一级面积 28 266.98 公顷，占本次调查耕地面积的 48.2%；有效锌养分二级耕地面积 12 628.11 公顷，占本次调查耕地面积的 21.5%；有效锌养分三级耕地面积 10 283.56 公顷，占本次调查耕地面积的 17.5%；有效锌养分四级耕地面积 6 614.63 公顷，占本次调查耕地面积的 11.3%；有效锌养分五级耕地面积 905.57 公顷，占本次调查耕地面积的 1.5%，见图 4－9、表 4－34。

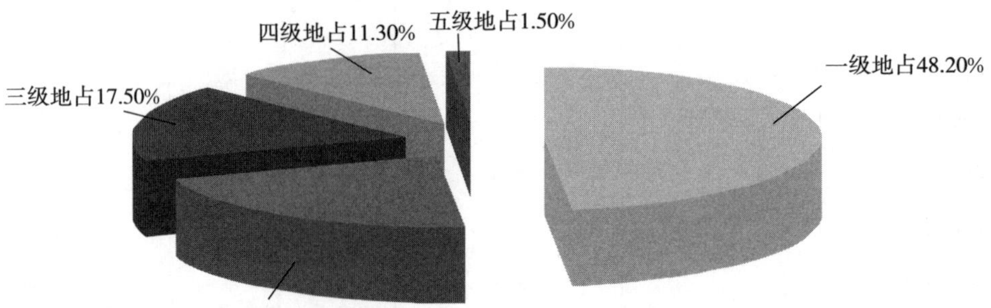

图 4－9　伊春市区土壤有效锌分级面积比例示意图

表 4-34 各区（局）、乡（镇）耕地土壤有效锌分级面积统计

区（局）、乡（镇）	面积（公顷）	一级		二级		三级		四级		五级	
		面积（公顷）	占总面积（%）	面积（公顷）	占总面积（%）	面积（公顷）	占总面积（%）	面积（公顷）	占总面积（%）	面积（公顷）	占总面积（%）
五营区	511.9	0	0	0	0	63.15	0.1	414.49	0.7	34.25	0.1
浩良河镇	2 425	798.82	1.4	1 160.7	2	259.37	0.4	206.52	0.4	0	0
晨明镇	2 116	365.24	0.6	1 183.7	2	565.77	1	1.27	0	0	0
上甘岭区	1 375	302.02	0.5	44.9	0.1	373.58	0.6	601.77	1	52.82	0.1
友好区	2 361	203.54	0.3	185.49	0.3	1 042	1.8	929.75	1.6	0	0
翠峦区	570.1	90.53	0.2	3.94	0	475.6	0.8	0	0	0	0
伊春区	956.8	319.43	0.5	442.8	0.8	166.15	0.3	28.46	0	0	0
西林区	511.1	113.28	0.2	268.08	0.5	129.71	0.2	0	0	0	0
迎春乡	2 852	2 259.3	3.8	560.5	1	14.94	0	17.08	0	0	0
美溪区	644.6	143.17	0.2	156.71	0.3	344.69	0.6	0	0	0	0
金山屯区	1 680	69.12	0.1	390.38	0.7	1 220.8	2.1	0	0	0	0
乌马河区	257.1	33.59	0.1	22.22	0	154.84	0.3	46.46	0.1	0	0
带岭区	976.2	652.16	1.1	298.87	0.5	25.12	0	0	0	0	0
铁力局	4 010	3 117.8	5.3	247.44	0.4	397.05	0.7	145.75	0.2	102.24	0.2
双丰局	7 470	6 288.2	10.7	770.7	1.3	271.17	0.5	139.75	0.2	0	0
乌伊岭区	2 615	0	0	5.99	0	80.74	0.1	2 328.03	4	200.49	0.3
桃山局	23 813	11 730	20	5 893.4	10	4 244.1	7.2	1 518.62	2.6	426.76	0.7
朗乡局	3 554	1 780.8	3	992.33	1.7	454.77	0.8	236.68	0.4	89.01	0.2
合　计	58 699	28 267	48.2	12 628	21.5	10 284	17.5	6 614.63	11.3	905.57	1.5

（二）土壤有效锌含量变化情况

本次调查化验分析了土壤有效锌含量情况，土壤有效锌最大值是 5.53 毫克/千克，最小值是 0.1 毫克/千克，平均值是 2.18 毫克/千克，见表 4-35。

表 4-35 各区（局）、乡（镇）土壤有效锌含量统计

单位：毫克/千克

区（局）、乡（镇）	最大值	最小值	平均值
五营区	1.27	0.34	0.86
浩良河镇	4.11	0.57	2.02
晨明镇	3.57	0.89	1.73
上甘岭区	3.42	0.34	1.27

（续）

区（局）、乡（镇）	最大值	最小值	平均值
友好区	2.02	0.86	1.28
翠峦区	2.04	1.01	1.29
伊春区	3.51	0.96	1.77
西林区	4.08	1.33	2.01
迎春乡	4.32	0.91	2.33
美溪区	5.33	1.03	1.80
金山屯区	2.07	1.02	1.48
乌马河区	4.08	0.95	1.63
带岭区	4.57	1.35	2.59
铁力局	5.53	0.51	3.24
双丰局	5.11	0.96	2.47
乌伊岭区	1.67	0.1	0.65
桃山局	5.33	0.11	2.26
朗乡局	4.49	0.10	2.22

（三）耕地土壤有效锌分级面积情况

本次地力评价调查各类土壤有效锌分级如下：

1. 暗棕壤类 有效锌养分一级耕地面积 12 699.54 公顷，占该土类耕地面积的 55.54%；有效锌养分二级耕地面积 5 522.75 公顷，占该土类耕地面积的 24.15%；有效锌养分三级耕地面积 2 151.29 公顷，占该土类耕地面积的 9.41%；有效锌养分四级耕地面积 2 268.92 公顷，占该土类耕地面积的 9.92%；有效锌养分五级耕地面积 224.57 公顷，占该土类耕地面积的 0.98%。

2. 白浆土类 有效锌养分一级耕地面积 558.67 公顷，占该土类耕地面积的 25.16%；有效锌养分二级耕地面积 808.75 公顷，占该土类耕地面积的 36.42%；有效锌养分三级耕地面积 847.65 公顷，占该土类耕地面积的 38.18%；有效锌养分四级耕地面积 5.32 公顷，占该土类耕地面积的 0.24%；五级养分耕地无分布。

3. 草甸土类 有效锌养分一级耕地面积 7 187.12 公顷，占该土类耕地面积的 43.29%；有效锌养分二级耕地面积 3 084.68 公顷，占该土类耕地面积的 18.58%；有效锌养分三级耕地面积 3 847.27 公顷，占该土类耕地面积的 23.17%；有效锌养分四级耕地面积 2 036.15 公顷，占该土类耕地面积的 12.26%；有效锌养分五级耕地面积 445.47 公顷，占该土类耕地面积的 2.68%。

4. 沼泽土类 有效锌养分一级耕地面积 7 219.38 公顷，占该土类耕地面积的 47.27%；有效锌养分二级耕地面积 2 799.97 公顷，占该土类耕地面积的 18.33%；有效锌养分三级耕地面积 2 935.28 公顷，占该土类耕地面积的 19.22%；有效锌养分四级耕地面积 2 188.91 公顷，占该土类耕地面积的 14.33%；有效锌养分五级耕地面积 128.85 公顷，占该土类耕地面积的 0.84%。

表 4-36 耕地土壤有效锌值分级面积统计

土壤类型	面积（公顷）	一级		二级		三级		四级		五级	
		面积（公顷）	占总面积（%）	面积（公顷）	占总面积（%）	面积（公顷）	占总面积（%）	面积（公顷）	占总面积（%）	面积（公顷）	占总面积（%）
一、暗棕壤类	22 867.07	12 699.54	21.6	5 522.75	9.4	2 151.29	3.7	2 268.92	3.9	224.57	0.4
1. 砾沙质暗棕壤	19 294.55	10 537.37	18.0	4 892.19	8.3	1 975.73	3.4	1 810.43	3.1	78.83	0.1
2. 黄土质草甸暗棕壤	1 361.03	985.36	1.7	180.92	0.3	58.04	0.1	21.92	0	114.79	0.2
3. 壤质潜育暗棕壤	609.62	126.43	0.2	219.56	0.4	84.19	0.1	150.55	0.3	28.89	0
4. 黄土质白浆化暗棕壤	1 181.83	1 034.13	1.8	135.98	0.2	11.72	0	0	0	0	0
5. 泥质暗棕壤	55.25	14.45	0	40.8	0.1	0	0	0	0	0	0
6. 沙砾质暗棕壤	76.71	1.8	0	53.3	0.1	21.61	0	0	0	0	0
7. 泥沙质暗棕壤	194.57	0	0	0	0	0	0	193.61	0.3	0.96	0
8. 亚暗矿质潜育暗棕壤	93.51	0	0	0	0	0	0	92.41	0.2	1.1	0
二、白浆土类	2 220.39	558.67	1.0	808.75	1.4	847.65	1.4	5.32	0	0	0
9. 厚层黄土质白浆土	2 220.39	558.67	1.0	808.75	1.4	847.65	1.4	5.32	0	0	0
三、草甸土类	16 601.39	7 187.12	12.2	3 084.68	5.3	3 847.27	6.6	2 036.15	3.5	445.47	0.8
10. 厚层黏壤质草甸土	7 949.49	3 610.33	6.2	997.6	1.7	1 813.12	3.1	1 456.9	2.5	71.54	0.1
11. 浅埋藏型草甸土	142.19	7.27	0	1.46	0	133.46	0.2	0	0	0	0
12. 厚层黏壤质潜育草甸土	1 813.04	663.96	1.1	487.34	0.8	354.62	0.6	248.81	0.4	58.31	0.1
13. 暗棕壤型草甸土	6 696.67	2 906.26	5.0	1 598.28	2.7	1 546.07	2.6	330.44	0.6	315.62	0.5

（续）

土壤类型	面积（公顷）	一级		二级		三级		四级		五级	
		面积（公顷）	占总面积（%）	面积（公顷）	占总面积（%）	面积（公顷）	占总面积（%）	面积（公顷）	占总面积（%）	面积（公顷）	占总面积（%）
四、沼泽土类	15 272.39	7 219.38	12.3	2 799.97	4.8	2 935.28	5.0	2 188.91	3.7	128.85	0.2
14. 薄层沙砾底沼泽土	8 333.45	5 685.37	9.7	1 024.31	1.7	764.66	1.3	859.11	1.5	0	0
15. 薄层泥炭腐殖质沼泽土	3 946.71	302.65	0.5	1 346.69	2.3	1 423.7	2.4	814.17	1.4	59.5	0.1
16. 薄层泥炭沼泽土	2 258.98	761.71	1.3	267.67	0.5	685.96	1.2	474.29	0.8	69.35	0.1
17. 薄层黏质草甸沼泽土	733.25	469.65	0.8	161.3	0.3	60.96	0.1	41.34	0.1	0	0
五、泥炭土类	793.24	0	0	405.72	0.7	334	0.6	49.08	0.1	4.44	0
18. 薄层高位泥炭土	793.24	0	0	405.72	0.7	334	0.6	49.08	0.1	4.44	0
六、黑土类	855.88	521.68	0.9	6.24	0	168.07	0.3	57.65	0.1	102.24	0.2
19. 厚层黄土质草甸黑土	257.21	250.97	0.4	6.24	0	0	0	0	0	0	0
20. 厚层黄土质黑土	598.67	270.71	0.5	0	0	168.07	0.3	57.65	0.1	102.24	0.2
七、新积土类	72.55	72.55	0.1	0	0	0	0	0	0	0	0
21. 薄层砾质冲积土	72.55	72.55	0.1	0	0	0	0	0	0	0	0
八、水稻土类	15.94	7.34	0	0	0	0	0	8.6	0	0	0
22. 中层草甸土型淹育水稻土	15.94	7.34	0	0	0	0	0	8.6	0	0	0
合　　计	58 698.85	28 266.98	48.2	12 628.11	21.5	10 283.56	17.5	6 614.63	11.3	905.57	1.5

5. 泥炭土类　养分一级耕地无分布；有效锌养分二级耕地面积405.72公顷，占该土类耕地面积的51.15%；有效锌养分三级耕地面积334公顷，占该土类耕地面积的42.11%；有效锌养分四级耕地面积49.08公顷，占该土类耕地面积的6.19%；有效锌养分五级耕地面积4.44公顷，占该土类耕地面积的0.56%。

6. 黑土类　有效锌养分一级耕地面积521.68公顷，占该土类耕地面积的60.95%；有效锌养分二级耕地面积6.24公顷，占该土类耕地面积的0.73%；有效锌养分三级耕地面积168.07公顷，占该土类耕地面积的19.64%；有效锌养分四级耕地面积57.65公顷，占该土类耕地面积的6.74%；有效锌养分五级耕地面积102.24公顷，占该土类耕地面积的11.95%。

7. 新积土类　有效锌养分一级耕地面积72.55公顷，占该土类耕地面积的100%；二级、三级、四级、五级养分耕地无分布。

8. 水稻土类　有效锌养分一级耕地面积7.34公顷，占该土类耕地面积的46.05%；有效锌养分四级耕地面积8.6公顷，占该土类耕地面积的53.95%；二级、三级、五级养分耕地无分布。

耕地土壤有效锌分级面积统计见表4-36。

（四）土壤类型有效锌含量变化情况

本次调查化验分析各土类土壤有效锌养分如下：暗棕壤类有效锌含量平均值2.32毫克/千克，白浆土类有效锌含量平均1.83毫克/千克，草甸土类有效锌含量平均2.04毫克/千克，沼泽土类有效锌含量平均2.01毫克/千克，泥炭土类有效锌含量平均1.19毫克/千克，黑土类有效锌含量平均2.12毫克/千克，新积土类有效锌含量平均5.32毫克/千克，水稻土类有效锌含量平均3.83毫克/千克，见表4-37。

表4-37　耕地土壤有效锌含量统计

单位：毫克/千克

土壤类型	最大值	最小值	平均值
一、暗棕壤类	5.33	0.21	2.32
1. 砾沙质暗棕壤	5.33	0.21	2.37
2. 黄土质草甸暗棕壤	4.12	0.35	2.26
3. 壤质潜育暗棕壤	4.93	0.38	1.93
4. 黄土质白浆化暗棕壤	3.63	1.15	2.25
5. 泥质暗棕壤	2.13	1.56	1.8
6. 沙砾质暗棕壤	2.37	1.14	1.64
7. 泥沙质暗棕壤	0.61	0.47	0.54
8. 亚暗矿质潜育暗棕壤	0.54	0.31	0.49
二、白浆土类	5.24	0.96	1.83
9. 厚层黄土质白浆土	5.24	0.96	1.83
三、草甸土类	5.53	0.11	2.04
10. 厚层黏壤质草甸土	5.53	0.25	2.06
11. 浅埋藏型草甸土	2.12	1.02	1.38

（续）

土壤类型	最大值	最小值	平均值
12. 厚层黏壤质潜育草甸土	3.42	0.10	1.68
13. 暗棕壤型草甸土	5.32	0.11	2.04
四、沼泽土类	5.26	0.11	2.01
14. 薄层沙砾底沼泽土	5.26	0.54	2.42
15. 薄层泥炭腐殖质沼泽土	3.57	0.39	1.42
16. 薄层泥炭沼泽土	4.08	0.1	1.53
17. 薄层黏质草甸沼泽土	4.93	0.55	2.75
五、泥炭土类	1.92	0.36	1.19
18. 薄层高位泥炭土	1.92	0.36	1.19
六、黑土类	5.53	0.50	2.12
19. 厚层黄土质草甸黑土	3.89	1.97	2.62
20. 厚层黄土质黑土	5.53	0.5	1.93
七、新积土类	5.32	5.32	5.32
21. 薄层砾质冲积土	5.32	5.32	5.32
八、水稻土类	5.44	0.82	3.83
22. 中层草甸土型淹育水稻土	5.44	0.82	3.83

十、土壤有效铜

释义：耕层土壤中能供作物吸收的铜的含量，以每千克干土中所含铜的毫克数表示。

字段代码：SO120213

英文名称：Available copper

数据类型：数值

量纲：毫克/千克

数据长度：4

小数位：2

极小值：0

极大值：9.99

备注：草酸-草酸铵提取——极谱法。

铜是植物体内抗坏血酸氧化酶、多酚氧化酶和质体蓝素等电子递体的组成成分，在代谢过程中起到重要的作用，同时亦是植物抗病的重要机制。

按铜在土壤中的形态可分为水溶态铜、代换性铜、难溶性铜以及铜的有机化合物。水溶态、代换性的铜能被作物吸收利用，因此称为有效态铜；后两者铜则很难被植物吸收利用。4 种形态的铜加在一起称为全量铜。水溶态铜在土壤中含量较少，一般不易测出，主要是有机酸所形成的可溶性络合物，例如：草酸铜和柠檬铜，此外，还有硝酸铜和氯化铜。代换态铜是土壤胶体所吸附的铜离子和铜络离子。

（一）土壤有效铜分级面积情况

按照黑龙江省土壤有效铜分级标准，伊春市区有效铜养分一级耕地面积 39 312.46 公顷，占本次调查耕地面积的 66.97%；有效铜养分二级耕地面积 6 571.16 公顷，占本次调查耕地面积的 11.19%；有效铜养分三级耕地面积 12 502.26 公顷，占本次调查耕地面积的 21.3%；有效铜养分四级耕地面积 312.97 公顷，占本次调查耕地面积的 0.53%；有效铜五级养分耕地无分布，见图 4－10、表 4－38。

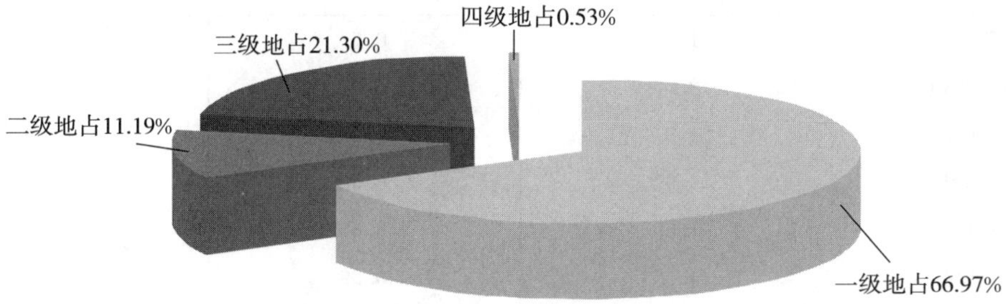

图 4－10　伊春市区土壤有效铜分级面积比例示意图

表 4－38　各区（局）、乡（镇）耕地土壤有效铜分级面积统计

区（局）、乡（镇）	面积（公顷）	一级		二级		三级		四级		五级	
		面积（公顷）	占总面积（%）	面积（公顷）	占总面积（%）	面积（公顷）	占总面积（%）	面积（公顷）	占总面积（%）	面积（公顷）	占总面积（%）
五营区	511.89	0	0	149.33	0.3	362.56	0.6	0	0	0	0
浩良河镇	2 425.38	83.59	0.1	837.94	1.4	1 411.89	2.4	91.96	0.2	0	0
晨明镇	2 115.96	0	0	271.88	0.5	1 812.32	3.1	31.76	0.1	0	0
上甘岭区	1 375.09	0	0	655.49	1.1	719.6	1.2	0	0	0	0
友好区	2 360.77	134.07	0.2	1 551.84	2.6	674.86	1.1	0	0	0	0
翠峦区	570.07	126.19	0.2	186.27	0.3	257.61	0.4	0	0	0	0
伊春区	956.84	0	0	819.11	1.4	137.73	0.2	0	0	0	0
西林区	511.07	6.98	0	40.63	0.1	463.46	0.8	0	0	0	0
迎春乡	2 851.80	0	0	994.61	1.7	1 710.84	2.9	146.35	0.2	0	0
美溪区	644.57	0	0	36.09	0.1	608.48	1	0	0	0	0
金山屯区	1 680.28	90.28	0.2	431.24	0.7	1 158.76	2	0	0	0	0
乌马河区	257.11	42.25	0.1	206.72	0.4	8.14	0	0	0	0	0
带岭区	976.15	0	0	188.70	0.3	744.55	1.3	42.90	0.1	0	0
铁力局	4 010.28	3 992.76	6.8	17.52	0	0	0	0	0	0	0
双丰局	7 469.84	7 469.84	12.7	0	0	0	0	0	0	0	0
乌伊岭区	2 615.25	0	0	183.79	0.3	2 431.46	4.1	0	0	0	0
桃山局	23 812.91	23 812.91	40.6	0	0	0	0	0	0	0	0
朗乡局	3 553.59	3 553.59	6.1	0	0	0	0	0	0	0	0
合　计	58 698.85	39 312.46	66.97	6 571.16	11.19	12 502.26	21.3	312.97	0.53	0	0

（二）土壤有效铜含量变化情况

本次调查化验伊春市土壤有效铜养分最大值是 61.88 毫克/千克，最小值是 0.23 毫克/千克，平均值是 17.68 毫克/千克，见表 4-39。

表 4-39　各区（局）、乡（镇）土壤有效铜含量统计

单位：毫克/千克

区（局）、乡（镇）	最大值	最小值	平均值
五营区	1.09	0.67	0.82
浩良河镇	2.07	0.23	1.12
晨明镇	1.37	0.29	0.69
上甘岭区	1.69	0.58	1.01
友好区	1.89	0.85	1.27
翠峦区	4.05	0.89	1.73
伊春区	1.76	0.58	1.12
西林区	1.88	0.66	0.90
迎春乡	1.78	0.25	0.84
美溪区	1.32	0.48	0.76
金山屯区	2.36	0.41	1.01
乌马河区	2.34	0.82	1.57
带岭区	1.49	0.39	0.91
铁力局	61.24	1.01	22.88
双丰局	38.55	15.65	27.96
乌伊岭区	1.44	0.46	0.86
桃山局	45.77	7.85	22.28
朗乡局	61.88	5.10	28.69

（三）耕地土壤有效铜分级面积情况

本次地力评价调查各类土壤有效铜养分面积如下：

1. 暗棕壤类　有效铜养分一级耕地面积 18 827.14 公顷，占该土类耕地面积的 82.33%；有效铜养分二级耕地面积 1 369.8 公顷，占该土类耕地面积的 5.99%；有效铜养分三级耕地面积 2 535.43 公顷，占该土类耕地面积的 11.09%；有效铜养分四级耕地面积 134.7 公顷，占该土类耕地面积的 0.59%；有效铜养分五级的耕地无分布。

2. 白浆土类　有效铜养分一级耕地面积 2 220.39 公顷，占该土类耕地面积的 100%；有效铜养分二级、三级、四级和五级的耕地无分布。

3. 草甸土类　有效铜养分一级耕地面积 7 688.95 公顷，占该土类耕地面积的 46.32%；有效铜养分二级耕地面积 3 303.58 公顷，占该土类耕地面积的 19.90%；有效铜养分三级耕地面积 5 456.91 公顷，占该土类耕地面积的 32.87%；有效铜养分四级耕地面积 151.95 公顷，占该土类耕地面积的 0.92%；养分五级的耕地无分布。

表 4-40 耕地土壤有效铜值分级面积统计

土壤类型	面积（公顷）	一级		二级		三级		四级		五级	
		面积（公顷）	占总面积（%）	面积（公顷）	占总面积（%）	面积（公顷）	占总面积（%）	面积（公顷）	占总面积（%）	面积（公顷）	占总面积（%）
一、暗棕壤类	22 867.07	18 827.14	32.1	1 369.8	2.3	2 535.43	4.3	134.7	0.2	0	0
1. 砾沙质暗棕壤	19 294.55	16 420.36	28	1 115.98	1.9	1 695.59	2.9	62.62	0.1	0	0
2. 黄土质草甸暗棕壤	1 361.03	670.13	1.1	241.82	0.4	377.0	0.6	72.08	0.1	0	0
3. 壤质潜育暗棕壤	609.62	422.86	0.7	12	0	174.76	0.3	0	0	0	0
4. 黄土质白浆化暗棕壤	1 181.83	1 181.83	2	0	0	0	0	0	0	0	0
5. 泥质暗棕壤	55.25	55.25	0.1	0	0	0	0	0	0	0	0
6. 沙砾质暗棕壤	76.71	76.71	0.1	0	0	0	0	0	0	0	0
7. 泥沙质暗棕壤	194.57	0	0	0	0	194.57	0.3	0	0	0	0
8. 亚暗矿质潜育暗棕壤	93.51	0	0	0	0	93.51	0.2	0	0	0	0
二、白浆土类	2 220.39	2 220.39	3.8	0	0	0	0	0	0	0	0
9. 厚层黄土质白浆土	2 220.39	2 220.39	3.8	0	0	0	0	0	0	0	0
三、草甸土类	16 601.39	7 688.95	13.1	3 303.58	5.6	5 456.91	9.3	151.95	0.3	0	0
10. 厚层黏壤质草甸土	7 949.49	2 835.34	4.8	2 195.31	3.7	2 826.88	4.8	91.96	0.2	0	0
11. 浅埋藏型草甸土	142.19	28.98	0	105.07	0.2	8.14	0	0	0	0	0
12. 厚层黏壤质潜育草甸土	1 813.04	961.89	1.6	449.51	0.8	401.64	0.7	0	0	0	0
13. 暗棕壤型草甸土	6 696.67	3 862.74	6.6	553.69	0.9	2 220.25	3.8	59.99	0.1	0	0

（续）

土壤类型	面积（公顷）	一级		二级		三级		四级		五级	
		面积（公顷）	占总面积（%）	面积（公顷）	占总面积（%）	面积（公顷）	占总面积（%）	面积（公顷）	占总面积（%）	面积（公顷）	占总面积（%）
四、沼泽土类	15 272.39	9 112.16	15.5	1 657.74	2.8	4 476.17	7.6	26.32	0	0	0
14. 薄层沙砾底沼泽土	8 333.45	6 817.71	11.6	119.22	0.2	1 396.52	2.4	0	0	0	0
15. 薄层泥炭腐殖质沼泽土	3 946.71	1 410.13	2.4	573.66	1	1 936.6	3.3	26.32	0	0	0
16. 薄层泥炭沼泽土	2 258.98	653.28	1.1	849.85	1.4	755.85	1.3	0	0	0	0
17. 薄层黏质草甸沼泽土	733.25	231.04	0.4	115.01	0.2	387.2	0.7	0	0	0	0
五、泥炭土类	793.24	776.66	1.3	0	0	16.58	0	0	0	0	0
18. 薄层高位泥炭土	793.24	776.66	1.3	0	0	16.58	0	0	0	0	0
六、黑土类	855.88	598.67	1	240.04	0.4	17.17	0	0	0	0	0
19. 厚层黄土质草甸黑土	257.21	0	0	240.04	0.4	17.17	0	0	0	0	0
20. 厚层黄土质黑土	598.67	598.67	1	0	0	0	0	0	0	0	0
七、新积土类	72.55	72.55	0.1	0	0	0	0	0	0	0	0
21. 薄层砾质冲积土	72.55	72.55	0.1	0	0	0	0	0	0	0	0
八、水稻土类	15.94	15.94	0	0	0	0	0	0	0	0	0
22. 中层草甸土型淹育水稻土	15.94	15.94	0	0	0	0	0	0	0	0	0
合　计	58 698.85	39 312.46	67	6 571.16	11.2	12 502.26	21.3	312.97	0.5	0	0

4. 沼泽土类　有效铜养分一级耕地面积 9 112.16 公顷，占该土类耕地面积的 59.66%；有效铜养分二级耕地面积 1 657.74 公顷，占该土类耕地面积的 10.85%；有效铜养分三级耕地面积 4 476.17 公顷，占该土类耕地面积的 29.31%；有效铜养分四级耕地面积 26.32 公顷，占该土类耕地面积的 0.17%；养分五级的耕地无分布。

5. 泥炭土类　有效铜养分一级耕地面积 776.66 公顷，占该土类耕地面积的 97.91%；有效铜养分三级耕地面积 16.58 公顷，占该土类耕地面积的 2.09%；二级、四级、五级养分耕地无分布。

6. 黑土类　有效铜养分一级耕地面积 598.67 公顷，占该土类耕地面积的 69.95%；有效铜养分二级耕地面积 240.04 公顷，占该土类耕地面积的 28.05%；有效铜养分三级耕地面积 17.17 公顷，占该土类耕地面积的 2.01%；四级和五级养分耕地无分布。

7. 新积土类　有效铜养分一级养分耕地面积 72.55 公顷，占该土类耕地面积的 100%；养分二级、三级、四级、五级的耕地无分布。

8. 水稻土类　有效铜养分一级耕地面积 15.94 公顷，占该土类耕地面积的 100%；养分二级、三级、四级、五级的耕地无分布。

耕地土壤有效铜值分级面积统计见表 4 - 40。

（四）土壤类型有效铜含量变化情况

本次调查化验分析各土类土壤有效铜养分如下：暗棕壤类有效铜含量平均值 19.42 毫克/千克，白浆土类有效铜含量平均 22.65 毫克/千克，草甸土类有效铜含量平均 15.37 毫克/千克，沼泽土类有效铜含量平均 13.86 毫克/千克，泥炭土类有效铜含量平均 21.99 毫克/千克，黑土类有效铜含量平均 18.79 毫克/千克，新积土类有效铜含量平均 27.33 毫克/千克，水稻土类有效铜含量平均 36.41 毫克/千克，见表 4 - 41。

表 4 - 41　耕地土壤有效铜含量统计

单位：毫克/千克

土壤类型	最大值	最小值	平均值
一、暗棕壤类	61.88	0.25	19.42
1. 砾沙质暗棕壤	61.88	0.25	19.78
2. 黄土质草甸暗棕壤	44.84	0.25	10.55
3. 壤质潜育暗棕壤	38.64	0.71	20.77
4. 黄土质白浆化暗棕壤	30.27	18.32	20.49
5. 泥质暗棕壤	38.26	25.48	34.09
6. 沙砾质暗棕壤	39.11	23.87	34.21
7. 泥沙质暗棕壤	0.73	0.46	0.73
8. 亚暗矿质潜育暗棕壤	0.99	0.71	0.80
二、白浆土类	38.26	11.66	22.65
9. 厚层黄土质白浆土	38.26	11.66	22.65
三、草甸土类	61.24	0.23	15.37
10. 厚层黏壤质草甸土	61.24	0.23	12.98
11. 浅埋藏型草甸土	26.27	0.82	5.61

（续）

土壤类型	最大值	最小值	平均值
12. 厚层黏壤质潜育草甸土	37.54	0.63	20.03
13. 暗棕壤型草甸土	46.54	0.35	16.77
四、沼泽土类	61.42	0.31	13.86
14. 薄层沙砾底沼泽土	38.52	0.58	20.93
15. 薄层泥炭腐殖质沼泽土	61.42	0.31	8.51
16. 薄层泥炭沼泽土	38.64	0.54	6.72
17. 薄层黏质草甸沼泽土	21.03	0.59	8.79
五、泥炭土类	28.99	0.71	21.99
18. 薄层高位泥炭土	28.99	0.71	21.99
六、黑土类	61.24	0.52	18.79
19. 厚层黄土质草甸黑土	1.54	0.52	1.07
20. 厚层黄土质黑土	61.24	9.15	25.44
七、新积土类	27.33	27.33	27.33
21. 薄层砾质冲积土	27.33	27.33	27.33
八、水稻土类	61.24	20.20	36.41
22. 中层草甸土型淹育水稻土	61.24	20.20	36.41

十一、土壤有效铁

释义：耕层土壤中能供作物吸收的铁的含量，以每千克干土中所含铁的毫克数表示。

字段代码：SO120215

英文名称：Available iron

数据类型：数值

量纲：毫克/千克

数据长度：6

小数位：1

极小值：0

极大值：5 000

备注：DTPA 提取——原子吸收光谱法。

铁在作物体内是一些酶的组分，由于常分布于某些重要氧化还原酶结构上的活性部分，起着电子传递的作用，对于催化各类物质（碳水化合物、脂肪和蛋白质等）代谢中的氧化还原反应，有着重要影响。因此，铁与碳、氮代谢的关系十分密切。

（一）土壤有效铁分级面积情况

按照黑龙江省土壤有效铁分级标准，伊春市区耕地土壤有效铁含量养分一级耕地面积 20 673.48 公顷，占本次调查耕地面积的 35.2%；有效铁养分二级耕地面积 516.14 公顷，占本次调查耕地面积的 0.9%；有效铁养分三级耕地面积 4 929.31 公顷，占本次调查耕地面积的 8.4%；有效铁养分四级耕地面积 32 579.92 公顷，占本次调查耕地面积的 55.5%，见图 4-11、表 4-42。

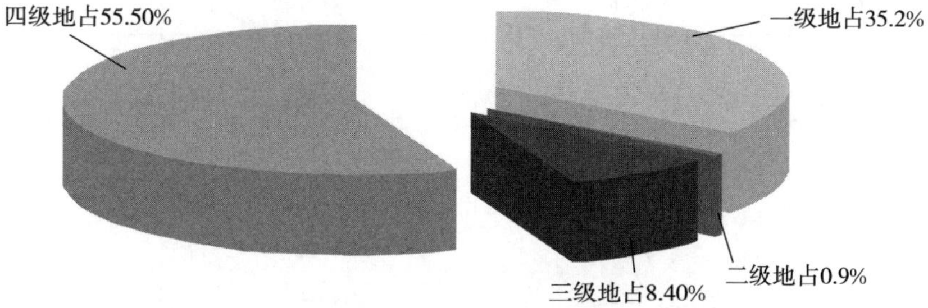

图 4-11 伊春市区土壤有效铁分级面积比例示意图

表 4-42 各区（局）、乡（镇）耕地土壤有效铁分级面积统计

区（局）、乡（镇）	面积（公顷）	一级		二级		三级		四级	
		面积（公顷）	占总面积（%）	面积（公顷）	占总面积（%）	面积（公顷）	占总面积（%）	面积（公顷）	占总面积（%）
五营区	511.89	511.89	0.9	0	0	0	0	0	0
浩良河镇	2 425.38	2 425.38	4.1	0	0	0	0	0	0
晨明镇	2 115.96	2 115.96	3.6	0	0	0	0	0	0
上甘岭区	1 375.09	1 375.09	2.3	0	0	0	0	0	0
友好区	2 360.77	2 360.77	4.0	0	0	0	0	0	0
翠峦区	570.07	570.07	1.0	0	0	0	0	0	0
伊春区	956.84	956.84	1.6	0	0	0	0	0	0
西林区	511.07	511.07	0.9	0	0	0	0	0	0
迎春乡	2 851.8	2 851.8	4.9	0	0	0	0	0	0
美溪区	644.57	644.57	1.1	0	0	0	0	0	0
金山屯区	1 680.28	1 680.28	2.9	0	0	0	0	0	0
乌马河区	257.11	257.11	0.4	0	0	0	0	0	0
带岭区	976.15	976.15	1.7	0	0	0	0	0	0
铁力局	4 010.28	671.65	1.1	22.66	0	1 970.75	3.4	1 345.22	2.3
双丰局	7 469.84	0	0	0	0	847.88	1.4	6 621.96	11.3
乌伊岭区	2 615.25	2 615.25	4.5	0	0	0	0	0	0
桃山局	23 812.91	0	0	122.67	0.2	1 388.75	2.4	22 301.49	38.0
朗乡局	3 553.59	149.6	0.3	370.81	0.6	721.93	1.2	2 311.25	3.9
合　计	58 698.85	20 673.48	35.2	516.14	0.9	4 929.31	8.4	32 579.92	55.5

（二）土壤有效铁含量变化情况

本次评价调查全市土壤有效铁含量最大值 187 毫克/千克，最小值 0.1 毫克/千克，平均值 25.8 毫克/千克，见表 4-43。

表 4-43　各区（局）、乡（镇）土壤有效铁含量

单位：毫克/千克

区（局）、乡（镇）	最大值	最小值	平均值
五营区	97.7	67.3	84.1
浩良河镇	157.2	9.8	77.1
晨明镇	163.5	60.8	91.5
上甘岭区	187.0	75.1	126.0
友好区	124.6	79.2	101.2
翠峦区	156.2	113.8	127.4
伊春区	124.5	63.2	98.6
西林区	115.4	45.7	91.3
迎春乡	119.8	41.9	83.3
美溪区	141.9	78.1	108.6
金山屯区	120.5	72.0	92.3
乌马河区	111.7	75.6	90.9
带岭区	148.5	70.1	102.7
铁力局	105.6	0.6	3.9
双丰局	3.0	0.4	1.5
乌伊岭区	165.3	59.7	114.2
桃山局	3.5	0.1	1.3
朗乡局	18.5	0.4	1.8

（三）耕地土壤有效铁分级面积情况

1. 暗棕壤类　有效铁养分一级耕地面积 4 327.56 公顷，占该土类耕地面积的 18.92%；有效铁养分二级耕地面积 53.03 公顷，占该土类耕地面积的 0.23%；有效铁养分三级耕地面积 2 864.4 公顷，占该土类耕地面积的 12.53%；有效铁养分四级耕地面积 15 622.08 公顷，占该土类耕地面积的 68.32%。

2. 白浆土类　有效铁养分一级耕地面积 28.9 公顷，占该土类耕地面积的 1.3%；有效铁养分四级耕地面积 2 191.49 公顷，占该土类耕地面积的 98.7%；有效铁养分二级、三级的耕地无分布。

3. 草甸土类　有效铁养分一级耕地面积 9 352.43 公顷，占该土类耕地面积的 56.34%；有效铁养分二级耕地面积 443.68 公顷，占该土类耕地面积的 2.67%；有效铁养分三级耕地面积 1 166.52 公顷，占该土类耕地面积的 7.03%；有效铁养分四级耕地面积 5 638.76 公顷，占该土类耕地面积的 33.97%。

4. 沼泽土类　有效铁养分一级耕地面积 6 444.08 公顷，占该土类耕地面积的 42.19%；有效铁养分三级耕地面积 634.97 公顷，占该土类耕地面积的 4.16%；有效铁养分四级耕地面积 8 193.34 公顷，占该土类耕地面积的 53.65%；养分二级的耕地无分布。

表 4-44　耕地土壤有效铁值分级面积统计

土壤类型	面积（公顷）	一级		二级		三级		四级	
		面积（公顷）	占总面积（%）	面积（公顷）	占总面积（%）	面积（公顷）	占总面积（%）	面积（公顷）	占总面积（%）
一、暗棕壤类	22 867.07	4 327.56	7.4	53.03	0.1	2 864.4	4.9	15 622.08	26.6
1. 砾沙质暗棕壤	19 294.55	3 142.95	5.4	53.03	0.1	2 819.89	4.8	13 278.68	22.6
2. 黄土质草甸暗棕壤	1 361.03	709.77	1.2	0	0	0	0	651.26	1.1
3. 壤质潜育暗棕壤	609.62	186.76	0.3	0	0	24.94	0	397.92	0.7
4. 黄土质白浆化暗棕壤	1 181.83	0	0	0	0	0	0	1 181.83	2
5. 泥质暗棕壤	55.25	0	0	0	0	0	0	55.25	0.1
6. 沙砾质暗棕壤	76.71	0	0	0	0	19.57	0	57.14	0.1
7. 泥沙质暗棕壤	194.57	194.57	0.3	0	0	0	0	0	0
8. 亚暗矿质潜育暗棕壤	93.51	93.51	0.2	0	0	0	0	0	0
二、白浆土类	2 220.39	28.9	0	0	0	0	0	2 191.49	3.7
9. 厚层黄土质白浆土	2 220.39	28.9	0	0	0	0	0	2 191.49	3.7
三、草甸土类	16 601.39	9 352.43	15.9	443.68	0.8	1 166.52	2	5 638.76	9.6
10. 厚层黏壤质草甸土	7 949.49	5 539.89	9.4	0.5	0	341.39	0.6	2 067.71	3.5
11. 浅埋藏型草甸土	142.19	120.48	0.2	0	0	0	0	21.71	0
12. 厚层黏壤质潜育草甸土	1 813.04	851.15	1.5	0	0	307.62	0.5	654.27	1.1
13. 暗棕壤型草甸土	6 696.67	2 840.91	4.8	443.18	0.8	517.51	0.9	2 895.07	4.9

（续）

土壤类型	面积（公顷）	一级		二级		三级		四级	
		面积（公顷）	占总面积（%）	面积（公顷）	占总面积（%）	面积（公顷）	占总面积（%）	面积（公顷）	占总面积（%）
四、沼泽土类	15 272.39	6 444.08	11	0	0	634.97	1.1	8 193.34	14
14. 薄层沙砾底沼泽土	8 333.45	1 638.42	2.8	0	0	412.91	0.7	6 282.12	10.7
15. 薄层泥炭腐殖质沼泽土	3 946.71	2 536.58	4.3	0	0	50.58	0.1	1 359.55	2.3
16. 薄层泥炭沼泽土	2 258.98	1 766.87	3	0	0	171.48	0.3	320.63	0.5
17. 薄层黏质草甸沼泽土	733.25	502.21	0.9	0	0	0	0	231.04	0.4
五、泥炭土类	793.24	16.58	0	0	0	0	0	776.66	1.3
18. 薄层高位泥炭土	793.24	16.58	0	0	0	0	0	776.66	1.3
六、黑土类	855.88	496.59	0.8	19.43	0	182.27	0.3	157.59	0.3
19. 厚层黄土质草甸黑土	257.21	257.21	0.4	0	0	0	0	0	0
20. 厚层黄土质黑土	598.67	239.38	0.4	19.43	0	182.27	0.3	157.59	0.3
七、新积土类	72.55	0	0	0	0	72.55	0.1	0	0
21. 薄层砾质冲积土	72.55	0	0	0	0	72.55	0.1	0	0
八、水稻土类	15.94	7.34	0	0	0	8.6	0	0	0
22. 中层草甸土型淹育水稻土	15.94	7.34	0	0	0	8.6	0	0	0
合　计	58 698.85	20 673.48	35.2	516.14	0.9	4 929.31	8.4	32 579.92	55.5

5. 泥炭土类 有效铁养分一级耕地面积16.58公顷，占该土类耕地面积的2.09%；有效铁养分四级耕地面积776.66公顷，占该土类耕地面积的97.91%；养分二级、三级的耕地无分布。

6. 黑土类 有效铁养分一级耕地面积496.59公顷，占该土类耕地面积的58.02%；有效铁养分二级耕地面积19.43公顷，占该土类耕地面积的2.27%；有效铁养分三级耕地面积182.27公顷，占该土类耕地面积的21.30%；有效铁养分四级耕地面积157.59公顷，占该土类耕地面积的18.41%。

7. 新积土类 有效铁养分三级耕地面积72.55公顷，占该土类耕地面积的100%；养分一级、二级、四级的耕地无分布。

8. 水稻土类 有效铁养分一级耕地面积7.34公顷，占该土类耕地面积的46.05%；有效铁养分三级耕地面积8.6公顷，占该土类耕地面积的53.95%；养分二级、四级的耕地无分布。

耕地土壤有效铁值分级面积统计见表4-44。

（四）土壤类型有效铁含量变化情况

本次调查有效铁含量如下：暗棕壤类有效铁养分含量平均15毫克/千克，白浆土类有效铁养分含量平均1.6毫克/千克，草甸土类有效铁养分含量平均39毫克/千克，沼泽土类有效铁养分含量平均48.4毫克/千克，泥炭土类有效铁养分含量平均8.7毫克/千克，黑土类有效铁养分含量平均27.3毫克/千克，新积土类有效铁养分含量平均2.3毫克/千克，水稻土类有效铁养分含量平均7.9毫克/千克，见表4-45。

表4-45 耕地土壤有效铁含量统计

单位：毫克/千克

土壤类型	最大值	最小值	平均值
一、暗棕壤类	158.3	0.1	15.0
1. 砾沙质暗棕壤	158.3	0.1	13.1
2. 黄土质草甸暗棕壤	147.3	0.7	33.6
3. 壤质潜育暗棕壤	139.7	0.4	27.0
4. 黄土质白浆化暗棕壤	1.8	1.1	1.6
5. 泥质暗棕壤	1.7	0.9	1.6
6. 沙砾质暗棕壤	2.0	1.3	1.7
7. 泥沙质暗棕壤	109.7	95.1	106.6
8. 亚暗矿质潜育暗棕壤	118.2	94.2	107.9
二、白浆土类	10.5	0.3	1.6
9. 厚层黄土质白浆土	10.5	0.3	1.6
三、草甸土类	187.0	0.4	39.0
10. 厚层黏壤质草甸土	157.3	0.4	37.7
11. 浅埋藏型草甸土	105.5	0.4	73.6
12. 厚层黏壤质潜育草甸土	187.0	0.6	50.0

（续）

土壤类型	最大值	最小值	平均值
13. 暗棕壤型草甸土	129.3	0.4	36.3
四、沼泽土类	168.5	0.4	48.4
14. 薄层沙砾底沼泽土	168.5	0.4	21.2
15. 薄层泥炭腐殖质沼泽土	165.3	0.5	63.4
16. 薄层泥炭沼泽土	156.2	0.9	84.9
17. 薄层黏质草甸沼泽土	163.5	0.6	64.8
五、泥炭土类	87.5	0.4	8.7
18. 薄层高位泥炭土	87.5	0.4	8.7
六、黑土类	119.8	1.9	27.3
19. 厚层黄土质草甸黑土	119.8	69.4	93.3
20. 厚层黄土质黑土	8.8	1.9	2.5
七、新积土类	2.3	2.3	2.3
21. 薄层砾质冲积土	2.3	2.3	2.3
八、水稻土类	11.1	2.1	7.9
22. 中层草甸土型淹育水稻土	11.1	2.1	7.9

十二、土壤有效锰

释义：耕层土壤中能供作物吸收的锰的含量。以每千克干土所含锰的毫克数表示。

字段代码：SO120214

英文名称：Available iron

数据类型：数值

量纲：毫克/千克

数据长度：5

小数位：1

极小值：0

极大值：999.9

备注：DTPA 提取——原子吸收光谱法。

锰是植物生长和发育的必需营养元素之一，在植物体内直接参与光合作用，也是植物许多酶的重要组成部分，影响植物组织中生长素的水平，参与硝酸还原成氨的作用等。根据土壤有效锰的分级标准，土壤有效锰的临界值为 5 毫克/千克（严重缺锰，很低），大于 15 毫克/千克为丰富。

（一）土壤有效锰分级面积情况

按照黑龙江省土壤有效锰分级标准，伊春市区耕地土壤有效锰含量养分一级耕地面积 58 386.11 公顷，占本次调查耕地面积的 99.47%；有效锰养分二级耕地面积 312.74 公顷，占本次调查耕地面积的0.53%，其他级别耕地无分布。见图4-12、表4-46。

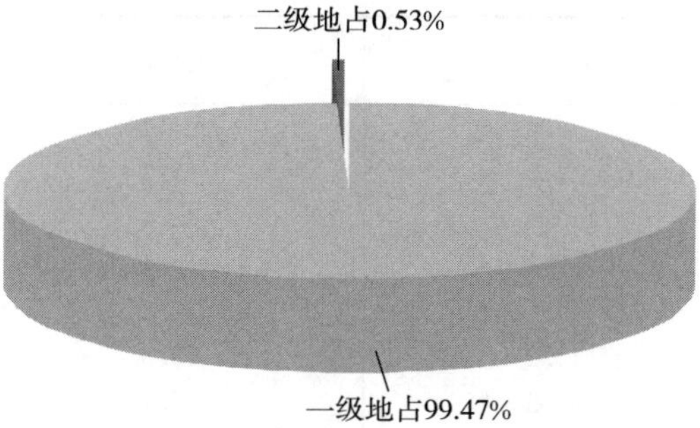

图4-12　伊春市区土壤有效锰分级面积比例示意图

表4-46　各区（局）、乡（镇）耕地土壤有效锰分级面积统计

区（局）、乡（镇）	面积（公顷）	一级		二级		三级		四级		五级	
		面积（公顷）	占总面积（%）	面积（公顷）	占总面积（%）	面积（公顷）	占总面积（%）	面积（公顷）	占总面积（%）	面积（公顷）	占总面积（%）
五营区	511.89	511.89	0.9	0	0	0	0	0	0	0	0
浩良河镇	2 425.38	2 271.38	3.9	154	0.3	0	0	0	0	0	0
晨明镇	2 115.96	2 115.96	3.6	0	0	0	0	0	0	0	0
上甘岭区	1 375.09	1 375.09	2.3	0	0	0	0	0	0	0	0
友好区	2 360.77	2 360.77	4	0	0	0	0	0	0	0	0
翠峦区	570.07	411.33	0.7	158.74	0.3	0	0	0	0	0	0
伊春区	956.84	956.84	1.6	0	0	0	0	0	0	0	0
西林区	511.07	511.07	0.9	0	0	0	0	0	0	0	0
迎春乡	2 851.8	2 851.8	4.9	0	0	0	0	0	0	0	0
美溪区	644.57	644.57	1.1	0	0	0	0	0	0	0	0
金山屯区	1 680.28	1 680.28	2.9	0	0	0	0	0	0	0	0
乌马河区	257.11	257.11	0.4	0	0	0	0	0	0	0	0
带岭区	976.15	976.15	1.7	0	0	0	0	0	0	0	0
铁力局	4 010.28	4 010.28	6.8	0	0	0	0	0	0	0	0
双丰局	7 469.84	7 469.84	12.7	0	0	0	0	0	0	0	0
乌伊岭区	2 615.25	2 615.25	4.5	0	0	0	0	0	0	0	0
桃山局	23 812.91	23 812.91	40.6	0	0	0	0	0	0	0	0
朗乡局	3 553.59	3 553.59	6.1	0	0	0	0	0	0	0	0
合　计	58 698.85	58 386.11	99.5	312.74	0.5	0	0	0	0	0	0

（二）土壤有效锰含量变化情况

本次调查伊春市区耕地土壤有效锰养分最大值348.4毫克/千克，最小值11.2毫克/千克，平均值123.9毫克/千克，见表4-47。

表 4-47　各区（局）、乡（镇）土壤有效锰含量统计

单位：毫克/千克

区（局）、乡（镇）	最大值	最小值	平均值
五营区	50.8	25.4	35.0
浩良河镇	87.3	11.2	31.5
晨明镇	145.8	28.4	63.7
上甘岭区	85.5	15.4	43.4
友好区	74.7	22.2	44.2
翠峦区	41.2	13.0	27.3
伊春区	80.5	35.1	46.7
西林区	68.1	27.2	45.7
迎春乡	97.1	22.3	56.9
美溪区	67.8	17.7	39.7
金山屯区	197.1	30.3	60.0
乌马河区	56.4	26.7	39.2
带岭区	141.8	25.4	77.4
铁力局	292.9	52.8	209.7
双丰局	291.3	22.3	138.0
乌伊岭区	90.0	15.8	40.5
桃山局	330.6	43.7	140.0
朗乡局	348.4	55.3	192.0

（三）耕地土壤有效锰分级面积情况

本次地力评价调查各类土壤有效锰养分面积如下：

1. 暗棕壤类　有效锰养分一级耕地面积 22 867.07 公顷，占该土类耕地面积的 100%，其他等级耕地无分布。

2. 白浆土类　有效锰养分一级耕地面积 2 220.39 公顷，占该土类耕地面积的 100%，其他等级耕地无分布。

3. 草甸土类　有效锰养分一级耕地面积 16 486.81 公顷，占该土类耕地面积的 99.31%；有效锰养分二级耕地面积 114.58 公顷，占该土类耕地面积的 0.69%。

4. 沼泽土类　有效锰养分一级耕地面积 15 074.23 公顷，占该土类耕地面积的 98.7%；有效锰养分二级耕地面积 198.16 公顷，占该土类耕地面积的 1.3%。

5. 泥炭土类　有效锰养分一级耕地面积 793.24 公顷，占该土类耕地面积的 100%，其他等级耕地无分布。

6. 黑土类　有效锰养分一级耕地面积 855.88 公顷，占该土类耕地面积的 100%，其他等级耕地无分布。

7. 新积土类　有效锰养分一级耕地面积 72.55 公顷，占该土类耕地面积的 100%，其他等级耕地无分布。

8. 水稻土类　有效锰养分一级耕地面积 15.94 公顷，占土类耕地面积的 100%，其他等级耕地无分布。

耕地土壤有效锰分级面积统计见表 4-48。

表 4-48 耕地土壤有效锰分级面积统计

土壤类型	面积（公顷）	一级		二级		三级		四级		五级	
		面积（公顷）	占总面积（%）	面积（公顷）	占总面积（%）	面积（公顷）	占总面积（%）	面积（公顷）	占总面积（%）	面积（公顷）	占总面积（%）
一、暗棕壤类	22 867.07	22 867.07	39	0	0	0	0	0	0	0	0
1. 砾沙质暗棕壤	19 294.55	19 294.55	32.9	0	0	0	0	0	0	0	0
2. 黄土质草甸暗棕壤	1 361.03	1 361.03	2.3	0	0	0	0	0	0	0	0
3. 壤质潜育暗棕壤	609.62	609.62	1	0	0	0	0	0	0	0	0
4. 黄土质白浆化暗棕壤	1 181.83	1 181.83	2	0	0	0	0	0	0	0	0
5. 泥质暗棕壤	55.25	55.25	0.1	0	0	0	0	0	0	0	0
6. 沙砾质暗棕壤	76.71	76.71	0.1	0	0	0	0	0	0	0	0
7. 泥沙质暗棕壤	194.57	194.57	0.3	0	0	0	0	0	0	0	0
8. 亚暗矿质潜育暗棕壤	93.51	93.51	0.2	0	0	0	0	0	0	0	0
二、白浆土类	2 220.39	2 220.39	3.8	0	0	0	0	0	0	0	0
9. 厚层黄土质白浆土	2 220.39	2 220.39	3.8	0	0	0	0	0	0	0	0
三、草甸土类	16 601.39	16 486.81	28.1	114.58	0.2	0	0	0	0	0	0
10. 厚层黏壤质草甸土	7 949.49	7 834.91	13.3	114.58	0.2	0	0	0	0	0	0
11. 浅埋藏型草甸土	142.19	142.19	0.2	0	0	0	0	0	0	0	0
12. 厚层黏壤质潜育草甸土	1 813.04	1 813.04	3.1	0	0	0	0	0	0	0	0
13. 暗棕壤型草甸土	6 696.67	6 696.67	11.4	0	0	0	0	0	0	0	0

（续）

土壤类型	面积（公顷）	一级		二级		三级		四级		五级	
		面积（公顷）	占总面积（%）	面积（公顷）	占总面积（%）	面积（公顷）	占总面积（%）	面积（公顷）	占总面积（%）	面积（公顷）	占总面积（%）
四、沼泽土类	15 272.39	15 074.23	25.7	198.16	0.3	0	0	0	0	0	0
14. 薄层沙砾底沼泽土	8 333.45	8 294.03	14.1	39.42	0.1	0	0	0	0	0	0
15. 薄层泥炭腐殖质沼泽土	3 946.71	3 946.71	6.7	0	0	0	0	0	0	0	0
16. 薄层泥炭沼泽土	2 258.98	2 100.24	3.6	158.74	0.3	0	0	0	0	0	0
17. 薄层黏质草甸沼泽土	733.25	733.25	1.2	0	0	0	0	0	0	0	0
五、泥炭土类	793.24	793.24	1.4	0	0	0	0	0	0	0	0
18. 薄层高位泥炭土	793.24	793.24	1.4	0	0	0	0	0	0	0	0
六、黑土类	855.88	855.88	1.5	0	0	0	0	0	0	0	0
19. 厚层黄土质草甸黑土	257.21	257.21	0.4	0	0	0	0	0	0	0	0
20. 厚层黄土质黑土	598.67	598.67	1	0	0	0	0	0	0	0	0
七、新积土类	72.55	72.55	0.1	0	0	0	0	0	0	0	0
21. 薄层砾质冲积土	72.55	72.55	0.1	0	0	0	0	0	0	0	0
八、水稻土类	15.94	15.94	0	0	0	0	0	0	0	0	0
22. 中层草甸土型淹育水稻土	15.94	15.94	0	0	0	0	0	0	0	0	0
合　　计	58 698.85	58 386.11	99.5	312.74	0.5	0	0	0	0	0	0

（四）土壤类型有效锰含量变化情况

伊春市区耕地不同土壤类型有效锰含量如下：暗棕壤类土壤有效锰养分含量平均137.7毫克/千克，白浆土类土壤有效锰养分含量平均130.7毫克/千克，草甸土类土壤有效锰养分含量平均113.5毫克/千克，沼泽土类土壤有效锰养分含量平均92.6毫克/千克，泥炭土类土壤有效锰养分含量平均130.4毫克/千克，黑土类有效锰养分含量平均137.9毫克/千克，新积土类土壤有效锰养分含量平均52.8毫克/千克，水稻土类土壤有效锰养分含量平均130.7毫克/千克，详见表4-49。

表4-49　耕地土壤有效锰含量统计

单位：毫克/千克

土壤类型	最大值	最小值	平均值
一、暗棕壤类	330.6	15.4	137.7
1. 砾沙质暗棕壤	330.6	15.4	142.1
2. 黄土质草甸暗棕壤	250.8	22.3	88.2
3. 壤质潜育暗棕壤	248.3	15.8	117.2
4. 黄土质白浆化暗棕壤	152.1	22.3	123.2
5. 泥质暗棕壤	195.4	102.0	164.2
6. 沙砾质暗棕壤	194.2	160.9	186.9
7. 泥沙质暗棕壤	39.7	16.2	35.7
8. 亚暗矿质潜育暗棕壤	90.0	44.1	73.9
二、白浆土类	250.2	56.5	130.7
9. 厚层黄土质白浆土	250.2	56.5	130.7
三、草甸土类	348.4	11.2	113.5
10. 厚层黏壤质草甸土	280.9	11.2	101.6
11. 浅埋藏型草甸土	234.3	26.7	72.9
12. 厚层黏壤质潜育草甸土	304.6	15.8	137.5
13. 暗棕壤型草甸土	348.4	17.7	119.9
四、沼泽土类	291.3	11.8	92.6
14. 薄层沙砾底沼泽土	270.7	11.8	112.2
15. 薄层泥炭腐殖质沼泽土	291.3	16.2	88.2
16. 薄层泥炭沼泽土	248.3	13.0	64.1
17. 薄层黏质草甸沼泽土	106.6	32.2	65.3
五、泥炭土类	291.3	38.8	130.4
18. 薄层高位泥炭土	291.3	38.8	130.4
六、黑土类	209.3	31.7	137.9
19. 厚层黄土质草甸黑土	79.7	31.7	51.5
20. 厚层黄土质黑土	209.3	52.8	170.4
七、新积土类	52.8	52.8	52.8
21. 薄层砾质冲积土	52.8	52.8	52.8
八、水稻土类	250.2	56.5	130.7
22. 中层草甸土型淹育水稻土	250.2	56.5	130.7

第三节　土壤物理性状

一、土壤容重

释义：在自然状态下单位容积土壤的烘干重量。

字段代码：SO120102

英文名称：Bulk density

数据类型：数值

量纲：克/立方厘米

数据长度：4

小数位：2

极小值：0.8

极大值：1.8

容重是指自然状态下，单位容积土壤的干重，单位是克/立方厘米或吨/立方米。容重测量一般常用的是环刀法，计算的公式：

$$d=g\cdot 100/\left[V\cdot(100+W)\right]$$

式中：d——土壤容重（克/立方厘米）；

g——环刀内湿土重（克）；

V——环刀容积（立方厘米）；

W——样品含水量（%）。

土壤含水量利用105℃±2℃的烘箱烘干土壤，测量烘干前后的重量变化，减少的质量就是含水量。

土壤容重受质地结构、松紧度和土壤有机质含量等影响而发生变化。根据容重可以推知土壤质地、结构、保水能力和通气状况等。疏松的、有机质含量高的土壤容重小于1克/立方厘米，反之则大。土壤容重比较好的耕作层容重为1～1.1克/立方厘米，而坚实底土可达1.4～1.8克/立方厘米。

从本次耕地地力评价采样调查看，伊春市区土壤耕层容重在0.81～1.7克/立方厘米，其他容重大多集中在1.0～1.2克/立方厘米，比较适于作物生长需要。大于1.2克/立方厘米的土壤过于坚实，通气透水性明显变坏，应采取深翻、深松等措施改变土壤容重。土壤容重和孔隙度可以反映土壤松紧状况，直接影响农作物生育期。土壤过松或过紧都不利于农作物正常生长和根系发育。土壤过松，根土不易密接，水分不易保存，水气不能协调，影响养分的保存和有效温度的稳定；土壤过紧，通透性差，影响出苗和根系下扎。不同含水量的土壤（容重1.3克/立方厘米）在冻融交替作用后20厘米内土壤容重基本减小，但减小幅度与含水量之间不是完全的正比关系。不同深度土壤容重的变化规律是，高含水量时，表层容重减小幅度较大，下层减幅相对较小；低含水量时，则相反。冻融交替作用对不同容重土壤（含水量30%）的表层容重影响较大，它使小容重土壤变得更加致密；使大容重土壤变得疏松。黑土区冻融作用对免耕带来的容重增大问题可以起到一定的减缓作用。

土壤容重普遍增加，说明土壤变的紧实，这里除自然条件影响外，更主要的是人为不合理耕作造成土壤板结，需要在今后进行改善。另外此次调查采样只采集了耕层容重，不能与第二次土壤普查结果进行全面比较。耕地土壤容重统计详见表4-50、土壤类型容重统计详见表4-51、各区（局）和乡（镇）土壤容重统计详见表4-52。

表4-50 耕地土壤容重统计

单位：克/立方厘米

土壤类型	样本数（个）	平均值	最小值	最大值
厚层黏壤质草甸土	356	1.22	0.81	1.44
黄土质草甸暗棕壤	92	1.24	1.03	1.43
暗棕壤型草甸土	371	1.23	1.03	1.70
厚层黏壤质潜育草甸土	96	1.17	0.91	1.45
砾沙质暗棕壤	1 783	1.25	0.82	1.71
中层草甸土型淹育水稻土	3	1.15	1.10	1.23
黄土质白浆化暗棕壤	56	1.22	1.19	1.33
壤质潜育暗棕壤	89	1.21	0.85	1.42
泥质暗棕壤	13	1.22	1.05	1.27
厚层黄土质黑土	24	1.22	0.87	1.28
沙砾质暗棕壤	8	1.22	1.20	1.23
薄层沙砾底沼泽土	297	1.24	0.88	1.71
厚层黄土质白浆土	104	1.23	1.10	1.34
厚层黄土质草甸黑土	9	1.05	0.82	1.25
薄层黏质草甸沼泽土	56	1.23	0.97	1.44
薄层泥炭腐殖质沼泽土	173	1.21	0.93	1.57
薄层泥炭沼泽土	125	1.16	0.98	1.51
薄层高位泥炭土	33	1.13	1.05	1.24
浅埋藏型草甸土	12	1.14	1.05	1.23
薄层砾质冲积土	9	1.28	1.28	1.28
泥沙质暗棕壤	11	1.09	1.03	1.28
亚暗矿质潜育暗棕壤	6	1.06	0.99	1.10

表4-51 土壤类型容重统计

单位：克/立方厘米

土类名称	样本数（个）	平均值	最小值	最大值
草甸土	835	1.22	0.81	1.70
暗棕壤	2 058	1.25	0.82	1.71
水稻土	3	1.15	1.10	1.23
黑　土	33	1.18	0.82	1.28
沼泽土	651	1.22	0.88	1.71
白浆土	104	1.23	1.10	1.34
泥炭土	33	1.13	1.05	1.24
新积土	9	1.28	1.28	1.28

表 4-52　各区（局）、乡（镇）土壤容重统计

单位：克/立方厘米

区（局）、乡（镇）	样本数（个）	平均值	最小值	最大值
五营区	22	1.19	0.87	1.42
浩良河镇	119	1.20	0.95	1.46
晨明镇	66	1.24	1.05	1.61
上甘岭区	87	1.21	0.98	1.42
友好区	39	1.23	0.89	1.42
翠峦区	21	1.25	1.12	1.41
伊春区	69	1.25	1.05	1.51
西林区	47	1.19	1.03	1.28
迎春乡	135	1.26	1.05	1.46
美溪区	51	1.20	1.05	1.42
金山屯区	59	1.23	1.05	1.43
乌马河区	21	1.20	1.05	1.30
带岭区	43	1.24	1.05	1.42
铁力局	244	1.23	0.98	1.44
双丰局	233	1.25	0.88	1.61
乌伊岭区	154	1.24	0.98	1.46
桃山局	2 116	1.23	0.81	1.71
朗乡局	200	1.21	0.94	1.41

二、土壤质地

释义：土壤中各种粒径土粒的组合比例关系称为机械组成，根据机械组合的近似性，划分为若干类别，称之为质地类型。

字段代码：SO120101

英文名称：Texture

数据类型：文本

数据长度：6

备注：苏联卡庆斯基制土壤质地分类。

土壤质地数据编码见表 4-53。

表 4-53　土壤质地数据编码

土壤质地	中壤土	重壤土	沙壤土	轻黏土	轻壤土
数据编码	ZDLB 005	ZDLB 006	ZDLB 003	ZDLB 007	ZDLB 004

伊春市土壤质地以中壤土为主，适合各类作物生长。面积大的依次为中壤土、轻壤土、沙壤土、重壤土和轻黏土。表层土壤有砾沙质暗棕壤、厚层黏壤质草甸土、薄层沙砾底沼泽土等，其物理黏粒含量平均值在中壤范畴，极小部分为沙壤。见表 4－54～表 4－56。

表 4－54　各区（局）、乡（镇）土壤质地面积统计

区（局）、乡（镇）	合计	中壤土	重壤土	沙壤土	轻黏土	轻壤土
浩良河镇	2 425.38	2 383.04	0	0	0	42.34
金山屯区	1 680.28	830.87	44.62	804.79	0	0
迎春乡	2 851.80	1 798.80	663.35	349.41	0	40.24
朗乡局	3 553.59	853.44	819.11	1 267.19	0	613.85
铁力局	4 010.28	3 921.79	0	72.55	15.94	0
桃山局	23 812.91	16 626.80	794.04	2 588.57	1 199.52	2 603.98
双丰局	7 469.84	7 372.56	0	0	0	97.28
带岭区	976.15	379.49	0	519.93	10.44	66.29
翠峦区	570.07	16.23	0	0	0	553.84
友好区	2 360.77	2 076.70	0	0	0	284.07
晨明镇	2 115.96	347.37	0	11.69	0	1 756.90
上甘岭区	1 375.09	522.14	852.95	0	0	0
五营区	511.89	488.11	0	0	23.78	0
伊春区	956.84	65.45	0	283.71	0	607.68
西林区	511.07	62.68	0	448.39	0	0
美溪区	644.57	193.02	0	434.68	0	16.87
乌伊岭区	2 615.25	1 182.28	0	194.57	169.12	1 069.28
乌马河区	257.11	120.48	0	0	0	136.63
合　计	58 698.85	39 241.25	3 174.07	6 975.48	1 418.80	7 889.25

表 4－55　各土类土壤质地面积统计

土类名称	合计	中壤土	重壤土	沙壤土	轻黏土	轻壤土
草甸土	16 601.39	8 091.68	1 813.04	6 696.67	0	0
暗棕壤	22 867.07	19 414.82	1 361.03	206.26	609.62	1 275.34
水稻土	15.94	0	0	0	15.94	0
黑　土	855.88	855.88	0	0	0	0
沼泽土	15 272.39	8 658.48	0	0	0	6 613.91
白浆土	2 220.39	2 220.39	0	0	0	0
泥炭土	793.24	0	0	0	793.24	0
新积土	72.55	0	0	72.55	0	0
合　计	58 698.85	39 241.25	3 174.07	6 975.48	1 418.80	7 889.25

表 4-56 各土壤类型土壤质地面积统计

土壤类型	合计	中壤土	重壤土	沙壤土	轻黏土	轻壤土
厚层黏壤质草甸土	7 949.49	7 949.49	0	0	0	0
黄土质草甸暗棕壤	1 361.03	0	1 361.03	0	0	0
暗棕壤型草甸土	6 696.67	0	0	6 696.67	0	0
厚层黏壤质潜育草甸土	1 813.04	0	1 813.04	0	0	0
砾沙质暗棕壤	19 294.55	19 282.86	0	11.69	0	0
中层草甸土型淹育水稻	15.94	0	0	0	15.94	0
黄土质白浆化暗棕壤	1 181.83	0	0	0	0	1 181.83
壤质潜育暗棕壤	609.62	0	0	0	609.62	0
泥质暗棕壤	55.25	55.25	0	0	0	0
厚层黄土质黑土	598.67	598.67	0	0	0	0
沙砾质暗棕壤	76.71	76.71	0	0	0	0
薄层沙砾底沼泽土	8 333.45	8 333.45	0	0	0	0
厚层黄土质白浆土	2 220.39	2 220.39	0	0	0	0
厚层黄土质草甸黑土	257.21	257.21	0	0	0	0
薄层黏质草甸沼泽土	733.25	0	0	0	0	733.25
薄层泥炭腐殖质沼泽土	3 946.71	325.03	0	0	0	3 621.68
薄层泥炭沼泽土	2 258.98	0	0	0	0	2 258.98
薄层高位泥炭土	793.24	0	0	0	793.24	0
浅埋藏型草甸土	142.19	142.19	0	0	0	0
薄层砾质冲积土	72.55	0	0	72.55	0	0
泥沙质暗棕壤	194.57	0	0	194.57	0	0
亚暗矿质潜育暗棕壤	93.51	0	0	0	0	93.51
合　计	58 698.85	39 241.25	3 174.07	6 975.48	1 418.8	7 889.25

第五章　耕地地力评价与分析

本次耕地地力评价是一般性目的的评价，并不针对某种土地利用类型，而是根据所在地区特定气候区域以及地形地貌、成土母质、土壤理化性状、农田基础设施等要素相互作用表现出来的综合特征，揭示耕地潜在生产能力的高低。通过耕地地力评价，可以全面了解伊春市的耕地地力现状，为合理调整农业结构；生产无公害农产品、绿色食品、有机食品；针对耕地土壤存在的障碍因素，改造中低产田，保护耕地质量，提高耕地的综合生产能力；建立耕地资源数据网络，对耕地质量实行有效的管理等提供科学依据。

第一节　耕地地力评价的基本原理

耕地地力是耕地自然要素相互作用所表现出来的潜在生产能力。耕地地力评价大体可分为以气候要素为主的潜力评价和以土壤要素为主的潜力评价。在一个较小的区域范围内（县域），气候要素相对一致，耕地地力评价可以根据所在区域的地形地貌、成土母质、土壤理化性状、农田基础设施等要素相互作用表现出来的综合特征，揭示耕地综合生产力的高低。

耕地地力评价可用两种表达方法：一是用单位面积产量来表示，其关系式为：

$$Y=b_0+b_1x_1+b_2x_2+\cdots+b_nx_n$$

式中：Y——单位面积产量；

x_1——耕地自然属性（参评因素）；

b_1——该属性对耕地地力的贡献率（解多元回归方程求得）。

单位面积产量表示法的优点是一旦上述函数关系建立，就可以根据调查点自然属性的数值直接估算要素，单位面积产量还因农民的技术水平、经济能力的差异而产生很大的变化。如果耕种者技术水平比较低或者主要精力放在外出务工，肥沃的耕地实际产量不一定高；如果耕种者具有较高的技术水平，并采用精耕细作的农事措施，自然条件较差的耕地上仍然可获得较高的产量。因此，上述关系理论上成立，实践上却难以做到。

耕地地力评价的另一种表达方法，是用耕地自然要素评价的指数来表示，其关系式为：

$$IFI=b_1x_1+b_2x_2+\cdots+b_nx_n$$

式中：IFI——耕地地力综合指数；

x_1——耕地自然属性（参评因素）；

b_1——该属性对耕地地力的贡献率（层次分析方法或专家直接评估求得）。

根据 IFI 的大小及其组成，不仅可以了解耕地地力的高低，而且可以揭示影响耕地地力的障碍因素及其影响程度。采用合适的方法，也可以将 IFI 转换为单位面积产量，更直观地反映耕地的地力。

第二节　耕地地力评价的原则和依据

耕地地力的评价是对耕地的基础地力及其生产能力的全面鉴定，因此，在评价时应遵循以下九个原则。

一、综合因素研究与主导因素分析相结合的原则

耕地地力是各类要素的综合体现，综合因素研究是对地形地貌、土壤理化性状以及相关的社会经济因素进行综合研究、分析与评价，以全面了解耕地地力状况。主导因素是指对耕地地力起决定作用的相对稳定的因子，在评价中要着重对其进行研究分析。

二、定性与定量相结合的原则

影响耕地地力的因素有定性的和定量的，评价时定性和定量评价相结合。可定量的评价因子按其数值参与计算评价；对非数量化的定性因子要充分应用专家知识，先进行数值化处理，再进行计算评价。

三、采用 GIS 支持的自动化评价方法的原则

充分应用计算机技术，通过建立数据库、评价模型，实现评价流程的全数字化、自动化，该方法应代表我国目前耕地地力评价的最新技术方法。

四、针对性原则

要针对一定的土地用途或利用方式进行土地的适宜性评价。不同的土地用途或利用方式对土地的性质有不同的要求，土地的适宜性只是针对某种具体的用途或利用方式才有其确切的意义。例如，地势低洼的土地可以种植水稻，但对农业的其他利用或造林就不一定适宜。设立哪些评价用途是根据规划需要确定的。例如，要评价耕地后备资源潜力，就设宜耕荒地类、宜耕废弃地类；又如，要研究城镇建设用地的适宜发展方向，就设宜城镇建设土地类。

五、持续利用原则

土地对某种用途或利用方式的适宜性，是指土地在长期持续利用条件下的适宜性。经评定的适宜用途，是指在该种用途和利用方式下土地能持续利用，不会导致土地退化或其他不良后果。例如，陡坡开荒种植农作物，在初期能够得到一定的产量，但随着土壤侵蚀，土层变薄，最后导致基岩裸露，完全不能利用。因此，从持续利用的角度来看，陡坡

开荒是不适宜的。在评价中应考虑土地用途改变引起的土地质量的变化，考虑土地退化和土地污染的危险，避免短期行为。

六、比较原则

土地评价是对土地质量的鉴定，有比较才有鉴别。评价中要重视3个方面的比较，一是土地利用的需求与土地质量的匹配，土地质量能否满足一定土地利用的要求，主要是将土地质量的指标特征值与土地利用要求条件的指标进行匹配，土地质量的指标特征值高于土地利用的限制性指标而确定土地的适宜性。例如，水稻地的选择，必须首先明确水稻能否生长，然后依此指标来寻找其适生环境，再根据其适生环境中土地质量来具体评价。二是土地投入产出率比较，几乎任何土地都可以用作任何用途，但只有产出大于投入，即土地利用可以带来效益或利润的前提下，才能说明土地适合于一定的土地利用。三是土地适宜多种用途的各自效益比较。

七、辩证原则

土地适宜性评价要采用综合分析与主导因素相结合，以主导因素为主。土地生产力和土地利用效益的高低受土地自然属性及社会经济、技术条件等多种因素的综合影响。因此，在土地适宜性评价中要全面考虑各种因素的作用，研究和分析各种因素的有机联系与综合效应，保证土地评价的准确性与可靠性。但是，影响土地质量的各个要素对土地生产力和土地利用效益的作用与影响并不能等量齐观，在评价中必须找出土地利用与土地质量匹配中的主要矛盾或主导因素。只有坚持综合分析与主导因素相结合，才可以保证其科学性与简捷性。

八、实践性原则

在一个地区的土地适宜性评价中，评价对象和评价范围的提出，必须从实际出发，充分考虑当地的自然、社会和经济条件。规划期间不改变土地用途的地块可不作评价。土地适宜性评价并非必须采用统一的尺度和指标。不同区域应根据生产实际，针对不同的土地利用需要，选取不同的评价指标，建立不同的评价体系。这样，才能更好地满足土地利用规划需要，实现合理利用土地的目标。

九、潜在适宜性原则

不仅要评定某一土地单元在目前状态下对某种土地用途和利用方式的适宜性，即当前适宜性，还要根据规划需要评定土地在经过改良后的潜在适宜性。

伊春市评价指标是：≥10℃积温、地貌类型、地形部位、障碍层类型、有效土层厚度、pH、有机质、质地、有效磷、速效钾、有效锌11项。

第三节　利用《县域耕地资源信息系统》进行地力评价

本次评价工作一方面充分收集有关伊春市耕地情况资料，建立起耕地质量管理数据库，另一方面还进行了外业的补充调查（包括土壤调查和农户的入户调查两部分）和室内化验分析。在此基础上，通过GIS系统平台，采用ArcView软件对调查的数据和图件进行数值化处理，最后利用扬州市土壤肥料工作站开发的《县域耕地资源管理信息系统V3.2》进行耕地地力评价。主要的工作流程和具体评价步骤见伊春市区耕地地力评价技术流程（图5-1）。

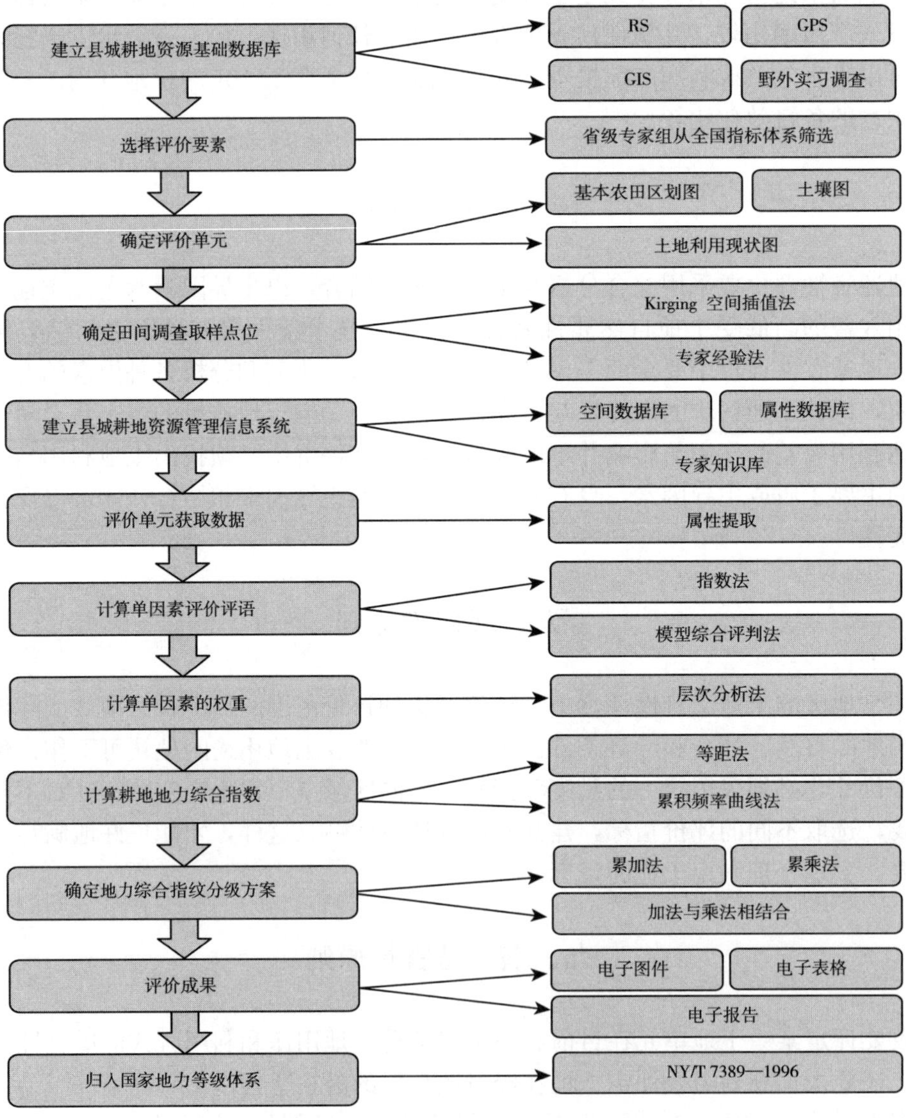

图5-1　伊春市区耕地地力评价技术流程

一、确定评价单元

耕地评价单元是由耕地构成因素组成的综合体，目前通用的确定评价单元方法有以下几种。一是以土壤图为基础，将农业生产影响一致的土壤类型归并在一起成为一个评价单元；二是以耕地类型图为基础确定评价单元；三是以土地利用现状图为基础确定评价单元；四是采用网格法确定评价单元。上述方法各有利弊。本次根据《耕地地力调查与质量评价技术规程》的要求，采用综合方法确定评价单元，即用1∶200 000的土壤图、基本农田划定图、土地利用现状图，先数字化，再在计算机上叠加复合生成评价单元图斑，然后进行综合取舍，形成评价单元。这种方法的优点是考虑全面，综合性强，形成的评价单元，同一评价单元内土壤类型相同、土地利用类型相同，既满足了对耕地地力做出评价，而且便于耕地利用与管理，这次伊春市调查共确定形成评价单元1 222个。

（一）确定评价单元方法

确定评价单元的方法有以下几种。一是以土壤图为基础，将农业生产影响一致的土壤类型归并在一起成为一个评价单元；二是以耕地类型图为基础确定评价单元；三是以土地利用现状图为基础确定评价单元；四是采用网格法确定评价单元。

（二）评价单元数据获取

采取将评价单元与各专题图件叠加采集各参评因素的信息，具体的方法是：按唯一标识原则为评价单元编码；生成评价信息空间库和属性数据库；从图形库中调出评价因子的专题图与评价单元图进行叠加；保持评价单元几何形状不变，直接对叠加后形成的图形的属性库进行操作，以评价单元为基本统计单位，按面积加权平均汇总评价单元各评价因素的值。由此，得到图形与属性相连，以评价单元为基本单位的评价信息。

根据不同类型数据的特点，采取以下几种途径为评价单元获取数据：

1. 点位数据　对于点位分布图，先进行插值形成栅格图，与评价单元图叠加后采用加权统计的方法给评价单元赋值，如土壤有效磷点位图、速效钾点位图等。

2. 矢量图　对于矢量图，直接与评价单元图叠加，再采用加权统计的方法为评价单元赋值。对于土壤质地、容重等较稳定的土壤理化性状，可用一个乡（镇）范围内同一个土种的平均值直接为评价单元赋值。

3. 等值线图　对于等值线图，先采用地面高程模型生成栅格图，再与评价单元图叠加后采用分区统计的方法给评价单元赋值。

二、确定评价指标

耕地地力评价因素的选择应考虑到气候因素、地形因素、土壤因素、水文及水文地层和社会经济因素等；同时农田基础建设水平对耕地地力影响很大，也应当是构成评价的因素之一。本次评价工作侧重于为农业生产服务，因此，选择评价因素的原则是：首先，选取的因子对耕地生产力有较大的影响，如地形部位等；其次，选取的因子在评价区域内的变异较大，便于划分耕地地力等级；再次，选取的评价指标在时间序列上具有相对的稳定性，如有机质含量等，评价的结果能够有较长的有效期；最后，选取评价指标与评价区域的大小有密切的关系。

基于以上考虑，结合伊春市的土壤条件、农田地基础设施状况、当前农业生产中耕地存在的突出问题等，并参照《耕地地力调查和质量评价技术规程》中所确定的64项指标体系，最后确定了：≥10℃积温、地貌类型、地形部位、障碍层类型、有效土层厚度、pH、有机质、质地、有效磷、速效钾、有效锌共11项评价指标。每一个指标的名称、释义、量纲、上下限等定义如下：

1. ≥10℃积温 代表春季作物开始播种的热量指标，量纲表示为℃。

2. 障碍层类型 对作物生长有阻碍的层次，属概念型，无量纲。

3. 地貌类型 常以成因形态的差异，划分成若干不同的类型，同一类型具有相同或相似的特征，属概念型，无量纲。

4. 地形部位 反映土壤所处不同地形部位的物理性指标，属概念型，无量纲。

5. 有效磷 反映耕地土壤耕层供磷能力的指标，属数值型，量纲表示为毫克/千克。

6. 土壤质地 反映土壤颗粒粗细程度的物理性指标，属概念型，无量纲。

7. pH 反映耕地土壤大小的指标，属数值型。

8. 有效土层厚度 反映耕地土壤的容量指标，是耕地肥力的综合指标，属数值型，量纲表示为厘米。

9. 有机质 反映耕地土壤耕层有机质含量的指标，属数值型，量纲表示为克/千克。

10. 速效钾 反映耕地土壤耕层供钾能力的指标，属数值型，量纲表示为毫克/千克。

11. 有效锌 反映耕地土壤耕层供锌能力的指标，属数值型，量纲表示为毫克/千克。

伊春市区地力评价指标详见表5-1，全国耕地地力评价指标体系见表5-2。

表5-1 伊春市区地力评价指标

评价标准	评价指标
立地条件	≥10℃积温
	地貌类型
	地形部位
剖面性状	障碍层类型
	有效土层厚度
	pH
	有机质
	质地
土壤养分	有效磷
	速效钾
	有效锌

表 5-2　全国耕地地力评价指标体系

指标名称	要素名称	代码	指标名称	要素名称	代码
立地条件	经度	AL201000	气候	≥10℃积温	AL101000
	纬度	AL202000		≥10℃积温	AL102000
	高程	AL203000		年降水量	AL103000
	地貌类型	AL204000		全年日照时数	AL104000
	地形部位	AL205000		光能辐射总量	AL105000
	坡度	AL206000		无霜期	AL106000
	坡向	AL207000		干燥度	AL107000
	成土母质	AL208000	耕层理化性状	质地	AL401000
	土壤侵蚀类型	AL209000		容重	AL402000
	土壤侵蚀程度	AL201000		pH	AL403000
	林地覆盖率	AL201100		阳离子代换量（CEC）	AL404000
	地面破碎情况	AL201200	耕层养分状况	有机质	AL501000
	地表岩石露头状况	AL201300		全氮	AL502000
	地表砾石度	AL201400		有效磷	AL503000
	田面坡度	AL201500		速效钾	AL504000
土壤管理	灌溉保证率	AL701000		缓效钾	AL505000
	灌溉模数	AL702000		有效锌	AL506000
	抗旱能力	AL703000		水溶态硼	AL507000
	排涝能力	AL704000		有效钼	AL508000
	排涝模数	AL705000		有效铜	AL509000
	轮作制度	AL706000		有效硅	AL501000
	梯田化水平	AL707000		有效锰	AL501100
	设施类型（蔬菜地）	AL708000		有效铁	AL501200
剖面性状	剖面构型	AL301000		交换性钙	AL501300
	质地构型	AL302000		交换性镁	AL501400
	有效土层厚度	AL303000	障碍因素	障碍层类型	AL601000
	耕层厚度	AL304000		障碍层出现位置	AL602000
	腐殖层厚度	AL305000		障碍层厚度	AL603000
	田间持水量	AL306000		耕层含盐量	AL604000
	旱季地下水位	AL307000		1米土层含盐量	AL605000
	潜水埋深	AL308000		盐化类型	AL606000
	水型	AL309000		地下水矿化度	AL607000

三、评价单元赋值

根据各评价因子的空间分布图或属性数据库，将各评价因子数据赋值给评价单元，主要采取以下方法：

1. 对点位数据 如全氮、有效磷、速效钾等，采用插值的方法形成删格图与评价单元图叠加，通过统计给评价单元赋值。

2. 对矢量分布图 如腐殖层厚度、容重、地形部位等，直接与评价单元图叠加，通过加权统计、属性提取，给评价单元赋值。

3. 对等高线 使用数字高程模型，形成坡度图、坡向图，与评价单元图叠加，通过统计给评价单元赋值。

四、评价指标的标准化

所谓评价指标标准化就是要对每一个评价单元不同数量级、不同量纲的评价指标数据进行 0→1 化。数值型指标的标准化，采用数学方法进行处理；概念型指标标准化先采用专家经验法，对定性指标进行数值化描述，然后进行标准化处理。

模糊评价法是数值标准化最通用的方法。它是采用模糊数学的原理，建立起评价指标值与耕地生产能力的隶属函数关系，其数学表达式 $\mu=f(\chi)$，μ 是隶属度，这里代表生产能力；χ 代表评价指标值。根据隶属函数关系，可以对于每个 χ 算出其对应的隶属度 μ，是 0→1 中间的数值。在这次评价中，将选定的评价指标与耕地生产能力的关系分为戒上型函数、戒下型函数、峰型函数、直线型函数以及概念型 5 种类型的隶属函数。前 4 种类型可以先通过专家打分的办法对一组评价单元值评估出相应的一组隶属度，根据这两组数据拟合隶属函数，计算所有评价单元的隶属度；后一种是采用专家直接打分评估法，确定每一种概念型的评价单元的隶属度。以下是各个评价指标隶属函数的建立和标准化结果：

（一）评价指标评分标准

用 1～9 定为 9 个等级打分标准，1 表示同等重要，3 表示稍微重要，5 表示明显重要，7 表示强烈重要，9 极端重要，2、4、6、8 表示中间值。

（二）确定各评价因素的权重打分

1. 总体评价准则权重评价 见图 5-2。

	立地条件	剖面性状	土壤养分
立地条件	1.0000	1.2500	4.0000
剖面性状	0.8000	1.0000	3.3333
土壤养分	0.2500	0.3000	1.0000

图 5-2 评价准则权重评价图

2. 评价指标分项目权重打分　分为立地条件权重评价、剖面性状权重评价和养分性状权重评价。

（1）立地条件权重评价见图 5-3。

	≥10℃积温	地貌类型	地形部位
≥10℃积温	1.0000	1.6667	2.0000
地貌类型	0.6000	1.0000	1.2500
地形部位	0.5000	0.8000	1.0000

图 5-3　立地条件权重评价图

（2）剖面性状权重评价见图 5-4。

	pH	有机质	质地	障碍层类型	有效土层厚
pH	1.0000	1.2500	0.8333	0.3333	1.1111
有机质	0.8000	1.0000	0.6667	0.2500	1.0000
质地	1.2000	1.5000	1.0000	0.3333	1.4286
障碍层类型	3.0000	4.0000	3.0000	1.0000	3.3333
有效土层厚	0.9000	1.0000	0.7000	0.3000	1.0000

图 5-4　剖面性状权重评价图

（3）养分性状权重评价见图 5-5。

	有效磷	速效钾	有效锌
有效磷	1.0000	2.5000	4.0000
速效钾	0.4000	1.0000	3.3333
有效锌	0.2500	0.3000	1.0000

图 5-5　养分性状权重评价图

（4）耕地地力评价层次分析构造矩阵见图 5-6。

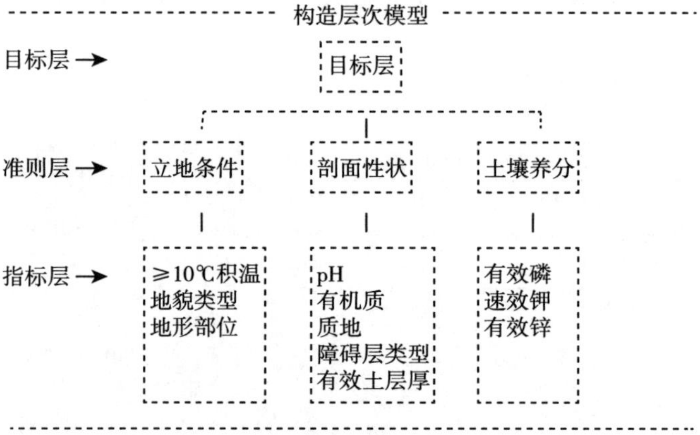

图 5－6　层次分析构造矩阵图

（5）层次分析结果见图 5－7。

层次分析结果表

层次 A	层次 C			
	立地条件	剖面性状	土壤养分	组合权重
	0.486 0	0.394 1	0.119 9	∑CiAi
≥10℃积温	0.475 9			0.231 3
地貌类型	0.289 4			0.140 7
地形部位	0.234 7			0.114 1
pH		0.142 7		0.056 3
有机质		0.115 5		0.045 5
质地		0.167 7		0.066 1
障碍层类型		0.450 1		0.177 4
有效土层厚		0.124 0		0.048 9
有效磷			0.581 3	0.069 7
速效钾			0.301 9	0.036 2
有效锌			0.116 8	0.014 0

本报告由《县域耕地资源管理信息系统 V3.2》分析提供

图 5－7　层次分析结果

（三）各个评价指标隶属函数的建立

1. 有机质　有机质专家评价，隶属函数为戒上型函数。

（1）专家评估：见表 5－3。

表 5－3　有机质专家隶属度评估

有机质（克/千克）	10	20	30	40	50	60
隶属度	0.55	0.65	0.77	0.87	0.95	1.0

（2）建立隶属函数：见图 5－8。

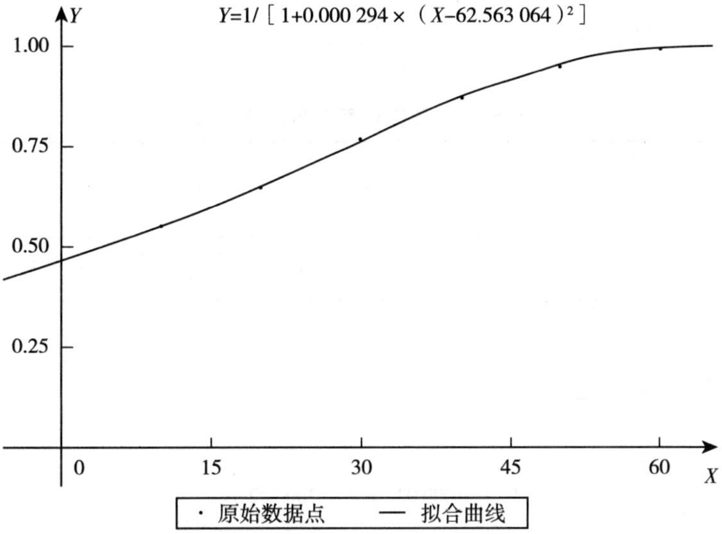

图 5－8　土壤有机质隶属函数曲线图（戒上型）

2. 有效磷　有效磷专家评估隶属函数为戒上型函数。

（1）专家评估：见表 5－4。

表 5－4　有效磷专家隶属度评估

有效磷（毫克/千克）	1	5	10	20	30	40	60	80
隶属度	0.25	0.3	0.35	0.45	0.56	0.68	0.95	1.0

（2）建立隶属函数：见图 5－9。

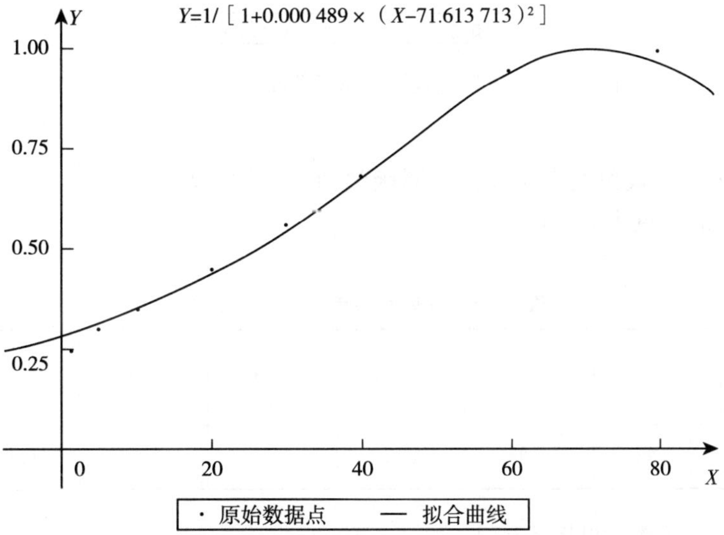

图 5－9　土壤有效磷隶属函数曲线图（戒上型）

3. 速效钾 速效钾专家评估隶属函数为戒上型函数。

（1）专家评估：见表 5－5。

表 5－5 速效钾专家隶属度评估

速效钾（毫克/千克）	2	10	60	110	170	230	290	350
隶属度	0.33	0.35	0.45	0.57	0.73	0.87	0.95	1.0

（2）建立隶属函数：见图 5－10。

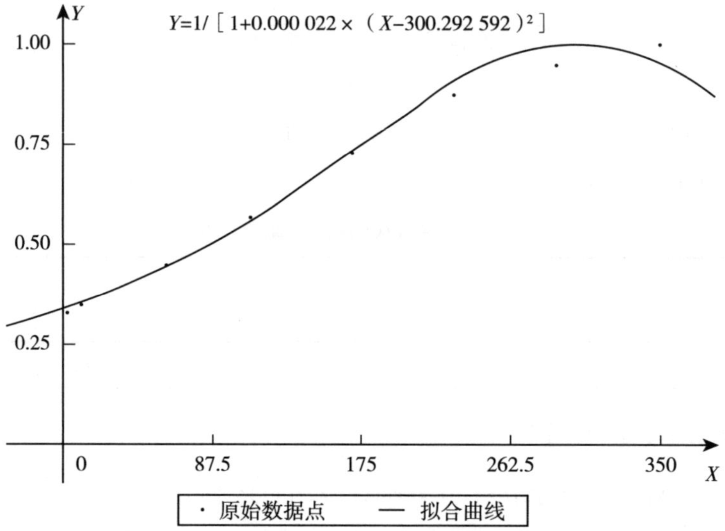

图 5－10 土壤速效钾隶属函数曲线图（戒上型）

4. 有效积温 有效积温专家评估隶属函数为戒上型函数。

（1）专家评估：见表 5－6。

表 5－6 有效积温专家隶属度评估

有效积温（℃）	1 900	2 000	2 100	2 200	2 300	2 400	2 500
隶属度	0.25	0.35	0.5	0.64	0.76	0.86	0.94

（2）建立隶属函数：见图 5－11。

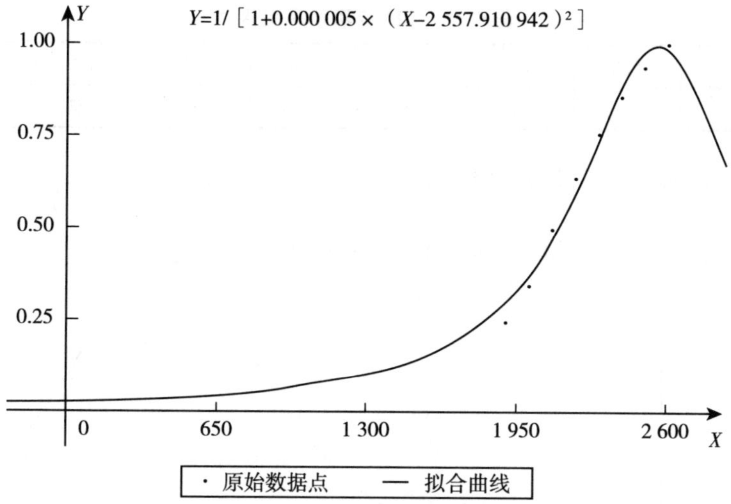

图 5－11　土壤有效积温隶属函数曲线图（戒上型）

5. 有效锌　有效锌专家评估隶属函数为戒上型函数。

（1）专家评估：见表 5－7。

表 5－7　有效锌专家隶属度评估

有效锌（毫克/千克）	0.01	0.5	1	1.5	2	2.5	3
隶属度	0.35	0.42	0.56	0.7	0.82	0.92	1.0

（2）建立隶属函数：见图 5－12。

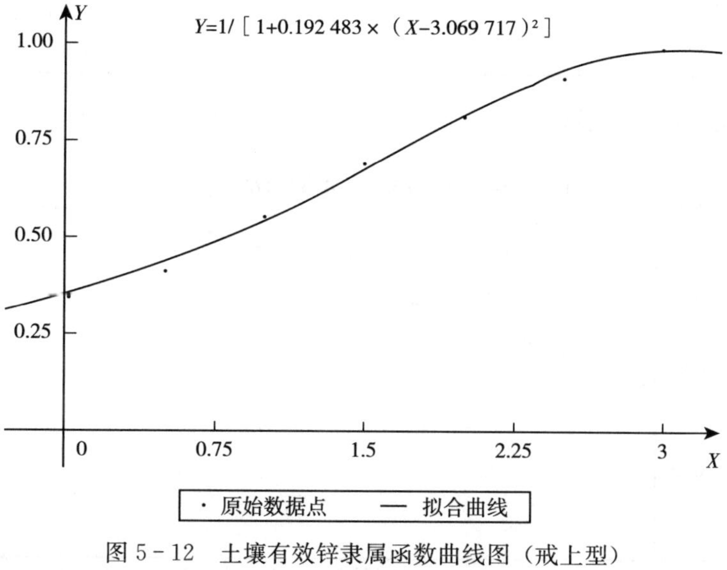

图 5－12　土壤有效锌隶属函数曲线图（戒上型）

6. pH　pH 专家评估隶属函数为峰型函数。

（1）专家评估：见表 5－8。

表 5-8　pH 专家隶属度评估

pH	4.8	5.2	5.6	6	6.4	6.8	7.2	7.6	8
隶属度	0.5	0.65	0.78	0.88	0.95	1	0.93	0.81	0.6

（2）建立隶属函数：见图 5-13。

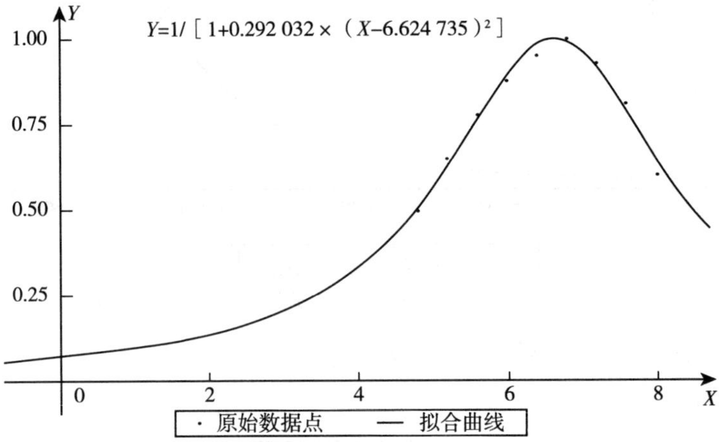

图 5-13　土壤 pH 隶属函数曲线图（峰型）

7. 有效土层厚度　有效土层厚度专家评估隶属函数为戒上型函数。

（1）专家评估：见表 5-9。

表 5-9　耕层厚度专家隶属度评估

耕层厚度（厘米）	5	15	25	35	45
隶属度	0.6	0.7	0.83	0.93	1

（2）建立隶属函数：见图 5-14。

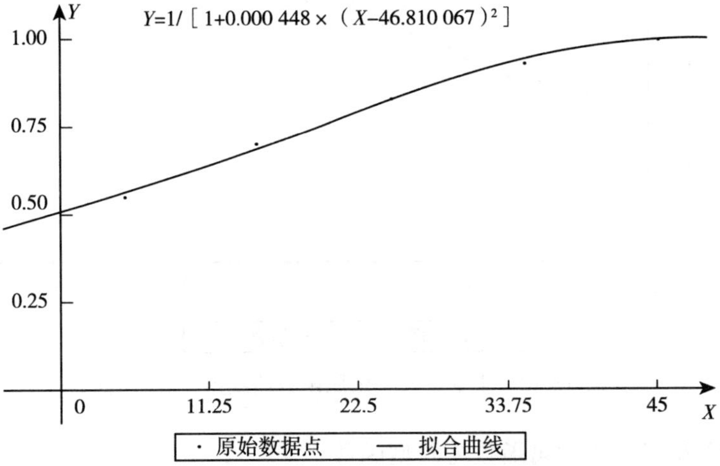

图 5-14　土壤耕层厚度隶属函数曲线图（戒上型）

8. 土壤质地（概念型）　见表 5-10。

表 5-10　土壤质地分类及其隶属度评估

分类编号	土壤质地	隶属度
1	轻壤土	0.6
2	轻黏土	0.75
3	沙壤土	0.4
4	中壤土	0.9
5	重壤土	1.0

9. 障碍层类型（概念型）　见表 5-11。

表 5-11　土壤障碍层类型及其隶属度评估

分类编号	障碍层类型	隶属度
1	沙粒层	0.4
2	潜育层	0.6
3	黏盘层	1.0
4	沙漏层	0.2

10. 地形部位（概念型）　见表 5-12。

表 5-12　土壤地形部位及其隶属度评估

分类编号	地形部位	隶属度
1	顶部	0.2
2	缓坡	0.4
3	坡下部	0.6
4	坡上部	0.3
5	陡坡	0.2
6	火山碎屑	0.1
7	漫坡	0.5
8	漫坡下部	0.7
9	河岸宽阶地	0.95
10	河谷平地	0.95
11	丘陵漫岗顶部	0.4
12	山顶	0.2
13	河岸阶地	0.9
14	山前漫岗台地	0.6
15	低平地	0.8

（续）

分类编号	地形部位	隶属度
16	漫岗中上部	0.7
17	漫岗坡下部	0.75
18	台地下部	0.6
19	漫岗下部	0.7
20	河流阶地	1.0
21	较低平地	0.6
22	山间谷地边缘	0.85
23	低洼地	0.1
24	平坦低洼地	0.1
25	宽谷洼地	0.1
26	宽谷洼地边缘	0.2
27	河流阶地边缘	0.3

11. 地貌类型（概念型）　见表 5－13。

表 5－13　土壤地貌类型分类及其隶属度评估

分类编号	地貌类型	隶属度
1	中山地	0.2
2	山地	0.3
3	平缓地	0.8
4	平缓岗地	0.8
5	平缓坡地	0.8
6	山陡坡	0.4
7	浅山近山区	0.3
8	低阶地	1.0
9	低平洼地	0.2
10	山前丘陵漫岗地	0.7
11	山前漫岗地	0.75
12	低平地	0.9
13	山间谷地	0.5
14	草甸间地	0.3
15	河漫滩	0.1
16	低河漫滩	0.1
17	台地	0.85
18	河流两岸	0.6
19	阶地	0.95
20	白浆层	0.85

五、耕地地力等级评价

耕地地力评价是根据层次分析模型和隶属函数模型，对每个耕地资源管理单元的农业生产潜力进行评价，再根据集类分析的原理对评价结果进行分级，从而产生耕地地力等级，并将地力等级以不同的颜色在耕地资源管理单元图上表达。

1. 在耕地资源管理单元图上进行评价　根据层次分析模型和隶属函数模型对每个单元进行评价，见图 5－15。

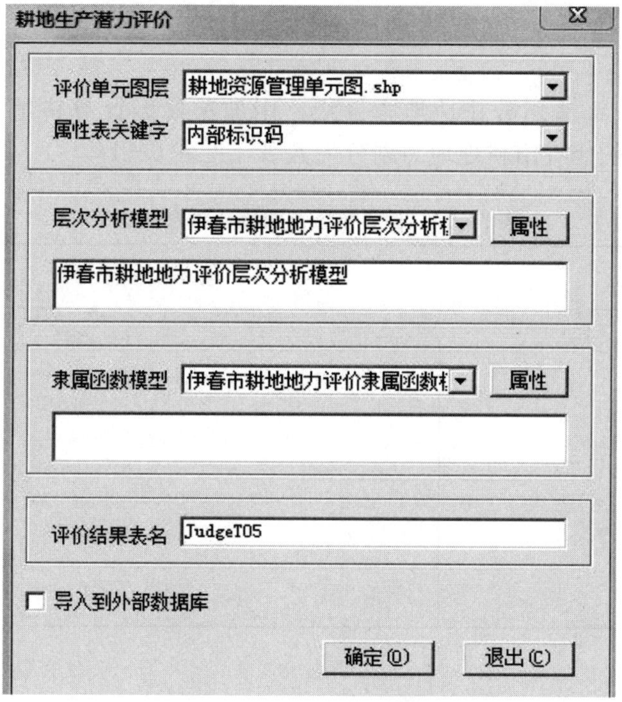

图 5－15　单元评价分析

2. 耕地生产潜力评价窗口　见图 5－16。

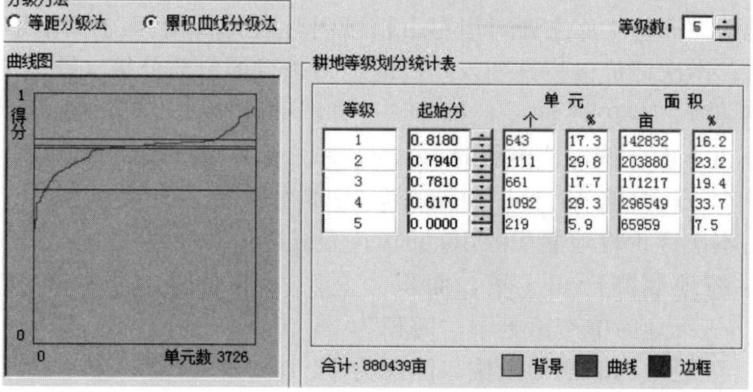

图 5－16　耕地生产潜力评价窗口

六、计算耕地地力生产性能综合指数（*IFI*）

$$IFI = \sum Fi \times Ci \qquad (i = 1,2,3\cdots)$$

式中：*IFI*——耕地地力综合指数（Integrated Fertility Index）；

Fi——第 *i* 个因素评语；

Ci——第 *i* 个因素的组合权重。

七、确定耕地地力综合指数分级方案

采取累积曲线分级法划分耕地地力等级，用加法模型计算耕地生产性能综合指数（*IFI*），将本次评价的伊春市耕地地力划分为五级，见表 5－14。

表 5－14　伊春市区土壤地力指数分级

地力分级	地力综合指数分级（*IFI*）
一级	＞0.818
二级	0.794～0.818
三级	0.781～0.794
四级	0.617～0.781
五级	0～0.617

第四节　耕地地力评价结果与分析

2009 年，伊春市区总耕地面积 258 798 公顷，主要包括旱田、灌溉水田、菜地、苗圃等。本次耕地地力评价工作主要对伊春市辖区内行政村及南四局（南四局属森工用地，但土地面积较大，本次评价也将其列入）耕地地力进行评价与分析（铁力市和嘉荫县完成辖区耕地地力评价）。本次评价耕地面积 58 698.85 公顷，划分为 5 个等级：一级地 9 522.66 公顷，占本次评价耕地面积的 16.22%；二级地 13 592.66 公顷，占本次评价耕地面积的 23.16%；三级地 11 414.99 公顷，占本次评价耕地面积的 19.45%；四级地 19 771 公顷，占本次评价耕地面积的 33.68%；五级地 4 397.54 公顷，占本次评价耕地面积的 7.49%。一级地属高产田土壤，面积为 9 522.66 公顷，占本次评价耕地面积的 16.22%；二级、三级地为中产田土壤，面积为 25 007.65 公顷，占本次评价耕地面积的 42.61%；四级、五级地为低产田土壤，面积为 24 168.54 公顷，占本次评价耕地面积的 41.17%。伊春市区耕地地力等级面积统计见表 5－15，土壤养分统计见表 5－16。

表 5-15　伊春市区耕地地力等级面积统计

耕地等级	综合指数分级（*IFI*）	面积（公顷）	占评价耕地面积（%）
一级	>0.818	9 522.66	16.22
二级	0.794～0.818	13 592.66	23.16
三级	0.781～0.794	11 414.99	19.45
四级	0.617～0.781	19 771.00	33.68
五级	0～0.617	4 397.54	7.49

表 5-16　伊春市区土壤养分统计

项　　目	平均值	最大值	最小值
碱解氮（毫克/千克）	300	500	38
有效铜（毫克/千克）	17.68	61.88	0.23
有效锰（毫克/千克）	123.9	348.4	11.2
全氮（克/千克）	3.590	5.569	1.193
有效铁（毫克/千克）	25.8	187.0	0.1
有效锌（毫克/千克）	2.18	5.53	0.10
有机质（克/千克）	58.1	107.4	8.9
有效磷（毫克/千克）	39.6	148.5	1.0
速效钾（毫克/千克）	170	590	2
全磷（克/千克）	0.360	0.945	0.050
全钾（克/千克）	26.8	53.4	1.1
pH	6.1	7.7	4.8

一、一 级 地

一级耕地面积 9 522.66 公顷，占本次评价耕地面积的 16.22%。分布面积最大的是桃山局 4 720.49 公顷，占一级地面积的 49.57%；其次为南岔区 2 433.01 公顷，占一级地面积的 25.55%，其中，南岔区迎春乡 1 273.60 公顷、南岔区浩良河镇 1 159.41 公顷；第三为铁力局 1 363.70 公顷，占一级地面积的 14.32%。土壤类型分布面积最大的是草甸土 5 905.96 公顷，占草甸土耕地面积的 35.58%；暗棕壤 3 002.09 公顷，占暗棕壤耕地面积的 13.13%。伊春市区一级地乡（镇）分布面积统计见表 5-17，一级地土类分布面积统计见表 5-18，一级地土种分布面积统计见表 5-19，一级地土壤养分统计见表 5-20，一级地养分分级面积频率统计见表 5-21。

表 5-17　伊春市区一级地区（局）、乡（镇）分布面积统计

区（局）、乡（镇）	耕地面积（公顷）	一级地面积（公顷）	占区（局）、乡（镇）耕地面积（%）	占一级地面积（%）
浩良河镇	2 425.38	1 159.41	47.80	12.18
迎春乡	2 851.80	1 273.60	44.66	13.37
铁力局	4 010.28	1 363.70	34.01	14.32
金山屯区	1 680.28	44.62	2.66	0.47
双丰局	7 469.84	89.59	1.20	0.94
桃山局	23 812.91	4 720.49	19.82	49.57
朗乡局	3 553.59	871.25	24.52	9.15

表 5-18　伊春市区一级地土类分布面积统计

土　类	面积（公顷）	一级地面积（公顷）	占本土类面积（%）	占一级地面积（%）
沼泽土	15 272.39	0	0	0
暗棕壤	22 867.07	3 002.09	13.13	31.53
草甸土	16 601.39	5 905.96	35.58	62.02
黑　土	855.88	598.67	69.95	6.29
泥炭土	793.24	0	0	0
白浆土	2 220.39	0	0	0
水稻土	15.94	15.94	100.00	0.17
新积土	72.55	0	0	0
合　计	58 698.85	9 522.66	—	—

表 5-19　伊春市区一级地土种分布面积统计

土　　种	面积（公顷）	一级地（公顷）	占本土种面积（%）	占一级地面积（%）
薄层沙砾底沼泽土	8 333.45	0	0	0
砾沙质暗棕壤	19 294.55	0	0	0
薄层泥炭腐殖质沼泽土	3 946.71	0	0	0
厚层黏壤质草甸土	7 949.49	4 574.87	57.55	48.04
薄层泥炭沼泽土	2 258.98	0	0	0
厚层黄土质草甸黑土	257.21	0	0	0
浅埋藏型草甸土	142.19	0	0	0
黄土质草甸暗棕壤	1 361.03	1 342.15	98.61	14.09

（续）

土　种	面积（公顷）	一级地（公顷）	占本土种面积（%）	占一级地面积（%）
厚层黏壤质潜育草甸土	1 813.04	961.89	53.05	10.10
薄层黏质草甸沼泽土	733.25	0	0	0
暗棕壤型草甸土	6 696.67	369.20	5.51	3.88
壤质潜育暗棕壤	609.62	422.86	69.36	4.44
薄层高位泥炭土	793.24	0	0	0
厚层黄土质白浆土	2 220.39	0	0	0
中层草甸土型淹育水稻	15.94	15.94	100.00	0.17
黄土质白浆化暗棕壤	1 181.83	1 181.83	100.00	12.41
泥质暗棕壤	55.25	55.25	100.00	0.58
厚层黄土质黑土	598.67	598.67	100.00	6.29
沙砾质暗棕壤	76.71	0	0	0
薄层砾质冲积土	72.55	0	0	0
泥沙质暗棕壤	194.57	0	0	0
亚暗矿质潜育暗棕壤	93.51	0	0	0
合　计	58 698.85	9 522.66	—	—

表 5－20　伊春市区一级地土壤养分统计

项　　目	等级	平均值	最大值	最小值
碱解氮（毫克/千克）	一	302	488	80
有效铜（毫克/千克）	一	19.75	61.24	0.23
有效锰（毫克/千克）	一	125.9	304.6	11.2
全氮（克/千克）	一	3.63	4.64	1.26
有效铁（毫克/千克）	一	13.9	157.2	0.4
有效锌（毫克/千克）	一	2.24	5.53	0.10
有机质（克/千克）	一	57.9	78.6	39.3
有效磷（毫克/千克）	一	70.5	144.0	7.5
速效钾（毫克/千克）	一	181	551	57
全磷（克/千克）	一	0.37	0.88	0.12
全钾（克/千克）	一	25.5	48.4	2.9
pH	一	6.2	7.7	5

表 5-21 一级地养分分级面积频率统计

养分等级	一级(%)	二级(%)	三级(%)	四级(%)	五级(%)	六级(%)
碱解氮(毫克/千克)	75.38	22.70	0.74	1.00	0.18	0
有效铜(毫克/千克)	75.22	9.24	13.91	1.63	0	0
有效锰(毫克/千克)	98.86	1.14	0	0	0	0
全氮(克/千克)	90.55	6.27	3.18	0	0	0
有效铁(毫克/千克)	31.01	1.16	6.30	61.53	0	0
有效锌(毫克/千克)	64.11	18.05	11.59	4.08	2.17	0
有机质(毫克/千克)	54.22	45.52	0.27	0	0	0
有效磷(毫克/千克)	65.31	26.52	7.39	0.44	0.34	0
速效钾(毫克/千克)	21.40	37.50	31.88	9.22	0	0
全磷(克/千克)	0	0	0	16.45	83.55	0
全钾(克/千克)	36.82	21.58	14.31	14.27	10.80	2.21
pH	0	5.26	11.99	76.52	6.22	0
质地	中壤土 55.84	重壤土 19.55	沙壤土 9.25	轻黏土 4.36	轻壤土 11.00	— —
障碍类型	黏盘层 100.00					
成土母质	河湖沉积物 46.19	冲积洪积物 22.03	淤积物 6.77	花岗岩、片麻岩风化残积物和坡积物 3.15	水耕、水潜熟化形成 0.16	黄土状黏质沉积物 5.95
	第四纪冰水沉积、黄土状洪积物 11.0	冲积、洪积淤积黄土状沉积物 4.2	花岗岩风化残积物 0.55	— —	— —	— —
地貌类型	低平地 46.19	平缓岗地 12.77	草甸间地 9.26	山间谷地 6.93	山地 3.15	平缓坡地 11
	平缓地 4.2	山陡坡 0.55	山前丘陵漫岗地 5.95	— —	— —	— —
地形部位	漫岗下部 46.19	河岸宽阶地 12.77	山间谷地边缘 9.26	较低平 6.77	缓坡 2.65	河流阶地 0.16
	丘陵漫岗顶部 11	漫坡 4.2	河岸阶地 0.55	漫岗中上部 5.95	坡下部 0.5	— —

根据土壤养分测定结果，伊春市区各评价指标总结如下：

1. 有机质 一级地土壤有机质含量平均为 57.9 克/千克，变幅在 39.3～78.6 克/千克。含量大于 60 克/千克出现频率是 54.22%，含量在 40～60 克/千克出现频率为 45.52%，含量在 30～40 克/千克出现频率为 0.27%。

2. pH 伊春市一级地土壤 pH 平均为 6.2，变幅在 5.0～7.7。pH 主要集中在 5.5～6.5，出现频率是 76.52%。

3. 有效磷 一级地土壤有效磷平均含量为 60.5 毫克/千克，变幅在 7.5～144 毫克/千克。含量大于 60 毫克/千克出现频率为 65.31%，含量在 40～60 毫克/千克出现频率为 26.52%，含量在 20～40 毫克/千克出现频率为 7.39%，含量在 10～20 毫克/千克出现频率为 0.44%，含量在 5～10 毫克/千克出现频率为 0.34%。

4. 速效钾 一级地土壤速效钾平均含量为 181 毫克/千克，变幅在 57～551 毫克/千克。含量大于 200 毫克/千克出现频率为 21.4%，含量在 150～200 毫克/千克出现频率为 37.5%，含量在 100～150 毫克/千克出现频率为 31.88%，含量在 50～100 毫克/千克出现频率为 9.22%。

5. 全氮 一级地土壤全氮平均含量为 3.63 克/千克，变幅在 1.26～4.64 克/千克。含量大于 2.5 克/千克出现频率为 90.55%，含量在 2～2.5 克/千克出现频率为 6.27%，含量在 1.5～2.0 克/千克出现频率为 3.18%。

6. 全磷 一级地土壤全磷平均含量为 0.37 克/千克，变幅在 0.12～0.88 克/千克。含量在 0.1～1 克/千克出现频率为 16.45%，含量小于 0.5 克/千克出现频率为 83.55%。

7. 全钾 一级地土壤全钾平均含量为 25.5 克/千克，变幅在 2.9～48.4 克/千克。含量大于 30 克/千克出现频率为 36.82%，含量在 25～30 克/千克出现频率为 21.58%，含量在 20～25 克/千克出现频率为 14.31%，含量在 10～20 克/千克出现频率为 14.27%，含量小于 10 克/千克出现频率为 13.01%。

8. 有效锌 一级地土壤有效锌平均含量为 2.24 毫克/千克，最低含量为 0.1 毫克/千克，最高含量为 5.53 毫克/千克。

9. 有效铁 一级地土壤有效铁平均含量为 13.9 毫克/千克，最低含量为 0.4 毫克/千克，最高含量为 157.2 毫克/千克。

10. 有效铜 一级地土壤有效铜平均含量为 19.75 毫克/千克，最低含量为 0.23 毫克/千克，最高含量为 61.24 毫克/千克。

11. 有效锰 一级地土壤有效锰平均含量为 125.9 毫克/千克，最低含量为 11.2 毫克/千克，最高含量为 304.6 毫克/千克。

12. 土壤质地 一级地土壤质地由中壤土和重壤土组成。其中中壤土分布频率占 55.84%，重壤土分布频率占 19.55%，轻壤土分布频率占 11%，沙壤土分布频率占 9.25%，轻黏土分布频率占 4.36%。

13. 障碍层类型 一级地土壤障碍层类型是黏盘层。

14. 成土母质 一级地土壤成土母质由河湖沉积母质，冲积、洪积母质和第四纪冰水沉积、黄土状洪积物母质组成。其中河湖沉积物母质分布频率占 46.19%，冲积、洪积物母质分布频率占 22.03%，第四纪冰水沉积、黄土状洪积物母质分布频率占 11%，淤积物母质分布频率占6.77%，黄土状黏质沉积物母质分布频率占5.95%，冲积、洪积、淤积黄土状沉积物母质分布频率占4.2%，花岗岩、片麻岩风化残积物和坡积物母质分布频率占3.15%，花岗岩风化残积物母质分布频率占0.55%，水耕、水潜熟化母质分布频率占0.16%。

15. 地形部位 一级地地形部位主要位于漫岗下部、河岸宽阶地和丘陵漫岗顶部，依次为漫岗下部分布频率占46.19%，河岸宽阶地分布频率占12.77%，丘陵漫岗顶部分布频率占11%，山间谷地边缘分布频率占9.26%，较低平区域分布频率占6.77%，漫岗中上部分布频率占5.95%，漫坡分布频率占4.2%，缓坡分布频率占2.65%，河流阶地分布频率占0.16%，河岸阶地分布频率占0.55%，坡下部分布频率占0.5%。

16. 地貌构成 地貌类型主要位于低平地和平缓岗地。其中，低平地分布频率占46.19%，平缓岗地分布频率占12.77%，草甸间地分布频率占9.26%，山前丘陵漫岗地分布频率占5.95%，平缓地分布频率占4.20%，山陡坡分布频率占0.55%。该区自然条件好，土层深厚，土质肥沃，适合各种作物生长。

二、二 级 地

二级耕地面积13 592.66公顷，占本次评价耕地总面积的23.16%。分布面积依次为桃山局8 496.47公顷，占二级地面积的62.51%；双丰局1 315.55公顷，占二级地面积的9.68%；朗乡局1 056.63公顷，占二级地面积的7.77%（表5-22）。土壤类型分布面积最大的是暗棕壤8 214.03公顷，占暗棕壤耕地总面积的35.92%；草甸土4 568.4公顷，占草甸土耕地总面积的27.52%；白浆土509.05公顷，占白浆土耕地总面积的22.93%（表5-23）。伊春市区二级地乡（镇）分布面积统计见表5-22、土壤分布面积见表5-23、土种分布面积见表5-24、土壤养分统计见表5-25、养分分级面积频率见表5-26。

表5-22 伊春市区二级地区（局）、乡（镇）分布面积统计

区（局）、乡（镇）	耕地面积（公顷）	二级地面积（公顷）	占区（局）、乡（镇）耕地面积（%）	占二级地面积（%）
桃山局	23 812.91	8 496.47	35.68	62.51
朗乡局	3 553.59	1 056.63	29.73	7.78
迎春乡	2 851.8	872.87	30.61	6.42
金山屯区	1 680.28	34.57	2.06	0.25
带岭区	976.15	248.03	25.41	1.82
铁力局	4 010.28	1 032.13	25.74	7.59
双丰局	7 469.84	1 315.55	17.61	9.68
友好区	2 360.77	536.41	22.72	3.95

表 5－23　伊春市区二级地土壤分布面积统计

土　类	总面积（公顷）	二级地（公顷）	占本土类面积（%）	占二级地面积（%）
沼泽土	15 272.39	108.08	0.71	0.80
暗棕壤	22 867.07	8 214.03	35.92	60.43
草甸土	16 601.39	4 568.4	27.52	33.61
黑　土	855.88	193.1	22.56	1.42
泥炭土	793.24	0	0	0
白浆土	2 220.39	509.05	22.93	3.75
水稻土	15.94	0	0	0
新积土	72.55	0	0	0
合　计	58 698.85	13 592.66	—	—

表 5－24　伊春市区二级地土种分布面积统计

土　类	面积（公顷）	二级地（公顷）	占本土种面积（%）	占二级地面积（%）
薄层沙砾底沼泽土	8 333.45	0	0	0
砾沙质暗棕壤	19 294.55	8 120.24	42.09	59.74
薄层泥炭腐殖质沼泽土	3 946.71	0	0	0
厚层黏壤质草甸土	7 949.49	1 481.7	18.64	10.90
薄层泥炭沼泽土	2 258.98	0	0	0
厚层黄土质草甸黑土	257.21	193.1	75.07	1.42
浅埋藏型草甸土	142.19	0	0	0
黄土质草甸暗棕壤	1 361.03	17.08	1.25	0.13
厚层黏壤质潜育草甸土	1 813.04	0	0	0
薄层黏质草甸沼泽土	733.25	108.08	14.74	0.80
暗棕壤型草甸土	6 696.67	3 086.7	46.09	22.71
壤质潜育暗棕壤	609.62	0	0	0
薄层高位泥炭土	793.24	0	0	0
厚层黄土质白浆土	2 220.39	509.05	22.93	3.75
中层草甸土型淹育水稻	15.94	0	0	0
黄土质白浆化暗棕壤	1 181.83	0	0	0
泥质暗棕壤	55.25	0	0	0
厚层黄土质黑土	598.67	0	0	0
沙砾质暗棕壤	76.71	76.71	100.00	0.56
薄层砾质冲积土	72.55	0	0	0
泥沙质暗棕壤	194.57	0	0	0
亚暗矿质潜育暗棕壤	93.51	0	0	0
合　计	58 698.85	13 592.66	—	—

表 5-25　伊春市区二级地土壤养分统计

项　　目	等级	平均值	最大值	最小值
碱解氮（毫克/千克）	二	315	467	117
有效铜（毫克/千克）	二	21.09	39.28	0.51
有效锰（毫克/千克）	二	149.0	348.4	32.1
全氮（克/千克）	二	3.77	4.79	1.26
有效铁（毫克/千克）	二	3.3	110.7	0.4
有效锌（毫克/千克）	二	2.61	5.32	0.11
有机质（克/千克）	二	57.0	77.0	29.4
有效磷（毫克/千克）	二	62.4	144.0	39.3
速效钾（毫克/千克）	二	188	590	64
全磷（克/千克）	二	0.37	0.703	0.11
全钾（克/千克）	二	25.2	53.4	9.3
pH	二	6.1	7.3	5.1

表 5-26　二级地养分分级面积频率统计

养分等级	一级（%）	二级（%）	三级（%）	四级（%）	五级（%）	六级（%）
碱解氮（毫克/千克）	86.16	12.75	0.68	0	0.41	0
有效铜（毫克/千克）	93.18	2.71	4.10	0	0	0
有效锰（毫克/千克）	100.00	0	0	0	0	0
全氮（克/千克）	98.19	1.68	0	0.13	0	0
有效铁（毫克/千克）	1.37	23.56	41.77	33.29	0	0
有效锌（毫克/千克）	24.81	27.49	25.04	21.42	1.24	0
有机质（克/千克）	48.65	48.99	2.35	0	0	0
有效磷（毫克/千克）	60.67	33.67	5.66	0	0	0
速效钾（毫克/千克）	29.45	32.70	28.41	9.44	0	0
全磷（克/千克）	0	0	0	7.17	92.83	0
全钾（克/千克）	23.04	24.54	25.65	24.06	0.75	1.96
pH	0	0	9.31	87.59	3.10	0
质地	中壤土	重壤土	沙壤土	轻壤土	—	—
	84.47	2.52	12.48	0.53	—	—
障碍类型	潜育层	黏盘层	白浆层	—	—	—
	3.68	91.03	5.29	—	—	—

（续）

养分等级	一级（%）	二级（%）	三级（%）	四级（%）	五级（%）	六级（%）
成土母质	黏质河湖沉积物	河湖沉积物	花岗岩、片麻岩风化残积物和坡积物	淤积物	冲积洪积物	黄土状洪积黏土沉积物
	3.68	5.01	69.07	2.00	13.00	5.29
	第四纪冰水沉积、黄土状洪积物	黄土状黏质沉积物	—	—	—	—
	0.53	1.42	—	—	—	—
地貌类型	台地	低平地	山地	平缓岗地	草甸间地	浅山近山区
	3.68	5.01	69.07	0.52	12.48	5.29
	平缓坡地	山前丘陵漫岗地	山间谷地	—	—	—
	0.53	1.42	2.00	—	—	—
地形部位	平坦低洼	漫岗下部	缓坡	河岸宽阶地	山间谷地边缘	山前漫岗台地
	3.68	5.01	69.07	0.52	12.48	5.29
	丘陵漫岗顶部	坡下部	较低平	—	—	—
	0.53	1.42	2.00	—	—	—

根据土壤养分测定结果，各评价指标总结如下：

1. 有机质 二级地土壤有机质含量平均为57.0克/千克，变幅在29.4～77克/千克。含量大于60克/千克出现频率是48.65%，含量在40～60克/千克出现频率是48.99%，含量在30～40克/千克出现频率为2.35%。

2. pH 二级地土壤pH平均为6.1，变幅在5.1～7.3。pH主要集中在5.5～6.5，出现频率是87.59%。

3. 有效磷 二级地土壤有效磷平均含量为62.4毫克/千克，变幅在19.7～144毫克/千克。含量大于60毫克/千克出现频率为60.67%，含量在40～60毫克/千克出现频率为33.67%，含量在20～40毫克/千克出现频率为5.66%。

4. 速效钾 二级地土壤速效钾平均含量为188毫克/千克，变幅在64～590毫克/千克。含量大于200毫克/千克出现频率为29.45%，含量在150～200毫克/千克出现频率为32.70%，含量在100～150毫克/千克出现频率为28.41%，含量在50～100毫克/千克出现频率为9.44%。

5. 全氮 二级地土壤全氮平均含量为3.77克/千克，变幅在1.26～4.79克/千克。含量大于2.5克/千克出现频率为98.19%，含量在2～2.5克/千克出现频率为1.68%，含量在1～1.5克/千克出现频率为0.13%。

6. 全磷 二级地土壤全磷平均含量为0.37克/千克，变幅在0.11～0.70克/千克。含量在0.1～0.5克/千克出现频率为7.17%，含量在小于0.5克/千克出现频率为 92.83%。

7. 全钾 二级地土壤全钾平均含量为 25.2 克/千克，变幅在 9.3～53.4 克/千克。含量大于 30 克/千克出现频率为 23.04%，含量在 25～30 克/千克出现频率为 24.54%，含量在 20～25 克/千克出现频率为 25.65%，含量在 10～20 克/千克出现频率为 24.06%，含量小于 10 克/千克出现频率为 2.71%。

8. 有效锌 二级地土壤有效锌平均含量为 2.61 毫克/千克，最低含量为 0.11 毫克/千克，最高含量为 5.32 毫克/千克。

9. 有效铁 二级地土壤有效铁平均含量为 3.3 毫克/千克，最低含量为 0.4 毫克/千克，最高含量为 110.7 毫克/千克。

10. 有效铜 二级地土壤有效铜平均含量为 21.09 毫克/千克，最低含量为 0.51 毫克/千克，最高含量为 39.28 毫克/千克。

11. 有效锰 二级地土壤有效锰平均含量为 149 毫克/千克，最低含量为 32.1 毫克/千克，最高含量为 348.4 毫克/千克。

12. 土壤质地 二级地土壤质地由中壤土组成，其中，中壤土分布频率占 84.47%，沙壤土分布频率占 12.48%，重壤土分布频率占 2.52%，轻壤土分布频率占 0.53%。

13. 障碍层类型 二级地障碍层类型主要为黏盘层，分布频率占 91.03%，其次为白浆层，分布频率占 5.29%，潜育层分布频率占 3.68%。

14. 成土母质 二级地土壤成土母质主要由花岗岩、片麻岩风化残积物和坡积物母质组成。主要是花岗岩、片麻岩风化残积物和坡积母质分布频率占 69.07%，冲积洪积物母质分布频率占 13%，黄土状洪积黏土沉积物母质分布频率占 5.29%，河湖沉积物母质分布频率占 5.01%，黏质河湖沉积物母质分布频率占 3.68%，淤积物母质分布频率占 2%，黄土状黏质沉积物母质分布频率占 1.42%，第四纪冰水沉积、黄土状洪积物母质分布频率占 0.53%。

15. 地形部位 二级地地形部位主要位于缓坡和山间谷地边缘，依次为缓坡分布频率占 69.07%，山间谷地边缘分布频率占 12.48%，山前漫岗台地分布频率占 5.29%，漫岗下部分布频率占 5.01%，平坦低洼地分布频率占 3.68%，坡下部分布频率占 1.42%，较低平区域分布频率占 2%，丘陵漫岗顶部分布频率占 0.53%，河岸宽阶地分布频率占 0.52%。

16. 地貌构成 地貌类型主要位于山地和草甸间地。其中，山地分布频率占 69.07%，草甸间地分布频率占 12.48%，浅山近山区分布频率占 5.29%，低平地分布频率占 5.01%，台地分布频率占 3.68%，山间谷地分布频率占 2%，山前丘陵漫岗地分布频率占 1.42%，平缓坡地分布频率占 0.53%，平缓岗地分布频率占 0.52%。土壤耕层较浅，该区自然条件较好，光热水资源潜力大，有利于农业生产。

三、三 级 地

三级耕地面积 11 414.99 公顷，占本次评价耕地总面积的 19.45%。分布面积依次为桃山局 5 522.87 公顷，占三级地面积的 48.38%；双丰局 4 077.62 公顷，占三级地面积的 35.72%；朗乡局 716.48 公顷，占三级地面积的 6.28%；友好区 417.52 公顷，占三级地面积的3.66%（表5-27）。土壤类型分布面积最大的是暗棕壤5 919.91公顷，占暗棕壤耕地总面积的25.89%；沼泽土3 844.44公顷，占沼泽土耕地总面积的25.17%（表5-28）。伊春市区三级地土种分布面积统计见表5-29、土壤养分统计见表5-30、养分分级面积频率统计见表5-31。

表5-27　伊春市区三级地区（局）、乡（镇）分布面积统计

区（局）、乡（镇）	耕地面积（公顷）	三级地面积（公顷）	占区（局）、乡（镇）耕地面积（%）	占三级地面积（%）
友好区	2 360.77	417.52	17.69	3.66
翠峦区	570.07	0.59	0.10	0.01
迎春乡	2 851.8	11.63	0.41	0.10
金山屯区	1 680.28	92.57	5.51	0.81
铁力局	4 010.28	575.71	14.36	5.04
双丰局	7 469.84	4 077.62	54.59	35.72
桃山局	23 812.91	5 522.87	23.19	48.38
朗乡局	3 553.59	716.48	20.16	6.28

表5-28　伊春市区三级地土壤分布面积统计

土　类	总面积（公顷）	三级地（公顷）	占本土类面积（%）	占三级地面积（%）
沼泽土	15 272.39	3 844.44	25.17	33.68
暗棕壤	22 867.07	5 919.91	25.89	51.86
草甸土	16 601.39	665.03	4.01	5.83
黑　土	855.88	11.63	1.36	0.10
泥炭土	793.24	0	0	0
白浆土	2 220.39	973.98	43.87	8.53
水稻土	15.94	0	0	0
新积土	72.55	0	0	0
合　计	58 698.85	11 414.99	—	—

表5-29　伊春市区三级地土种分布面积统计

土　种	面积（公顷）	三级地（公顷）	占区（局）、乡（镇）总耕地面积（%）	占三级地面积（%）
薄层沙砾底沼泽土	8 333.45	3 814.44	45.77	33.42
砾沙质暗棕壤	19 294.55	5 919.91	30.68	51.86
薄层泥炭腐殖质沼泽土	3 946.71	0	0	0
厚层黏壤质草甸土	7 949.49	510.68	6.42	4.47

（续）

土　　种	面积（公顷）	三级地（公顷）	占区（局）、乡（镇）总耕地面积（%）	占三级地面积（%）
薄层泥炭沼泽土	2 258.98	0	0	0
厚层黄土质草甸黑土	257.21	11.63	4.52	0.10
浅埋藏型草甸土	142.19	0	0	0
黄土质草甸暗棕壤	1 361.03	0	0	0
厚层黏壤质潜育草甸土	1 813.04	0	0	0
薄层黏质草甸沼泽土	733.25	30	4.09	0.26
暗棕壤型草甸土	6 696.67	154.35	2.30	1.35
壤质潜育暗棕壤	609.62	0	0	0
薄层高位泥炭土	793.24	0	0	0
厚层黄土质白浆土	2 220.39	973.98	43.87	8.53
中层草甸土型淹育水稻	15.94	0	0	0
黄土质白浆化暗棕壤	1 181.83	0	0	0
泥质暗棕壤	55.25	0	0	0
厚层黄土质黑土	598.67	0	0	0
沙砾质暗棕壤	76.71	0	0	0
薄层砾质冲积土	72.55	0	0	0
泥沙质暗棕壤	194.57	0	0	0
亚暗矿质潜育暗棕壤	93.51	0	0	0
合　　计	58 698.85	11 414.99	—	—

表 5－30　伊春市三级地土壤养分统计

项　　目	等级	平均值	最大值	最小值
碱解氮（毫克/千克）	三	306	463	170
有效铜（毫克/千克）	三	25.23	58.29	0.52
有效锰（毫克/千克）	三	156.1	315.7	23.9
全氮（克/千克）	三	3.79	5.57	2.06
有效铁（毫克/千克）	三	3.3	115.8	0.1
有效锌（毫克/千克）	三	2.07	5.24	0.33
有机质（克/千克）	三	58.4	78.3	30.7
有效磷（毫克/千克）	三	50.0	136.5	14.2
速效钾（毫克/千克）	三	162	551	23
全磷（克/千克）	三	0.31	0.65	0.09
全钾（克/千克）	三	25.4	50.2	8.4
pH	三	5.9	7.2	5

表 5-31　三级地养分分级面积频率统计

养分等级	一级 （%）	二级 （%）	三级 （%）	四级 （%）	五级 （%）	六级 （%）
碱解氮（毫克/千克）	85.45	13.42	1.13	0	0	0
有效铜（毫克/千克）	91.93	4.86	3.21	0	0	0
有效锰（毫克/千克）	100.00	0	0	0	0	0
全氮（克/千克）	98.14	1.54	0	0.32	0	0
有效铁（毫克/千克）	1.44	33.86	23.60	41.10	0	0
有效锌（毫克/千克）	21.61	47.81	22.47	6.52	1.59	0
有机质（毫克/千克）	49.21	50.71	0.08	0	0	0
有效磷（毫克/千克）	64.75	22.51	11.19	1.55	0	0
速效钾（毫克/千克）	30.48	32.79	29.66	6.36	0.71	0
全磷（克/千克）	0	0	0	3.59	96.41	0
全钾（克/千克）	37.18	13.58	19.48	23.06	5.35	1.35
pH	0	0.15	15.06	76.70	8.09	0
质地	中壤土	沙壤土	轻壤土	—	—	—
	94.42	4.69	0.89	—	—	—
成土母质	河湖沉积物	黏质河湖沉积物	花岗岩、片麻岩风化残积物和坡积物	冲积洪积物	黄土状洪积黏土沉积物	黄土状黏质沉积物
	8.33	46.72	27.46	4.68	12.76	0.05
障碍类型	黏盘层	潜育层	白浆层	—	—	—
	40.53	46.72	12.76	—	—	—
地貌类型	低平地	台地	山地	草甸间地	浅山近山区	山前丘陵漫岗地
	8.33	45.83	27.46	4.68	12.76	0.05
	阶地	—	—	—	—	—
	0.89	—	—	—	—	—
地形部位	漫岗下部	平坦低洼	缓坡	山间谷地边缘	山前漫岗台地	河流阶地边缘
	8.38	45.83	27.46	4.68	12.76	0.89

根据土壤养分测定结果，各评价指标总结如下：

1. 有机质　三级地土壤有机质含量平均为 58.4 克/千克，变幅在 30.7～78.3 克/千克。含量大于 60 克/千克出现频率是 49.21%，含量在 40～60 克/千克出现频率为 50.71%，含量在 30～40 克/千克出现频率为 0.08%。

2. pH　三级地土壤 pH 平均为 5.9，变幅在 5.0～7.2。pH 主要集中在 5.5～6.5，出现频率是 76.7%。

3. 有效磷　三级地土壤有效磷平均含量为 50 毫克/千克，变幅在 14.2～136.5 毫克/

千克。含量大于 60 毫克/千克出现频率为 64.75%，含量在 40～60 毫克/千克出现频率为 22.51%，含量在 20～40 毫克/千克出现频率为 11.19%，含量在 10～20 毫克/千克出现频率为 1.55%。

4. 速效钾 三级地土壤速效钾平均含量为 161.68 毫克/千克，变幅为 23～551 毫克/千克。含量大于 200 毫克/千克出现频率为 30.48%，含量在 150～200 毫克/千克出现频率为 32.79%，含量在 100～150 毫克/千克出现频率为 29.66%，含量在 50～100 毫克/千克出现频率为 6.36%，含量在 30～50 毫克/千克出现频率为 0.71%。

5. 全氮 三级地土壤全氮平均含量为 3.79 克/千克，变幅在 2.06～5.57 克/千克。含量大于 2.5 克/千克出现频率为 98.14%，含量在 2～2.5 克/千克出现频率为 1.54%，含量在 1～1.5 克/千克出现频率为 0.32%。

6. 全磷 三级地土壤全磷平均含量为 0.31 克/千克，变幅在 0.09～0.65 克/千克。含量在 0.1～0.5 克/千克出现频率为 3.59%，含量小于 0.5 克/千克出现频率为 96.41%。

7. 全钾 三级地土壤全钾平均含量为 25.4 克/千克，变幅在 8.4～50.2 克/千克。含量大于 30 克/千克出现频率为 37.18%，含量在 25～30 克/千克出现频率为 13.58%，含量在 20～25 克/千克出现频率为 19.48%，含量在 10～20 克/千克出现频率为 23.06%，含量小于 10 克/千克出现频率为 6.7%。

8. 有效锌 二级地土壤有效锌平均含量为 2.07 毫克/千克，最低含量为 0.33 毫克/千克，最高含量为 5.24 毫克/千克。

9. 有效铁 三级地土壤有效铁平均含量为 3.3 毫克/千克，最低含量为 0.1 毫克/千克，最高含量为 115.8 毫克/千克。

10. 有效铜 三级地土壤有效铜平均含量为 25.23 毫克/千克，最低含量为 0.52 毫克/千克，最高含量为 58.29 毫克/千克。

11. 有效锰 三级地土壤有效锰平均含量为 156.1 毫克/千克，最低含量为 23.9 毫克/千克，最高含量为 315.7 毫克/千克。

12. 障碍层类型 三级地障碍层类型主要为潜育层分布频率占 46.72%，其次为黏盘层分布频率占 40.53%，白浆层分布频率占 12.76%。

13. 土壤质地 三级地土壤质地由中壤土、沙壤土、轻壤土组成。其中，中壤土分布频率占 94.42%，沙壤土分布频率占 4.69%，轻壤土分布频率占 0.89%。

14. 成土母质 三级地土壤成土母质由黏质河湖沉积物，花岗岩、片麻岩风化残积物和坡积物，黄土状洪积黏土沉积物母质组成。其中，黏质河湖沉积物分布频率占 46.72%，其次是花岗岩、片麻岩风化残积物和坡积物母质分布频率占 27.46%，黄土状洪积黏土沉积物母质分布频率占 12.76%，河湖沉积物母质分布频率占 8.33%，冲积洪积物母质分布频率占 4.68%，河湖沉积物母质分布频率占 0.05%。

15. 地形部位 三级地地形部位主要位于平坦低洼、缓坡和山前漫岗台地。其中，平坦低洼分布频率占 45.83%，缓坡分布频率占 27.46%，山前漫岗台地占 12.76%，漫岗下部占 8.38%，山间谷地边缘占 4.68%，河流阶地边缘分布频率占 0.89%。

16. 地貌构成 地貌类型主要位于台地、山地、草甸间地。其中，台地分布频率占 45.83%，山地分布频率占 27.46%，浅山近山区分布频率占 12.76%，低平地分布频率占

8.33%，草甸间地分布频率占4.68%，阶地分布频率占0.89%，山前丘陵漫岗地分布频率占0.05%。自然条件较好，光热水资源潜力大，有利于农业生产。

四、四 级 地

四级耕地面积19 771公顷，占本次评价耕地面积的33.68%。分布面积依次为桃山局5 051.37公顷，占四级地面积的25.55%；南岔区4 075.63公顷，占四级地面积的20.61%，其中，南岔区晨明镇2 115.96公顷，南岔区浩良河镇1 265.97公顷，南岔区迎春乡693.7公顷；双丰局1 987.08公顷，占四级地面积的10.05%；金山屯区1 601.09公顷，占四级地面积的8.10%；乌伊岭区1 097.26公顷，占四级地面积的5.55%；上甘岭区1 069.72公顷，占四级地面积的5.41%（表5-32）。土壤类型分布面积最大的是沼泽土8 420公顷，占沼泽土耕地总面积的55.13%；草甸土5 319.81公顷，占草甸土耕地面积的32.04%；暗棕壤4 464.78公顷，占暗棕壤耕地面积的19.52%（表5-32）。伊春市区四级地土类分布面积统计见表5-33、四级地土种分布面积统计见表5-34、四级地土壤养分统计见表5-35、四级地养分分级面积频率见表5-36。

表5-32 伊春市区（局）、乡（镇）四级地分布面积统计

区（局）、乡（镇）	耕地面积（公顷）	四级地面积（公顷）	占区（局）、乡（镇）耕地面积（%）	占四级地面积（%）
五营区	511.89	172.41	33.68	0.87
浩良河镇	2 425.38	1 265.97	52.20	6.40
晨明镇	2 115.96	2 115.96	100.00	10.70
上甘岭区	1 375.09	1 069.72	77.79	5.41
友好区	2 360.77	633.79	26.85	3.21
翠峦区	570.07	309.8	54.34	1.57
伊春区	956.84	907.18	94.81	4.59
西林区	511.07	511.07	100.00	2.58
迎春乡	2 851.8	693.7	24.32	3.51
美溪区	644.57	544.19	84.43	2.75
金山屯区	1 680.28	1 601.09	95.29	8.10
乌马河区	257.11	34.98	13.61	0.18
带岭区	976.15	673.05	68.95	3.40
铁力局	4 010.28	193.16	4.82	0.98
双丰局	7 469.84	1 987.08	26.60	10.05
乌伊岭区	2 615.25	1 097.26	41.96	5.55
桃山局	23 812.91	5 051.37	21.21	25.55
朗乡局	3 553.59	909.23	25.59	4.60

表 5-33　伊春市区四级地土类分布面积统计

土　类	面　积 （公顷）	四级地 （公顷）	占本土类面积 （%）	占四级地面积 （%）
沼泽土	15 272.39	8 419.91	55.13	42.59
暗棕壤	22 867.07	4 464.78	19.52	22.58
草甸土	16 601.39	5 319.81	32.04	26.91
黑　土	855.88	52.48	6.13	0.27
泥炭土	793.24	776.66	97.91	3.93
白浆土	2 220.39	737.36	33.21	3.73
水稻土	15.94	0	0	0
新积土	72.55	0	0	0
合　计	58 698.85	19 771	—	—

表 5-34　伊春市区四级地土种分布面积统计

土　　种	面　积 （公顷）	四级地 （公顷）	占本土种面积 （%）	占四级地面积 （%）
薄层沙砾底沼泽土	8 333.45	3 543.66	42.52	17.92
砾沙质暗棕壤	19 294.55	4 276.22	22.16	21.63
薄层泥炭腐殖质沼泽土	3 946.71	2 901.81	73.52	14.68
厚层黏壤质草甸土	7 949.49	1 382.24	17.39	6.99
薄层泥炭沼泽土	2 258.98	1 379.27	61.06	6.98
厚层黄土质草甸黑土	257.21	52.48	20.40	0.27
浅埋藏型草甸土	142.19	0	0	0
黄土质草甸暗棕壤	1 361.03	1.8	0.13	0.01
厚层黏壤质潜育草甸土	1 813.04	851.15	46.95	4.31
薄层黏质草甸沼泽土	733.25	595.17	81.17	3.01
暗棕壤型草甸土	6 696.67	3 086.42	46.09	15.61
壤质潜育暗棕壤	609.62	186.76	30.64	0.94
薄层高位泥炭土	793.24	776.66	97.91	3.93
厚层黄土质白浆土	2 220.39	737.36	33.21	3.73
中层草甸土型淹育水稻	15.94	0	0	0
黄土质白浆化暗棕壤	1 181.83	0	0	0
泥质暗棕壤	55.25	0	0	0
厚层黄土质黑土	598.67	0	0	0
沙砾质暗棕壤	76.71	0	0	0
薄层砾质冲积土	72.55	0	0	0
泥沙质暗棕壤	194.57	0	0	0
亚暗矿质潜育暗棕壤	93.51	0	0	0
合　　计	58 698.85	19 771	—	—

表 5-35　伊春市区四级地土壤养分统计

项　目	等级	平均值	最大值	最小值
碱解氮（毫克/千克）	四	277	463	38
有效铜（毫克/千克）	四	11.18	61.88	0.25
有效锰（毫克/千克）	四	90.7	304.6	11.8
全氮（克/千克）	四	3.35	4.98	1.19
有效铁（毫克/千克）	四	55.9	87	0.3
有效锌（毫克/千克）	四	1.94	5.33	0.21
有机质（克/千克）	四	58.4	107.4	8.9
有效磷（毫克/千克）	四	50.3	147.5	1
速效钾（毫克/千克）	四	152	583	2
全磷（克/千克）	四	0.37	0.95	0.05
全钾（克/千克）	四	29.9	53.4	7
pH	四	6.1	7.7	4.8

表 5-36　四级地养分分级面积频率统计

养分等级	一级（%）	二级（%）	三级（%）	四级（%）	五级（%）	六级（%）
碱解氮（毫克/千克）	61.31	29.96	5.64	1.38	0.49	1.22
有效铜（毫克/千克）	39.55	20.48	39.19	0.78	0	0
有效锰（毫克/千克）	99.79	0.21	0	0	0	0
全氮（克/千克）	78.39	13.85	6.22	1.54	0	0
有效铁（毫克/千克）	1.55	9.31	16.96	72.18	0	0
有效锌（毫克/千克）	66.42	9.25	14.03	9.21	1.09	0
有机质（毫克/千克）	52.99	43.76	1.14	0.33	1.59	0.19
有效磷（毫克/千克）	20.10	24.28	36.43	15.46	3.16	0.57
速效钾（毫克/千克）	18.31	19.06	29.63	28.78	0.21	4.01
全磷（克/千克）	0	0	0	15.35	84.65	0
全钾（克/千克）	45.42	20.38	16.23	11.65	5.68	0.64
pH	0	0.21	12.64	79.92	7.23	0
质地	中壤土	轻壤土	沙壤土	重壤土	轻黏土	—
	47.43	24.55	18.47	4.49	5.07	—
障碍类型	黏盘层	潜育层	白浆层	沙漏层	—	—
	66.01	33.32	0.36	0.31	—	—

（续）

养分等级	一级（%）	二级（%）	三级（%）	四级（%）	五级（%）	六级（%）
成土母质	花岗岩、片麻岩风化残积物和坡积物 28.95	黏质河湖沉积物 33.32	黄土状黏质沉积物 0.28	河流冲积物和洪积物 3.74	淤积物 4.48	河湖沉积物 5.08
	冲积洪积物 18.42	冲积、洪积淤积黄土状沉积物 0.98	河湖相沉积物 4.09	黄土状洪积黏土沉积物 0.36	花岗岩风化残积物 0.30	— —
地貌类型	山地 28.95	河流两岸 21.33	台地 8.77	山前丘陵漫岗地 0.27	平缓岗地 0.01	山间谷地 8.22
	低平地 5.09	阶地 3.22	草甸间地 18.41	平缓地 0.98	河漫滩 4.09	浅山近山区 0.36
	山陡坡 0.30	— —	— —	— —	— —	— —
地形部位	缓坡 28.89	宽谷洼地边缘 15.11	平坦低洼 8.77	宽谷洼地 6.22	漫岗下部 5.36	坡上部 0.06
	河岸宽阶地 0.01	较低平 4.48	河流阶地边缘 3.22	山间谷地边缘 18.41	漫坡 0.98	低洼地 4.09
	山前漫岗台 0.36	山顶 0.30	河流阶地 3.74	— —	— —	— —

根据土壤养分测定结果，各评价指标总结如下：

1. 有机质 四级地土壤有机质含量平均为58.4克/千克，变幅在8.9～107.4克/千克。含量大于60克/千克出现频率是52.99%，含量在40～60克/千克出现频率是43.76%，含量在30～40克/千克出现频率是1.14%，含量在20～30克/千克出现频率为0.33%，含量在10～20克/千克出现频率为1.59%，含量小于10克/千克出现频率为0.19%。

2. pH 四级地土壤pH平均为6.1，变幅在4.8～7.7；范围在5.5～6.5的出现频率是79.92%。

3. 有效磷 四级地土壤有效磷平均含量为40.3毫克/千克，变幅在1～147.5毫克/千克。含量大于60毫克/千克出现频率为20.1%，含量在40～60毫克/千克出现频率为24.28%，含量在20～40毫克/千克出现频率为36.43%，含量在10～20毫克/千克出现频率为15.46%，含量在5～10毫克/千克出现频率为3.16%，含量小于5毫克/千克出现频率为0.57%。

4. 速效钾 四级地土壤速效钾平均含量为152毫克/千克，变幅为2～583毫克/千克。含量大于200毫克/千克出现频率为18.31%，含量在150～200毫克/千克出现频率为19.06%，含量在100～150毫克/千克出现频率为29.63%，含量在50～100毫克/千克出现频率为28.78%，含量在30～50毫克/千克出现频率为0.21%，含量小于30毫克/千克出现频率为4.01%。

5. 全氮　四级地土壤全氮平均含量为3.35克/千克，变幅在1.19～4.98克/千克。含量大于2.5克/千克出现频率为78.39%，含量在2～2.5克/千克出现频率为13.85%，含量在1.5～2克/千克出现频率为6.22%，含量在1～1.5克/千克出现频率为1.54%。

6. 全磷　四级地土壤全磷平均含量为0.37克/千克，变幅在0.05～0.95克/千克。含量在0.01～0.1克/千克出现频率为15.35%，含量在0.1～1克/千克出现频率为84.65%。

7. 全钾　四级地土壤全钾平均含量为29.9克/千克，变幅在7～53.4克/千克。含量大于30克/千克出现频率为45.4%，含量在25～30克/千克出现频率为20.38%，含量在20～25克/千克出现频率为16.23%，含量在10～20克/千克出现频率为11.65%，含量小于10克/千克出现频率为6.32%。

8. 有效锌　四级地土壤有效锌平均含量为1.94毫克/千克，最低含量为0.21毫克/千克，最高含量为5.38毫克/千克。

9. 有效铁　四级地土壤有效铁平均含量为55.9毫克/千克，最低含量为0.3毫克/千克，最高含量为87毫克/千克。

10. 有效铜　四级地土壤有效铜平均含量为11.18毫克/千克，最低含量为0.25毫克/千克，最高含量为61.88毫克/千克。

11. 有效锰　四级地土壤有效锰平均含量为90.7克/千克，最低含量为11.8克/千克，最高含量为304.6克/千克。

12. 土壤质地　四级地土壤质地由中壤土和轻壤土组成。其中，中壤土分布频率占47.43%，轻壤土分布频率占24.55%，沙壤土分布频率占18.47%，轻黏土分布频率占5.06%，重壤土分布频率占4.49%。

13. 障碍层类型　四级地障碍层类型主要为黏盘层。依次为黏盘层分布频率占66.01%，潜育层分布频率占33.32%，白浆层分布频率占0.36%，沙漏层分布频率占0.31%。

14. 成土母质　四级地土壤成土母质主要为黏质河湖沉积物母质，花岗岩、片麻岩风化残积物和坡积母质组成。主要是黏质河湖沉积物母质分布频率占33.32%，花岗岩、片麻岩风化残积物和坡积物母质分布频率占28.95%，河湖沉积物母质分布频率占5.08%，淤积物母质分布频率占4.48%，河湖相沉积物母质分布频率占4.09%，河流冲积物和洪积物母质分布频率占3.74%，冲积洪积物母质分布频率占18.42%，冲积、洪积、淤积黄土状沉积物母质分布频率占0.98%，黄土状洪积黏土沉积物母质分布频率占0.36%，花岗岩风化残积物母质分布频率占0.3%，黄土状黏质沉积物母质分布频率占0.28%。

15. 地形部位　四级地地形部位主要位于缓坡、山间谷地边缘和宽谷洼地边缘。依次为缓坡分布频率占28.89%，山间谷地边缘分布频率占18.41%，宽谷洼地边缘分布频率占15.11%，平坦低洼分布频率占8.77%，宽谷洼地分布频率占6.22%，漫岗下部分布频率占5.36%，较低平地分布频率占4.48%，低洼地分布频率占4.09%，河流阶地分布频率占3.74%，河流阶地边缘分布频率占3.22%，漫坡分布频率占0.98%，坡上部分布频率占0.06%，山前漫岗台地分布频率占0.36%，山顶分布频率占0.3%，河岸宽阶地分布频率占0.01%。

16. 地貌构成 地貌类型主要位于山地、河流两岸和草甸间地。依次为山地分布频率占28.95%，河流两岸分布频率占21.33%，草甸间地分布频率占18.41%，台地分布频率占8.77%，山间谷地分布频率占8.22%，低平地分布频率占5.09%，河漫滩分布频率占4.09%，阶地分布频率占3.22%，平缓地分布频率占0.98%，浅山近山区分布频率占0.36%，山陡坡分布频率占0.3%，山前丘陵漫岗地分布频率占0.27%，平缓岗地分布频率占0.01%。

五、五 级 地

五级耕地面积为4 397.54公顷，占本次评价耕地总面积的7.49%。分布面积依次为乌伊岭区1 518公顷，占五级地面积的34.52%；铁力局845.58公顷，占五级地面积的19.23%；友好区773.05公顷，占五级地面积的17.58%；五营区339.48公顷，占五级地面积的7.72%；上甘岭区305.37公顷，占五级地面积的6.94%；翠峦区259.68公顷，占五级地面积的5.91%（表5-37）。土壤类型分布面积最大的是沼泽土2 899.96公顷，占沼泽土耕地总面积的18.99%；暗棕壤1 266.26公顷，占暗棕壤耕地总面积的5.54%，见表5-38。五级地土种分布面积统计见表5-39，五级地土壤养分统计见表5-40，五级地养分分级面积频率统计见表5-41。

表5-37 伊春市区五级地区（局）、乡（镇）耕地分布面积统计

区（局）、乡（镇）	耕地面积（公顷）	五级地面积（公顷）	占区（局）、乡（镇）耕地面积（%）	占五级地面积（%）
五营区	511.89	339.48	66.32	7.72
上甘岭区	1 375.09	305.37	22.21	6.94
友好区	2 360.77	773.05	32.75	17.58
翠峦区	570.07	259.68	45.55	5.91
伊春区	956.84	49.66	5.19	1.13
美溪区	644.57	7.81	1.21	0.18
乌马河区	257.11	222.13	86.39	5.05
带岭区	976.15	55.07	5.64	1.25
铁力局	4 010.28	845.58	21.09	19.23
乌伊岭区	2 615.25	1 518	58.04	34.52
桃山局	23 812.91	21.71	0.09	0.49

表 5－38　伊春市区五级地土类分布面积统计

土　类	面积（公顷）	五级地（公顷）	占本土类面积（%）	占五级地面积（%）
沼泽土	15 272.39	2 899.96	18.99	65.95
暗棕壤	22 867.07	1 266.26	5.54	28.79
草甸土	16 601.39	142.19	0.86	3.23
黑　土	855.88	0	0	0
泥炭土	793.24	16.58	2.09	0.38
白浆土	2 220.39	0	0	0
水稻土	15.94	0	0	0
新积土	72.55	72.55	100.00	1.65
合　计	58 698.85	4 397.54	—	—

表 5－39　伊春市区五级地土种分布面积统计

土　种	面积（公顷）	五级地（公顷）	占本土种面积（%）	占五级地面积（%）
薄层沙砾底沼泽土	8 333.45	975.35	11.70	22.18
砾沙质暗棕壤	19 294.55	978.18	5.07	22.24
薄层泥炭腐殖质沼泽土	3 946.71	1 044.9	26.48	23.76
厚层黏壤质草甸土	7 949.49	0	0	0
薄层泥炭沼泽土	2 258.98	879.71	38.94	20.00
厚层黄土质草甸黑土	257.21	0	0	0
浅埋藏型草甸土	142.19	142.19	100.00	3.23
黄土质草甸暗棕壤	1 361.03	0	0	0
厚层黏壤质潜育草甸土	1 813.04	0	0	0
薄层黏质草甸沼泽土	733.25	0	0	0
暗棕壤型草甸土	6 696.67	0	0	0
壤质潜育暗棕壤	609.62	0	0	0
薄层高位泥炭土	793.24	16.58	2.09	0.38
厚层黄土质白浆土	2 220.39	0	0	0
中层草甸土型淹育水稻	15.94	0	0	0
黄土质白浆化暗棕壤	1 181.83	0	0	0
泥质暗棕壤	55.25	0	0	0
厚层黄土质黑土	598.67	0	0	0
沙砾质暗棕壤	76.71	0	0	0
薄层砾质冲积土	72.55	72.55	100.00	1.65
泥沙质暗棕壤	194.57	194.57	100.00	4.42
亚暗矿质潜育暗棕壤	93.51	93.51	100.00	2.13
合　　计	58 698.85	4 397.54	—	—

表 5-40　伊春市区五级地耕地土壤养分统计

项　目	等级	平均值	最大值	最小值
碱解氮（毫克/千克）	五	321	500	145
有效铜（毫克/千克）	五	3.91	29.98	0.46
有效锰（毫克/千克）	五	59.6	235.4	16.2
全氮（克/千克）	五	3.17	4.78	1.81
有效铁（毫克/千克）	五	93.6	168.5	0.4
有效锌（毫克/千克）	五	1.3	5.32	0.1
有机质（克/千克）	五	61.5	75.2	18.8
有效磷（毫克/千克）	五	30.7	131.5	7.0
速效钾（毫克/千克）	五	159	590	23
全磷（克/千克）	五	0.32	0.60	0.11
全钾（克/千克）	五	28.6	51.9	1.1
pH	五	6.3	6.9	5.3

表 5-41　五级地养分分级面积频率统计

养分等级	一级（%）	二级（%）	三级（%）	四级（%）	五级（%）	六级（%）
碱解氮（毫克/千克）	87.32	12.52	0	0.16	0	0
有效铜（毫克/千克）	21.91	18.25	59.84	0	0	0
有效锰（毫克/千克）	96.51	3.49	0	0	0	0
全氮（克/千克）	89.21	9.83	0.96	0	0	0
有效铁（毫克/千克）	1.59	5.28	7.68	85.45	0	0
有效锌（毫克/千克）	82.54	3.62	11.19	2.17	0.48	0
有机质（克/千克）	63.23	34.89	1.72	0	0.16	0
有效磷（毫克/千克）	1.59	8.07	58.92	17.15	14.27	0
速效钾（毫克/千克）	18	22.92	38.16	15.31	0	5.61
全磷（克/千克）	0	0	0	3.65	96.35	0
全钾（克/千克）	36.87	10.73	32.62	13.94	5.68	0.16
pH	0	0	11.32	75.71	12.97	0
质地	中壤土	轻壤土	轻黏土	沙壤土	—	—
	51.08	42.69	0.36	5.87	—	—
障碍类型	潜育层	沙漏层	黏盘层	—	—	—
	73.66	8.99	17.35	—	—	—

（续）

养分等级	一级（%）	二级（%）	三级（%）	四级（%）	五级（%）	六级（%）
成土母质	黏质河湖沉积物	河流冲积物和洪积物	河湖相沉积物	花岗岩、片麻岩风化残积物和坡积物	冲积物	河相沉积的石英砂或河卵石或黏土
	64.49	3.12	0.36	16.98	1.59	4.27
	沉积物	—	—	—	—	—
	9.19	—	—	—	—	—
地貌类型	台地	河流两岸	河漫滩	阶地	山地	低河漫滩
	23.83	40.15	3.49	0.49	23.31	8.73
地形部位	平坦低洼	宽谷洼地边缘	宽谷洼地	低洼地	河流阶地边缘	缓坡
	23.83	16.49	23.66	12.22	0.49	16.98
	山地下部	—	—	—	—	—
	6.33	—	—	—	—	—

根据土壤养分测定结果，各评价指标总结如下：

1. 有机质　五级地土壤有机质含量平均为 61.5 克/千克，变幅在 18.8～75.2 克/千克。含量大于 60 克/千克出现频率是 63.23%，含量在 40～60 克/千克出现频率是 34.89%，含量在 30～40 克/千克出现频率是 1.72%，含量在 10～20 克/千克出现频率为 0.16%。

2. pH　五级地土壤 pH 平均为 6.3，变幅在 5.3～6.9。pH 主要集中在 5.5～6.5，出现频率是 75.71%。

3. 有效磷　五级地土壤有效磷平均含量为 30.7 毫克/千克，变幅在 7～131.5 毫克/千克。含量大于 60 毫克/千克出现频率为 1.59%，含量在 40～60 毫克/千克出现频率为 8.07%，含量在 20～40 毫克/千克出现频率为 58.92%，含量在 10～20 毫克/千克出现频率为 17.15%。含量 5～10 毫克/千克出现频率为 14.27%。

4. 速效钾　五级地土壤速效钾平均含量为 159 毫克/千克，变幅在 23～590 毫克/千克。含量大于 200 毫克/千克出现频率为 18%，含量在 150～200 毫克/千克出现频率为 22.92%，含量在 100～150 毫克/千克出现频率为 38.16%，含量在 50～100 毫克/千克出现频率为 15.31%，含量小于 30 毫克/千克出现频率为 5.61%。

5. 全氮　五级地土壤全氮平均含量为 3.17 克/千克，变幅在 1.81～4.78 克/千克。含量大于 2.5 克/千克出现频率为 89.21%，含量在 2～2.5 克/千克出现频率为 9.83%，含量在 1.5～2 克/千克出现频率为 0.96%。

6. 全磷　五级地土壤全磷平均含量为 0.32 克/千克，变幅在 0.11～0.6 克/千克。含量在 0.1～0.5 克/千克出现频率为 3.65%，含量在 0.5～1 克/千克出现频率为 96.35%。

7. 全钾　五级地土壤全钾平均含量为 28.6 克/千克，变幅在 1.1～51.9 克/千克。含

表 5-42 伊春市区耕地土壤地力等级统计

土壤类型	面积（公顷）	一级		二级		三级		四级		五级	
		面积（公顷）	占总面积（%）	面积（公顷）	占总面积（%）	面积（公顷）	占总面积（%）	面积（公顷）	占总面积（%）	面积（公顷）	占总面积（%）
一、暗棕壤类	22 867.07	3 002.09	5.1	8 214.03	14	5 919.91	10.1	4 464.78	7.6	1 266.26	2.2
1. 砾沙质暗棕壤	19 294.55	0	0	8 120.24	13.8	5 919.91	10.1	4 276.22	7.3	978.18	1.7
2. 黄土质草甸暗棕壤	1 361.03	1 342.15	2.3	17.08	0	0	0	1.8	0	0	0
3. 壤质潜育暗棕壤	609.62	422.9	0.7	0	0	0	0	186.76	0.3	0	0
4. 黄土质白浆化暗棕壤	1 181.83	1 181.83	2	0	0	0	0	0	0	0	0
5. 泥质暗棕壤	55.25	55.25	0.1	0	0	0	0	0	0	0	0
6. 沙砾质暗棕壤	76.71	0	0	76.71	0.1	0	0	0	0	0	0
7. 泥沙质暗棕壤	194.57	0	0	0	0	0	0	0	0	194.57	0.3
8. 亚暗矿质潜育暗棕壤	93.51	0	0	0	0	0	0	0	0	93.51	0.2
二、白浆土类	2 220.39	0	0	509.05	0.9	973.98	1.7	737.36	1.3	0	0
9. 厚层黄土质白浆土	2 220.39	0	0	509.05	0.9	973.98	1.7	737.36	1.3	0	0
三、草甸土类	16 601.39	5 905.96	10.06	4 568.40	7.8	665.03	1.1	5 319.81	9.1	142.19	0.2
10. 厚层黏壤质草甸土	7 949.49	4 574.87	7.8	1 481.7	2.5	510.68	0.9	1 382.24	2.4	0	0
11. 浅埋藏型草甸土	142.19	0	0	0	0	0	0	0	0	142.19	0.2
12. 厚层黏壤质潜育草甸土	1 813.04	961.89	1.6	0	0	0	0	851.15	1.5	0	0
13. 暗棕壤型草甸土	6 696.67	369.2	0.6	3 086.70	5.3	154.35	0.3	3 086.42	5.3	0	0

（续）

土壤类型	面积（公顷）	一级		二级		三级		四级		五级	
		面积（公顷）	占总面积（%）	面积（公顷）	占总面积（%）	面积（公顷）	占总面积（%）	面积（公顷）	占总面积（%）	面积（公顷）	占总面积（%）
四、沼泽土类	15 272.39	0	0	108.08	0.2	3 844.44	6.5	8 419.91	14.3	2 899.96	4.9
14. 薄层沙砾底沼泽土	8 333.45	0	0	0	0	3 814.44	6.5	3 543.66	6.0	975.35	1.7
15. 薄层泥炭腐殖质沼泽土	3 946.71	0	0	0	0	0	0	2 901.81	4.9	1 044.9	1.8
16. 薄层泥炭沼泽土	2 258.98	0	0	0	0	0	0	1 379.27	2.3	879.71	1.5
17. 薄层黏质草甸沼泽土	733.25	0	0	108.08	0.2	30	0.1	595.17	1.0	0	0
五、泥炭土类	793.24	0	0	0	0	0	0	776.66	1.3	16.58	0
18. 薄层高位泥炭土	793.24	0	0	0	0	0	0	776.66	1.3	16.58	0
六、黑土类	855.88	598.67	1.0	193.1	0.3	11.63	0	52.48	0.1	0	0
19. 厚层黄土质草甸黑土	257.21	0	0	193.1	0.3	11.63	0	52.48	0.1	0	0
20. 厚层黄土质黑土	598.67	598.67	1.0	0	0	0	0	0	0	0	0
七、新积土类	72.55	0	0	0	0	0	0	0	0	72.55	0.1
21. 薄层砾质冲积土	72.55	0	0	0	0	0	0	0	0	72.55	0.1
八、水稻土类	15.94	15.94	0	0	0	0	0	0	0	0	0
22. 中层草甸土型淹育水稻土	15.94	15.94	0	0	0	0	0	0	0	0	0
合　　计	58 698.85	9 522.66	16.22	13 592.66	23.16	11 414.99	19.45	19 771	33.68	4 397.54	7.49

量大于 30 克/千克出现频率为 36.87%，含量在 25～30 克/千克出现频率为 10.73%，含量在 20～25 克/千克出现频率为 32.62%，含量在 10～20 克/千克出现频率为 13.94%，含量小于 10 克/千克出现频率为 5.84%。

8. 有效锌 四级地土壤有效锌平均含量为 1.3 毫克/千克，最低含量为 0.1 毫克/千克，最高含量为 5.32 毫克/千克。

9. 有效铁 五级地土壤有效铁平均含量为 93.6 毫克/千克，最低含量为 0.4 毫克/千克，最高含量为 168.5 毫克/千克。

10. 有效铜 五级地土壤有效铜平均含量为 3.91 毫克/千克，最低含量为 0.46 毫克/千克，最高含量为 29.98 毫克/千克。

11. 有效锰 五级地土壤有效锰平均含量为 59.6 毫克/千克，最低含量为 16.2 毫克/千克，最高含量为 235.4 毫克/千克。

12. 土壤质地 五级地土壤质地由中壤土和轻壤土组成。其中中壤土分布频率占 51.08%，轻壤土分布频率占 42.69%，沙壤土分布频率占 5.87%，轻黏土分布频率占 0.36%。

13. 障碍层类型 五级地障碍层类型主要为潜育层。其中，潜育层分布频率占 73.66%，黏盘层分布频率占 17.35%，沙漏层分布频率占 8.99%。

14. 成土母质 五级地土壤成土母质由黏质河湖沉积物母质和花岗岩、片麻岩风化残积物和坡积组成。主要是黏质河湖沉积物母质分布频率占 64.47%，花岗岩、片麻岩风化残积物和坡积物母质分布频率占 16.98%，沉积物母质分布频率占 9.19%，河相沉积的石英砂或河卵石或黏土母质分布频率占 4.27%，河流冲积物和洪积物母质分布频率占 3.12%，冲积物母质分布频率占 1.59%，河湖相沉积物母质分布频率占 0.36%。

15. 地形部位 五级地地形部位主要位于平坦低洼、宽谷洼地、缓坡和宽谷洼地边缘。依次为平坦低洼分布频率占 23.83%，宽谷洼地分布频率占 23.66%，缓坡分布频率占 16.98%，宽谷洼地边缘分布频率占 16.49%，低洼地分布频率占 12.22%，山地下部分布频率占 6.33%，河流阶地边缘分布频率占 0.49%。

16. 地貌构成 地貌类型主要位于河流两岸、台地和山地。依次为河流两岸分布频率占 40.15%，台地分布频率占 23.83%，山地分布频率占 23.31%，低河漫滩分布频率占 8.73%，河漫滩分布频率占 3.49%，阶地分布频率占 0.49%。

伊春市区耕地土壤地力等级统计见表 5 - 42。

第五节 农业行业标准的耕地地力等级划分

一、耕地地力等级划分农业行业标准

农业部于 1997 年颁布了《全国耕地类型区、耕地地力等级划分》农业行业标准。该标准根据粮食单产水平将全国耕地地力划分为 10 个等级。以产量表达耕地生产能力，年单产大于 13 500 千克/公顷为一级，小于 1 500 千克/公顷为十级，每 1 500 千克为一个等级（表 5 - 43）。

表 5-43　全国耕地类型区、耕地地力等级划分表

地力等级	谷类作物产量（千克/公顷）
一	>13 500
二	12 000～13 500
三	10 500～12 000
四	9 000～10 500
五	7 500～10 500
六	6 000～7 500
七	4 500～6 000
八	3 000～4 500
九	1 500～3 000
十	<1 500

二、耕地地力综合指数与耕地地力等级划分的转换

每一个地力等级内随机选取 10%的管理单元，调查近 3 年实际的年平均产量，经济作物统一折算为谷类作物产量，按照农业部颁发农业行业标准的方法划分耕地地力等级，见表 5-44。

表 5-44　伊春市区耕地地力评价等级归入国家地力等级表

耕地地力等级	管理单元数（个）	抽取单元数（个）	近 3 年平均产量（千克/公顷）	参照国家农业标准归入国家地力等级
一级	325	263	9 080	四级
二级	1 424	314	7 800	五级
三级	1 686	337	7 000	六级
四级	599	253	5 800	七级
五级	485	248	5 500	八级

伊春市区一级地归入国家四级地，二级地归入国家五级地；二级地归入国家六级地，四级地归入国家七级地，五级地归入国家八级地。归入国家等级后，四级地面积为 9 522.66 公顷，占本次评价耕地面积的 16.22%；五级地面积为 13 592.66 公顷，占本次评价耕地面积的 23.16%；六级地面积为 11 414.99 公顷，占本次评价耕地面积的 19.45%；七级地面积为 19 769.71 公顷，占本次评价耕地面积的 33.38%；八级地面积为 4 397.54 公顷，占本次评价耕地面积的 7.49%。

第六节　耕地地力评价结果实地验证

根据《耕地地力调查与质量评价技术规程》要求，每个地力等级随机选取 3 个图斑，

每个图斑随机抽取 3 个地块，对耕地地力评价结果进行了实地踏查验证，将调查地块实际产量与地力评价结果进行回归分析，见表 5-45、表 5-46、表 5-47。

表 5-45 耕地地力评价结果实地踏查验证表

单位：千克

序号	图斑号	划分地力等级	区（局）、乡（镇）名称	村名称	实际产量	实查地力等级
1	506	一级	浩良河镇	浩良河村	9 150	一级
2	518	一级	浩良河镇	大吉星村	9 300	一级
3	520	一级	浩良河镇	小吉星村	8 850	一级
4	2037	二级	带岭区	永兴村	8 800	二级
5	1977	二级	桃山局	白河林场	8 360	二级
6	2257	二级	桃山局	柳河林场	7 800	二级
7	2887	三级	友好区	爱国村	7 400	三级
8	20	三级	翠峦区	翠光村	6 800	三级
9	401	三级	双丰局	茂林林场	6 600	三级
10	212	四级	上甘岭区	锦锈村	5 200	四级
11	12	四级	上甘岭区	青山村	5 800	四级
12	195	四级	上甘岭区	平川村	5 450	四级
13	299	五级	乌伊岭区	永青村	4 480	五级
14	346	五级	乌伊岭区	永青村	4 260	五级
15	2709	五级	乌伊岭区	宏伟村	3 950	五级

表 5-46 耕地地力评价踏查验证作物产量回归分析

回归统计	统计值
Multiple R	0.982 623
R Square	0.965 547
Adjusted R Square	0.962 897
标准误差	360.893 1
观测值	15

表 5-47 耕地地力评价踏查验证作物产量方差分析

项目	自由度	平方和	均方和	*F* 值	标准值
回归分析	1	47 451 763.33	47 451 763.3	364.330 2	$6.841\ 51\times10^{-11}$
残差	13	1 693 170	130 243.846		
总计	14	49 144 933.33			

从回归分析与方差分析结果可以看出，本次耕地地力评价结果与实际产量之间差异极显著，说明本次耕地地力评价结果符合该地农业生产实际，可以为当地耕地评等定级提供可靠依据。

第六章　耕地地力评价与区域配方施肥

通过耕地地力评价，建立了较完善的土壤数据库，科学合理地划分了区域施肥单元，避免了过去人为划分施肥单元指导测土配方施肥的弊端。过去在测土施肥确定施肥单元，多是采用区域土壤类型、基础地力产量、农户常年施肥量等粗劣的方法为农民提供配方。而现在采用地理信息系统提供的多项评价指标，综合各种施肥因素和施肥参数来确定较精密的施肥单元。本次地力评价为伊春市区域内配方施肥的针对性、精确性和科学性打下基础，完成了测土配方施肥技术从估测分析到精准实施的提升过程。

第一节　区域耕地施肥区划分

伊春市区内按产量、地形、地貌、土壤类型、≥10℃有效积温可划分为 3 个测土施肥区域：

一、高产田施肥区

该区地势平坦、土壤质地松软，耕层深厚，黑土层较深，地下水丰富，通透性好，保水保肥能力强，土壤理化性状优良。高产田施肥区的大豆公顷产量 2 500～3 000 千克，该区主要土壤类型为暗棕壤、草甸土、黑土，高产田总面积 9 522.66 公顷，占本次评价总耕地面积的 16.22%，主要分布在桃山局、铁力局，南岔区的浩良河镇、迎春乡等几个乡（镇）区局，其中桃山局分布面积最大，为 4 720.49 公顷，占高产田总面积的 49.57%；其次是铁力局，南岔区的迎春乡和浩良河镇，分别为 1 363.7 公顷、1 273.6 公顷、1 159.41 公顷，分别占高产田总面积的 14.32%、13.37%和 12.18%（表 6-1）。

表 6-1　伊春市区高产田区（局）、乡（镇）分布面积统计

区（局）、乡（镇）	耕地面积（公顷）	高产田面积（公顷）	占区（局）、乡（镇）耕地面积（%）	占高产田面积（%）
浩良河镇	2 425.38	1 159.40	47.80	12.18
迎春乡	2 851.80	1 273.60	44.66	13.37
铁力局	4 010.28	1 363.70	34.01	14.32
金山屯区	1 680.28	44.62	2.66	0.47
双丰局	7 469.84	89.59	1.20	0.94
桃山局	23 812.91	4 720.49	19.82	49.57
朗乡局	3 553.59	871.25	24.52	9.15
合　计	45 804.08	9 522.66	—	—

土壤类型主要以暗棕壤、草甸土、黑土为主，其中草甸土面积最大，面积为5 905.96公顷，占高产田总面积的62.02%；草甸土又以厚层黏壤质草甸土为主，面积为4 574.87公顷，占高产田草甸土面积的77.46%；其次是暗棕壤，面积为3 002.09公顷，占高产田总面积的31.53%，暗棕壤中又以黄土质草甸暗棕壤为主，面积为1 181.83公顷，占高产田暗棕壤面积的39.37%（表6-2）。

表6-2　伊春市区高产田土类分布面积统计

土　类	总面积（公顷）	高产田面积（公顷）	占本土类面积（%）	占高产田面积（%）
沼泽土	15 272.39	0	0	0
暗棕壤	22 867.07	3 002.09	13.13	31.53
草甸土	16 601.39	5 905.96	35.58	62.02
黑　土	855.88	598.67	69.95	6.29
泥炭土	793.24	0	0	0
白浆土	2 220.39	0	0	0
水稻土	15.94	15.94	100.00	0.17
新积土	72.55	0	0	0
合　计	58 698.85	9 522.66	—	—

二、中产田施肥区

中产田大都处在漫岗的顶部以及低阶平原上，所处地形相对平缓。部分土壤有轻度侵蚀，个别土壤存在瘠薄等障碍因素。暗棕壤厚度不一，厚的在20厘米左右。结构基本为粒状或小团块状，质地一般，中产田主要以暗棕壤为主。中产田大豆公顷产量为1 800～2 100千克，中产田总面积为25 007.65公顷，占本次评价面积的42.6%（表6-3）。

表6-3　伊春市区中产田施肥区区（局）、乡（镇）面积统计

区（局）、乡（镇）	耕地面积（公顷）	中产田面积（公顷）	占区（局）、乡（镇）耕地面积（%）	占中产田面积（%）
桃山局	23 812.91	14 019.34	58.87	56.06
朗乡局	3 553.59	1 773.11	49.90	7.09
迎春乡	2 851.80	884.50	31.02	3.54
金山屯区	1 680.28	127.14	7.57	0.51
带岭区	976.15	248.03	25.41	0.99
铁力局	4 010.28	1 607.84	40.09	6.43
双丰局	7 469.84	5 393.17	72.20	21.57
友好区	2 360.77	953.93	40.41	3.81
翠峦区	570.07	0.59	0.10	0
合　计	47 285.69	25 007.65	—	—

土壤类型主要为草甸土、暗棕壤，其中暗棕壤面积最大，为 14 133.94 公顷，占中产田总面积的 56.52%；其次草甸土面积为 5 233.43 公顷，占中产田总面积的 20.93%。主要分布在桃山局、双丰局、铁力局、朗乡局等。依次是桃山局分布面积最大，面积为 14 019.34 公顷，占中产田总面积的 56.06%；其次为双丰局，面积为 5 393.17 公顷，占中产田总面积的 21.57%；朗乡局面积为 1 773.11 公顷，占中产田总面积的 7.09%；铁力局面积为 1 607.84 公顷，占中产田总面积的 6.43%（表 6－4）。

表 6－4　中产田施肥区土类面积统计

土　类	总面积（公顷）	中产田面积（公顷）	占本土类面积（%）	占中产田面积（%）
沼泽土	15 272.39	3 952.52	25.88	15.81
暗棕壤	22 867.07	14 133.94	61.81	56.52
草甸土	16 601.39	5 233.43	31.52	20.93
黑　土	855.88	204.73	23.92	0.82
泥炭土	793.24	0	0	0
白浆土	2 220.39	1 483.03	66.79	5.93
水稻土	15.94	0	0	0
新积土	72.55	0	0	0
合　计	58 698.85	25 007.65	—	—

三、低产田施肥区

低产田施肥区总面积为 24 168.54 公顷，占基本土壤总面积的 41.17%。主要分布在桃山局、乌伊岭区、晨明镇等地。其中，桃山局面积最大为 5 073.08 公顷，占低产田总面积的 20.99%；其次为乌伊岭区，面积为 2 615.25 公顷，占低产田总面积的 10.82%；再次为晨明镇，面积为 2 115.96 公顷，占低产田总面积的 8.76%。见表 6－5。

表 6－5　伊春市区低产田施肥区（局）、乡（镇）面积统计

区（局）、乡（镇）	耕地面积（公顷）	低产田面积（公顷）	占区（局）、乡（镇）耕地面积（%）	占低产田面积（%）
五营区	511.89	511.89	100.00	2.12
浩良河镇	2 425.38	1 265.97	52.20	5.24
晨明镇	2 115.96	2 115.96	100.00	8.76
上甘岭区	1 375.09	1 375.09	100.00	5.69
友好区	2 360.77	1 406.84	59.59	5.82
翠峦区	570.07	569.48	99.90	2.36
伊春区	956.84	956.84	100.00	3.96
西林区	511.07	511.07	100.00	2.11

（续）

区（局）、乡（镇）	耕地面积（公顷）	低产田面积（公顷）	占区（局）、乡（镇）耕地面积（%）	占低产田面积（%）
迎春乡	2 851.8	693.7	24.32	2.87
美溪区	644.57	552	85.64	2.67
金山屯区	1 680.28	1 601.09	95.29	6.24
乌马河区	257.11	257.11	100.00	1.06
带岭区	976.15	728.12	74.59	3.01
铁力局	4 010.28	1 038.74	25.90	4.30
双丰局	7 469.84	1 987.08	26.60	8.22
乌伊岭区	2 615.25	2 615.25	100.00	10.82
桃山局	23 812.91	5 073.08	21.30	20.99
朗乡局	3 553.59	909.23	25.59	3.76
合　计	58 698.85	24 168.54	—	—

伊春市区低产田土壤类型主要为沼泽土、暗棕壤和草甸土。其中，沼泽土面积最大，面积为 11 319.87 公顷，占低产田总面积的 46.84%；其次为暗棕壤，面积为 5 731.04 公顷，占低产田面积的 23.71%；再次为草甸土，面积为 5 462 公顷，占低产田总面积的 22.59%。见表 6－6。

表 6－6　伊春市区低产田施肥区土类面积统计

土　类	面积（公顷）	低产田面积（公顷）	占本土类面积（%）	占低产田面积（%）
沼泽土	15 272.39	11 319.87	74.12	46.84
暗棕壤	22 867.07	5 731.04	25.06	23.71
草甸土	16 601.39	5 462	32.90	22.60
黑　土	855.88	52.48	6.13	0.22
泥炭土	793.24	793.24	100.00	3.28
白浆土	2 220.39	737.36	33.21	3.05
水稻土	15.94	0	0	0
新积土	72.55	72.55	100.00	0.30
合　计	58 698.85	24 168.54	—	—

第二节　测土施肥单元的确定

施肥单元是耕地地力评价图中具有属性相同的图斑。在同一土壤类型中也会有多个图斑（施肥单元）。按耕地地力评价要求本次大豆产区可划分为 3 个测土施肥区域。

在同一施肥区域内，按土壤类型一致，自然生产条件相近，土壤肥力高低和土壤普查划分的地力分级标准确定测土施肥单元。根据这一原则，上述3个测土施肥区，可划分为7个测土施肥单元。其中高产田草甸土、暗棕壤施肥区划分为3个测土施肥单元；中产田草甸土、暗棕壤施肥区划分为2个测土施肥单元；低产田沼泽土施肥区划为2个测土施肥单元（表6-7）。

表6-7　测土施肥单元划分

测土施肥区	测土施肥单元
高产田草甸土、暗棕壤施肥区	厚层黏壤质草甸土测土施肥单元
	黄土质草甸暗棕壤测土施肥单元
	黄土质白浆化暗棕壤测土施肥单元
中产田草甸土、暗棕壤施肥区	暗棕壤型草甸土测土施肥单元
	砾沙质暗棕壤测土施肥单元
低产田沼泽土施肥区	薄层沙砾底沼泽土测土施肥单元
	薄层泥炭腐殖质沼泽土测土施肥单元

第三节　施肥分区

伊春市区按高产田施肥区域、中产田施肥区域、低产田施肥区域3个施肥区域，按不同施肥单元，即7个施肥单元，特制订大豆草甸土、暗棕壤施肥区高产田施肥推荐方案，大豆草甸土、暗棕壤施肥区中产田施肥推荐方案，大豆沼泽土低产田施肥推荐方案。

一、分区施肥属性查询

本次耕地地力调查，共采集土样1 222个，确定≥10℃积温、地貌类型、地形部位、障碍层类型、有效土层厚度、pH、有机质、质地、有效磷、速效钾、有效锌11项评价指标，在地力评价数据库中建立了耕地资源管理单元图、土壤养分分区图。形成了有相同属性的施肥管理单元，按照不同作物、不同地力等级产量指标和地块、农户综合生产条件可形成针对地域分区特点的区域施肥配方；针对农户特定生产条件的分户施肥配方。

二、施肥单元关联施肥分区代码

根据“3414”试验、配方肥对比试验、多年氮、磷、钾最佳施肥量试验建立起来的施肥参数体系和土壤养分丰缺指标体系，选择适合该区域特定施肥单元的测土施肥配方推荐方法(养分平衡法、丰缺指标法、氮磷钾比例法、以磷定氮法、目标产量法)，计算不同级别施肥分区代码的推荐施肥量（N、P_2O_5、K_2O）。高产田草甸土、暗棕壤施肥区施肥分区代码与作物施肥推荐方案见表6-8，中产田草甸土、暗棕壤施肥区施肥分区代码与作物施肥推荐方案见表6-9，低产田沼泽土施肥区施肥分区代码与作物施肥推荐方案见表6-10。

表 6-8　高产田草甸土、暗棕壤施肥区施肥分区代码与作物施肥推荐方案

施肥分区代码	碱解氮含量（毫克/千克）	纯氮施肥量（千克/公顷）	施肥分区代码	有效磷含量（毫克/千克）	P_2O_5 施肥量（千克/公顷）	施肥分区代码	速效钾含量（毫克/千克）	K_2O 施肥量（千克/公顷）
1	＞250	40	1	＞60	60	1	＞200	22.5
2	180～250	43	2	40～60	65	2	150～200	26.5
3	150～180	46	3	20～40	70	3	100～150	30
4	120～150	49	4	10～20	75	4	50～100	32.5
5	80～120	52	5	5～10	82.5	5	30～50	35
6	＜80	55	6	＜5	90	6	＜30	37.5

表 6-9　中产田草甸土、暗棕壤施肥区施肥分区代码与作物施肥推荐方案

施肥分区代码	碱解氮含量（毫克/千克）	纯氮施肥量（千克/公顷）	施肥分区代码	有效磷含量（毫克/千克）	P_2O_5 施肥量（千克/公顷）	施肥分区代码	速效钾含量（毫克/千克）	K_2O 施肥量（千克/公顷）
1	＞250	40	1	＞60	60	1	＞200	22.5
2	180～250	42.5	2	40～60	64	2	150～200	26
3	150～180	45	3	20～40	69	3	100～150	29
4	120～150	47.5	4	10～20	74	4	50～100	32
5	80～120	50	5	5～10	80	5	30～50	35
6	＜80	53	6	＜5	88	6	＜30	37.5

表 6-10　低产田沼泽土施肥区施肥分区代码与作物施肥推荐方案

施肥分区代码	碱解氮含量（毫克/千克）	纯氮施肥量（千克/公顷）	施肥分区代码	有效磷含量（毫克/千克）	P_2O_5 施肥量（千克/公顷）	施肥分区代码	速效钾含量（毫克/千克）	K_2O 施肥量（千克/公顷）
1	＞250	39.5	1	＞60	57.5	1	＞200	22.5
2	180～250	42	2	40～60	62.5	2	150～200	26
3	150～180	44.5	3	20～40	67.5	3	100～150	29
4	120～150	47	4	10～20	73	4	50～100	32
5	80～120	49.5	5	5～10	79	5	30～50	35
6	＜80	52	6	＜5	85	6	＜30	37.5

三、施肥分区特点概述

（一）高产田草甸土、暗棕壤施肥区

高产田草甸土、暗棕壤施肥区域划分为厚层黏壤质草甸土测土施肥单元、黄土质草甸

暗棕壤测土施肥单元、黄土质白浆化暗棕壤测土施肥单元3个施肥单元。

1. 厚层黏壤质草甸土测土施肥单元　厚层黏壤质草甸土是伊春市主要耕种的土壤之一，其主要分布在伊春市桃山局、迎春乡、友好区、浩良河镇、铁力局、乌伊岭区等地，其中桃山局面积为2 239.04公顷、南岔区迎春乡面积为1 290.04公顷、友好区面积为1 248.67公顷、南岔区浩良河镇面积为1 159.4公顷。本施肥单元耕地面积为7 949.49公顷，占本次耕地评价面积的13.54%，该土壤有机质含量57.4克/千克、全氮含量3.39克/千克、碱解氮含量284毫克/千克、有效磷含量32.3毫克/千克、速效钾含量180毫克/千克，该土耕性好，草甸土腐殖质层厚，透气性好，保肥保水能力强，作物苗期生长快，农产品产量高。

系统施肥代码：1-3-2。

推荐施肥配方：N为40千克/公顷，P_2O_5为69千克/公顷，K_2O为26千克/公顷。

2. 黄土质草甸暗棕壤测土施肥单元　黄土质草甸暗棕壤主要分布在伊春市南岔区迎春乡、桃山局等地，本施肥单元面积为1 361.03公顷，占本次耕地评价面积的2.3%。该土壤有机质含量57.7克/千克、全氮含量3.52克/千克、碱解氮含量293毫克/千克、有效磷含量29.5毫克/千克、速效钾含量143毫克/千克。该土壤在生产中应增施钾肥，土壤耕性较好，黑土层较薄，通透性好，作物生长较快，也可获得较高的农产品产量。

系统施肥代码：1-3-3。

推荐施肥配方：N为40千克/公顷，P_2O_5为70千克/公顷，K_2O为30千克/公顷。

3. 黄土质白浆化暗棕壤测土施肥单元　黄土质白浆化暗棕壤主要分布伊春市桃山局、双丰局等地，本施肥单元面积为1 181.83公顷，占本次耕地评价面积的2.01%。该土壤有机质含量59.5克/千克、全氮含量3.65克/千克、碱解氮含量304毫克/千克、有效磷含量41.1毫克/千克、速效钾含量171毫克/千克。该土耕性较好，黑土层较薄，有机质含量高，有效磷和速效钾中等，可在生产中适当增施磷钾肥，耕作中适当增施有机肥，保持肥力。

系统施肥代码：1-2-2。

推荐施肥配方：N为40千克/公顷，P_2O_5为65千克/公顷，K_2O为26.5千克/公顷。

（二）中产田草甸土、暗棕壤施肥区

中产田草甸土、暗棕壤施肥区划分为暗棕壤型草甸土测土施肥单元、砾沙质暗棕壤测土施肥单元2个施肥单元。

1. 暗棕壤型草甸土测土施肥单元　暗棕壤型草甸土主要分布在伊春市区的桃山局、朗乡局、金山屯区、迎春乡、带岭区、西林区、美溪区等地，其中桃山局2 588.57公顷、朗乡局1 267.19公顷、金山屯区804.79公顷。本施肥单元耕地面积为6 696.67公顷，占本次耕地评价面积的11.41%。该土壤有机质含量56.1克/千克、全氮含量3.47克/千克、碱解氮含量282毫克/千克、有效磷含量23.4毫克/千克、速效钾含量147毫克/千克，有效磷和速效钾含量不高，黑土层较薄，保水保肥性好。由于所处施肥区≥10℃有效积温较低，所以大豆比较难获得较高产量。

系统施肥代码：1-3-3。

推荐施肥配方：N为40千克/公顷，P_2O_5为69千克/公顷，K_2O为29千克/公顷。

2. 砾沙质暗棕壤测土施肥单元 砾沙质暗棕壤主要分布在伊春市桃山局、铁力局、双丰局、浩良河镇、晨明镇、朗乡局、五营区等地，其中桃山局面积为 10 811.69 公顷、铁力局面积为 2 536.17 公顷、双丰局面积为 2 108.44 公顷，本施肥单元耕地面积为 19 294.55 公顷，占本次耕地评价面积的 32.87%。该土壤有机质含量 57.6 克/千克、全氮含量 3.65 克/千克、碱解氮含量 304 毫克/千克、有效磷含量 32.2 毫克/千克、速效钾含量 172 毫克/千克。黑土层较薄，土质为中壤，耕性较好，有效磷和速效钾含量较低，生产中应增施磷肥和钾肥。

系统施肥代码：1-3-2。

推荐施肥配方：N 为 40 千克/公顷，P_2O_5 为 69 千克/公顷，K_2O 为 26 千克/公顷。

（三）低产田沼泽土施肥区

低产田草甸土、沼泽土施肥区划分为薄层沙砾底沼泽土测土施肥单元、薄层泥炭腐殖质沼泽土测土施肥单元 2 个施肥单元。

1. 薄层沙砾底沼泽土测土施肥单元 薄层沙砾底沼泽土主要分布在伊春市双丰局、桃山局、友好区、浩良河镇、上甘岭区等地，其中，双丰局 5 264.12 公顷、桃山局 1 430.91 公顷。本施肥单元耕地面积为 8 333.45 公顷，占本次耕地评价面积的 14.2%。该土壤有机质含量 58.5 克/千克、全氮含量 3.704 克/千克、碱解氮含量 291 毫克/千克、有效磷含量 33.6 毫克/千克、速效钾含量 186 毫克/千克。黑土层较薄，土质较黏重，土壤潜在肥力较低，耕性不好，保水保肥性能不好。

系统施肥代码：1-3-2。

推荐施肥配方：N 为 39.5 千克/公顷，P_2O_5 为 67.5 千克/公顷，K_2O 为 26 千克/公顷。

2. 薄层泥炭腐殖质沼泽土测土施肥单元 薄层泥炭腐殖质沼泽土主要分布在伊春市晨明镇、桃山局、乌伊岭、朗乡局，其中，南岔区晨明镇 1 403.14 公顷、桃山局 1 073.88 公顷、乌伊岭 761.19 公顷。本施肥单元耕地面积为 3 946.71 公顷，占本次耕地评价面积的 6.72%。该土壤有机质含量 60.3 克/千克、全氮含量 3.29 克/千克、碱解氮含量 299 毫克/千克、有效磷含量 27.1 毫克/千克、速效钾含量 171 毫克/千克。地势低洼、母质黏重，水蚀较重，耕性不良，土壤保肥保水性能较好，发小苗，但土壤冷凉，不利于作物生长。

系统施肥代码：1-3-2。

推荐施肥配方：N 为 39.5 千克/公顷，P_2O_5 为 57.5 千克/公顷，K_2O 为 22.5 千克/公顷。

第七章　耕地土壤存在的问题及改良利用对策

第一节　耕地土壤存在的主要问题

一、土壤耕性变劣，耕层变浅，犁底层上移加厚

目前，伊春市区大田作物以浅耕和旋耕作为主要耕作方式，农田由于长期的机械耕作碾压和人工作业，使大部分农田土壤耕层变浅，同时由于土地生产规模和资金限制，大型农机具数量较少，主要农业生产机械以小型农机具为主，有效深松作业地块较少。使用小型农机整地的地块耕层深度为 18～20 厘米，大型农机整地的地块耕深能够达到 25～40 厘米，加之降水、灌水沉实，因此有效耕层由 25 厘米以上下降为现在的 20 厘米左右，耕层深度下降了 5 厘米左右，“犁底层”上移加厚，形成了坚硬深厚的阻隔层，阻碍了土壤水分、养分和空气的上下运行，阻碍了作物根系下扎延伸，土壤蓄水能力越来越少，抗旱涝性能不断下降。

二、重化肥，轻农肥，土壤有机质含量下降

2000 年以来，伊春市区化肥使用折纯量呈现出逐年上升趋势，2000 年市区化肥使用折纯量仅为 0.96 万吨，2009 年达到 1.9 万吨，2011 年市区化肥使用折纯量达到 2.3 万吨的历史性新高，化肥施用总量和亩均施用量呈明显增大趋势。

农业生产中普遍存在着重化肥、轻农肥的现象，过去传统的积肥方法已不复存在。由于农村农业机械普及率提高，有机肥源相对集中在少量养殖户家中，势必造成有机肥施用的不均衡和施用总量的不足，同时在有机肥的积造上，由于没有专门的场地，有机肥积造过程基本上是露天存放，风吹雨淋势必造成养分的流失，使有效养分降低，影响有机肥的施用效果。农田长期不施用农家肥，秸秆还田地块很少，中国传统农业精髓的种植绿肥减少，土壤有机质长期得不到补充。再加上化学氮肥超量施用，加剧了土壤碳的耗竭。致土壤有机质含量严重不足。土壤有机质减少会引发土壤酸化和次生盐碱化，土壤结构破坏，土壤肥力低下，土传病害加剧等一系列土壤问题。耕地土壤有机质平均含量 58.1 克/千克，变幅在 8.9～107.4 克/千克。其中，含量大于 60 克/千克，占 52.25%；含量在 40～60 克/千克，占 45.93%；含量在 30～40 克/千克，占 1.12%；含量在 20～30 克/千克，占 0.11%；含量在 10～20 克/千克，占 0.53%；含量小于 10 克/千克，占 0.06%。与第二次土壤普查的 139.4 克/千克相比，下降了 81.3 克/千克。

三、养分消长失衡，土壤理化性状恶化

本次地力评价伊春市区耕地土壤中全氮平均含量 3.59 克/千克，变幅在 1.193～5.569 克/千克，与第二次土壤普查的 6.5 克/千克相比，下降了 2.91 克/千克；土壤有效磷平均含量 39.6 毫克/千克，变幅在 1.0～147.5 毫克/千克，与第二次土壤普查 27.22 毫克/千克相比，上升了 12.4 毫克/千克；土壤速效钾平均含量 170 毫克/千克，变幅在 2～590 毫克/千克，与第二次土壤普查 296.7 毫克/千克相比，下降了 126.7 毫克/千克。从调查结果看，土壤氮磷钾元素营养比例失调，中、微量元素严重缺乏，在日常管理中绝大多数农民不按比例施肥，往往只大量施氮磷肥，致钾素匮乏，长期不施中微量元素肥料，造成土壤中微量元素耗竭，土壤中大量氮磷钾比例失调，大量元素与中微量元素之间的营养比例失调。同时伊春市辖区多数地块大豆连作重茬现象严重，在土壤中连续种植一种或同科作物，由于该作物所需要的中微量营养元素因连续被吸收而缺乏，也使相应的某些病菌得以连年繁殖，在土壤中大量积累，还有前茬作物根系的分泌物因累积成为有毒物质而形成病土，造成农作物连作的“土壤病”。

四、农业环保意识薄弱，农田环境污染加剧

人为活动产生的污染物进入土壤并积累到一定程度，引起土壤质量恶化，并进而造成农作物中某些指标超过国家标准，造成农田土壤污染。土壤的污染源可分为天然污染源和人为污染源。主要包括污水灌溉、固体废弃物利用、农药和化肥施用、大气沉降物和汽车尾气及燃煤、重金属元素（如汞、镉、铬、铅、砷）等污染途径。污染物进入土壤的途径是多样的，废气中含有的污染物质，特别是颗粒物，在重力作用下沉降到地面进入土壤，废水中携带大量污染物进入土壤，固体废物中的污染物直接进入土壤或其渗出液进入土壤。其中最主要的是污水灌溉带来的土壤污染。农药、化肥的大量使用，造成土壤有机质含量下降、土壤板结，也是农田土壤污染的来源之一。土壤污染除导致土壤质量下降、农作物产量和品质下降外，更为严重的是土壤对污染物具有富集作用，一些毒性大的污染物，如汞、镉等富集到作物果实中，一旦人或牲畜食用后会发生重金属中毒。

当土壤中增添了某些通常不存在的有害物质，或某些固有物质含量增高时，土壤的物理性状就发生改变，从而影响土壤微生物活动，降低土壤肥力，妨碍作物生长发育。某些有毒物质被作物吸收后残留于子实和茎秆中，还会影响人畜健康。土壤本身对这些有害物质具有一定的自净作用：生存于土壤中的大量微生物和原生动物能分解各种有毒物质；土壤本身有很大的表面积，能使很多毒物被吸附和固定；同时，土壤中的某些物理、化学作用还可使有毒物质分解。但当进入土壤中的有毒物质超过一定限度时，就会危害农业生产。

土壤污染具有隐蔽性和滞后性。大气污染、水污染和废弃物污染等问题一般都比较直观，通过感官就能发现。而土壤污染则不同，它往往要通过对土壤样品进行分析化验和农作物的残留检测，甚至通过研究对人畜健康状况的影响才能确定。因此，土壤污染从产生

污染到出现问题通常会滞后较长的时间。如日本的“骨痛病”经过了10～20年之后才被人们所认识。

第二节　耕地土壤改良利用目标

一、总体目标

（一）粮食增产目标

伊春市区虽然耕地面积不及其他市的土地面积大，但也要设定粮食增产目标。这次耕地地力评价结果显示，伊春市中低产田土壤还占有相当的比例，另外高产田土壤也有一定的潜力可挖，因此增产的潜力十分巨大，若通过适当措施加以改良，结合伊春市已实施的标准粮田建设消除或减轻土壤中障碍因素的影响，可使低产变中产、中产变高产、高产变稳产甚至更高产。

（二）生态环境建设目标

伊春市区耕地土壤在开垦初期，农田生态系统基本上处于稳定状态，然而在以后的一段时间里，由于过度开垦并采取掠夺式经营，致使生态系统遭到了极大的破坏，导致旱象严重、水土流失加重。当前生态环境建设的目标是恢复建立稳定复合的农田生态系统，依据这次耕地地力调查和质量评价结果，下决心调整农、林、牧结构，彻底改变单纯种植粮食的现状，对坡度大、侵蚀重、地力瘠薄的部分坡耕地要坚决退耕还林还草，此外要大力营造农田防护林，完善农田防护林体系，增加森林覆盖率，这样就使农田生态系统与草地生态系统以及森林生态系统达到合理有机的结合，进而实现农业生产的良性循环和可持续发展。

（三）社会发展目标

伊春市是大林业小农业，种植业和畜牧业收入成为农民不可缺少的部分。依据这次耕地地力评价结果，针对不同土壤的障碍因素进行改良培肥，可以大幅度提高耕地的生产能力，巩固伊春市商品粮基地地位。同时通过合理配置和优化耕地资源，加快种植业和农村产业结构调整，发展粮区畜牧业，可以提高农业生产效益，增加农民收入，全面推进伊春市农村建设小康社会进程。

二、近期目标

2017—2021年，利用5年时间，改造中、低产田土壤20 000公顷，使其大部分达到高产田水平，单产大部分达到3 000千克/公顷。

三、远期目标

2022—2026年，利用5年时间，改造中、低产田土壤30 000公顷，使其大部分达到高产田水平，平均单产超过2 500千克/公顷。将无法改造和改造投入产出比不合理的农业用地坚决退出耕地序列，退耕还林、还草。

第三节　耕地土壤改良利用对策及建议

一、对　策

（一）推广旱作节水农业

伊春市为雨养农业区，积极推行旱作农业，充分利用天然降水，合理使用地表及地下水资源，实行节水灌溉，是解决干旱缺水问题的关键所在。

目前，伊春市农田基础设施建设和灌溉方式仍比较落后，实现水浇地的仅限于水田，而占耕地面积90%的旱田尚无灌溉条件。遇到春旱年份，旱田能做到催芽坐水种。在生产中仍然是靠天降水，易受春旱、伏旱、秋旱威胁。水田基本上仍然采用土渠的输水方式，管道输水没有，防渗渠道也极少。所以在输水过程中，渗漏严重。今后应不断完善农田基础设施建设，保证灌溉水源，并大力推广使用抗旱品种和抗旱肥料，推广秋整地春免耕技术、地膜集流增墒覆盖技术、机械化一条龙坐水种技术、苗带重镇压技术、喷灌和滴灌技术、交替分根间歇灌溉技术、苗期机械深松技术、化肥深施技术和化控抗旱技术。

（二）培肥土壤、提高地力

1. 平衡施肥　化肥是最直接最快速的养分补充途径，可以达到30%～40%的增产作用。目前伊春市在化肥施用上存在着很大的盲目性，如氮、磷、钾比例不合理、施肥方法不科学、肥料利用率低。这次土壤地力调查与质量评价，摸清了土壤大量元素和中微量元素的丰缺情况，得知钾、锌、硼三元素微缺，因此在今后的农业生产中，应该大面积推广测土配方施肥，达到大、中、微量元素的平衡，以满足作物正常生长的需要。

（1）底肥深施：多年试验和生产实践证明，化肥做底肥深施、种肥水施，省工省力，能大大提高肥料利用率，尤其是磷酸二铵做底肥、口肥效果更好。据试验，磷酸二铵作水肥的增产为8%。与有机肥料混合施用效果更好。

（2）增有机肥：大力发展畜牧业，增加有机肥源。畜禽粪便是优质的农家肥，应鼓励和扶持农户大力发展畜牧业，增加有机肥的数量，提高有机肥的质量。做到公顷施用农家肥30～45吨，有机质含量20%以上，三年轮施一遍。此外，在传统积造有机肥时加酵素菌剂改进方法，在堆肥、沤肥、沼气肥、压绿肥上，广辟肥源，从根本上增加农家肥的数量。除了直接施入有机肥之外，还应该加强“工厂化、商品化”有机肥的施用。

（3）秸秆还田：作物的秸秆含有丰富的氮、磷、钾、钙、镁、硫、硅等多种营养元素和有机质，直接翻入土壤，可以改善土壤理化性状，培肥地力。据调查，农民在解决烧柴、喂饲用途外，完全有能力拿出20%～30%用于还田。据研究，每公顷施用750千克的玉米秸秆，可积累有机质225千克，大体上能够维持土壤有机质的平衡。同时在玉米田和水稻田上可采用高根茬还田。研究表明，公顷玉米产量750千克，玉米根茬量在850千克左右，其中有750千克的根茬可残留在土壤中，大体相当于施用15 000千克有机肥中有机质的数量。根茬还田能够有效提高土壤肥力，增强农业生产后劲。

2. 建立保护性耕作区　保护性耕作主要是免耕、少耕、轮耕、深耕、秸秆覆盖和化学除草等技术的集成。目前已在许多国家和地区推广应用。农业部保护性精细耕作研究中心研究资料表明，保护性耕作技术与传统深翻耕作相比，可降低地表径流 60%，减少土壤流失 80%，减少大风扬沙 60%，可提高水分利用率 17%～25%，节约人畜用工 50%～60%，增产 10%～20%，提高效益 20%～30%。由此可见，实施保护性耕作不仅可以保持和改善土壤团粒结构，提高土壤供肥能力，增加有机质含量，蓄水保墒，而且能降低生产成本，提高经济效益，更有利于农业生态环境的改善。

伊春市应尽快探索出符合现有经济发展水平和农业机械化现状的具有区域特色的保护性耕作模式。在普及化学除草基础上，免耕、少耕、轮耕等方法互补使用。提高大型农机具的作业比例，实行深松耕法轮作制，使现有的耕层深度逐渐达到 25 厘米左右。

（1）翻、耙、松相结合整地：翻、耙、松相结合整地，有减少土壤风蚀、增强土壤蓄水保墒能力，和提高地温、一次播种保全苗等作用。进行秋翻，争取春季不翻土或少翻土。春季必须翻整的地块，要安排在低洼保墒条件较好的地块，早春顶凌浅翻或顶浆起垄，再者抓住雨后抢翻，随翻随耙，随播随压，连续作业。耙茬整地是抗旱耕作的一种好形式，要积极应用这一整地措施，耙茬整地不直接把表土翻开，有利保墒，又适于机械播种。深松是整地的一种辅助措施，能起到加深土壤耕作层，打破犁底层，疏松土壤，提高地温，增强土壤蓄水能力的作用。

（2）推广一次性作业技术：秋整地和一次作业是抗春旱、保全苗的一项主要措施之一。开沟、播种、施肥（化肥）、覆土、镇压一次完成，可以防止跑墒。还有播种适时、缩短播期、株距均匀、小苗生长一致等优点。

（三）合理轮作调整农作物布局

由于伊春市的气候条件，农民已经习惯于种植省时省力、产量相对稳定但效益低的大豆，致使伊春大豆重迎茬面积年年增加。根据伊春市的气候条件、土壤条件、作物种类、周围环境等，合理布局，优化种植业结构，不能一味地种植产量稳定而效益低的大豆，要实行玉米、蔬菜、马铃薯轮作制，推广粮草间作、粮粮间作、粮薯间作、粮蔬间作等，调减普通大豆的播种面积，来增加饲用玉米、糯玉米等经济作物的种植面积。大力发展粮区畜牧业，这样不仅可以使耕地地力得到恢复和提高，增加土壤的综合生产能力，还能够增加农民收入，提高经济效益。

二、建　　议

1. 科学制订土壤改良规划　严格执行土地利用总体规划和年度计划，全面落实耕地保护责任制，建立和完善土地违法违规案件查处协调机制，切实控制建设占用耕地和林地。领导应将此项工作纳入工作日程，研究和解决改良过程中发现的重大问题和困难，切实制订出有利于粮食安全，农业可持续发展的改良规划和具体实施措施。鼓励和扶持农民积极进行土壤改良，兼顾经济、社会、生态效益，促使土壤良性循环，为今后农业生产奠定坚实基础。

2. 加强宣传、培训和指导　各级政府应该把耕地改良纳入到工作日程，组织农业科研院所和推广部门的专家，对农民进行专题培训，提高农民素质，使农民深刻认识到耕地改良是为了子孙后代造福，是一项长远的增强农业后劲的一项重要措施，农民自发的积极参与土壤改良，才能使这项工程长久地坚持下去。

3. 加强标准良田的投资力度 以国家重视北国大粮仓为契机，来振兴东北的农业基地，伊春市森林停止采伐，回归农业，中央财政、省市财政应该对大林业小农业的地市给予重点资金支持，完善水利工程、防护林工程、生态工程、科技示范园区等工程的设施建设，防止水土流失。实现“藏粮于土”粮食安全的宏伟目标。

4. 建立耕地质量监测预警系统 为了遏制基本农田的土壤退化、地力下降趋势，国家应加快土壤耕地监测机构，组织专家研究论证，设立监测站和监测点，利用先进的卫星遥感影像作为基础数据，结合耕地现状和 GPS 定位观测，真实反映出草甸土区整体的生产能力及其质量的变化。

5. 加强耕地改良示范园区建设 将土地出让收入用于农村的投入，要重点支持基本农田整理、灾毁复垦和耕地质量建设。加大力度改造中低产田，扩大测土配方施肥规模，支持农民秸秆还田、种植绿肥、增施有机肥，加快实施旱作农业示范工程，建设一批旱作节水示范区。同时针对各类土壤障碍因素，建立一批不同模式的土壤改良利用示范园区，抓典型、树样板，辐射带动周边农民，推进土壤改良工作的全面开展。

附　　录

附录 1　伊春市区耕地地力调查与平衡施肥专题调查报告

第一节　概　　况

伊春市是国家主要林区之一，近几年随着国家“天保工程”的实施，森林采伐量受到了限制，不少林场职工放下斧头、锯，转身奔向黑土地。在国家及省、市的支持下，粮豆薯生产迅速发展，产量大幅度提高。1994 年伊春市粮豆总产仅 206 471 吨；1999 年达到 322 175 吨；2004 年首次达到 436 411 吨；2006 年，再达到 527 280 吨；2009 年突破了 692 305 吨大关，是 1949 年的 3.35 倍，公顷单产达到 2 876 千克，是 1949 年的 1.2 倍。

尽管粮食取得了较高的产量，然而农业生产长期存在着盲目施肥和过量施肥的问题，盲目施肥不是造成养分供应不足就是肥料施用过量，严重时还会污染环境，威胁农产品的质量安全。推广应用测土配方施肥技术，是农业部门的一项重点工作，也是加快实现农业现代化的重要任务。推广测土配方施肥，不但有利于促进粮食增收目标的实现，而且有利于加强以耕地产出能力为核心的农业综合生产能力的建设。搞好测土配方施肥，提高科学施肥水平，不仅是促进粮食稳定增产、农民持续增收的重大举措，也是节本增效、提高农产品质量的有力支撑，更是加强生态环境保护、促进农业持续发展的迫切需要。

一、开展专题调查的背景

（一）肥料使用的沿革

伊春市区垦殖已有一百多年的历史，肥料应用也有近五十年的历史，从肥料应用和发展历史来看，大致可分为四个阶段：

1. 20 世纪 60 年代以前　耕地主要依靠农家肥来维持作物生产和保持土壤肥力，作物产量不高，施肥面积占耕地的 80%左右，应用作物主要是谷子、糜子、小麦、玉米等作物，化肥应用总量不大，都是以硫铵为主的氮素肥料，主要用做追肥。

2. 20 世纪 70～80 年代　仍以农家肥为主、化肥为辅，化肥主要靠国家计划拨付，总量达 400 多吨，应用作物主要是粮食作物和少量经济作物，除氮肥外，磷肥得到了一定范围的推广应用，主要是硝铵、硫铵、氨水和过磷酸钙。

3. 20 世纪 80～90 年代　中共十一届三中全会后，农民有了土地的自主经营权，随着化肥在粮食生产作用的显著提高，农民对化肥形成了强烈的依赖，化肥开始大面积推广应用，使用总量达 44 509 吨，施用农家肥的面积和数量逐渐减少。20 世纪 90 年代初开展了因土、因作物的诊断配方施肥，氮、磷、钾的配施在农业生产得到应用，氮肥主要是硝铵、尿素、硫铵，磷肥以磷酸二铵为主，钾肥、复合肥、微肥、生物肥和叶面肥推广面积也逐渐增加。到 2009 年伊春市化肥施用总实物量达到 54 963 吨。

4. 20 世纪 90 年代至今 随着农业部配方施肥技术的深化和推广，黑龙江省土壤肥料工作站先后开展了推荐施肥技术和测土配方施肥技术的研究和推广，广大土肥科技工作者积极参与，针对当地农业生产实际进行了施肥技术的重大改革。

（二）肥料化肥肥效演变分析

伊春市区 1949—2009 年播种面积、化肥和粮食产量统计见附表 1-1，从表中可知伊春市从 1949 年到 2009 年肥料与粮食产量的变化情况。在 60 年变化过程又分为以下几个阶段。

附表 1-1 播种面积、化肥施用量与粮食总产统计

项目	播种面积（公顷）	粮食总产（吨）	化肥用量（吨）
1949	1 879	1 930	农家肥
1969	1 165.4	6 380	1963 年开始用化肥
1979	36 487.7	47 343	0
1985	373 088	39 969.8	3 000
1986	75 026	115 242	4 544
1987	75 017	112 674	5 706
1988	73 525	129 134	1 344.5
1989	74 728	113 997	4 028
1990	76 675	172 097	4 368
1991	78 853	183 523	0
1992	80 197	179 440	1 402
1993	81 707	187 014	7 125
1994	83 009	206 471	7 045
1995	86 355	209 030	5 947
1996	100 947	227 771	0
1997	106 636	269 172	0
1998	115 843	271 697	0
1999	121 440	322 175	0
2000	122 422	312 039	9 592
2001	122 350	336 028	8 489
2002	121 434	363 349	9 903
2003	119 615	288 030	8 658
2004	154 664	436 411	11 531
2005	181 202	437 099	14 340
2006	198 522	527 280	15 981
2007	198 713	581 595	13 685
2008	205 477	640 899	16 276
2009	240 693	692 305	19 432

1. 20 世纪 50 年代前 全市使用农家肥。

2. 20 世纪 60 年代初期 开始初步施用化肥，1963 年全市施硫酸铵不足 20 吨，开始应用过磷酸钙，同时试用硝酸铵；1964 年，开始进行高温造肥和建设适合积肥要求的猪圈、厕所；1968 年，硝酸铵在全市推广，同时试用尿素、磷酸氢铵、氯化钾和硫酸钾（当时施用化肥主要用于追肥）。

3. 20 世纪 70 年代初期 开始试用磷酸二铵、磷酸二氢钾、磷酸铵钾，1972 年后，国家调给化肥的数量和品种逐年增加。

4. 20 世纪 80 年代中期 化肥的作用已被人们所认识，并且广泛使用。种类主要有磷酸二铵、尿素、重过磷酸钙、复合肥和各种作物专用肥。1985 年全市化肥用量达到 3 000 吨，1987 年化肥用量比 1986 年增加了 1 162 吨，从 1988 年开始，农民注重了磷肥的施用，磷肥施用量从 1988 年的 246 标吨增加到了 1995 年的 1 178 标吨，逐渐重视了氮磷的配合比例。

5. 20 世纪 90 年代中期 由于粮食价格看涨，各种作物专用肥的投入生产，使得农民对化肥的投入量有了大幅度的增加，化肥用量从 1990 年的 4 368 标吨增加到 1994 年的 7 045标吨。同时，农民注重了氮、磷、钾的配合及复合肥料的应用，使复合肥料的施用量由 1989 年的 1 983 标吨增加到 2004 年的 3 760 标吨。农民对化肥认识提高的同时也注重了作物微肥的施用，微肥由激素类发展到尿素类、腐殖酸类、氨基酸类及微量元素。

6. 21 世纪初期 中央对农民“一免两补”政策的实施，再次激励了农民对肥料的投入，化肥用量直线上升，由 1986 年的 4 544 标吨增加到 2004 年的 11 531 标吨。2006 年达到用量高峰，化肥用量突破 15 981 吨，当年粮食产量也首次登上 50 万吨大关；2009 年化肥用量达 19 432 吨，粮食产量再次达到 69.2 万吨，2011 年粮食产量再创新高达到 89.2 万吨。

随着化肥用量和粮食产量的逐年增加，从 1995 年以后，全市作物开始出现缺素症状。伊春市农业技术研究推广中心投资修建了土壤化验室，1992 年在全市开展了测土配方施肥技术的全面普及推广工作，同时承担了全市《白菜测土配方施肥技术应用》课题，对全市近 8 000 公顷白菜地块采样 401 个点次，进行了全面化验分析，并结合养分数据和白菜需肥规律制订了“白菜测土配方施肥检索表”。经过 3 年的试验，使施肥量下降 20%，产量提高 20%，彻底解决了由于过量施肥造成根腐病等病害严重的问题，白菜口感甜脆、耐冬贮，种植户降低了成本，且丰产丰收，价高畅销，也使百姓吃上了放心菜，取得了较好的经济效益和社会效益，使伊春市白菜种植步入了新的高度，该课题获市政府科技进步二等奖。2009 年伊春市农业技术研究推广中心重新装修化验室并于 2010 年底交付使用后，对全市 19 个区局进行了大面积的土壤测试与分析和测土配方施肥技术推广。从此伊春市从盲目施肥走向科学施肥，根据伊春市的土壤养分状况和作物需肥规律提出了伊春市“稳氮、调磷、增钾、补微”的施肥模式，降低了化肥的总用量，使粮食产量开始稳步提高，收到了良好的经济效益、社会效益和生态效益。

二、开展专题调查的必要性

耕地是作物生长的基础，了解耕地土壤的地力状况和供肥能力是实施平衡施肥最重要的技术环节，因此开展耕地地力调查，查清耕地的各种营养元素的状况，对提高科学施肥技术水平，提高化肥的利用率，改善作物品质，防止环境污染，维持农业可持续发展等都有着重要的意义。

1. 开展耕地地力调查，提高平衡施肥技术水平，是保证粮食安全的需要 保证和提高粮食产量是人类生存的基本需要。粮食安全不仅关系到经济发展和社会稳定，还有深远的政治意义。近几年来，我国一直把粮食安全作为各项工作的重中之重，随着经济和社会的不断发展，耕地逐渐减少和人口不断增加的矛盾将更加激烈，21 世纪人类将面临粮食等农产品不足的巨大压力，伊春市作为国家商品粮基地之一，是维持黑龙江省粮食安全的坚强支柱，必须充分发挥科技的优势，保证粮食的持续稳产和高产。平衡施肥技术是节本增效、增加粮食产量的一项重要技术，随着作物品种的更新、布局的变化，土壤的基础肥力也发生了变化，在原有基础上建立起来的平衡施肥技术不能适应新形势下粮食生产的需要，必须结合本次耕地地力调查和评价结果对平衡施肥技术进行重新研究，制订适合该地生产实际的平衡施肥技术措施。

2. 开展耕地地力调查，提高平衡施肥技术水平，是增加农民收入的需要 伊春市虽然不是以农业为主的大市，但粮食生产收入占农民收入的很大比重，是维持农民生产和生活所需的根本。在现有条件下，自然生产力低下，农民不得不靠投入大量化肥来维持粮食的高产，化肥投入占整个生产投入的 50%以上，但化肥效益却逐年下降，如何科学合理的搭配肥料品种和施用技术，达到提高化肥利用率、增加产量、提高效益的目的，要实现这一目的必须结合本次耕地地力调查与之进行平衡施肥技术的研究。

3. 开展耕地地力调查，提高平衡施肥技术水平，是实现绿色农业的需要 随着中国社会经济发展和人民生活水平的提高，对农产品提出了更高的要求，农产品供给矛盾是由于质量低、成本高造成的，农业生产必须从单纯追求高产、高效向绿色（无公害）农产品方向发展，这对施肥技术提出了更高、更严的要求，这些问题的解决都必须要求了解和掌握耕地土壤肥力状况、掌握绿色（无公害）农产品对肥料施用的质化和量化的要求，所以，必须进行平衡施肥的专题研究。

第二节 测土配方施肥的原理与方法

一、测土配方施肥的概念

测土配方施肥是以土壤测试和肥料田间试验为基础，根据作物需肥规律、土壤供肥性能和肥料效应，在合理施用有机肥料的基础上，提出氮、磷、钾及中、微量元素等肥料的施用数量、施肥时期和施用方法。

测土配方施肥在国际上通称为平衡施肥，是联合国在世界上推行的先进农业技术。概括起来说，一是测土，就是取土样测定土壤养分含量；二是配方，就是根据土壤养分含量，结合作物需要的肥料开方配肥；三是合理施肥，就是根据作物生长发育中最需要肥料的时期进行定量施肥，或者是在科技人员的指导下施肥。也就是说满足作物均衡吸收各种营养，就能达到高产、优质、高效的目的。

二、测土配方施肥的内容

测土配方施肥是在对土壤做出诊断，分析作物需肥规律，掌握土壤供肥和肥料释放相关条件变化特点的基础上，确定施用肥料的种类，配比肥料用量，按方配肥。

从广义上讲，应当包括农肥和化肥配合施用。可以打一个比喻，补充土壤养分、施用农肥视为“食补”，施用化肥视为“药补”。人们常说“食补好于药补”，因为农家肥中含有大量的有机质，可以增加土壤团粒结构，改善土壤水、肥、气、热状况，不仅能补充土壤中含量不足的氮、磷、钾三大元素，又可以补充各种中、微量元素。实践证明，农家肥和化肥配合施用，可以提高化肥利用率的5%～10%。

测土配方施肥技术是一项较复杂的技术，农民不容易掌握，只有把技术物化后，才能够真正实现技术应用。即测、配、产、供、施一条龙服务，由专业部门进行测土、配方，由化肥企业按配方进行生产供给农民，由农业技术人员指导科学施用。简单地说，就是农民直接买配方肥，再按具体方案施用，这项技术才能真正应用到农业生产中去，才能发挥出它应有的作用。

三、测土配方施肥实施关键环节

概括起来主要有以下3个关键环节：

1. 开展配方施肥技术培训　重点围绕着大豆、玉米、水稻、瓜果和蔬菜等主要作物，突出合理确定施肥数量、选择肥料品种、把握施肥时期和改进施肥方法等重点内容，组织专家进村入户、田间地头指导等多种形式，广泛开展以测土配方施肥技术、合理施用方法为主要内容的技术培训。

2. 做好肥料市场专项治理　主要配合黑龙江省土壤肥料管理站对复混肥、配方肥、精制有机肥和微生物肥料产品进行质量抽检，并将质量抽检情况向社会公布。编印识别假冒伪劣肥料知识挂图、测土配方施肥技术宣传挂图、测土配方施肥技术挂历和相关技术资料，提高农民鉴别假冒伪劣肥料的能力与维权意识，提高农民对测土配方施肥技术的认知度。

3. 完善配方施肥基础设施　积极推进测土配方施肥技术标准化，推动“沃土工程”的实施，配套完善土壤分析化验仪器设备、田间试验基础条件等相关设施，为测土配方施肥技术推广提供有力的保障手段。

四、测土配方施肥的原理

测土配方施肥考虑到作物、土壤、肥料体系的相互联系，其遵循的基本原理如下：

1. 养分归还（补偿）学说　养分归还（补偿）学说是德国化学家李比希1843年提出的，从植物、土壤和肥料中营养物质变化及其相互关系，他认为“由于人类在土地上种植作物，并把这些产物拿走，这就必然会使地力下降，从而使土壤所含的养分将会越来越少。因此要恢复地力就必须归还从土壤中拿走的全部东西，不然就难以再获得当年那样高的产量，为了增加产量就应该向土壤施加灰分即矿物质养分，否则地力将衰竭”。

换句话讲，植物以不同的方式从土壤中吸收矿质养分，为了保持土壤肥沃，就必须把植物带走的矿质养分以肥料形式还给土壤，这就是养分归还（补偿）学说。

2. 最小养分律 植物生长发育要吸收各种养分，但是决定作物产量的却是土壤中那个含量最小的养分，产量也在一定限度内随这个因素的增减而相应地变化。因而忽视这个限制因素的存在，即使较多的增加其他养分也难以再提高作物产量。

换句话讲，植物生长发育需要多种必需元素，但决定植物产量（生物量）的是土壤中相对含量最小的养分，只有补充了土壤最小养分，植物的产量才会提高。

3. 报酬递减律 报酬递减律是18世纪后期欧洲经济学家杜尔哥和安德森首先对工业生产研究提出来的，后来有的学者把报酬递减律移植到农业上来，“从一定的土地上所得到的报酬随着向该土地投入的劳动和资本量的增大而有所增加，但随着向该土壤投入的单位劳动和资本的增加，报酬的增加却在逐渐减少”。

在一定的生产条件下施肥量与产量之间的关系往往呈曲线形式。当土壤中缺乏某种养分时，随着该养分施肥量的增加，作物产量增加，增施单位量肥料的增产量随施肥量的增加而递增；但超过一定限度后，单位量肥料的增产量便开始递减，当递减为零时，作物产量达到最大值。此时若继续增施肥料，也不能获得高产，反而有可能导致作物产量下降。

4. 因子综合作用律 作物能否正常生长发育，获得产量的高低，受各种因子如养分、水分、光照、空气、良种、植保、栽培、耕作等综合作用的影响，这就是综合作用律。

为了充分发挥肥料的最大增产效益，施肥必须与选用良种，肥水管理耕作制度，气候变化等影响肥效的诸因素相结合。

五、测土配方施肥主要步骤

测土配方施肥的实施主要包括八个步骤：采集土样→土壤化验→确定配方→组织配方肥→按方购肥→科学用肥→田间监测→修订配方。

测土配方施肥的关键：一是确定施肥量，就像医生针对病人的病症“开出药方、按方配药”，根据土壤缺什么，确定补什么；二是根据作物营养特点和不同肥料的供肥特性，确定施肥时期及各时期的肥料用量；三是选择切实可行的施肥方法，制订与施肥相配套的农艺措施，以发挥肥料的最大增产作用。

（一）配方施肥量的确定

当前，所推广的配方施肥技术主要从定量施肥的不同依据来划分，可以归纳为以下几个类型：

1. 地力分区（级）法 按土壤肥力高低分成若干等级，或划出一个肥力均等的片区，作为一个配方区。利用土壤普查资料和过去田间试验成果，结合群众的实践经验，估算出这一配方区比较适宜的肥料种类及其施用量。

2. 目标产量配方法 根据作物产量的构成，由土壤和肥料两个方面供给养分的原理来计算肥料的施用量。目标产量确定后，计算作物需要吸收多少养分来施用多少肥料。目前主要采用养分平衡法，就是以土壤养分测定值来计算土壤供肥量。肥料需要量可按下列公式计算：

$$化肥施用量=\frac{作物单位吸收量\times目标产量-土壤供肥量}{肥料养分含量\times肥料当季利用率}$$

式中：作物吸收量——作物单位吸收量×目标产量；

土壤供肥量——土壤测试值×0.15×校正系数。

土壤测试值以毫克/千克表示，0.15为养分换算系数，校正系数是通过田间试验获得。

3. 肥料效应函数法　不同肥料施用量对产量的影响，称为肥料效应。肥料用量和产量之间存在着一定的函数关系。通过不同肥料用量的田间试验，得出函数方程，用以计算出肥料最适宜的用量。常用的有氮、磷、钾比例法；通过田间肥料测试，得出氮、磷、钾最适用量，然后计算出氮、磷、钾之间的比例，确定其中一个肥料元素的用量，就可以按比例计算出其他元素的用量，如以氮定磷、定钾，以磷定氮、定钾等。

4. 计算机推荐施肥法　在实际生产中，由人工计算配方施肥的施肥量是一项较复杂的工作，农民不容易掌握，为此近年应用计算机技术，通过对大量数据处理和专家知识的归纳总结，开发了一套测土配方施肥专家系统。通过该系统对土壤养分结果的录入和运算，计算机能很快地给出作物的预测产量（生产能力）和最佳施肥配比和施肥量，指导农民科学施肥。

（二）施肥时期的确定

作物的一生对养分的要求常有两个极其重要的时期，这就是作物营养临界期和作物营养最大效率期。在生产中应及时满足作物在这两个时期对养分的要求，才能显著提高作物产量。

1. 作物营养临界期　在作物生育过程中，有一时期对某种养分要求绝对量不多，但很敏感、需要迫切。此时如缺乏这种养分，对作物生育的影响极其明显，并由此而造成的损失，即使以后补施该种养分也很难纠正和弥补，这一时期一般是在幼苗期。

2. 作物营养最大效率期　在作物生长发育过程中还有一个时期，植物需要养分的绝对数量最多，吸收速率最快，肥料的作用最大，增产效率最高，这时就是作物营养最大效率期。此时作物生长旺盛，对施肥的反应最为明显。例如玉米氮素最大效率期在喇叭口到抽雄初期，水稻在拔节到抽穗期。

3. 施肥方法的确定　常用的施肥方法基肥有全层施肥法、分层施肥法、撒施法、条施和穴施法等；追肥有撒施法、条施法、穴施法、环施法、冲施法、喷施法等；种肥有拌种法、浸种法、沾秧根法、盖种肥法等。应根据作物种类、土壤条件、耕作方式、肥料用量和性质，采用不同的施用方法。

六、各地测土配方施肥的主要模式

各地根据农业部的总体部署，扎实开展测土配方施肥的推广工作，探索出的各种不同的运行机制和技术模式，归纳目前各地创造性的、不拘一格的测土配方施肥运行机制，主要有以下3种模式：

1. 全程服务型　全程服务型即由农业部门开展“测土、配方、生产、供肥和施肥指导”全程服务。

2. 联合服务型 联合服务型即由农业部门土肥技术推广机构进行测土和配方筛选，联合或委托复混肥料生产企业进行定点生产，实行定向供应，并由土肥技术推广机构发放施肥通知单，或对农民的具体施肥环节进行直接培训和指导服务。

3. 单一指导型 单一指导型即由农业部门进行测土和配方筛选，然后根据辖区内的土壤类型和作物布局等进行施肥分区，在确定目标产量后，制作施肥通知单，或印发明白纸、发放技术挂图，开展多种形式的技术培训，指导农民科学施肥。农民根据需要自主在市场上购买单质肥料进行配施，或选择基础复混肥进行灵活调节。

第三节　调查方法和内容

一、样点布设

依据《耕地地力调查与质量评价技术规程》，利用伊春市土壤图、行政区划图和土地利用现状图叠加产生的图斑作为耕地地力调查的调查单元。伊春市区总耕地面积 258 798 公顷，本次共设 1 222 个样点；样点布设基本覆盖了伊春市区主要的土壤类型。

二、调查内容

布点完成后，对取样农户农业生产基本情况进行了入户调查。

三、肥料施用情况

1. 农家肥 分为牲畜过圈肥、秸秆肥、堆肥、沤肥、绿肥、沼气肥等，单位为千克。

2. 有机商品肥 是指经过工厂化生产并已经商品化，在市场上购买的有机肥。

3. 有机无机复合肥 是指经过工厂化并已经商品化，在市场销售的有机无机复（混）肥。

4. 氮素化肥、磷素化肥、钾素化肥 应填写肥料的商品名称，养分含量，购买价格及生产企业。

5. 无机掺（混）肥 调查地块施入的掺（混）肥的含量，购买价格等。

6. 微肥 被调查地块施用微肥的数量，购买价格及生产企业等。

7. 微生物肥料 指调查地块施用微生物肥料的数量。

8. 叶面肥 用于叶面喷施的肥料，如喷施宝、磷酸二氢钾等。

四、样品采集

土样采集是在作物播种前和成熟并收获后进行的。在采样时，首先向农民了解作物种植情况，按照《黑龙江省耕地地力与质量评价技术规程》要求逐项填写调查内容，并用

GPS进行定位，在选定的地块上进行采样，大田采样深度为0～20厘米，每块地根据耕地面积大小采集7～20个点，用四分法留取土样1千克做化验分析。

第四节　专题调查的结果与分析

一、耕地肥力状况调查结果与分析

本次耕地地力评价工作，共对1 222个土样的有机质、全氮、有效磷、速效钾和微量元素等进行了分析，平均含量见附表1-2。

附表1-2　伊春市区耕地养分含量平均值

项　目	平均值	最大值	最小值
碱解氮（毫克/千克）	300	500	38
有效铜（毫克/千克）	17.68	61.88	0.23
有效锰（毫克/千克）	123.91	348.4	11.20
全氮（克/千克）	3.59	5.569	1.193
有效铁（毫克/千克）	25.80	187.02	0.10
有效锌（毫克/千克）	2.18	5.53	0.10
有机质（克/千克）	58.10	107.40	8.90
有效磷（毫克/千克）	39.60	147.50	1.00
速效钾（毫克/千克）	170	590	2
全磷（克/千克）	0.360	0.945	0.050
全钾（克/千克）	26.80	53.40	1.06
pH	6.10	7.70	4.8

（一）土壤有机质及大量元素

1. 土壤有机质　耕地土壤有机质平均含量58.1克/千克，变幅在8.9～107.4克/千克。其中，含量大于60克/千克，占52.25%；含量在40～60克/千克，占45.93%；含量在30～40克/千克，占1.12%；含量在20～30克/千克，占0.11%；含量在10～20克/千克，占0.53%；含量小于10克/千克，占0.06%。与第二次土壤普查的139.4克/千克相比，下降了81.3克/千克。

2. 土壤全氮　耕地土壤中全氮平均含量3.59克/千克，变幅在1.193～5.569克/千克。其中，含量大于2.5克/千克，占89.8%；含量在2～2.5克/千克，占7%；含量在1.5～2克/千克，占2.6%；含量在1～1.5克/千克，占0.67%。与第二次土壤普查6.5克/千克相比，下降了2.91克/千克。

3. 土壤有效磷　耕地土壤有效磷平均含量39.6毫克/千克，变幅在1.0～147.5毫克/千克。其中，含量大于60毫克/千克，占44.52%；含量在40～60毫克/千克，占25.32%；含量在20～40毫克/千克，占21.09%；含量在10～20毫克/千克，占6.7%；含量在5～10毫克/千克，占2.19%；小于5毫克/千克，占0.18%。与第二次土壤普查27.2毫克/千克相比，上升了12.4毫克/千克。

4. 土壤速效钾 耕地土壤速效钾平均含量 170 毫克/千克，变幅在 2～590 毫克/千克。其中，含量大于 200 毫克/千克，占 23.8%；含量在 150～200 毫克/千克，占 28.4%；含量在 100～150 毫克/千克，占 30.4%；含量在 50～100 毫克/千克，占 15.5%；含量在 30～50 毫克/千克，占 0.2%；含量小于 30 毫克/千克，占 1.7%。与第二次土壤普查 296.7 毫克/千克相比，下降了 126.7 毫克/千克。

（二）微量元素

土壤微量元素虽然作物需求量不大，但它们同大量元素一样，在植物生理功能上是同样重要和不可替代的，微量元素的缺乏不仅会影响作物生长发育、产量和品质，而且会造成一些生理性病害。如缺锌导致玉米白化苗和水稻赤枯病。因此现在耕地地力评价中把微量元素作为衡量耕地地力的一项重要指标。以下为这次调查耕地土壤微量元素情况，见附表 1-3。

附表 1-3　微量元素调查情况

单位：毫克/千克

项目	平均含量	最大值	最小值	极缺	轻度缺	适中	丰富	极丰富
有效锌	2.18	5.53	0.10	<0.5	0.5～1.0	1～1.5	1.5～2	>2
有效铜	17.68	61.88	0.23	<0.1	0.1～0.2	0.2～1	1～1.8	>1.8
有效铁	25.8	187.02	0.10	<2.5	2.5～4.5	4.5～10	10～20	>20
有效锰	123.9	348.4	11.2	<5.0	5.1～7.5	7.5～10	10～15	>15

1. 土壤有效锌 耕地土壤有效锌含量平均 2.18 毫克/千克，变化幅度在 0.1～5.53 毫克/千克。根据土壤有效锌分级标准，土壤有效锌含量在 0.1～5.53 毫克/千克，说明伊春市耕地土壤有效锌处中下等水平，对高产作物玉米，尤其又是对锌敏感作物，应增施锌肥。

2. 土壤有效铜 耕地有效铜含量平均值为 17.68 毫克/千克，变化幅度在 0.23～61.88 毫克/千克。根据土壤有效铜的分级标准，<0.1 毫克/千克为严重缺铜，0.1～0.2 毫克/千克为轻度缺铜，0.2～1 毫克/千克为基本不缺铜，1～1.8 毫克/千克为丰铜，>1.8 毫克/千克为极丰。调查的所有样本中全市各类土壤中铜含量比较均衡，说明伊春市耕地土壤有效铜为丰富级。

3. 土壤有效铁 耕地有效铁平均为 25.8 毫克/千克，变化幅度在 0.10～187.02 毫克/千克。根据土壤有效铁的分级标准，土壤有效铁<2.5 毫克/千克为严重缺铁（很低）；2.5～4.5 毫克/千克为轻度缺铁（低）；4.5～10 毫克/千克为基本不缺铁（中等）；10～20 毫克/千克为丰铁（高）；>20 毫克/千克为极丰（很高）。在调查样本中，大多数土壤有效铁含量均高于临界值 2.5 毫克/千克，也高于丰铁最低值 10 毫克/千克，说明伊春市耕地土壤有效铁属丰富级。

4. 土壤有效锰 耕地土壤有效锰平均值为 123.9 毫克/千克，变化幅度在 11.2～348.4 毫克/千克。根据土壤有效锰的分级标准，土壤有效锰的临界值为 5 毫克/千克（严重缺锰，很低），大于 15 毫克/千克为丰富。调查样本中，80%大于 15 毫克/千克，为丰富级，说明伊春市区耕地土壤中有效锰属丰富级。

二、伊春市区施肥情况调查结果与分析

本次调查农户肥料施用情况，共计调查380户农民。伊春市区主要土类施肥情况统计见附表1-4。

附表1-4　伊春市主要土类施肥情况统计

单位：千克/公顷

项　目	有机肥	纯N	P_2O_5	K_2O	$N:P_2O_5:K_2O$
暗棕壤	15 000	57.5	42.5	30	1∶1.48∶0.43
草甸土	13 500	55	45	30	1∶1.39∶0.45
沼泽土	16 000	60	45	25	1：1.45：0.32

在调查的380户农户中，只有31户施用有机肥，占总调查户数的8.2%，平均施用量6 000千克/公顷左右，主要是禽畜过圈粪和秸秆肥等。伊春市2009年每公顷平均施用化肥纯养分量为80.73千克，其中纯氮肥22.62千克/公顷，主要来自尿素、磷酸二铵和复合肥；纯磷肥31.46千克/公顷，主要来自磷酸二铵和复合肥；纯钾肥6.64千克/公顷，主要来自硫酸钾、氯化钾、复合肥等。伊春市总体施肥水平不高，比例1∶1.39∶0.29，磷肥和钾肥的比例有较大幅度的提高，但与科学施肥比例相比还有一定的差距。

从肥料品种看，伊春市的化肥品种已由过去单纯的尿素、磷酸二铵、钾肥向高浓度复合肥、长效复合（混）肥方向发展，复合肥比例已上升到71%左右。在调查的380户农户中，85%农户能够做到氮、磷、钾搭配施用，15%农户主要使用磷酸二铵、尿素。叶面肥大田主要用于大豆苗期和开花期，约占55.2%，玉米苗期约占3.3%，其余用于经济作物及蔬菜。

从不同施肥区域看，大豆、玉米、水稻高产区域，整体施肥水平也较高，平均公顷纯施肥量为140千克，其中纯氮48千克、纯磷71千克、纯钾21千克，氮、磷、钾施用比例1∶1.48∶0.43，如双丰局、桃山局等。低产区施肥水平也相对较低，平均公顷施肥量110千克，其中纯氮40千克、纯磷55千克、纯钾15千克，氮、磷、钾施用比例1∶1.38∶0.38，只要合理调整施肥布局和施肥结构，仍有一定的增产潜力。

第五节　耕地土壤养分与肥料施用存在的问题

一、耕地土壤养分失衡

本次调查结果表明，伊春市区耕地土壤中大量营养元素有所改善，土壤有效磷、速效钾和有机质的变化幅度比较大，土壤有效磷上升了12.4毫克/千克，速效钾下降了126.7毫克/千克，有机质下降了81.3克/千克。土壤有机质和速效钾的下降主要是由于水土流

失和连年耕作导致产出多投入少，耕地耕层逐渐变浅，犁底层厚度逐渐增加；施用有机肥数量逐渐减少，导致土壤有机质得不到及时有效的补充；农民向耕地的投入不足，施肥量不够，土壤养分入不敷出；轮作换茬不合理，由于大部分地块长期种植单一作物，致使土壤中某些养分降低。

二、重视化肥、轻视农肥

1990—2009 年，伊春市化肥纯使用量从 4 368 吨增加到 19 432 吨，化肥用量大幅增加。据黑龙江省土壤肥料管理站调查：家庭联产承包后 30 年不施有机肥的地块占 60%～70%。80.5%的农户种玉米不施农肥；90%的农户种水稻不施农肥；97%的农户种大豆不施农肥。农业生产中普遍存在着重化肥、轻农肥，过去传统的积肥方法已不复存在。由于农村农业机械的普及提高，有机肥源相对集中在少量养殖户家中，势必造成有机肥施用的不均衡和施用总量的不足，在有机肥的积造上，由于没有专门的场地，有机肥积造过程基本上是露天存放，风吹雨淋势必造成养分的流失，使有效养分降低，影响有机肥的施用效果。

三、忽视微肥、不用菌肥

20 世纪 80 年代，玉米、水稻施用锌肥、大豆施用硼钼微肥面积很大。目前，有些农民盲目的用含激素的叶面肥替代微肥；有些厂家宣称复合肥中含有 Zn、B、Mn、Mo，其实检测不到含量。一部分耕地由于投入养分比例失衡，已经出现局部土壤磷素上升，速效钾养分下降，中微量元素如硫、硅、锌、钼、硼等缺乏现象。过去黑龙江省种植大豆用根瘤菌拌种面积较大，近几年而由于根瘤菌剂运输和使用方法等问题，在生产中农民很少用到根瘤菌剂，现在农民反映大豆根瘤少了、根际病害多了，即使有根瘤也是铜锈色的瘪根瘤，固氮能力弱了。而大豆根瘤菌肥是世界上技术最成熟的生物肥，伊春市 2009 年大豆播种面积达 164 323 公顷，占伊春市区农作物总播面积的 68.3%。然而农民栽培大豆不接种根瘤菌，作为土肥工作者有义务加强根瘤菌剂宣传力度，在今后农业生产中大力推广。

四、耕层变薄、犁底层变厚

对农户耕作机械进行调查，伊春市 90%为小型农机整地，小型农机整地的地块耕层深度为 18～20 厘米，大型农机整地的地块耕深能够达到 25～40 厘米。十几年来，耕层由大部分 25 厘米以上下降为 20 厘米左右，耕层深度下降了 5 厘米左右。耕层是作物根系的生存空间，也是作物营养的“储存库”，土壤耕层变浅，植物根系活动空间变小，对作物生长极为不利。

五、化肥施用方法不合理

随着高产密植品种的普及推广，化肥的施用量逐年增加，但施用化肥数量并不是完全符合作物生长所需，化肥投入不合理，造成了 N、P、K 比例不合理。加之施用方法不科学，特别是有些农民为了省工省时，未从耕地土壤的实际情况出发，施肥存在许多问题。如乱用缓释肥，使用过程中春旱年头不减产，雨水调和年减产，连续“轰”出问题的多；用喷施叶面肥替代追肥，造成不必要减产；垄沟撒施尿素，不进行覆土或覆土不严，造成化肥挥发大，利用率低。在保水保肥条件不好的瘠薄性地块，容易造成养分流失、脱肥，尤其是氮肥流失严重，降低肥料的利用率。作物高产限制因素未消除，大量的化肥投入并未发挥出群体增产优势，高投入未能获得高产出。因此应根据伊春市各土壤类型的实际情况，有针对性地制订新的施肥指导意见。

六、平衡施肥服务体系不健全

平衡施肥技术已经普及推广了多年，并已形成一套比较完善的技术体系，但在实际应用过程中，技术推广与农资服务相脱节，购买不到所需肥料，导致平衡施肥难以发挥应有的科技优势。而伊春市没有配肥站，在现有的条件下不能为农民提供测、配、产、供、施配套服务。今后应加强配肥站建设，利用耕地地力评价所取得的数据，有针对性对不同区域进行配方，在实施过程中探索一条方便快捷、科学有效的技物相结合的服务体系。

第六节　平衡施肥规划和对策

一、平衡施肥规划

依据《黑龙江省耕地地力与质量评价技术规程》伊春市本次评价耕地分为 5 个等级，见附表 1－5。

附表 1－5　伊春市耕地地力等级面积统计

耕地等级	综合指数分级（*IFI*）	土壤面积（公顷）	占本次评价耕地面积（%）
一级	>0.818	9 522.66	16.22
二级	0.794～0.818	13 592.66	23.16
三级	0.781～0.794	11 414.99	19.45
四级	0.617～0.781	19 771	33.68
五级	0～0.617	4 397.54	7.49

根据各类土壤评等定级标准，把伊春市各类土壤划分为 3 个耕地类型：

1. 高肥力土壤　包括一级地。

2. 中肥力土壤　包括二级地和三级地。

3. 低肥力土壤　包括四级地和五级地。

根据 3 个耕地土壤类型制订伊春市平衡施肥总体规划。

（一）大豆平衡施肥技术

根据伊春市耕地地力等级、大豆种植方式、产量水平及有机肥使用情况，确定伊春市大豆平衡施肥技术指导意见，见附表 1-6。

附表 1-6　伊春市区大豆不同土壤类型施肥模式

地力等级		目标产量（千克）	有机肥（千克/公顷）	N（千克/公顷）	P_2O_5（千克/公顷）	K_2O（千克/公顷）	N、P、K 比例
高肥力	一级	3 500	15 000	49	70	30	1∶1.43∶0.61
中肥力	二级	3 000	14 500	45	69	29	1∶1.53∶0.64
	三级	2 500	14 000	48	70	35	1∶1.46∶0.73
低肥力	四级	2 000	16 000	44.5	67	35	1∶1.51∶0.79
	五级	1 750	16 500	46	68	35	1∶1.48∶0.76

在大豆肥料施用上提倡底肥和追肥相结合。全部氮肥的 1/3 做底肥，2/3 做追肥；全部磷肥做底肥；钾肥全部做底肥。

（二）玉米平衡施肥技术

根据伊春市耕地地力等级、玉米种植方式、产量水平及有机肥使用情况，确定伊春市玉米平衡施肥技术指导意见，见附表 1-7。

附表 1-7　伊春市区玉米不同土壤肥力类型施肥模式

地力等级		目标产量（千克）	有机肥（千克/公顷）	N（千克/公顷）	P_2O_5（千克/公顷）	K_2O（千克/公顷）	N、P、K 比例
高肥力	一级	9 000	15 000	120	65	50	1∶0.54∶0.41
中肥力	二级	8 250	14 500	135	70	55	1∶0.51∶0.40
	三级	7 500	14 000	140	75	60	1∶0.53∶0.42
低肥力	四级	6 750	16 000	145	80	65	1∶0.55∶0.44
	五级	6 000	15 000	150	85	70	1∶0.56∶0.46

在肥料施用上，提倡底肥和追肥相结合。全部氮肥的 1/3 做底肥，2/3 做追肥；全部磷肥的 70%做底肥，30%做追肥；钾肥全部做底肥，随氮肥和磷肥、有机肥深层施入。

（三）水稻平衡施肥技术

根据伊春市区水稻土壤地力分级结果、作物生育特性和需肥规律，提出水稻土施肥技术模式，见附表 1-8。

附表 1-8　伊春市区水稻不同土壤肥力施肥模式

地力等级		目标产量（千克）	有机肥（千克/公顷）	N（千克/公顷）	P_2O_5（千克/公顷）	K_2O（千克/公顷）	N、P、K 比例
高肥力	一级	10 500	12 500	150	135	80	1∶0.83∶0.53
中肥力	二级	9 000	12 500	140	120	75	1∶0.78∶0.53
	三级	7 500	15 000	130	110	60	1∶0.76∶0.46
低肥力	四级	6 750	15 000	125	100	55	1∶0.72∶0.44
	五级	6 000	15 000	120	95	50	1∶0.70∶0.41

根据水稻氮素的两个高峰期（分蘖期和幼穗分化期），采用前重、中控、后补的施肥原则。前期50%的氮肥做底肥，分蘖肥占35%，粒肥占15%。磷肥做底肥一次施入。钾肥底肥和拔节肥各占50%。除氮、磷、钾肥外，水稻对硫、锌等微量元素需要量也较大，因此要适当施用硫酸锌和含硅等微肥，每公顷施用量1千克左右。

（四）马铃薯平衡施肥技术

根据伊春市区耕地地力等级、马铃薯种植方式、产量水平及有机肥使用情况，确定伊春市马铃薯平衡施肥技术指导意见，见附表1-9。

附表1-9 伊春市区马铃薯不同土壤肥力施肥模式

地力等级		目标产量（千克）	有机肥（千克/公顷）	N（千克/公顷）	P_2O_5（千克/公顷）	K_2O（千克/公顷）	N、P、K比例
高肥力	一级	30 000	14 000	50	42	46	1∶0.84∶0.92
中肥力	二级	26 250	14 500	50	40	45	1∶0.80∶0.90
	三级	22 500	14 000	49	40	45	1∶0.81∶0.91
低肥力	四级	18 750	16 000	48	40	44	1∶0.83∶0.91
	五级	18 000	15 000	46	40	43	1∶0.86∶0.93

在马铃薯肥料施用上提倡底肥和追肥相结合。全部氮肥的1/3做基肥，2/3做追肥；全部磷肥做底肥；钾肥全部做底肥。

二、平衡施肥对策

伊春市区通过开展耕地地力评价、施肥情况调查和平衡施肥技术，总结伊春市总体施肥概况为：总量偏高、比例失调，方法不尽合理。具体表现在氮肥、磷肥投入偏高，钾肥和微量元素肥料相对不足。根据伊春市农业生产实践和科学合理施用的总原则，提出伊春市的“调氮、稳磷、增钾和补微”的施肥模式，围绕种植业生产制订出平衡施肥的相应措施。

1. 增施有机肥提高土壤肥力 积极倡导绿色产业观念，引导农民转变观念，从农业生产的可持续发展角度出发，加大有机肥积造数量，提高有机肥质量，扩大有机肥施用面积。一是在根茬还田的基础上，逐步实现高留茬还田，增加土壤有机质含量；二是大力发展畜牧业，通过过腹还田，增加沤肥数量，提高肥料质量；三是大力推广畜禽养殖场，将粪肥工厂化处理，发展有机复合肥生产，实现有机肥的产业化、商品化市场；四是针对不同类型土壤制订出不同的技术措施，并对这些土壤进行跟踪检测，建立技术档案，适时跟踪和观测土壤养分的动态变化。

2. 加快平衡施肥向纵深发展 推广平衡施肥技术，关键在技术和物资的配套服务，解决有方无肥、有肥不专的问题，因此要把平衡施肥技术落到实处，必需实行“测、配、产、供、施、指导”一条龙服务，通过配肥站的建立，生产出各施肥区域所需的专用型肥料，农民依据配肥站储存的技术档案购买到自己所需的配方肥，确保技术实施到位。

3. 实施耕地保养长效机制 在《黑龙江省基本农田保护条例》的基础上，尽快制订出适合当地农业生产实际，能有效保护耕地资源，提高耕地质量的地方性政策法规，建立科学耕地养护机制，使耕地利用向良性方向发展。

4. 建立配方施肥指导机制 加大对测土配方施肥项目高效运行及管理机制的研究，让测土配方施肥项目真正在农业生产中发挥作用，降低生产成本，实现精准施肥，提高生产效益，减少肥料的浪费和农业环境特别是土壤环境的污染。

附录2　伊春市区耕地地力调查与种植业布局专题报告

一、概　况

伊春市区第二次土壤普查至今已30多年，在此期间随着农村经营体制改革和耕作制度、作物品种、种植结构、产量水平、肥料和农药的使用等情况的显著变化，导致伊春市耕地土壤肥力出现相应的改变。为此，伊春市开展耕地地力与种植业布局专题调查，目的是为摸清伊春市耕地地力情况，合理调整农业种植业结构。同时，对提高全市耕地保护与管理水平、指导培肥地力、发展有机农业、发展无公害绿色农产品生产和农业可持续发展均具有重要的指导意义。

伊春市是国家主要林区之一，主要作物以大豆、玉米为主，2009年农作物总播种面积240 693公顷，其中大豆年播种面积达到164 323公顷。进入20世纪80年代以后，粮食产量连续大幅度增长，到2009年全市粮食总产达到69.2万吨。其中优化种植业布局和种植面积的增加是促使粮食增产的主要因素之一。近几年来，伊春市区以稳大豆、增水稻、扩玉米，提高经济作物的播种面积为重点，合理调整产业布局，为实现农业增产、农民增收奠定基础。

二、开展专题调查的背景

（一）种植业布局的发展

伊春市区种植作物已有多年的历史，从种植业布局来看，大致可分为3个阶段：

1. 1949—1960年以前　开发建设初期，只有浩良河镇、晨明镇有部分粮食作物。1949年，伊春粮食生产面积1 879公顷，占总播种面积的67%，粮食总产1 930吨，粮食生产结构依次是玉米、谷子、杂粮、水稻、小麦。1969年，全市粮食生产面积发展到1 165.4公顷，占全市总播种面积的43%。由于当年是个低温年，粮食平均亩产36.5千克，总产6 380吨，生产结构变化为谷子、小麦、玉米、杂粮、高粱、水稻。

2. 20世纪70～80年代　土地的耕作方式有所改变，多以生产队形式进行集体化耕作，种植业布局有所改变，以粮食作物和经济作物为主，在一定程度上能够做到合理轮作，提高粮食产量。1970年，全市粮食生产面积2 909.43公顷，占总播种面积的48.76%，粮食总产33 822吨，粮食结构为小麦、谷子、玉米、水稻、杂粮、高粱。1979年，粮食生产面积曾一度达到2 432.5公顷，占总播种面积的40.71%，总产量达到47 343吨。之后，面积逐年减少。

3. 20世纪80年代至今　中共十一届三中全会以后，农民有了土地的自主经营权，作物品种呈现多元化，以粮、经、饲为主要的种植结构模式，粮食产量也有了大幅度的提高。仅2002—2009年，伊春市粮食总产量达到了396.6万吨。

（二）开展专题调查的必要性

开展耕地地力调查，查清耕地的各种营养元素的状况，做出作物适宜性评价结果图，以便有针对性的根据土壤养分状况种植作物，对进一步提高粮食产量、改善作物品质，促进农业可持续发展有着重要的意义。

开展耕地地力调查，调整种植业结构，提高土壤养分利用率，是增加农民收入的需要。有针对性的种植作物，避免盲目施肥，节约资金，降低成本，以期达到因地种植，因品种施肥，是实现农业增收的前提和保证。

开展耕地地力调查，关系到粮食安全及经济发展和社会稳定，有深远的政治意义。我国一直把粮食安全作为各项工作的重中之重，随着经济和社会的不断发展，耕地逐渐减少和人口不断增加的矛盾将更加激烈，21 世纪人类将面临粮食等农产品不足的巨大压力，可为提高土壤养分利用率和粮食的持续稳产和高产提供了可靠依据。

三、调查方法与内容

采用耕地地力调查与测土配方施肥工作相结合，依据《耕地地力调查与质量评价技术规程》规定的程序及技术路线实施，利用伊春市归并土种后的土壤图、基本农田保护图和土地利用现状图叠加产生的图斑作为耕地地力调查的调查单元。2009 伊春市区基本农田面积为 60 253 公顷，样点布设基本覆盖了全市主要的土壤类型。土样采集是在作物播种前和成熟收获后进行的。在选定的地块上进行采样，每 40～50 公顷地布一个点，采样深度为 0～20 厘米，每块地根据地块面积大小选取 7～20 个点混合一个样，用四分法留取土样 1 千克做化验分析，并用 GPS 进行定位。

四、调查结果与分析

（一）调查结果

本次耕地地力评价将伊春市基本土壤划分为 5 个等级：一级地 9 522.66 公顷，占本次评价耕地面积的 16.22%；二级地 13 592.66 公顷，占本次评价耕地面积的 23.16%；三级地 11 414.99 公顷，占本次评价耕地面积的 19.45%；四级地 19 771 公顷，占本次评价耕地面积的 33.7%；五级地 4 397.54 公顷，占本次评价耕地面积的 7.49%。一级地属高产田土壤，面积为 9 522.66 公顷，占本次评价耕地面积的 16.22%；二级、三级为中产田土壤，面积为25 007.65 公顷，占本次评价耕地面积的 42.6%；四级、五级为低产田土壤，面积为24 168.54 公顷，占本次评价耕地面积的 41.17%。按照《全国耕地类型区耕地地力等级划分标准》进行归并，伊春市区一级地归入国家四级地；二级地归入国家五级地；三级地归入国家六级地；四级地归入国家七级地；五级地归入国家八级地。

归入国家等级后，四级地面积为 9 522.66 公顷，占 16.22%；五级地面积为 13 592.66 公顷，占本次评价耕地面积的 23.16%；六级地面积为 11 414.54 公顷，占本次评价耕地面积的 19.45%；七级地面积为 19 771 公顷，占本次评价耕地面积的 33.68%；八级地面积为 4 397.54 公顷，占本次评价耕地面积的 7.49%。伊春市区土壤地力分级统计见附表 2－1，耕地地力（国家级）分级统计见附表 2－2，2009 年耕地地力调查与评价化验结果见附表 2－3。

附表 2－1　伊春市区土壤地力分级统计

地力分级	地力综合指数分级（*IFI*）	土壤面积（公顷）	占基本土壤面积（%）	产量（千克/公顷）
一级	>0.818	9 522.66	16.22	>9 000
二级	0.794～0.818	13 592.66	23.6	7 500～9 000
三级	0.781～0.794	11 414.99	19.45	6 000～7 500
四级	0.617～0.781	19 771.00	33.68	4 500～6 000
五级	0～0.617	4 397.54	7.49	<4 500

附表 2－2　伊春市区耕地地力（国家级）分级统计

国家级	*IFI* 平均值	土壤面积（公顷）	占基本土壤面积（%）	产量（千克/公顷）
四级	>0.818	9 522.66	16.22	9 000～10 500
五级	0.794～0.818	13 592.66	23.16	7 500～10 500
六级	0.781～0.794	11 414.99	19.45	6 000～7 500
七级	0.617～0.781	19 771.00	33.68	4 500～6 000
八级	0～0.617	4 397.54	7.49	3 000～4 500

附表 2－3　2009 年耕地地力调查与评价化验结果表

土壤类型	有机质（克/千克）	全氮（克/千克）	碱解氮（毫克/千克）	有效磷（毫克/千克）	速效钾（毫克/千克）
沼泽土	59.6	3.450	299	29.8	181
暗棕壤	57.9	3.650	305	32.1	172
草甸土	56.9	3.450	289	26.8	161
黑　土	58.8	3.840	295	32.9	147
泥炭土	66.1	4.120	230	47.4	142
白浆土	59.3	4.101	325	32.6	147
水稻土	63.9	3.850	286	45.0	106
新积土	56.7	4.240	299	65.8	124

由附表 2－3 可以看出：暗棕壤、草甸土的土壤养分较好。

（二）调查分析

伊春市区 1985 年与 2009 年土壤养分平均含量对比见附表 2－4。

附表 2－4　伊春市 1985 年与 2009 年土壤养分平均含量对比

年份	有机质（克/千克）	全氮（克/千克）	有效磷（毫克/千克）	速效钾（毫克/千克）	pH
1985	139.4	6.500	27.2	297	4.6
2009	58.1	3.590	39.6	170	6.1

从附表 2-4 中可以看出，本次耕地地力调查与 1985 年第二次土壤普查结果相比较，土壤养分状况发生了明显的变化。伊春市区土壤全氮平均值为 3.59 克/千克，比 1985 年的 6.5 克/千克下降了 2.91 克/千克；全市土壤有效磷平均值为 39.6 毫克/千克，比 1985 年的 27.2 毫克/千克上升了 12.4 毫克/千克；全市土壤速效钾平均值为 170 毫克/千克，比 1985 年的 297 毫克/千克下降了 127 毫克/千克；全市土壤 pH 平均为 6.1，比 1985 年的 4.6 上升了 1.5，土壤酸碱度向微酸性方向发展；市区土壤有机质为 58.1 克/千克，比 1985 年的 139.4 克/千克下降了 81.3 克/千克。

五、种植业布局

种植业是伊春市区农业生产中的主要部分，综观伊春市近几年种植业的发展，从整体上来看，粮豆薯作物面积基本稳定，经济作物面积有所增加，各类作物的产量保持增长，种植业的产值在农业中的比重有所降低，劳动生产率和土地产出率有所提高。粮食类的加工率偏低，经济作物类商品率高，销售途径不断扩大，经营上向规模化和产业化方向发展。为适应加入世贸组织新形势，不断提高农产品竞争能力，调整种植业结构，促进农业和农村经济的持续发展。

（一）20 世纪 80 年代种植业结构情况

20 世纪 80 年代，伊春市区种植的作物种类较多，主要有大豆、玉米、小麦、谷子、水稻、马铃薯等粮食作物；其次是葵花等经济作物和茄子、黄瓜、萝卜、葱、甘蓝、菠菜等蔬菜作物。

（二）种植业调整方向

农业生产是以各种作物为劳动对象，并通过它们的生长、发育过程将资源中的能量和物质转化、储存、积累成人们的生活资料和原料的生产部门，是人类赖以生存的最基本的生产，作物生产是农业生产的基本环节。各种作物在一定区域内，形成了与之相适应的特点，而影响作物生长发育的主要因素各有不同。伊春市从土壤属性、土壤肥力、土壤适宜性等气候条件的实际情况出发，确定种植业战略重点：一是北部大豆区；该区包括嘉荫（已完成耕地地力评价）、乌伊岭区、汤旺河区、新青区、五营区等，该区地形变化大，北部为低山丘陵，西部南部为缓坡漫岗，区内各地气候也有很大变化，该区主要土壤类型是草甸土、暗棕壤；二是中部蔬菜区，该区分布特点是集中，主要有伊春区、友好区、美溪区等市区周边地区，该区主要土壤类型是草甸土、暗棕壤，土壤水分条件好，地下水位高，土壤养分储量丰富，潜在养分含量高，有效性差；三是南部水稻区，主要是铁力（市）（已完成耕地地力评价）。

在种植业结构调整中应以品种调优、规模调大、效益调高等方式为主，其种植布局调整如下：

1. 大豆 大豆是伊春市主栽作物，近几年受国家政策和市场的影响，销路顺畅，是农民收入的主要来源之一。同时，大豆又是发展畜牧业的重要饲料，对稳固大豆播种面积，促进畜牧业的健康发展起到了积极作用。根据耕地地力评价结果，市区大豆高度适宜的面积为 24 026.64 公顷，占本次评价耕地面积的 40.93%，主要分布在桃山局、南岔区迎春乡及浩良河镇、铁力局和朗乡局；土壤类型主要草甸土，面积为 7 758.07 公顷，暗棕壤面积为 3 082 公顷。大豆高度适宜耕地所处地形相对平缓，侵蚀和障碍因素很小。耕层各项养分含量高，土壤结构较好，质地适宜，一般为重壤土，容重适中，土壤大都偏酸性，pH 为 4.9～7.7。养分含量丰富，有效锌为 2.26 毫克/千克，有效磷平均 70.7 毫克/千克，速效钾平均 179 毫克/千克。保水保肥性能较好，有一定的排涝能力。该级地适于种植大豆，产量水平高。应正确选用良种、合理施肥，加强大豆生产综合管理措施。

2. 玉米　伊春市区是以玉米为主的杂粮作物产区，玉米作为伊春市主栽作物之一，产量的高低对伊春市粮食总产起着举足轻重的作用。玉米具有高产、抗逆性强的特点。同时也为畜牧业的发展提供饲草和饲料。因此，为保证粮食生产安全和畜牧业的健康发展，玉米面积在伊春市比较稳定，且近几年面积有一定的增加。

3. 马铃薯　马铃薯面积稳中有升，伊春市区马铃薯面积受土壤、地形部位、水分等条件的影响，马铃薯高中产土壤主要集中在上甘岭区、友好区等地，种植面积相对稳定，近几年由于友好区引进淀粉加工企业，马铃薯面积增加较快。

4. 经济作物　经济作物虽具有较高的经济效益，但经济作物的产量和价格受气候和市场影响非常大，如果播种面积过大，农产品供大于求，常常会造成农民的重大损失。因此，应根据各地的实际情况，结合市场行情，选择在当地有一定优势或发展前景好的作物，如在伊春市的西北部可种植向日葵、白瓜子等经济作物。在市区周边可发展棚室蔬菜的生产，发展节能温室，并要形成一定规模，避免盲目扩大面积，违背市场规律，造成严重损失。

5. 小浆果　加大产业结构调整力度，扩大小浆果种植面积，露地种植面积以供加工型“美登”品种为主，积极试种其他加工用的半高丛搭配品种，同时开展野生蓝莓人工驯化与杂交育种研究，积极培育乡土品种；注重搞好品种的更新换代；也可利用温室、冷棚等保护地设施，适度引种鲜食品种；积极引进蓝靛果种植品种，建立蓝靛果露地和林下种植基地；稳步扩大草莓、山葡萄、五味子等品种的种植面积，形成多种类的小浆果品种体系。

六、种植结构调整存在的问题

1. 扶持力度不够　伊春市区是大林业区，对农业投入严重不足，现行的农业政策在行政措施、经济手段等方面对种植业未能有效的保护和扶持，政府部门对主导产业发展的经济支持力度十分微薄。

2. 品种结构单一　目前，伊春市区种植业中仍以大豆为主，但没有形成一定的品种规模优势，由于南北跨度大，品种过多过杂，单一品种的面积小及分散经营造成伊春市无法形成农业（种植业）品牌，大大地限制了优势的特色产品发展。

3. 技术力量不足　伊春市从事种植业专业技术人员数量相对较少，伊春市农业技术研究推广中心、铁力市农业技术推广中心、嘉荫县农业技术推广中心具有农艺师和助理农艺师以上职称的专业技术人员有 80 多人，但从全市 127.3 万多人口数量和 258 798 公顷耕地面积来看，比例仍然偏低，整体技术力量偏弱。

4. 流通环节不畅 大豆、玉米、水稻是伊春市区种植业主要产品，但几乎没有精深加工途径，大豆只是做豆腐、豆浆；玉米也只是速冻；蔬菜类深加工更是少得可怜。

七、对策与建议

通过开展耕地地力评价，基本摸清了伊春市区耕地类型的地力状况及农业生产现状，为伊春市农业发展及种植业结构优化提供了较可靠的科学依据。种植业结构调整除了因地种植外，还要与伊春市的经济、社会发展紧密相连。

1. 加大资金投入 通过加强农业基础设施的投入，以及增加财政用于农业特别是农田水利设施投资的比例，改变伊春市农田水利基础设施落后的面貌。加强基本农田建设，以基本农田建设为重点，改善局部地形条件，拦蓄降水，减少径流和土壤流失，增加降水就地入渗量，提高保水保土保肥能力。

2. 改良土壤结构 通过深松、耙精中耕、培施改土、合理轮作等措施，提高土壤有机质。同时使土壤理化性状得以改善，增加土壤储水，提高土壤蓄水保墒能力。不断加大有机肥的投入量，保持和提高土壤肥力。对中低产田可以通过农艺、生物综合措施进行改良，使其逐步变成高产稳产农田。

3. 发展特色农业（小浆果） 借助伊春林区特有的地理位置及气候条件，特别是林地资源丰富，可以发展林下经济、食用菌、蓝莓、蓝靛果、黑加仑、树莓等特色农业，不仅调整各种农产品数量比例关系，更重要的是调整农产品品质结构，全面提高农产品质量。同时减少劣质品种的生产，选择优质品种，探索最佳种植模式等，已成为当前农业结构调整的重点。必须大力发展"优质高效"农业，扩大优质产品在整个农产品中所占的比重，实现农产品生产以大路货产品为主向以优质专用农产品为主的转变。

4. 推广良种良法 积极推进单产水平的提高和专用化生产。选用适用先进科学技术是调整种植结构，发展优质、低耗、高效农业的基础。加速科技进步、加强技术创新，是提高农产品市场竞争力的根本途径。优化结构，促进产业升级，除了解决好品种问题之外，还需要有相应配套的现代农业技术作为支撑。应重点加强与新品种相对应的施肥培肥技术、耕作技术等。为促进主要作物专业化生产和满足不同社会需求，重点是发展高油与高蛋白大豆、高淀粉马铃薯、优质水稻、各种加工专用型与饲用型玉米。

5. 实行标准化生产 从大豆、玉米、水稻等重点粮食作物抓起，把先进适用技术综合组装配套，转化成易于操作的农艺措施，让农民看得见、摸得着、学得来、用得上，用生产过程的标准化保证粮食产品质量的标准化。从种子、整地、播种、田间管理、收获和加工等关键环节抓起，快速提高单位面积产量。在有条件的地方，实行粮食的标准化生产，为高标准搞好春耕生产提供了基础和条件。粮食标准化生产的实施要搞好技术培训，加大高产优质高效粮食生产栽培技术的培训力度，确保技术到村、到户、到田间地头。

附录 3　伊春市区大豆适宜性评价专题报告

大豆是我国主要的粮食、油料、饲料作物，它是人类应用植物油和植物蛋白的主要来源之一，发展大豆生产在国民经济中占有重要的地位。黑龙江省是全国大豆主产区之一，近年来，播种面积在 3 660 000 公顷以上，占全国大豆总面积的 28%左右；总产占 30%左右；平均公顷产量 1 500～1 650 千克，高于全国平均单产水平。大豆也是伊春市区的主要种植作物，2009 年伊春市农作物总播面积为 240 693 公顷，大豆栽培面积达 164 323 公顷。由于连年种植，导致重茬面积逐年增加，致使产量下降，效益下滑。

大豆富含蛋白质、脂肪，营养丰富，利于人体的吸收，是我国四大油料作物之一。大豆对土壤适应能力较强，几乎所有的土壤均可以生长，从土质来看，沙质土、壤土、轻黏土等都可以种植大豆。对土壤的碱度适应范围（pH）在 6～7.5，以排水良好、富含有机质、土层深厚、保水性强的土壤为最适宜。大豆在田间生长条件下，每生产 100 千克籽粒，需吸收氮素（N）7.2 千克；五氧化二磷（P_2O_5）1.2～1.5 千克；氧化钾（K_2O）2.5 千克。大豆虽然可以固定空气中的游离氮素，但仅能供给大豆生育所需氮素的二分之一到三分之二，其余还要从土壤中吸收，因此对氮肥的需求最高。大豆需水较多，每形成 1 千克物质，需耗水 600～1 000 克。大豆对水分的要求在不同生育期是不同的，种子萌发时要求土壤有较多的水分，以满足种子吸水膨胀萌芽之需。大豆是喜温作物，在温暖的环境条件下生长良好。发芽最低温度在 6～8℃，以 10～12℃发芽正常；生育期间以 15～25℃最适宜；大豆进入花芽分化以后温度低于 15℃发育受阻，影响受精结实；后期温度降低到 10～12℃时灌浆受影响。整个生育期要求 1 700～2 600℃的活动积温。

在大豆适宜性评价上，本次耕地地力评价对伊春市辖区内土壤进行大豆适宜性研究，主要根据影响大豆产量的因素差异，确定大豆产量的因素作为评价指标，并将影响较大因素的评价指标的权重加大，如≥10℃积温、地形部位、有效土层厚度、地貌类型，其余指标与地力评价指标一样。通过采集土样及化验数据分析，评价出适宜种植的区域，更好的发展伊春市大豆生产，为伊春市大豆生产提供技术指导具有重要意义。

一、评价指标评分标准

用 1～9 定为 9 个等级打分标准，1 表示同等重要，3 表示稍微重要，5 表示明显重要，7 表示强烈重要，9 极端重要，2、4、6、8 处于中间值。

二、权重打分

（一）总体评价准则权重打分

准则权重评价见附图 3-1。

	立地条件	剖面性状	理化性状	土壤养分
立地条件	1.0000	2.8571	2.5000	5.0000
剖面性状	0.3500	1.0000	0.8333	2.0000
理化性状	0.4000	1.2000	1.0000	2.5000
土壤养分	0.2000	0.5000	0.4000	1.0000

附图 3-1　准则权重评价

（二）评价指标分项目权重打分

1. 立地条件权重　见附图 3-2。

	≥10℃积温	地貌类型	地形部位
≥10℃积温	1.0000	1.6667	1.2500
地貌类型	0.6000	1.0000	0.7143
地形部位	0.8000	1.4000	1.0000

附图 3-2　立地条件权重评价

2. 剖面性状权重　见附图 3-3。

	障碍层类型	有效土层厚
障碍层类型	1.0000	0.3333
有效土层厚	3.0000	1.0000

附图 3-3　剖面性状权重评价

3. 理化性状权重　见附图 3-4。

	pH	有机质	质地
pH	1.0000	0.8333	0.6667
有机质	1.2000	1.0000	0.7692
质地	1.5000	1.3000	1.0000

附图 3－4　理化性状权重评价

4. 养分性状权重　见附图 3－5。

	有效磷	速效钾	有效锌
有效磷	1.0000	2.0000	5.0000
速效钾	0.5000	1.0000	3.3333
有效锌	0.2000	0.3000	1.0000

附图 3－5　养分性状权重评价

三、大豆适宜性评价指标隶属函数的建立

1. 土壤质地（概念型）　土壤质地分类及其隶属度评估见附表 3－1。

附表 3－1　土壤质地分类及其隶属度评估

分类编号	土壤质地	隶属度
1	轻壤土	0.6
2	轻黏土	0.75
3	沙壤土	0.4
4	中壤土	0.9
5	重壤土	1

2. 障碍层类型（概念型）　土壤障碍层类型及其隶属度评估见附表 3－2。

附表 3－2　土壤障碍层类型及其隶属度评估

分类编号	障碍层类型	隶属度
1	沙粒层	0.4
2	潜育层	0.6
3	黏盘层	1
4	沙漏层	0.2

3. 地形部位（概念型） 土壤地形部位及其隶属度评估见附表 3-3。

附表 3-3 土壤地形部位及其隶属度评估

分类编号	地形部位	隶属度
1	顶部	0.2
2	缓坡	0.4
3	坡下部	0.6
4	坡上部	0.3
5	陡坡	0.2
6	火山碎屑	0.1
7	漫坡	0.5
8	漫坡下部	0.7
9	河岸宽阶地	0.95
10	河谷平地	0.95
11	丘陵漫岗顶部	0.4
12	山顶	0.2
13	河岸阶地	0.9
14	山前漫岗台地	0.6
15	低平地	0.8
16	漫岗中上部	0.7
17	漫岗坡下部	0.75
18	台地下部	0.6
19	漫岗下部	0.7
20	河流阶地	1.0
21	较低平	0.6
22	山间谷地边缘	0.85
23	低洼地	0.1
24	平坦低洼	0.1
25	宽谷洼地	0.1
26	宽谷洼地边缘	0.2
27	河流阶地边缘	0.3

4. 地貌类型（概念型） 土壤地貌类型分类及其隶属度评估见附表 3-4。

附表 3-4 土壤地貌类型分类及其隶属度评估

分类编号	地貌类型	隶属度
1	中山地	0.2
2	山地	0.3
3	平缓地	0.8
4	平缓岗地	0.8
5	平缓坡地	0.8
6	山陡坡	0.4
7	浅山近山区	0.3
8	低阶地	1

（续）

分类编号	地貌类型	隶属度
9	低平洼地	0.2
10	山前丘陵漫岗地	0.7
11	山前漫岗地	0.75
12	低平地	0.9
13	山间谷地	0.5
14	草甸间地	0.3
15	河漫滩	0.1
16	低河漫滩	0.1
17	台地	0.85
18	河流两岸	0.6
19	阶地	0.95
5	白浆层	0.85

5. 有机质

（1）专家评估：有机质专家隶属度评估见附表 3－5。

附表 3－5　有机质专家隶属度评估

有机质（克/千克）	10	20	30	40	50	60
隶属度	0.55	0.65	0.77	0.87	0.95	1

（2）建立隶属函数：土壤有机质隶属函数曲线（戒上型）见附图 3－6。

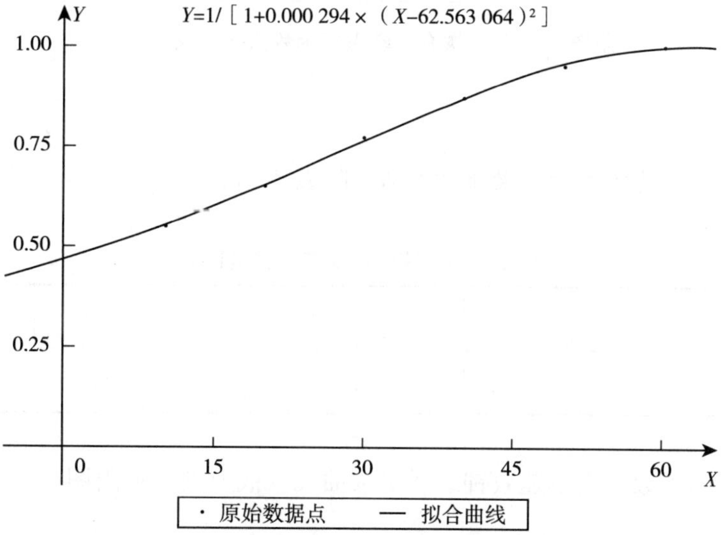

附图 3－6　土壤有机质隶属函数曲线（戒上型）

6. 有效磷

（1）专家评估：有效磷专家隶属度评估见附表 3－6。

附表 3－6　有效磷专家隶属度评估

有效磷（毫克/千克）	1	5	10	20	30	40	60	80
隶属度	0.25	0.3	0.35	0.45	0.56	0.68	0.95	1

（2）建立隶属函数：土壤有效磷隶属函数曲线（戒上型）见附图 3－7。

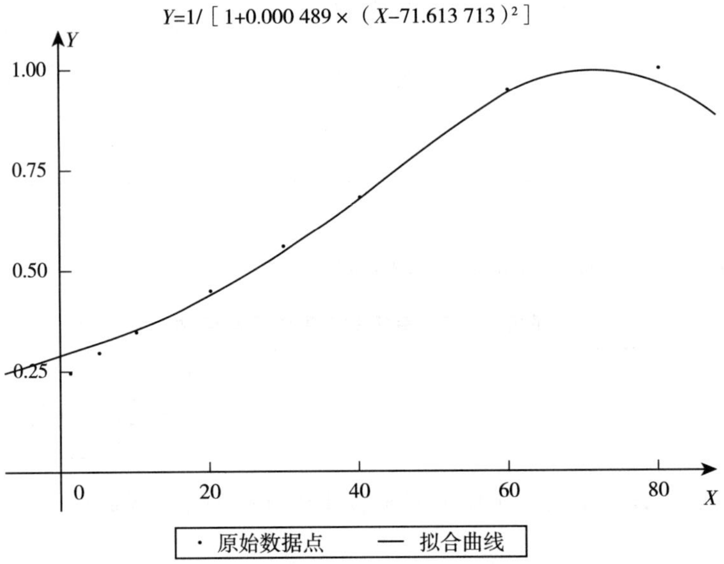

附图 3－7　土壤有效磷隶属函数曲线（戒上型）

7. 速效钾

（1）专家评估：速效钾专家隶属度评估见附表 3－7。

附表 3－7　速效钾专家隶属度评估

速效钾（毫克/千克）	2	10	60	110	170	230	290	350
隶属度	0.33	0.35	0.45	0.57	0.73	0.87	0.95	1

（2）建立隶属函数：土壤速效钾隶属函数曲线（戒上型）见附图 3－8。

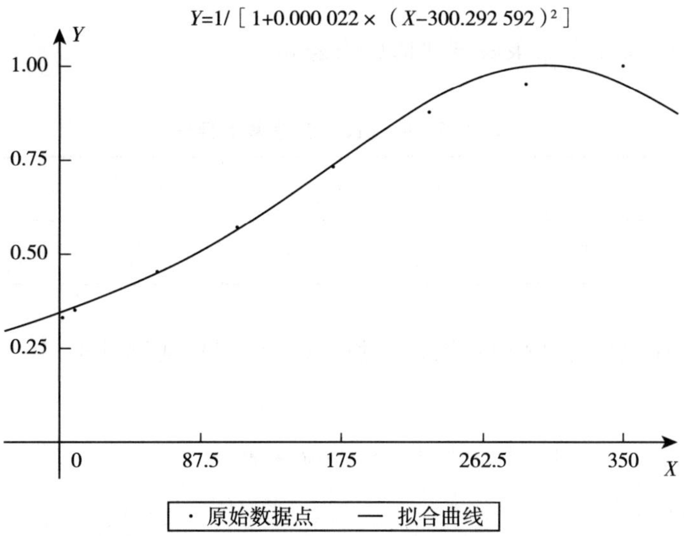

附图 3-8　土壤速效钾隶属函数曲线（戒上型）

8. 有效锌

（1）专家评估：有效锌专家隶属度评估见附表 3-8。

附表 3-8　有效锌专家隶属度评估

有效锌（毫克/千克）	0.01	0.5	1	1.5	2	2.5	3
隶属度	0.35	0.42	0.56	0.7	0.82	0.92	1

（2）建立隶属函数：土壤有效锌隶属函数曲线（戒上型）见附图 3-9。

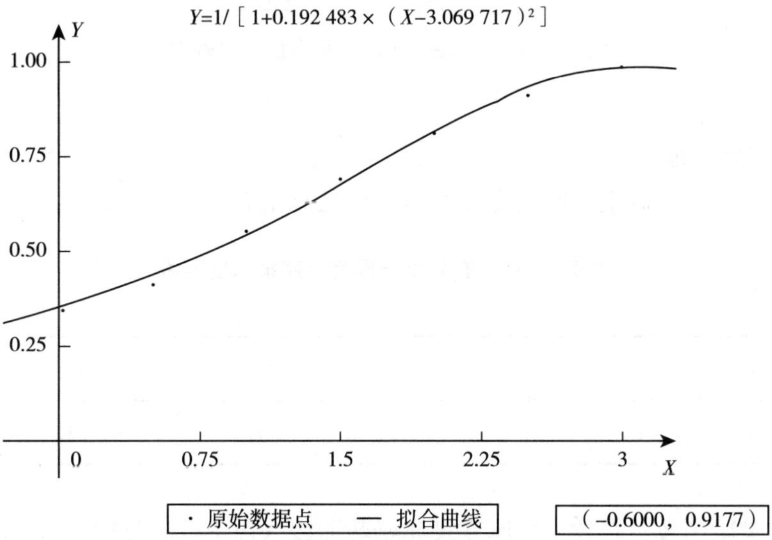

附图 3-9　土壤有效锌隶属函数曲线（戒上型）

9. pH

（1）专家评估：pH 专家隶属度评估见附表 3－9。

附表 3－9　pH 专家隶属度评估

pH	4.8	5.2	5.6	6	6.4	6.8	7.2	7.6	8
隶属度	0.5	0.65	0.78	0.88	0.95	1.0	0.93	0.81	0.6

（2）建立隶属函数：土壤 pH 隶属函数曲线（峰型）见附图 3－10。

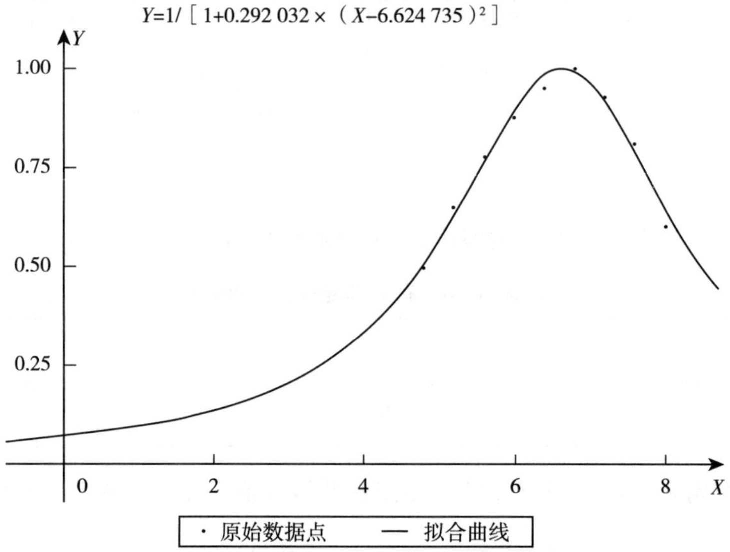

附图 3－10　土壤 pH 隶属函数曲线（峰型）

10. 有效土层厚度

（1）专家评估：有效土层厚度专家隶属度评估见附表 3－10。

附表 3－10　有效土层厚度专家隶属度评估

耕层厚度（厘米）	5	15	25	35	45
隶属度	0.6	0.7	0.83	0.93	1

（2）建立隶属函数：有效土层厚度隶属函数曲线（戒上型）见附图 3－11。

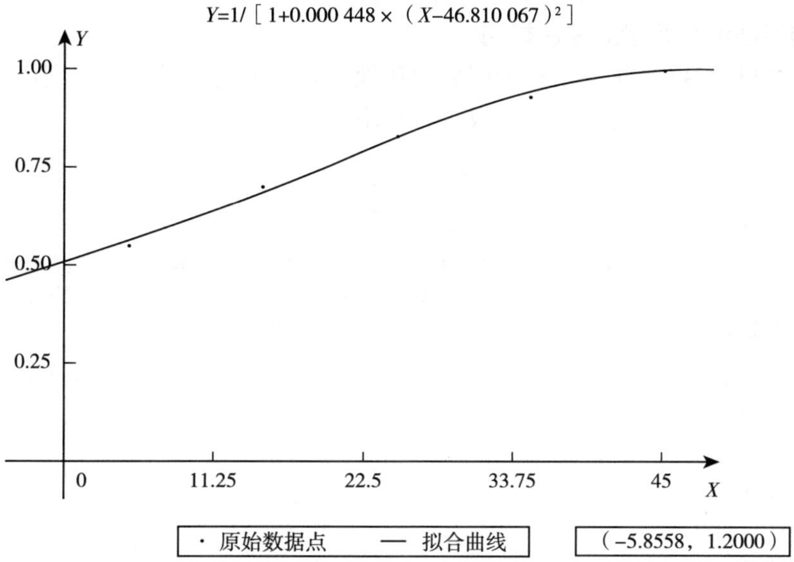

附图 3－11　有效土层厚度隶属函数曲线（戒上型）

四、大豆适应性评价层次分析

采用层次分析法确定每一个评价因素对耕地综合地力的贡献大小，构造评价指标层次结构图。

（一）构造评价指标层次结构图

根据各个评价因素间的关系，构造了层次结构图，见附图 3－12。

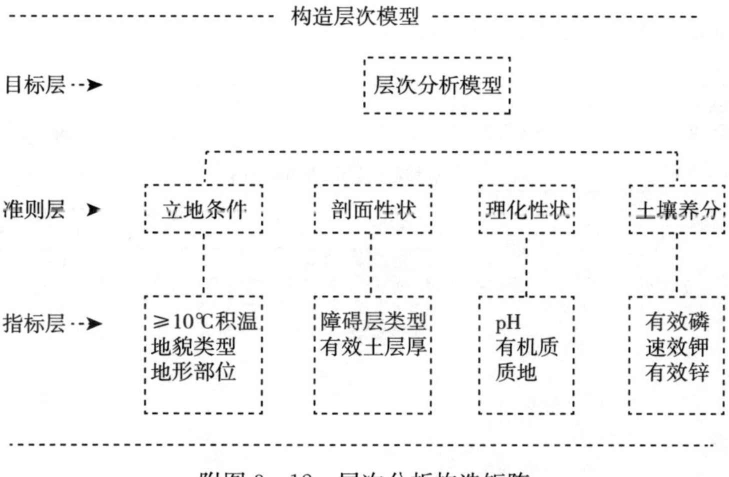

附图 3－12　层次分析构造矩阵

采用专家评估法，比较同一层次各因素对上一层次的相对重要性，给出数量化的评估。专家评估的初步结果经合适的数学处理后（包括实际计算的最终结果和组合权重）反馈给专家，请专家重新修改或确认，经多轮反复评估形成最终的判断矩阵。

（二）确定各评价因素的综合权重

采用层次分析法确定每一个评价因素对耕地综合地力的贡献大小。利用层次分析计算方法确定每一个评价因素的综合评价权重，见附图 3－13。

层次分析结果表

层次 A	层次 C				
	立地条件	剖面性状	理化性状	土壤养分	组合权重
	0.507 8	0.181 5	0.217 6	0.093 1	∑CiAi
≥10℃积温	0.416 1				0.211 3
地貌类型	0.245 6				0.124 7
地形部位	0.338 3				0.171 8
障碍层类型		0.250 0			0.045 4
有效土层厚		0.750 0			0.136 1
pH			0.270 0		0.058 7
有机质			0.319 8		0.069 6
质地			0.410 3		0.089 3
有效磷				0.576 7	0.053 7
速效钾				0.318 1	0.029 6
有效锌				0.105 2	0.009 8

本报告由《县域耕地资源管理信息系统 V3.2》分析提供

附图 3－13　层次分析结果表

五、进行大豆适宜性评价

1. 大豆耕地适宜性等级划分　见附图 3－14。

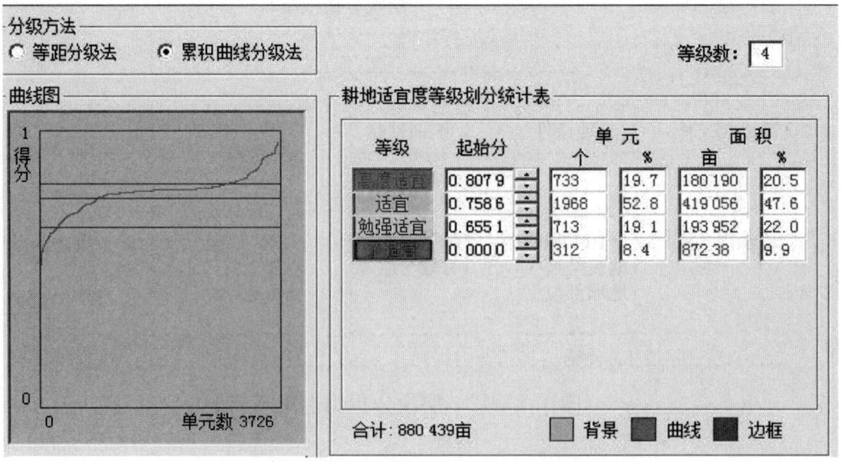

附图 3－14　大豆耕地适宜性等级划分

2. 大豆适宜性等级图　见附图 3 - 15。

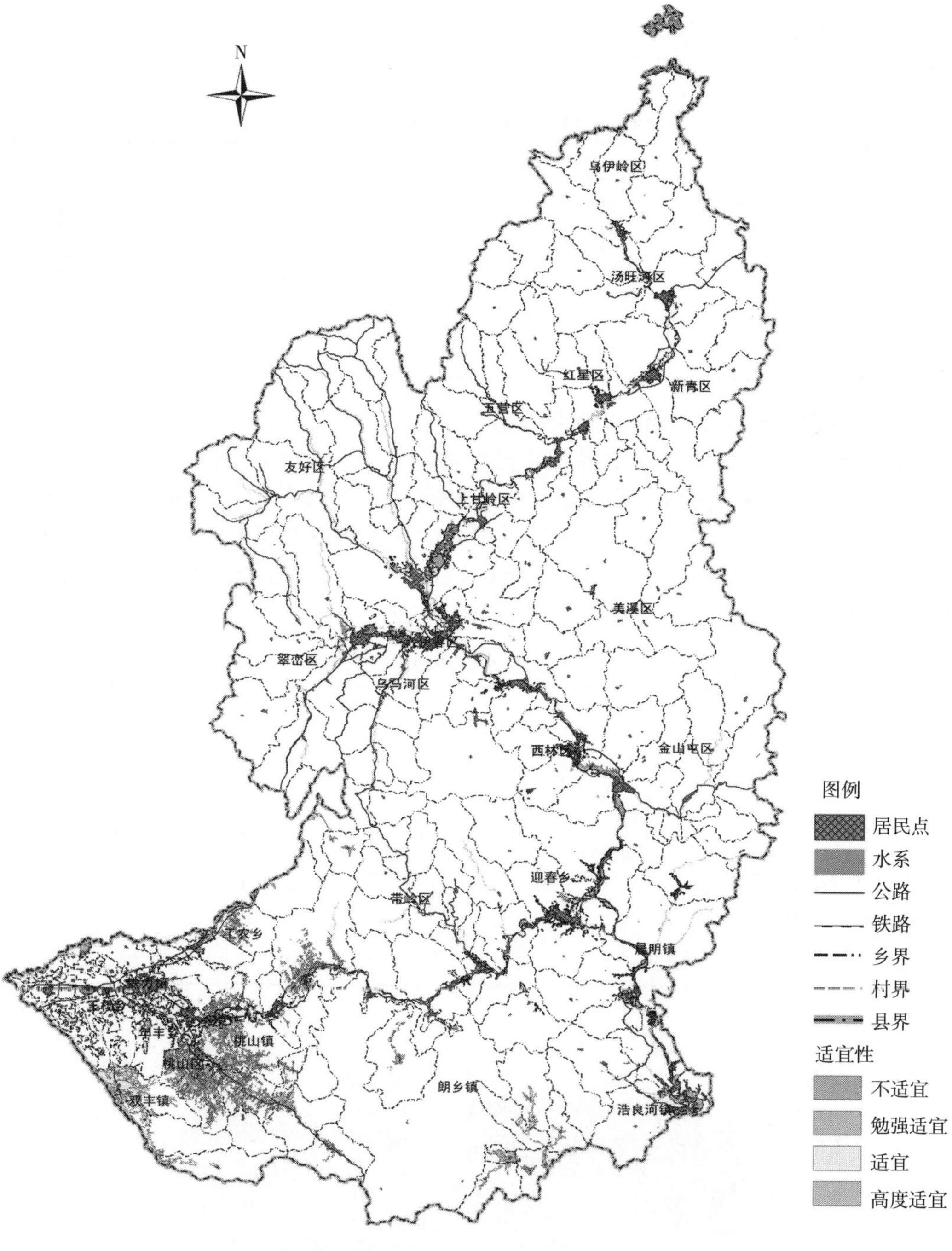

附图 3 - 15　伊春市区大豆适宜性等级图

六、评价结果

（一）大豆适宜性评价分级结果

见附表 3－11。

附表 3－11　大豆适宜性指数分级表

地力分级	地力综合指数分级（*IFI*）
高度适宜	>0.807 9
适　宜	0.758 6～0.807 9
勉强适宜	0.655 1～0.758 6
不适宜	<0.655 1

（二）各级别面积统计和相关指标平均值

1. 大豆不同适宜性耕地地块数及面积分布情况　本次大豆适宜性评价将伊春市适宜种植大豆耕地划分为 4 个等级：高度适宜耕地面积 12 013.32 公顷，占本次评价耕地面积的 20.5%；适宜耕地面积 27 938.46 公顷，占本次评价耕地面积的 47.6%；勉强适宜耕地面积 12 930.91 公顷，占本次评价耕地面积的 22%；不适宜面积 5 816.16 公顷，占本次评价耕地面积的 9.9%，见附表 3－12、附图 3－16。

附表 3－12　大豆不同适宜性耕地地块数及面积统计

适应性	地块个数（个）	面积（公顷）	所占比例（%）
高度适宜	733	12 013.32	20.5
适　宜	1 968	27 938.46	47.6
勉强适宜	713	12 930.91	22.0
不适宜	312	5 816.16	9.9
合计	3 726	58 698.85	100

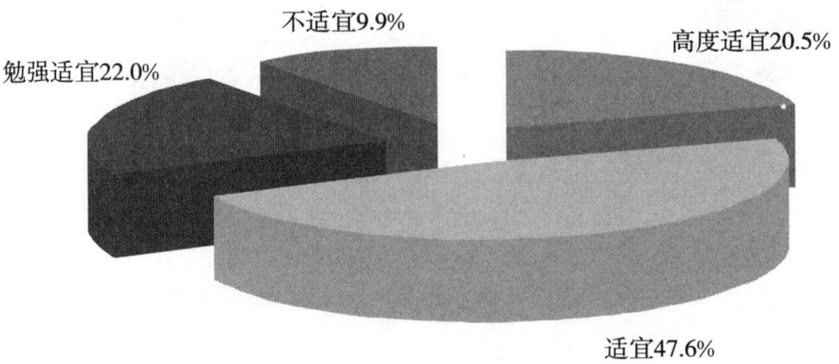

附图 3－16　大豆不同适宜性耕地地块面积分布

2. 大豆适宜性土类面积分布情况 从大豆适宜性土类面积分布看，高度适宜的草甸土面积为 7 758.07 公顷、暗棕壤面积为 3 082 公顷；适宜的暗棕壤面积为 14 755.23 公顷、沼泽土面积为 6 853.54 公顷；勉强适宜的沼泽土面积为 4 517.88 公顷、草甸土面积为 4 264.35 公顷、暗棕壤面积为 3 372.02 公顷；不适宜的暗棕壤面积为 22 867.07 公顷、沼泽土面积为 15 272.39 公顷、草甸土面积为 16 601.39 公顷、白浆土面积 2 220.39 公顷。见附表 3 - 13。

附表 3 - 13 大豆适宜性土类面积分布统计

单位：公顷

土 类	面积	不适宜	勉强适宜	适宜	高度适宜
沼泽土	15 272.39	3 900.97	4 517.88	6 853.54	0
暗棕壤	22 867.07	1 657.82	3 372.02	14 755.23	3 082
草甸土	16 601.39	168.24	4 264.35	4 410.73	7 758.05
黑 土	855.88	0	0	257.21	598.66
泥炭土	793.24	16.58	776.66	0	0
白浆土	2 220.39	0	0	1 661.75	558.64
水稻土	15.94	0	0	0	15.94
新积土	72.55	72.55	0	0	0

3. 大豆适宜性乡（镇）面积分布情况 大豆适宜性评价从乡（镇）面积分布来看，高度适宜的面积为 12 013.32 公顷，占总面积的 20.5%，主要分布在桃山局、南岔区迎春乡及浩良河镇、铁力局和朗乡局；适宜的面积为 27 938.46 公顷，占总面积的 47.6%，主要分布在桃山局、双丰局、友好区；勉强适宜的面积为 12 930.91 公顷，占总面积的 22.0%，主要分布在桃山局、南岔区晨明镇、上甘岭区；不适宜的面积 5 816.16 公顷，占总面积的 9.9%，主要分布在乌伊岭区、友好区、五营区。见附表 3 - 14。

附表 3 - 14 大豆适宜性各区（局）、乡（镇）面积分布统计

单位：公顷

区（局）、乡（镇）	面积	高度适宜	适宜	勉强适宜	不适宜
五营区	511.89	0	0	7.2	504.69
浩良河镇	2 425.38	1 159.41	0	1 265.97	0
晨明镇	2 115.96	0	0	2 115.96	0
上甘岭区	1 375.09	0	18.59	943.61	412.89
友好区	2 360.77	0	974.65	399	987.12
翠峦区	570.07	0	0.59	15.64	553.84
伊春区	956.84	0	0	436.99	519.85

（续）

区（局）、乡（镇）	面积	高度适宜	适宜	勉强适宜	不适宜
西林区	511.07	0	2.49	431.16	77.42
迎春乡	2 851.8	1 953.39	257.21	641.2	0
美溪区	644.57	0	0	627.7	16.87
金山屯区	1 680.28	79.19	170.69	1 430.4	0
乌马河区	257.11	0	0	0	257.11
带岭区	976.15	219.74	73.25	616.87	66.29
铁力局	4 010.28	1 363.68	1 703.35	93.76	849.49
双丰局	7 469.84	89.59	7 300.03	80.22	0
乌伊岭区	2 615.25	0	620.82	445.55	1 548.88
桃山局	23 812.91	6 243.67	14 956.88	2 590.65	21.71
朗乡局	3 553.59	904.65	1 859.91	789.03	0
合　计	58 698.85	12 013.32	27 938.46	12 930.91	5 816.16

4. 大豆适宜性养分分布情况

（1）大豆种植高度适宜区域：其土壤理化性状较好，有效锌含量平均为 2.26 毫克/千克，速效钾平均为 179 毫克/千克，有效磷含量平均为 70.7 毫克/千克，有机质含量平均为 57.9 克/千克，pH 最小为 5，最大为 7.7。

（2）大豆种植适宜区域：其土壤理化性状一般，有效锌含量平均为 2.38 毫克/千克，速效钾平均为 176 毫克/千克，有效磷含量平均为 67.6 毫克/千克，有机质含量平均为 57.7 克/千克，pH 最小为 5，最大为 7.6。

（3）大豆种植勉强适宜区域：其土壤理化性状不是很好，有效锌含量平均为 1.88 毫克/千克，速效钾平均为 149 毫克/千克，有效磷含量平均为 48.9 毫克/千克，有机质含量平均为 58.5 克/千克，pH 最小为 4.8，最大为 7.7。

（4）大豆种植不适宜区域：其土壤理化性状较差，有效锌含量平均为 1.39 毫克/千克，速效钾平均为 161 毫克/千克，有效磷含量平均为 30.2 毫克/千克，有机质含量平均为 60.2 克/千克，pH 最小为 5.2，最大为 7.0。见附表 3－15～附表 3－19。

附表 3－15　大豆不同适宜性耕地相关指标平均值

适宜性	有机质（克/千克）	碱解氮（毫克/千克）	有效磷（毫克/千克）	速效钾（毫克/千克）	有效锌（毫克/千克）	pH
高度适宜	57.9	303	70.7	179	2.26	6.2
适　宜	57.7	311	67.6	176	2.38	6.0
勉强适宜	58.5	262	48.9	149	1.88	6.1
不 适 宜	60.2	314	30.2	161	1.38	6.3

附表 3-16　大豆高度适宜耕地相关指标统计

养　　分	平均值	最大值	最小值
有机质（克/千克）	57.9	78.6	33.2
碱解氮（毫克/千克）	303	488	80
有效磷（毫克/千克）	70.7	144.0	7.5
速效钾（毫克/千克）	179	551	57
有效锌（毫克/千克）	2.26	5.53	0.095
pH	6.2	7.7	5.0

附表 3-17　大豆适宜耕地相关指标统计

养　　分	平均值	最大值	最小值
有机质（克/千克）	57.7	107.4	27.5
碱解氮（毫克/千克）	311	469	93
有效磷（毫克/千克）	67.64	144	7.67
速效钾（毫克/千克）	176	590	5
有效锌（毫克/千克）	2.38	5.33	0.11
pH	6.0	7.6	5.0

附表 3-18　大豆勉强适宜耕地相关指标统计

养　　分	平均值	最大值	最小值
有机质（克/千克）	58.5	87.8	14.2
碱解氮（毫克/千克）	262	450	38
有效磷（毫克/千克）	48.9	147.5	1.3
速效钾（毫克/千克）	149	583	2
有效锌（毫克/千克）	1.88	5.33	0.30
pH	6.1	7.7	4.8

附表 3-19　大豆不适宜耕地相关指标统计

养　　分	平均值	最大值	最小值
有机质（克/千克）	60.2	76.6	8.9
碱解氮（毫克/千克）	314	500	125
有效磷（毫克/千克）	30.2	131.5	1.0
速效钾（毫克/千克）	161	590	5.0
有效锌（毫克/千克）	1.38	5.32	0.10
pH	6.3	7.0	5.2

七、对策建议

1. 大豆种植高度适宜区域的生产区 该地区以厚层黏壤质草甸土、黄土质草甸暗棕壤、暗棕壤型草甸土和黄土质白浆化暗棕壤为主，耕层土壤养分含量普遍较高，耕层结构好，保水保肥能力强。根据分析可见，该区域适宜种植大豆，产量相对稳定。应充分利用该地区的大豆生产有利条件，在保持现有区域基础上，扩大大豆种植面积，正确选用良种，加强大豆生产综合管理措施。

2. 大豆种植比较适宜区域的生产区 该区以砾沙质暗棕壤和厚层黄土质白浆土为主，侵蚀和障碍因素很小，土壤速效养分供应快，各项养分含量相对较高，有利于大豆苗期及后期生长。建议增加农田水利设施，加强耕地灌溉及排涝能力，确保大豆各个生育期用水需求和利用大型机械深翻、深松整地，为大豆创造更好的生产条件，发挥大豆更大的生产潜力。

3. 大豆种植勉强适宜区域的生产区 该区以薄层泥炭腐殖质沼泽土和厚层黏壤质潜育草甸土为主，有部分草甸土、沼泽土，以轻度、中度侵蚀为主，各项养分含量较低，种植大豆产量较低。建议在大豆种植时要增加农田排涝设施或改变种植结构。

4. 大豆种植不适宜区域的生产区 该区有薄层泥炭沼泽土和部分薄层沙砾底沼泽土等，养分含量低，保水保肥能力差。另外受风蚀侵蚀和水浸比较严重，给大豆生长造成不利影响，该区域不适宜种植大豆，产量水平最低。建议该区域加大有机肥投入，通过秸秆还田等措施增加土壤有机质含量，培肥地力。可减少大豆种植面积，也可发展其他行业。同时，加强农田水利工程建设，建造农田防护林，防风固沙，减少水蚀和风蚀，合理利用地下水资源。并且在大力发展牧业基础上，进一步加强退耕还草、退耕还林进程，增加土地绿色覆盖率。

总之，伊春市区适宜种植大豆的耕地面积比较大，各大豆种植区域需要因地制宜选择大豆品种，增施有机肥作底肥，正确合理施用化肥，加强土壤耕作，进行合理轮耕制，选用适宜该地区的“大豆垄三”“大豆45厘米双条播”“小垄密”等大豆栽培技术模式，提高栽培水平，加强病虫草害综合防治，有条件的区域加强与禾本科作物轮作，减缓大豆重迎茬造成的危害，更好的保证大豆高产优质，达到农业增产、农民增收目的。

附录 4　伊春市区耕地地力评价与蓝莓种植业布局专题报告

一、概　　况

伊春市是国家主要林区之一，农作物以大豆、玉米为主。近几年来伊春市以增水稻、扩玉米、减少大豆重迎茬和提高经济作物播种面积作为调整种植结构的重点，借助伊春林区特有的地理位置及气候条件，发展林下经济、食用菌、蓝莓等特色农业，合理调整产业布局，为实现农业增产、农民增收奠定基础。富有林区特色的蓝莓产业，初露端倪、方兴未艾。为此，开展伊春市耕地地力与蓝莓种植业布局专题调查，目的是为摸清伊春市耕地地力情况，合理调整蓝莓种植业布局。同时，对提高伊春市区耕地保护与管理水平、指导培肥地力、发展有机农业、发展无公害绿色农产品生产和农业可持续发展均具有重要的指导意义。

二、开展专题调查的背景

（一）开展专题调查的必要性

蓝莓是世界公认的具有丰富营养和保健功能的小浆果，蓝莓产业已成为具有巨大市场空间和发展前途的朝阳产业。

1. 蓝莓是当今世界最具潜力的朝阳产业　一是食用价值高。蓝莓，学名越桔，属杜鹃花科。由于果实呈蓝色俗称蓝莓。蓝莓果实中不但富含钙、铁、磷、钾、钠、硒等多种矿物质和维生素 A、维生素 C、维生素 E 等，还含有丰富的花青苷、原花色素等成分，营养十分丰富，还具有药用和保健功能，被国际粮农组织列为五大健康食品之一，世界各国均作为营养保健果品生产。二是种植效益大。蓝莓前期投入较高、但资金回收期短，一次种植多年收益，进入成果期可采摘达 50 年，效益较高。三是市场前景广阔。蓝莓果实既可鲜食，又可加工成多种食品、保健品，深受消费者喜爱，具有很高的经济价值和广阔的市场前景。近年来，伊春市蓝莓种植面积和果实产量均有较大幅度提高，但市场仍呈供不应求的态势。随着人们对保健水果认知度的提高，市场缺口不断增大，蓝莓产业的贸易额也随之增加。随着我国经济的快速发展和人民生活水平的提高，国内市场对保健水果的需求量与日俱增，预计到 2015 年，国内需求量达 10 万吨以上。

2. 伊春是我国最适宜种植蓝莓区域　伊春市是我国最适宜发展蓝莓产业的地区，发展条件得天独厚，优势明显。与国内已开展蓝莓种植的区域比较，伊春林区发展蓝莓产业具有比较明显的优势。

（1）生态环境较好：伊春市土肥地洁，环境优良，为发展有机蓝莓奠定了良好的基础。2009 年伊春市以野生蓝莓为原料的 6 家企业的 16 个产品获得有机食品认证，产业发展起点较高，增强了市场竞争力。

（2）可用面积较大：伊春市耕地播种面积 258 798 公顷，而林地面积达到 2 852 978 公顷。林业森工多种经营用地面积较大，虽然现在种植农作物，实际是规划的熟化造林地，利用这些土地种植蓝莓，不占基本农田，不存在与粮争地的问题。这些土地归林业局管辖，租给职工耕种，地租相对较低，租期短，林业局有支配权，可采取适当的措施调整集中，提供给战略投资者发展蓝莓规模化种植。

（3）土壤条件适宜：伊春市区土壤以暗棕壤为主，第二次土壤普查时暗棕壤占总面积77.7%，本次耕地地力评价其分布面积占评价耕地总面积的39%。土壤成分偏酸，有机质含量平均在58.1克/千克左右，大大高于平原农田，适宜种植蓝莓。

（4）改良物料丰富：蓝莓种植改良土壤多利用草炭土增加土壤有机质含量。伊春市地处小兴安岭山脉，富含草炭土，且土壤调酸所需要的松针、苔藓等很多，林业生产废料树皮、锯末及生产食用菌后的废菌料等，都可用于土壤改良。

（5）政策支持保障：伊春市委、市政府高度重视蓝莓产业发展，将其确定为林区经济转型中战略产业，并采取有效措施强力推进，这是伊春蓝莓产业能够大发展、快发展的最大优势所在。全市成立了以市委书记、市长为组长的蓝莓产业开发领导小组，编制了产业发展规划，并把蓝莓产业化项目作为市委重点项目进行专题推进，在机制上保证了产业的快速发展。各有关部门都把发展蓝莓产业作为分内的工作，主动献计出力，形成齐抓共管的局面。

（6）技术力量优势：伊春市政府聘请农业部蓝莓项目首席专家及黑龙江省内外10余位蓝莓项目专家组成“伊春市发展蓝莓产业专家团”，东北农业大学还在伊春市成立了专家工作站，各位专家多次到伊春市指导蓝莓种苗繁育和大田种植，为全市蓝莓产业大发展提供了技术支撑。另外，伊春林业科学院、带岭林业科学研究所2家林业研究机构，20余家中心苗圃，技术人员和熟练技工资源也比较充实。随着伊春林区停止森林主伐，将有8万余人需要重新就业，劳动力资源比较丰富。

蓝莓是一种经济价值高、发展潜力大的新兴果树，同时伊春市拥有发展蓝莓产业得天独厚的优势，但由于其对土壤要求苛刻，喜疏松、有机质含量高的酸性土壤，因此开展耕地地力调查与蓝莓种植业布局专题调查，可以合理调整蓝莓种植业结构、为提高土壤养分利用率和引导、增强农民种植蓝莓意识，保证蓝莓持续稳产和高产及农民增收以及促进林区经济转型提供了可靠依据。

（二）伊春市蓝莓产业发展现状

1. 野生笃斯越桔资源情况 伊春市的野生笃斯越桔（蓝莓）资源主要分布在8个产区内，即北部的友好区、上甘岭区、五营区、红星区、新青区、汤旺河区、乌伊岭区7个区（局）和嘉荫县，这些地区笃斯越桔集中分布面积为24 000公顷，产量占市区总产量的75%以上。此外，翠峦区、美溪区、金山屯区3个区（局）也有少量分布。

据东北林业大学1991年的调查结果显示，伊春林区笃斯越桔蕴藏量为12.15万吨，年允收量6.56万吨。但多年来，由于气候等因素造成湿地退化，加之在对笃斯越桔资源利用方面缺乏长远规划，造成了分布面积缩减，结果量下降，年采集量为2 000吨左右。2008年，伊春市政府制订了《伊春市笃斯越桔等野生浆果资源保护管理暂行办法》，对野生笃斯越桔资源进行重点保护，各主产区通过采取协议或竞标的方式，对笃斯越桔实行承包管护经营，使资源得到了保护和有序利用。全市已建立笃斯越桔保护基地8个，总面积6 011公顷。

2. 组培蓝莓引种栽培情况 目前，伊春市区共有组培蓝莓种植点4处，分布在友好区、五营区、铁力局、带岭区4个区（局），总面积为33.47公顷；种植矮丛蓝莓品种有美登，蓝莓品种半高丛品种有北村、北青、北陆和圣云。除此之外，春季全市 21 个市（县）、区（局）都开展了蓝莓种植示范，总面积约 6.67 公顷。

伊春市种植蓝莓正处于试种阶段，尚未进入盛果期，只能根据品种表现做出初步的阶段性评价：目前，露地种植较有把握的有矮丛品种美登，可将其确定为伊春市的主栽品种，其他矮丛的品种如斯卫克、芬蒂等在伊春市露地种植是否可行尚待试验验证；半高丛品种北村、北青、北陆等品种设施种植没有问题（丹东、大连、绥棱等地已成功栽培），但因需取暖保温将增加成本，如露地种植越冬防寒存在风险，需进一步试验验证，为了丰富种植品种可以在南部地区进行小面积种植试验。适合伊春市自然条件的种植技术尚未配套成型，需抓紧总结以形成可行的技术操作规程。盛果期的产量及效益情况尚待进一步实践验证。

三、调查方法与内容

采用耕地地力调查与测土配方施肥工作相结合，依据《规程》规定的程序及技术路线实施的，利用伊春市归并土种后的土壤图、基本农田保护图和土地利用现状图叠加产生的图斑作为耕地地力调查的调查单元。样点布设基本覆盖了全市主要的土壤类型。土样采集是在作物播种前和成熟收获后进行的。在选定的地块上进行采样，每 40～50 公顷地布一个点，采样深度为 0～20 厘米，每块地根据地块面积大小选取 7～20 个点混合一个样，用四分法留取土样 1 千克做化验分析，并用 GPS 进行定位。

四、调查结果与分析

（一）耕地分级情况

本次耕地地力评价将伊春市区基本土壤划分为 5 个等级：

1. 一级地 面积 9 522.66 公顷，占本次耕地评价总面积的 16.22%。分布面积最大的是桃山局 4 720.49 公顷，占一级地总面积的 49.57%；其次为南岔区 2 433.01 公顷，占一级地面积的 25.55%，南岔区迎春乡 1 273.60 公顷、南岔区浩良河镇 1 159.41 公顷；第三为铁力局 1 363.70 公顷，占一级地面积的 14.32%。土壤类型分布面积最大的是草甸土 5 905.96 公顷，占草甸土耕地总面积的 35.58%；暗棕壤 3 002.09 公顷，占暗棕壤耕地总面积的 13.13%。

2. 二级地 面积 13 592.66 公顷，占本次耕地评价总面积的 23.16%。分布面积依次为桃山局 8 496.47 公顷，占二级地总面积的 62.51%；双丰局 1 315.55 公顷，占二级地总面积的 9.68%；朗乡局 1 056.63 公顷，占二级地总面积的 7.78%。土壤类型分布面积最大的是暗棕壤 8 214.03 公顷，占暗棕壤耕地总面积的 35.92%；草甸土 4 568.4 公顷，占草甸土耕地总面积的 27.52%；白浆土 509.05 公顷，占白浆土耕地总面积的 22.93%。

3. 三级地 面积 11 414.99 公顷，占本次耕地评价总面积的 19.45%。分布面积依次为桃山局 5 522.87 公顷，占三级地总面积的 48.38%；双丰局 4 077.62 公顷，占三级地总面积的 35.72%；朗乡局 716.48 公顷，占三级地总面积的 6.28%；友好区 417.52 公顷，占三级地总面积的 3.66%。土壤类型分布面积最大的是暗棕壤 5 919.91 公顷，占暗棕壤耕地总面积的25.89%；沼泽土3 844.44公顷，占沼泽土耕地总面积的25.17%。

4. 四级地 面积19 771公顷，占本次耕地评价总面积的33.68%。分布面积依次为桃山局5 051.37公顷，占四级地总面积的25.55%；南岔区4 075.63公顷，占四级地总面积的20.61%，南岔区晨明镇2 115.96公顷，南岔区浩良河镇1 265.97公顷，南岔区迎春乡693.7公顷；双丰局1 987.08公顷，占四级地总面积的10.05%；金山屯区1 601.09公顷，占四级地总面积的8.10%；乌伊岭区1 097.26公顷，占四级地总面积的5.55%；上甘岭区1 069.72公顷，占四级地总面积的5.41%。土壤类型分布面积最大的是沼泽土8 420公顷，占沼泽土耕地总面积的55.13%；草甸土5 319.81公顷，占草甸土耕地总面积的32.04%；暗棕壤4 464.78公顷，占暗棕壤耕地总面积的19.52%。

5. 五级地 面积4 397.54公顷，占本次耕地评价总面积的7.49%。分布面积依次为乌伊岭区1 518公顷，占五级地总面积的34.52%；铁力局845.58公顷，占五级地总面积的19.23%；友好区773.05公顷，占五级地总面积的17.58%；五营区339.48公顷，占五级地总面积的7.72%；上甘岭区305.37公顷，占五级地总面积的6.94%；翠峦区259.68公顷，占五级地总面积的5.91%。土壤类型分布面积最大的是沼泽土2 899.96公顷，占沼泽土耕地总面积的18.99%；暗棕壤1 266.26公顷，占暗棕壤耕地总面积的5.54%。

（二）耕地养分分布情况

通过本次耕地地力评价，各相关因子评价结果如下：

1. 有机质 伊春市一级地土壤有机质含量平均为57.9克/千克，变幅在39.3～78.6克/千克，含量在大于60克/千克出现频率是54.22%；含量在40～60克/千克出现频率为45.51%；含量在30～40克/千克出现频率为0.27%。二级地土壤有机质含量平均为57.0克/千克，变幅在29.4～77克/千克，含量大于60克/千克出现频率是48.65%；含量在40～60克/千克出现频率是48.99%；含量在30～40克/千克出现频率为2.35%。三级地土壤有机质含量平均为58.4克/千克，变幅在30.7～78.3克/千克，含量大于60克/千克出现频率是49.21%；含量在40～60克/千克出现频率为50.71%；含量在30～40克/千克出现频率为0.08%。四级地土壤有机质含量平均为58.4克/千克，变幅在8.9～107.4克/千克，含量大于60克/千克出现频率是52.99%；含量在40～60克/千克出现频率是43.76%；含量在30～40克/千克出现频率是1.14%；含量在20～30克/千克出现频率为0.33%；含量在10～20克/千克出现频率为1.59%；含量小于10克/千克出现频率为0.19%。五级地土壤有机质含量平均为61.5克/千克，变幅在18.8～75.2克/千克，含量大于60克/千克出现频率是63.23%；含量在40～60克/千克出现频率是34.89%；含量在30～40克/千克出现频率是1.72%；含量在10～20克/千克出现频率为0.16%。

2. pH 伊春市一级地土壤pH平均含量为6.2，变幅在5～7.7，pH主要集中在5.5～6.5，出现频率是76.52%。二级地土壤pH平均为6.1，变幅在5.1～7.3，pH主要集中在5.5～6.5，出现频率是87.59%。三级地土壤pH平均为5.9，变幅在5～7.2，pH主要集中在5.5～6.5，出现频率是76.7%。四级地土壤pH平均为6.1，变幅在4.8～7.7，pH主要集中在5.5～6.5，出现频率是79.92%。五级地土壤pH平均为6.3，变幅在5.3～6.9，pH主要集中在5.5～6.5，出现频率是75.71%。

3. 有效磷 一级地土壤有效磷平均含量为60.5毫克/千克，变幅在7.5～144毫克/千克，含量大于60毫克/千克出现频率为65.31%；含量在40～60毫克/千克出现频率为26.52%；含量在20～40毫克/千克出现频率为7.39%；含量在10～20毫克/千克出现频率为0.44%；含量在5～10毫克/千克出现频率为0.34%。二级地土壤有效磷平均含量为62.4毫克/千克，变幅在19.65～144毫克/千克，含量大于60毫克/千克出现频率为60.67%；含量在40～60毫克/千克出现频率为33.67%；含量在20～40毫克/千克出现频率为5.66%。三级地土壤有效磷平均含量为50.0毫克/千克，变幅在14.18～136.5毫克/千克，含量大于60毫克/千克出现频率为64.75%；含量在40～60毫克/千克出现频率为22.51%；含量在20～40毫克/千克出现频率为11.19%；含量在10～20毫克/千克出现频率为1.55%。四级地土壤有效磷平均含量为40.3毫克/千克，变幅在1～147.5毫克/千克，含量大于60毫克/千克出现频率为20.1%；含量在40～60毫克/千克出现频率为24.28%；含量在20～40毫克/千克出现频率为36.43%；含量在10～20毫克/千克出现频率为15.47%；含量在5～10毫克/千克出现频率为3.16%；含量小于5毫克/千克出现频率为0.57%。五级地土壤有效磷平均含量为30.7毫克/千克，变幅在7～131.5毫克/千克，含量大于60毫克/千克出现频率为1.59%；含量在40～60毫克/千克出现频率为8.07%；含量在20～40毫克/千克出现频率为58.92%；含量在10～20毫克/千克出现频率为17.14%。含量5～10毫克/千克出现频率为14.27%。

4. 速效钾 一级地土壤速效钾平均含量为181毫克/千克，变幅在57～551毫克/千克，含量大于200毫克/千克出现频率为21.4%；含量在150～200毫克/千克出现频率为37.5%，含量在100～150毫克/千克出现频率为31.88%；含量在50～100毫克/千克出现频率为9.22%。二级地土壤速效钾平均含量为188毫克/千克，变幅为64～590毫克/千克，含量大于200毫克/千克出现频率为29.45%；含量在150～200毫克/千克出现频率为32.70%；含量在100～150毫克/千克出现频率为28.41%；含量在50～100毫克/千克出现频率为9.44%。三级地土壤速效钾平均含量为161.68毫克/千克，变幅在23～551毫克/千克，含量大于200毫克/千克出现频率为30.48%；含量在150～200毫克/千克出现频率为32.79%；含量在100～150毫克/千克出现频率为29.66%；含量在50～100毫克/千克出现频率为6.36%；含量在30～50毫克/千克出现频率为0.71%。四级地土壤速效钾平均含量为152毫克/千克，变幅在2～283毫克/千克，含量大于200毫克/千克出现频率为18.31%；含量在150～200毫克/千克出现频率为19.06%；含量在100～150毫克/千克出现频率为29.63%；含量在50～100毫克/千克出现频率为28.78%；含量在30～50毫克/千克出现频率为0.21%；含量小于30毫克/千克出现频率为4.01%。五级地土壤速效钾平均含量为159毫克/千克，变幅在23～590毫克/千克。含量大于200毫克/千克出现频率为18%；含量在150～200毫克/千克出现频率为22.92%；含量在100～150毫克/千克出现频率为38.16%；含量在50～100毫克/千克出现频率为15.31%；含量小于30毫克/千克出现频率为5.61%。

5. 全氮 一级地土壤全氮平均含量为3.63克/千克，变幅在1.26～4.64克/千克，含量在大于2.5克/千克出现频率为90.55%；含量在2～2.5克/千克出现频率为6.27%；含量在1.5～2克/千克出现频率为3.18%。二级地土壤全氮平均含量为3.77克/千克，变幅在1.26～4.79克/千克，含量在大于2.5克/千克出现频率为98.19%；含量在2～2.5克/千克出现频率为1.68%；含量在1～1.5克/千克出现频率为0.13%。三级地土壤全氮平均含量为3.79克/千克，变幅在2.06～5.57克/千克，含量在大于2.5克/千克出现频率为98.14%；含量在2～2.5克/千克出现频率为1.54%；含量在1～1.5克/千克出现频率为0.32%。四级地土壤全氮平均含量为3.35克/千克，变幅在1.19～4.98克/千克，含量在大于2.5克/千克出现频率为78.39%；含量在2～2.5克/千克出现频率为13.85%；含量在1.5～2克/千克出现频率为6.22%；含量在1～1.5克/千克出现频率为1.54%。五级地土壤全氮平均含量为3.17克/千克，变幅在1.81～4.78克/千克，含量在大于2.5克/千克出现频率为89.21%；含量在2～2.5克/千克出现频率为9.83%；含量在1.5～2克/千克出现频率为0.96%。

（三）适宜蓝莓种植土壤

根据蓝莓对土壤有机质含量及土壤酸碱度要求，结合本次耕地地力评价及化验数据综合分析，适合伊春市蓝莓种植的土壤类型主要有：

1. 暗棕壤 伊春林区这类土壤较多。其特点是土壤比较疏松，通气性好，pH在5.5～6，有机质57.9克/千克，土壤湿润，但不积水。在这类土壤上栽培蓝莓生长结果好。其不足之处是土壤pH略高于正常范围，可用硫黄粉调节。

2. 草甸土及沼泽土 草甸土与沼泽土在伊春小兴安岭山区分布面积大，而且集中连片，多地势平坦，无树木生长，容易开垦。有机质含量56.9克/千克和59.6克/千克，pH在5.5以下，呈酸性，土壤较黏重，夏季往往积水。栽培蓝莓时需要挖排水沟，并在土壤中掺入草炭、锯末或河沙进行改良。

3. 泥炭土 常位于山坡的中下部，土壤沙土含量高，pH在5.5左右，有机质含量高，约66.1克/千克，土壤疏松，通气性好，土壤水分条件好，湿润但不积水，栽培蓝莓表现良好。

五、蓝莓土壤改良措施

1. 蓝莓土壤选择标准 土壤pH为4.0～5.5，最适土壤pH为4.3～4.8。土壤有机质含量最好不小于50克/千克，土壤疏松，通气良好，湿润但不积水的草甸地、低洼地或森林缓坡地的下坡、沟谷等地，如酸性沼泽地、水湿地等，理想的土壤是土层70厘米处有一层硬的沙壤土和草炭土，最佳土壤地下水位为45～60厘米。

种植区选择时并非所选土壤都能适应蓝莓的生长，往往存在pH过高、过低、土壤偏黏、有机质含量不足等问题。在定植以前应对土壤结构、理化性状等做出综合评价，对不适宜的土壤条件进行改良，有利于蓝莓生长，土壤改良主要以调酸、改善土壤结构和增加有机质含量为主。

2. 酸碱度的调整（pH） 土壤pH过高是限制蓝莓栽培的主要因素。pH过高，常造成蓝莓缺铁失绿，产量降低，甚至植株死亡。当pH大于5.5时，就应采取措施降低土壤pH。最常用的方法是土壤施硫黄粉（200目）或硫酸铝。施用硫黄粉量的具体计算方法如下：当沙土的pH在4.5以上时，每100平方米降低0.1个pH单位，需施硫黄粉

0.367 千克；当土壤的 pH 在 4.5 以上时，每 100 平方米降低 0.1 个 pH 单位，需施硫黄粉 1.222 千克。例如：沙土 pH 需要由 5.8 降至 4.5，即 pH 降低 5.8－4.5＝1.3 单位，所以每 100 平方米 pH 为 5.8 的土壤降至 4.5 时则需施硫黄粉 13×0.367＝4.77 千克。土壤质地不同施用硫黄粉数量不同，其他类型土壤可参照执行。

硫黄粉的施用方法：将硫黄粉按所计算施用量均匀撒到地面上，用人工或机械深翻 30 厘米左右，使硫黄粉与需要改良的土壤混拌均匀。施入硫黄粉要在定植的前一年进行，当年的作用不明显。全园改良效果最好，为了降低成本，也可以采取栽植沟改良，或栽植穴改良。通常降低 pH 与其他土壤改良措施如增加有机质等一同进行。因此目前国内普遍采用的方法是栽植沟改良，或栽植穴改良。除了用硫黄粉调节土壤 pH 外，掺入酸性草炭也可有效地降低土壤 pH。草炭与硫黄粉混合使用效果更佳。此外，土壤覆盖锯末、松树皮、施用酸性肥料，以及施用粗鞣酸等均有降低土壤 pH 的作用。

pH 过低用石灰提高 pH。当土壤 pH 小于 4 时，由于重金属元素供应过量，易导致生长不良，产量降低，甚至死亡，此时需要采取措施增加土壤 pH，最有效的方法是施入石灰。当土壤 pH 为 3.3 时，每公顷施用石灰 8 吨可使 pH 增至 4 以上，产量提高 20%。石灰的施用也应在定植前一年进行。

3. 改善土壤结构　对于不符合蓝莓要求的土壤类型，在定植前应进行土壤改良，改善土壤结构及增加有机质，以利于蓝莓生长。土壤有机质含量低于 50 克/千克时，由于土壤板结黏重，而蓝莓又为须根系，不利于根系发育，需增施有机质或河沙改善结构。常用锯末、草炭、烂树皮或腐苔藓，定植时掺入土壤，以使土壤疏松。挖宽 50 厘米、深 40 厘米的定植沟，有机质、有机肥、原土按 1∶1∶1 的比例进行改土。有机质最好用酸性草炭。如果用锯末、树皮等必须先堆放一年以上，完全腐解后再使用。水湿地、沼泽地若栽矮丛蓝莓，应修矮畦田，畦高 20 厘米、宽约 2 米。为保护不被水冲塌，应在园地边修排水渠。

六、种植蓝莓存在的问题

一是种植蓝莓认识不足。由于蓝莓是一个新的经济树种，很多人对蓝莓种植知之甚少，从领导层面看，大部分不了解产业发展态势，认不清发展这个产业的重要作用，个别同志存在畏难情绪；对加工企业来说，过分依赖林区现有的野生资源，没有长远发展意识，满足于“小打小闹”、“小富即安”；对于广大种植户来讲，既不了解种植知识，也不明晰市场前景。以上种种情况，导致发展蓝莓产业的内在动力不足。

二是蓝莓寒地适栽品种单一。目前从各地和伊春市的实践看，比较适应伊春市种植的抗寒品种只有 1 个加工品种美登，其他品种还需要试种观察，总结种植技术。大面积种植单一品种，容易带来病害集中暴发；由于果实成熟期集中，采收难度加大，需要积极拓宽蓝莓适栽品种，降低单一适栽品种对于蓝莓产业的局限。

三是基层栽培技术人才稀缺。伊春市学习果树的专业人才很少，而且这些人学的都是常规果树品种，对这一新兴树种种植蓝莓的知识欠缺。虽然伊春市是林区，但懂经济林种植的人也很少，而懂蓝莓种植的少之又少。在蓝莓种植上未形成生产技术规程，没有经过验证的本地实用标准可以遵循。

四是蓝莓深加工产品比较单一。蓝莓加工企业实力弱、加工层次浅，各企业基本都处于中小企业行列，加工能力远远满足不了未来蓝莓的加工量，急需进行生产能力的扩大和生产设备的更新。特别是现有的企业大多是初级加工，产品技术含量低，精深加工少，有自主知识产权的加工产品极少。

七、蓝莓产业发展对策与建议

（一）加强对蓝莓产业发展投资者的相关政策和资金扶持

争取国家有关政策。积极为投资者争取国家有关支持蓝莓产业的发展政策和资金。争取省有关政策，包括省级重大项目前期经费，省级蓝莓基地建设专项资金、省产业结构调整重大项目补助资金、省农业开发资金、野生蓝莓抚育项目资金、经济林培育补贴资金等政策。地方政府应该加强在土地使用、税收、收费等方面政策优惠，在资产的划拨、产权的界定、房产证与土地证的办理、土地出让金、人员安置、税费征缴等方面，通过积极协调，保证各项政策落实到位。

（二）利用野生蓝莓资源筛选适宜栽培的优良蓝莓新品种

充分利用宝贵的野生蓝莓种质资源，依托外埠及伊春市的有关科研单位，开展野生蓝莓人工驯化、品种改良及杂交育种等项研究。要尽快突破野生苗木的人工繁育、移植、改土、施肥、修剪整枝等关键技术，形成定型的人工抚育措施，不断提高野生蓝莓的驯化程度；借助野生蓝莓特性，利用嫁接技术，提高种植品种的抗寒、抗病虫、抗旱、耐涝等能力；采用现代生物工程技术，开展野生种质资源和人工栽培品种的杂交育种研究，选育适合伊春市气候条件、适宜大面积种植、符合加工企业生产需求的优良蓝莓新品种。

（三）招商引资扶持蓝莓加工龙头企业以提高市场竞争力

合理规划布局，站在全市蓝莓产业发展的层面，谋划建设一批大型蓝莓加工企业。以伊春地方现存的蓝莓加工企业为基点，在现有企业中选优扶持，整合中小企业，按照专业化生产的要求进行技术改造，扩大产能。远期通过招商引资，建成3～5处万吨级加工企业，对大型企业集团到伊春投资蓝莓产业，在享受一般优惠政策的同时，可通过一事一议的方式给予更为优惠的条件；合理处理加工业上下游关系，相应发展配套企业和辅助企业，形成上下游紧密衔接，大中小型企业互为支撑，初加工、精加工、深加工配套成龙的蓝莓加工业体系。探索有效的产业化联结机制。通过订单合同制或股份制，密切产加销各环节，形成“风险共担、利益共享”的联结机制。

（四）加强科研创新与业务交流，提升技术人员业务素质

加强蓝莓科技创新团队和创新平台建设，集聚省内外相关大专院校、科研院所的人才技术优势，集中力量和资金，围绕蓝莓产业的关键性、基础性的重大科技问题开展技术攻关，使具有自主知识产权的新品种、新技术得到进一步推广应用。发挥黑龙江省省内相关大专院校、伊春林业科学院和带岭林业科学研究所的人才技术优势，集中整合科研力量和资金，围绕蓝莓产业的关键性、基础性的重大科技问题，借助外聘的蓝莓专家服务团开展技术攻关，破解技术难题。积极开展业务培训，着力提高基层技术人员业务素质，同时加强蓝莓产业人才的培育与引进，逐步提高技术人员的蓝莓种植业综合素质。

附录 5　伊春市区耕地地力评价工作报告

伊春市位于黑龙江省东北部，行政区划为伊春区、铁力（市）、嘉荫县。伊春市区辖区 15 个，铁力（市）辖镇 4 个、乡 3 个，嘉荫县辖镇 3 个。伊春市地形属小兴安岭低山丘陵，南部多中山，中部多低山，北部山体为丘陵地，西南部桃山镇以西为山地平原过渡地带，东北部嘉荫县沿黑龙江为沿江平原。由于地形及纬度的变化自南往北温度递减，西南干凉，中部和北部湿润、冷湿。植被类型属长白山植物区系，森林植被是以红松为主的针阔混交林。在这种地形、植被和气候影响下，该地区土壤分布有暗棕壤、黑土、白浆土、草甸土、沼泽土、泥炭土、水稻土和冲积土 8 个土类，21 个亚类，29 个土属，45 个土种。近年来，随着伊春市经济的快速发展，综合实力的显著增强，特别是国家对农业投入的逐年加大，农业生产脚步加快了，农业的发展日新月异，森林食品发展上走在黑龙江省的前列。2009 年伊春市耕地面积 258 798 公顷，粮食总产量实现了 69.2 万吨，全市化肥施用实物量 54 963 吨，化肥施用折纯量 19 432 吨，其中氮肥折纯用量 5 445 吨、磷肥折纯用量 7 572 吨、钾肥折纯用量 1 597 吨、复合肥用量 4 818 吨。

从伊春市区耕地开发使用历史来看，伊春市耕地开发较晚，土壤的形成除受自然条件作用外，农业土壤还要受到种植方式、作物种类和人们经营强度的影响。农业用地经过长期开发利用，已从自然土壤，改变成耕作土壤，自然土的发育层次完全破坏，形成农业土壤所特有的耕作层和犁底层，尤其在嘉荫县和铁力市主要以耕地作业为主，自然景观不复存在，人为干扰在土壤发育中已居主导地位。开展耕地地力评价是测土配方施肥工作的重要内容，是加强耕地地力建设的重要基础，是建立耕地地力预测预警体系的重要前提，是发展质量效益型农业、绿色生态农业的必要措施，也是保护耕地可持续使用、填补农业学科空白的必要手段。

一、目的意义

（一）开展耕地地力评价是必修课

耕地地力评价是测土配方施肥工作的重要内容，是加强耕地地力建设的重要基础，是建立耕地地力预测预警体系的重要前提。

目前，我国“粮食安全”问题被提到了重要的议事日程，国家先后出台实施了“两免一补”、“三免一补”等多项优惠政策。前国务院总理温家宝在视察黑龙江省时也有过“中国大粮仓，拜托黑龙江”的殷切希望。可见，作为自然条件优越、能够生产绿色食品而且粮食商品率高达 70%以上的黑龙江省，发展粮食生产、保持和提高粮食产量对国家的“粮食安全”具有举足轻重的地位。伊春耕地同其他地市相比污染程度比较小，在发展“有机农业”方面有着得天独厚的自然条件，首先要解决的关键问题是保持和提高耕地土壤质量。测土配方施肥不仅仅只是一项技术，它是现代农业的重要组成部分，是从根本上提高施肥效益、实现肥料资源优化配置的基础性工作。肥料是农业生产最重要的组成部分之一，多控少补是科学施肥的目标和基本准则，测土施肥是实现这一目标的最主要手段。

土壤肥力分布具有一定的区域性，通过对不同条件形成的、不同地域分布的耕地进行科学分区，针对不同区域耕地的肥力特征采取不同的施肥方案，是解决科学施肥技术服务问题的理想的有效途径。目前，无论从经济环境、政策环境，还是从农业生产的土壤环境看，充分发掘利用第二次土壤普查资料，结合测土配方施肥项目的化验数据和肥料田间试验数据，建立测土配方施肥信息系统，将测土配方施肥发展成为区域性测土、区域性配方施肥，是测土配方施肥项目发展的必然方向，是测土配方施肥项目的基础，因此在伊春市开展耕地地力评价是非常必要的。

（二）开展耕地地力评价的及时性

伊春市第二次土壤普查始于 1985 年 3 月，至 1986 年 12 月结束，距现在已经有 26 年时间了。20 多年来，伊春市耕地面积增加了 0.73 倍多，现有耕地面积 258 798 公顷，特别是 20 多年来土壤也发生了变化，农业工作者对市区耕地全局情况不清楚，对农业生产决策有很大的影响。因为缺乏足够的调查、化验数据，至今仍然难以准确预测其发生发展的变化趋势，从而也就难以明确判断加速土壤退化的主要因素。因此，通过对现有耕地进行地力评价，同时抢救和发掘整理第二次土壤普查资料，结合这次测土配方施肥项目所获得的大量养分监测数据和肥料试验数据，建立全市的耕地资源管理信息系统，可以有效地掌握耕地地力状态，逐步建立和完善耕地地力的动态监测与预警体系，探索不同耕地类型土壤肥力演变规律与科学施肥技术，为加强耕地地力建设提供依据。

（三）开展耕地地力评价的保障性

耕地地力建设对保证粮食安全具有十分重要的意义。人类的生存和发展依赖于农业。当前，我国面临的许多难题也都和农业有着密切的关系。人口膨胀、环境污染、耕地不足、地力下降、粮食和能源供给紧张等危机，在很大程度上决定着今后农业如何能在耕地面积逐渐减少的情况下解决 13 亿多人口的粮食供给问题，同时又要满足生活水平不断提高的要求。伊春市是黑龙江省有机大豆和绿色水稻开发较早的地区。近年来，优质粮食总产和单产水平实现了新的突破，总产量已经达到 69.2 万吨，优质粮食产业形成了新的格局。不过，粮食产量的大幅度提高却是以牺牲耕地土壤肥力的昂贵代价换取的，绝大多数农田长期处于粗放耕作的掠夺式经营状态，特别是分户经营以后的 20 多年来，掠夺式经营一直在延续。目前，耕地地力已经呈现出严重的退化局面，某种意义上说，耕地已经出现危机，对“粮食安全”亮出了“黄色警告”。尤其是工业用粮增长较快，并且对粮食的质量提出新的更高的要求。加强耕地地力建设，提高粮食单产是我国农业生产的唯一出路。同时对遏止伊春市耕地土壤退化有重要作用，对保证国家的“粮食安全”也有非常重要的现实意义。

通过对照第二次土壤普查资料和此次耕地地力评价结果，可以很清楚地掌握耕地肥力发展变化方向，分析查找影响耕地地力的主要因素，进而针对性的采取有效措施消除这些不利因素对耕地地力和农业生产的影响。因此，耕地地力评价是加强耕地地力建设的必不可少的基础工作。

（四）开展耕地地力评价的必然性

开展耕地地力评价是发展绿色食品的客观要求。目前，我国的农田生态环境所面临的形势十分严峻。其中，土壤遭受化学肥料污染的范围越来越广，程度越来越大，局部地区的污染不但造成农畜产品质量下降，而且给人体健康带来了威胁。因此，强化土壤管理和监测，合理保护和建设耕地，大力发展安全无公害的绿色食品，既是当前面临的一项紧迫任务，也是今后农业发展的战略性目标。伊春市地处高纬度高寒林区。一方面，农田开发和耕作历史较晚，土壤肥力相对较高，粮食作物一年一熟且生育期短，属早熟区域，土壤休闲期长于黑龙江省内其他农业地区，耕地化肥、农药等投入量和残留量也均小于上述地区，质量状况良好，有“兴安黑土”的品牌。另一方面，受小兴安岭天然绿色森林屏障的呵护，空气、水体没有污染，质量状况优良，有“天然氧吧”的美誉。因此，伊春市有发展生态农业和生产绿色食品乃至有机食品得天独厚的自然地理与生态条件。众所周知，化肥是粮食产品的主要污染源之一，但是，从我国粮食生产发展的趋势来看，化肥仍然是今后相当长的一段时间内不可缺少的增产技术措施。虽然，根据试验和对农作物产品的化验检测，在当前的自然生态环境和土壤环境条件下，使用化肥对粮食产品在无公害的标准范围内还没有构成威胁，也就是说，在目前的土壤条件下仍然能够生产出合乎无公害食品化验标准要求的粮食产品。但是，若土壤持续退化下去，到了失去能够保证无公害生产的土壤环境条件，势必出现粮食产品的化肥污染。因为农民离不开农作物赖以生长发育的耕地，农业技术人员必须了解耕地的地力状况及其质量状况。从这个意义上讲，开展耕地地力评价十分必要。

（五）开展耕地地力评价的需要性

土地资源是人类基本的生产资料，又是人类劳动的对象。我国土地退化问题的产生和严重发展以及农田土壤环境污染是制约农业可持续发展最重要的因素。耕地数量减少、地力下降、水土流失、土地沙漠化、草场退化等问题，不同程度地影响着农业生产的发展。由于伊春市绝大多数农田长期粗放耕作，掠夺式经营，耕地地力已经退化。突出表现在土壤有机质下降、土壤养分失调，土壤板结，耕层变浅，耕性变劣等方面。耕地土壤是自然生态系统中的生产者，质量状况一旦恶化到一定程度，将很难修复。土壤有机质是土壤肥力的标志性指标，在自然生态环境下，土壤有机质下降到一定程度，耕地将失去生产能力。据近几年调查，全市耕地土壤有机质平均含量、全氮含量、速效钾含量与第二次土壤普查时相比有所下降；有效磷含量有所上升；耕地土壤容重增加，犁底层上升，总孔隙度下降。同时，耕地土壤的颜色在逐年变浅，很多坡岗地黑土层不足 18 厘米，并且时常受到的水土流失的危害，有相当面积的耕地面临失去生产能力的威胁。如果不采取有效手段及时恢复，不仅是耕地地力的持续恶化的问题，最终导致耕地失去生产能力。因此，保护和建设好农田，不断提高耕地地力是当前面临的重要而紧迫的任务。只有尽快实施“测土配方施肥技术”，从政策、投入、技术等多方面采取实效性措施，使低产田变中产田、中产田变高产田、高产田得到有效保养，才有农业可持续发展的基本条件，而土壤耕地地力评价则是创造这种条件不可或缺的基础性工作之一。

二、组织与措施

耕地地力评价是伊春市农业技术研究推广工作中重要的基础性工作。伊春市根据农业部制定的《耕地地力调查与质量评价总体工作方案》和《耕地地力调查与质量评价技术规程》的要求开展工作，从组织领导、方案制订、资金协调等方面都做了周密的安排，做到了组织领导有力度、工作实施有计划、资金提供有保证。

（一）成立领导小组

伊春市耕地地力评价工作按照黑龙江省土壤肥料管理站的统一部署，于 2011 年 3 月正式启动。伊春市政府高度重视此项工作，成立了伊春市耕地地力评价工作领导小组，由伊春市政府主管农业副市长孙浩然任组长，由伊春市农业委员会高迎春和伊春市农业技术研究推广中心主任张含生任副组长。领导小组负责制订工作计划，统筹协调区、乡、村各相关单位，落实人员，安排资金，指导全面工作。领导小组下设伊春市耕地地力评价工作办公室，办公室主任由市农业技术研究推广中心主任张含生担任，办公室成员由推广中心骨干技术人员组成，承担地力评价的日常工作任务，制订了“伊春市耕地地力评价工作方案”，编排了“伊春市耕地地力评价工作日程”。

为了把该项工作真正抓好，伊春市成立了项目工作技术专家组，由伊春市农业技术研究推广中心主任张含生任组长，伊春市土壤肥料管理站站长张艳华任副组长，成员包括土壤肥料管理站及中心技术人员，负责各项具体评价工作。

（二）组建采样调查专业队

采样调查包括入户调查、实地调查，并采集土样、水样以及填写各种表格等多项工作，调查范围广、项目多、要求高、时间紧。为保证工作进度和质量，组建了采样调查专业队。这支采样调查专业队中，有伊春市农业技术研究推广中心和有关乡（镇）的农业技术人员。

（三）主要工作措施

1. 精心准备与收集资料结合 黑龙江省土壤肥料管理站于 2011 年 3 月 29 日召开耕地地力评价工作会议，会议结束后，伊春市农业技术研究推广中心就着手开始准备工作。2011 年 4 月确定了骨干技术人员，提前进入工作状态，着手收集各种资料，其中包括图件资料、有关文字资料、数据资料；并根据工作需要，对收集的资料进行整理分析，如伊春市土壤图、伊春市土地利用现状图、土种图的收集、编绘、录入，对一些有利用价值的文字资料整理，数字资料进行统计分析；随后对野外采样调查和室内化验工作进行了安排和准备。

2. 制订方案与专家指导结合 聘请黑龙江省土壤肥料管理站的辛洪生等多位专家为顾问，成立了专家顾问组，帮助拟定了“伊春市耕地地力评价工作方案”、“伊春市耕地地力评价技术方案”、“野外调查及采样技术规程”；确定了“伊春市耕地地力评价指标体系”。在土样化验基本完成之后，又请有关专家帮助建立了各参评指标的隶属函数。此外在数据库的建立和应用等方面，还请相关专业的专家进行指导或进行咨询。

3. 技术培训与实际操作结合 培训主要是针对伊春市参加外业调查和采样的人员进行的。培训共进行 2 次。第一次是在 2009 年 10 月 14 日，即在采样工作正式开始之前进行。主要是以测土配方施肥采样为主要内容，主要培训采样方法和标签规范填写；第二次是在 2011 年 4 月 15 日进行，以耕地地力评价土样的采集与各项调查为主要内容，强调样点均匀、规范采集和认真调查等项目。

4. 上下联动密切配合 整个地力评价工作在黑龙江省土壤肥料管理站的统一指导下

开展，伊春市土壤肥料管理站与黑龙江省土壤肥料管理站密切配合，省级相关专家顾问、哈尔滨万图信息技术开发有限公司等对伊春市耕地地力评价工作给予了大量的支持。专家组、项目依托单位与伊春市密切配合，在对图件矢量化、数据库建立、资料审核、问题解决等方面，在明确分工的基础上进行密切合作，保证各项工作的有序衔接。

三、主要工作成果

通过耕地地力评价项目的实施，形成以下对当前和今后一个时期现代农业产生积极而深远影响的工作成果。

1. 文字报告

（1）伊春市耕地地力评价技术报告

（2）伊春市耕地地力评价专题报告　①大豆适宜性评价专题报告；②耕地地力调查与平衡施肥专题报告；③耕地地力调查与种植业布局专题报告；④耕地地力调查与蓝莓种植业布局专题报告。

（3）伊春市耕地地力评价工作报告

2. 伊春市耕地地力管理信息系统（略）

3. 数字化成果图

（1）伊春市区土壤图

（2）伊春市区土地利用现状图

（3）伊春市区行政区规划图

（4）伊春市区耕地地力等级图

（5）伊春市区大豆适宜性评价图

（6）伊春市区耕地土壤养分图：①伊春市区土壤有机质分布图；②伊春市区土壤全氮分布图；③伊春市区土壤全磷分布图；④伊春市区土壤全钾分布图；⑤伊春市区土壤碱解氮分布图；⑥伊春市区土壤有效磷分布图；⑦伊春市区土壤速效钾分布图；⑧伊春市区土壤 pH 分布图；⑨伊春市区土壤有效铁分布图；⑩伊春市区土壤有效锰分布图；⑪伊春市区土壤有效铜分布图；⑫伊春市区土壤有效锌分布图。

四、主要作法与经验

（一）主要作法

1. 培训人员保证采样质量　伊春市区耕地地力评价工作于 2011 年 3 月开始筹备，由于伊春市跨 4 个积温带，各种农作物在 4 月中下旬陆续开始种植，一般 5 月 25 日左右播种结束。根据这一实际情况，伊春市农业技术研究推广中心于 4 月中旬下发了《关于认真做好耕地地力评价土样采集工作的通知》，要求各区（局）农业局要高度重视，积极配合伊春市农业技术研究推广中心专业技术人员做好采样工作。各采样乡（镇）、村做好准备，安排相关村长或了解本村情况的人员陪同，采样时必须到场。由于提前通知做好准备工作，对内进行采样培训，要求保证采样质量，同时充分利用解冻后、播种前的有利时机，将采集土样时间定在4月中下旬至5月1日前，不但为采集土样争取时间，还保证土样采集的工作质量。

2. 提前谋化明确各项分工 耕地地力评价是由多项任务指标组成的，各项任务内容既有区别又相互联系成一个有机的整体，任何一个具体环节出现问题都会影响耕地地力评价整体工作的质量。特别是化验室仪器设备由黑龙江省土壤肥料管理站统一招标配发，2010年12月底才陆续到位，2011年1月安装调试，在具体工作中，根据农业部制订的总体工作方案和技术规程，采取了分工明确、积极配合、相互协作的做法，先化验2009年测土配方施肥项目的土样，然后再化验耕地地力评价要求化验的土样。同时按照黑龙江省土壤肥料管理站统一制订的工作方案，对各项具体工作内容、质量标准、起止时间都提出了具体而明确的要求，并作了详尽的安排。承担不同工作任务的同志都根据要求统一安排，分别制订了各自的工作计划和工作日程，并加强互相之间的协作和各项任务的衔接，保证了各项任务的顺利进行。

（二）主要经验

1. 以耕地地力评价为重点 耕地地力评价工作的最终目的是要对伊春市区的耕地地力进行科学的实事求是的调查评价，因此，2011年将这项工作列为单位工作的重点。土壤肥料管理站全员在保证不影响全面工作质量的基础上，突出了耕地地力评价这一重点。积极与黑龙江省土壤肥料管理站配合，在专家的指导下选定了评价指标14项，其他有关耕地地力评价工作有序地进行，以保证地力评价的质量。

2. 与各部门科室积极协作 开展耕地地力评价，需要多方面的资料图件，包括历史资料和现状资料，这些资料涉及伊春林业科学院、伊春市国土资源局、伊春市统计局、伊春市水利局、伊春市畜牧兽医局、伊春市气象局等部门，伊春市土壤肥料管理站的技术人员为了在短的时间内顺利完成此项工作，放弃了许多休息日，在领导协调下主动与各部门沟通，收集各种与耕地地力评价相关的资料，以保证在较短的时间内，把各项资料准备齐全。

3. 为农民及务农职工服务 开展耕地地力评价，是一项利国利民的好事，也是与当地农业生产实际联系十分紧密的工作，特别是专题报告的选定与撰写，要符合当地农业生产的实际情况，反映当地农业生产发展的需求，所以，在调查过程中，对技术规程要求以外的一些产业与基地情况，如森林食品产业、有机蔬菜生产基地的建设、农产品的质量等方面的情况，也做了一些调查。并根据这次对耕地地力的调查结果，联系伊春市农业生产的实际，确定定向性的肥料使用方向，使这次调查成果得到了初步的运用，为农民及务农职工提供优质高效的服务。

五、资金使用分析

为了搞好耕地地力调查与评价工作，伊春市土壤肥料工作站在时间短、任务重的情况下，确保工作的顺利进行，项目领导小组科学合理的规范项目资金的使用，实行专款专用，共计40万元，严格按照项目资金的管理有关规定执行并接受审计部门的审查监督。本次试点资金的使用主要包括土样采集、野外调查及补助、分析化验及化验补助费、田间肥效“3414”试验、示范区展示补贴、数据库建设和维护、专家咨询及活动费、新肥料示范与技术指导、地力评价、宣传及技术培训、仪器设备及易耗品补充等部分。

六、存在问题与建议

（一）存在问题

1. 耕地面积变化大　1985 年二次土壤普查的耕地面积较小，耕地的各项数据资料相对比较简单。自全国二次土壤普查后，特别是土地实现一免二补后，伊春市又新开垦了很多林地、山地等，耕地面积增加了 0.73 倍左右，使得此次耕地土壤普查可利用的调查数据相对较少或不足。

2. 人力不足、经验缺乏、资料不齐全　此次参加土壤普查工作人员相对较少，工作经验相对较少，缺乏真正土壤肥料专业的技术人员。由于单位历史原因，有经验的老一批技术人员相继退休、离岗，不能够参与此次耕地地力评价工作。一些历史资料积累不全，且无处查找，使得工作难度增加，进度缓慢，给工作带来了一定的困难。

3. 使用新技术多　此项调查工作要求技术性很高，如图件的数字化、经纬坐标与地理坐标的转换、采样点位图的生成、等高线生成高程、坡度、坡向图等技术及评价信息系统与属性数据、空间数据的挂接、插值等技术都要在请教过专家后或在专业技术人员帮助下才能完成。

（二）建议

1. 注意收集整理资料　本次耕地地力评价任务重、时间紧，伊春市土壤肥料管理站在短时间内独立完成难度较大，有许多历史资料与相关业务部门沟通不畅、收集不全；以后伊春市土壤肥料管理站技术人员要注意收集相关信息，进行整理归类为后人保留资料。

2. 多组织技术培训　参加耕地地力评价的人员从未接受过正规的专业培训，工作热情高，但工作起来难度很大。尽管黑龙江省土壤肥料管理站统一组织、系统培训，在一定程度上整体提升伊春市土壤肥料管理站业务素质，但还有距离，希望黑龙江省土壤肥料管理站多组织技术人员定期学习培训，全面提高技术人员业务能力，保证地力评价工作顺利完成。

七、伊春市区耕地地力评价工作大事记

1. 2009 年 1 月　伊春市农业技术研究推广中心化验室孙伟、陈云霞参加第二期黑龙江省测土配方施肥化验员资格培训班，系统地学习土壤化验技术，掌握土壤 N、P、K 以及微量元素化验方法，取得了省级土壤化验员资质。

2. 2009 年 10 月 10 日　召开测土配方施肥协调会，会议由郑春江（原中心主任，2011 年 2 月调离）主持，伊春市农业技术研究推广中心全体技术人员参加，铁力（市）农业技术推广中心土壤肥料管理站唐国江讲解了采样方法。

3. 2009 年 10 月 14 日　开始了测土配方施肥项目即第一次外业采样工作，此次行动采样 2 000 个，历时 15 天。

4. 2010年7月21至7月23日 召开2007年第三批测土配方施肥项目县耕地地力评价工作会议，主要研究各市、县地力评价指标，会上专家组审定伊春市14项评价指标。

5. 2010年12月20日 黑龙江省土壤肥料管理站化验设备基本到位，伊春市市农业技术研究推广中心土壤肥料管理站及化验室人员进行安装调试，化验室进入试运行阶段。

6. 2011年2月21日 张含生（现伊春市农业技术研究推广中心主任，2011年2月上任）聘请嘉荫县农业推广中心化验员张宏伟、刘鹏飞、霍金强来伊春市农业技术研究推广中心对化验员进行培训。

7. 2011年2月15日至3月25日 土样制备、阴干、研磨等工作结束，正式开始化验。

8. 2011年2月23日 伊春市农业技术研究推广中心开始室内土样化验。

9. 2011年3月10日 伊春市农业技术研究推广中心土壤肥料管理站张艳华同志到伊春林业科学院、伊春市农业委员会等单位收集有关资料和图件。

10. 2011年3月29日 《2005、2008、2009年测土配方施肥项目县耕地地力评价工作会议》在黑龙江省农业科学教育培训中心召开，伊春市农业技术研究推广中心土壤肥料管理站站长张艳华参加了会议。黑龙江省土壤肥料管理站站长胡瑞轩到会并做了重要讲话，黑龙江省土壤肥料管理站聘请的专家陈政莎、汪君利、汤彦辉对参会人员就“耕地地力评价工作流程”“耕地地力评价报告编写”“基础数据标准化”和“GPS定位及采样方法”进行了培训。

11. 2011年4月14日 伊春市农业技术研究推广中心下发了《关于认真做好耕地地力评价土样采集工作的通知》，要求各区行政村做好采样配合准备工作。

12. 2011年4月16日 在外业采样工作开始前，首先进行了培训。参加培训的有伊春市农业技术研究推广中心的所有技术人员。会议由伊春市农业技术研究推广中心主任张含生主持。伊春市农业技术研究推广中心土壤肥料管理站站长张艳华和农机所所长杨宝善就项目的主要技术路线、GPS的使用方法、外业工作需要注意的事项等内容进行了培训。

13. 2011年4月18日 开始进行耕地地力评价采样工作，伊春市农业技术研究推广中心共分五个采样小组，对全市56个村的农田进行采样，历时10天。

14. 2011年10月9日 下达了《关于做好耕地地力评价土样秋季补点采集工作的通知》，对南四局林场的林业耕地采样列入市区的耕地地力评价。

15. 2011年5月30日 上一年采样的碱解氮、有效磷、速效钾、pH、有机质常规五项化验内容化验工作结束。

16. 2011年6月10日 黑龙江省土壤肥料管理站组织2008年、2009年项目县的工作人员参加了全国农业技术推广服务中心主办，扬州市土壤肥料站协办的《县域耕地资源管理信息系统应用培训班》，黑龙江省、江西省、四川省3个省的地市、县负责地力评价工作人员及土壤肥料管理站长130人参加培训。伊春市农业技术研究推广中心土壤肥料管理站站长张艳华参加了培训班，扬州市土壤肥料专家就“耕地地力评价指标体系和评价模型”“土壤养分丰缺评价及其应用”“县级农业专业图件制作规范”“应用测土配方施肥数据构建县域施肥指标体系”和“耕地地力评价验收规范与要求”等11项内容做了重点培训。

17. 2011 年 11 月 15 日　伊春市耕地地力评价 1 222 个采样点数据化验结束。

18. 2011 年 11 月 21 日　张艳华、宋平去黑龙江省土壤肥料管理站制作伊春市耕地工作空间。

19. 2011 年 12 月 14 日　张艳华、杨春梅去黑龙江省土壤肥料管理站确定耕地地力等级，从空间导出数据；着手写伊春市耕地地力评价报告，12 月 26 日完成报告初稿。

20. 2012 年 12 月 1 日　张艳华、张大伟去黑龙江省土壤肥料管理站接受专家指导；完善伊春市耕地地力评价报告，12 月 7 日完成报告定稿。

附录 6　伊春市区各行政村养分统计表

附表 6－1　伊春市各行政村有效磷养分统计

单位：毫克/千克

村名称	一级	二级	三级	四级	五级	样本数	平均值	最小值	最大值
青山村 1	0	0	0	18.4	14.5	49	17.3	8.5	26.5
青山村 2	0	0	32.4	15.1	13.7	20	15.3	8	32.4
青山村 3	0	0	0	27.2	33.5	15	27.7	14.8	37.6
星龙村	0	0	0	24.6	23.6	11	24.2	9.3	51.5
大吉星村	71.3	0	0	104.9	0	26	99.7	48.4	136
小吉星村	72.8	0	0	92	0	13	90.5	60.6	115.5
奋斗村	67.6	0	0	65.1	0	10	67.1	55.3	72.8
沙岭村	0	0	0	77.7	0	14	77.7	39.5	135.5
锦绣村	0	0	0	17.4	18.8	17	17.9	7	35.5
曙光村	0	0	0	28.4	26.6	16	27.9	22.8	34.9
翠光村	0	0	14.2	52.5	14.2	7	41.5	14.2	107
长征村	0	0	0	35.9	17.3	42	29.7	16.3	66.5
东风村	0	0	0	6	0	32	6	1	15
高亮子河村	0	0	0	58.2	0	11	58.2	54.5	67.8
永林村	77.1	0	0	43.1	0	6	65.8	22	115
北阳村	41.1	0	0	30.8	0	8	37.2	9.5	86.5
艾林村	64.9	25.2	0	39.7	0	8	50.5	24.5	90
中兴村	91.6	50.6	0	83.2	0	36	86.1	50	124.5
双合村	67.4	45.6	35.2	36.6	0	8	47.5	35.2	72.8
振兴村	0	62.1	45.4	60.5	0	15	59.2	43.5	67.5
红旗村	69	0	0	69.6	0	17	69.3	64.4	78.4
梧桐村	0	0	0	48.8	0	12	48.8	27	65.8
国庆村	72.1	30.8	0	48.8	0	20	62.4	30.8	138.5
跃进村	0	0	0	16.1	12.6	11	14.5	8.5	22.9
平川村	0	0	0	17.1	13.2	21	16.8	7	40.5
青松村	0	0	0	23.4	0	42	23.4	10	41.5
乐园村	52	23.3	23.3	30	0	41	31.2	12.7	66

注：青山村 1－上甘岭区青山村

　　青山村 2－友好区青山村

　　青山村 3－伊春区青山村

（续）

村名称	一级	二级	三级	四级	五级	样本数	平均值	最小值	最大值
前进村	0	0	0	29.5	25.1	14	27.6	13.5	34
松青村	0	0	0	50.4	0	2	50.4	32.4	68.5
锦山村	0	0	0	38.5	19	21	21.8	8.5	48
创业村	0	0	0	64.5	0	15	64.5	41.6	79
宝泉村	0	0	0	54.4	0	11	54.4	49.1	59.2
永兴村	0	35.8	0	35.8	26.9	8	33.6	25.1	36.2
星星村	0	0	0	55.6	0	10	55.6	42.1	64
东红村	0	0	0	57.9	0	9	57.9	46	81.8
晨明村	0	0	0	69.9	0	2	69.9	58.6	81.3
月明村	0	0	0	56	0	3	56	54.2	59.5
桦阳村	0	0	0	51.7	0	2	51.7	51.7	51.7
东升村	0	0	0	62.7	0	4	62.7	47	87.3
浩良河村	84	0	0	91.4	0	34	87.7	40.5	114
爱国村	0	0	30.6	24	30.6	3	28.4	24	30.6
永青村	0	0	0	29.8	32.1	78	31	13.3	46.5
临溪村	0	0	0	23	19.9	9	21.3	18.3	24.2
秋冷村	53.8	0	0	55.2	0	8	54.5	28.1	95
金峰村	0	23.3	15.9	15.7	0	18	16.2	9	33.2
沙山村	97	65.3	0	94.7	0	16	92	58	122.3
灯塔村	0	0	0	36.8	0	15	36.8	22.3	59.5
青川村	0	0	0	21.5	0	7	21.5	9	26.6
双兴村	0	0	0	24.6	0	5	24.6	12.5	36.3
金星村	0	0	0	26.3	0	18	26.3	17.5	40.5
红星村	0	0	0	36.6	0	5	36.6	21.3	56.5
宏伟村	0	0	0	32.2	32.8	76	32.6	18.5	40.5
迎新村	0	0	0	50.8	0	8	50.8	35.5	77.8
五七村	37.2	0	0	0	0	3	37.2	9.5	55.5
先锋村	0	0	0	29.5	25.1	14	27.6	13.5	34
卫林经营所	0	114.1	95.8	76.2	0	56	102.8	25	142.5
青林经营所	0	0	86.4	64.5	0	12	80.9	56.5	122.9

（续）

村名称	一级	二级	三级	四级	五级	样本数	平均值	最小值	最大值
燕安经营所	47	56	77.9	29.3	0	60	38.9	16	137.5
建设经营所	51.8	55.5	47.7	44.8	40	132	52.4	25	89.5
巴兰河经营所	30.5	0	38.7	33.4	0	36	33.6	26.8	41
二道沟森林经营所	44.8	0	33.7	36.6	0	21	36.8	23.5	44.8
乡南森林经营所	80	73	36.1	31.5	0	9	51.8	21.5	80
南沟森林经营所	106	89.5	0	0	0	7	94.2	78	106
丰林林场	0	0	0	13.5	43.8	9	33.7	13.5	59.3
石长经营林场	75	100.8	44.6	85.5	0	198	90.1	21	143.5
圣浪经营林场	59.6	58.2	85.1	39	0	443	59.9	28	142
茂林林场	100.3	97.8	92.4	0	0	105	94.4	44	111.2
北关农场	45.1	55.1	49.1	31.4	0	17	47.8	31.4	68.3
王杨农场	33.4	0	44	40	0	9	39.4	22	44.8
马永顺林场	0	0	0	0	34.1	10	34.1	33.5	38.5
正岔河林场	0	61.8	58	40.4	0	25	55.7	25	76
新东林场	25	27.6	0	29.4	0	15	28.3	22.5	33.3
大西北岔林场	0	48.9	55.9	32.5	0	19	36.7	21.8	60.3
上呼兰经营林场	57.2	65.5	51.6	13.8	0	306	44.8	8.5	144.5
白河经营林场	70.2	66.2	74.7	83.6	48	422	69.3	21	144
柳河经营林场	82	85.5	94.3	83.3	0	259	89.2	32.8	141.5
巴兰河农场	47.5	37.3	53.3	37.2	0	24	40.5	17.5	64
英山林场	81.4	0	82.2	0	0	44	81.7	80.3	90.6
三屯农场	134	126.8	0	0	137.5	36	134.2	93	148.5
南河经营林场	73.1	71.6	72.1	61.3	0	120	71	44.9	144.5
奋斗经营林场	72.5	72.1	0	0	0	78	72.3	65.1	72.8
神树经营林场	45.5	66.7	47.2	36	0	32	52.9	34.5	87.5
跃进经营林场	0	83.2	0	30.9	0	54	80.3	22.5	131.5
春光经营林场	78	78.9	81.8	73	0	204	78	30.5	141.5
五花农场	57.4	0	0	0	0	25	57.4	30.5	88.3
鹿鸣林场	0	0	71.4	40.5	0	6	66.3	40.5	117.5

附表 6-2 伊春市各行政村碱解氮养分统计

单位：毫克/千克

村名称	一级	二级	三级	四级	五级	样本数	平均值	最小值	最大值
青山村 1	0	0	0	327	326	49	327	209	441
青山村 2	0	0	426	356	410	20	384	270	500
青山村 3	0	0	0	307	233	15	302	233	415
星龙村	0	0	0	243	256	11	248	217	270
大吉星村	201	0	0	281	0	26	269	181	313
小吉星村	221	0	0	265	0	13	262	221	313
奋斗村	203	0	0	207	0	10	204	181	252
沙岭村	0	0	0	323	0	14	323	189	425
锦绣村	0	0	0	355	366	17	359	225	456
曙光村	0	0	0	407	405	16	407	385	425
翠光村	0	0	214	206	214	7	208	157	249
长征村	0	0	0	314	275	42	301	221	351
东风村	0	0	0	168	0	32	168	125	233
高亮子河村	0	0	0	165	0	11	165	137	257
永林村	261	0	0	246	0	6	256	229	317
北阳村	218	0	0	228	0	8	222	181	245
艾林村	318	292	0	326	0	8	318	292	334
中兴村	228	222	0	226	0	36	227	169	283
双合村	218	164	268	213	0	8	203	117	269
振兴村	0	223	311	261	0	15	253	182	349
红旗村	190	0	0	173	0	17	182	165	282
梧桐村	0	0	0	202	0	12	202	168	226
国庆村	224	179	0	217	0	20	216	179	313
跃进村	0	0	0	266	257	11	262	249	274
平川村	0	0	0	329	337	21	330	249	369
青松村	0	0	0	235	0	42	235	145	365
乐园村	130	239	239	167	0	41	169	64	267

（续）

村名称	一级	二级	三级	四级	五级	样本数	平均值	最小值	最大值
前进村	0	0	0	281	263	14	273	223	325
松青村	0	0	0	183	0	2	183	157	209
锦山村	0	0	0	379	324	21	332	145	397
创业村	0	0	0	304	0	15	304	267	400
宝泉村	0	0	0	206	0	11	206	162	278
永兴村	0	163	0	164	240	8	182	93	241
星星村	0	0	0	244	0	10	244	218	301
东红村	0	0	0	225	0	9	225	205	244
晨明村	0	0	0	199	0	2	199	186	212
月明村	0	0	0	254	0	3	254	177	293
桦阳村	0	0	0	200	0	2	200	200	200
东升村	0	0	0	307	0	4	307	265	350
浩良河村	198	0	0	188	0	34	193	140	349
爱国村	0	0	357	357	357	3	357	357	357
永青村	0	0	0	333	355	78	345	245	476
临溪村	0	0	0	314	312	9	313	279	345
秋冷村	232	0	0	234	0	8	233	212	241
金峰村	0	239	204	193	0	18	200	137	239
沙山村	213	210	0	200	0	16	207	195	221
灯塔村	0	0	0	67	0	15	67	38	99
青川村	0	0	0	310	0	7	310	281	349
双兴村	0	0	0	263	0	5	263	245	287
金星村	0	0	0	252	0	18	252	227	317
红星村	0	0	0	259	0	5	259	230	301
宏伟村	0	0	0	345	335	76	338	253	429
迎新村	0	0	0	326	0	8	326	278	384
五七村	252	0	0	0	0	3	252	181	321
先锋村	265	0	0	0	0	1	265	265	265
卫林经营所	0	298	320	259	0	56	304	170	382
青林经营所	0	0	254	250	0	12	253	194	310

（续）

村名称	一级	二级	三级	四级	五级	样本数	平均值	最小值	最大值
燕安经营所	271	248	290	205	0	60	222	170	321
建设经营所	297	283	306	266	261	132	285	170	321
巴兰河经营所	215	0	190	212	0	36	210	170	249
二道沟森林经营所	261	0	237	259	0	21	258	233	463
乡南森林经营所	272	354	278	253	0	9	295	253	394
南沟森林经营所	420	370	0	0	0	7	384	299	420
丰林林场	0	0	0	284	242	9	256	232	284
石长经营林场	296	282	328	301	0	198	291	223	412
圣浪经营林场	336	330	311	310	0	443	324	246	450
茂林林场	213	263	256	0	0	105	257	185	382
北关农场	278	284	284	284	0	17	282	253	290
王杨农场	241	0	314	247	0	9	260	219	314
马永顺林场	0	0	0	0	265	10	265	256	306
正岔河林场	0	346	321	365	0	25	338	280	469
新东林场	319	297	0	326	0	15	317	246	393
大西北岔林场	0	318	344	407	0	19	391	223	450
上呼兰经营林场	330	325	293	301	0	306	310	246	450
白河经营林场	294	318	311	295	333	422	308	155	412
柳河经营林场	350	360	346	334	0	259	350	260	463
巴兰河农场	275	215	278	252	0	24	257	185	359
英山林场	424	0	424	0	0	44	424	423	429
三屯农场	292	289	0	0	299	36	294	284	316
南河经营林场	429	364	372	338	0	120	365	276	450
奋斗经营林场	363	355	0	0	0	78	359	346	390
神树经营林场	345	346	349	367	0	32	348	321	412
跃进经营林场	0	268	0	317	0	54	271	250	374
春光经营林场	317	307	293	270	0	204	298	155	488
五花农场	310	0	0	0	0	25	310	246	367
鹿鸣林场	0	0	261	330	0	6	272	254	330

附表 6-3　伊春市各行政村速效钾养分统计

单位：毫克/千克

村名称	一级	二级	三级	四级	五级	样本数	平均值	最小值	最大值
青山村 1	0	0	0	168	138	49	160	85	264
青山村 2	0	0	252	172	158	20	170	131	252
青山村 3	0	0	0	181	142	15	179	142	224
星龙村	0	0	0	109	106	11	108	99	114
大吉星村	91	0	0	280	0	26	251	57	359
小吉星村	105	0	0	225	0	13	216	105	359
奋斗村	117	0	0	116	0	10	116	97	155
沙岭村	0	0	0	290	0	14	290	107	583
锦绣村	0	0	0	193	145	17	176	138	254
曙光村	0	0	0	25	25	16	25	23	27
翠光村	0	0	157	149	157	7	152	90	214
长征村	0	0	0	240	163	42	214	129	298
东风村	0	0	0	26	0	32	26	5	82
高亮子河村	0	0	0	154	0	11	154	106	173
永林村	161	0	0	218	0	6	180	108	280
北阳村	130	0	0	212	0	8	161	102	239
艾林村	177	120	0	141	0	8	156	120	225
中兴村	201	102	0	139	0	36	171	83	276
双合村	90	89	69	70	0	8	82	68	111
振兴村	0	160	150	161	0	15	159	127	201
红旗村	142	0	0	109	0	17	126	102	224
梧桐村	0	0	0	63	0	12	63	24	102
国庆村	134	90	0	114	0	20	124	68	260
跃进村	0	0	0	81	79	11	80	75	96
平川村	0	0	0	159	159	21	159	73	216
青松村	0	0	0	68	0	42	68	57	84
乐园村	92	112	112	91	0	41	92	56	127

（续）

村名称	一级	二级	三级	四级	五级	样本数	平均值	最小值	最大值
前进村	0	0	0	192	152	14	175	100	260
松青村	0	0	0	125	0	2	125	105	145
锦山村	0	0	0	197	137	21	146	74	228
创业村	0	0	0	94	0	15	94	83	108
宝泉村	0	0	0	140	0	11	140	107	171
永兴村	0	110	0	110	105	8	109	104	113
星星村	0	0	0	210	0	10	210	169	220
东红村	0	0	0	215	0	9	215	138	331
晨明村	0	0	0	105	0	2	105	83	126
月明村	0	0	0	111	0	3	111	96	142
桦阳村	0	0	0	191	0	2	191	191	191
东升村	0	0	0	271	0	4	271	221	321
浩良河村	159	0	0	174	0	34	166	93	210
爱国村	0	0	264	23	264	3	184	23	264
永青村	0	0	0	216	198	78	206	127	417
临溪村	0	0	0	98	82	9	89	79	117
秋冷村	102	0	0	125	0	8	113	80	227
金峰村	0	112	56	71	0	18	67	44	112
沙山村	156	155	0	135	0	16	146	124	170
灯塔村	0	0	0	101	0	15	101	55	136
青川村	0	0	0	111	0	7	111	103	125
双兴村	0	0	0	113	0	5	113	100	151
金星村	0	0	0	103	0	18	103	90	130
红星村	0	0	0	82	0	5	82	2	111
宏伟村	0	0	0	167	185	76	180	91	318
迎新村	0	0	0	235	0	8	235	187	262
五七村	146	0	0	0	0	3	146	92	215
先锋村	112	0	0	0	0	1	112	112	112
卫林经营所	0	145	258	117	0	56	191	98	485
青林经营所	0	0	148	118	0	12	141	105	209

（续）

村名称	一级	二级	三级	四级	五级	样本数	平均值	最小值	最大值
燕安经营所	193	174	188	180	0	60	180	82	200
建设经营所	121	109	132	106	102	132	113	62	204
巴兰河经营所	81	0	79	87	0	36	85	75	152
二道沟森林经营所	94	0	86	89	0	21	90	72	98
乡南森林经营所	88	110	77	93	0	9	94	73	124
南沟森林经营所	86	103	0	0	0	7	98	74	124
丰林林场	0	0	0	67	110	9	96	67	114
石长经营林场	246	237	123	209	0	198	231	76	562
圣浪经营林场	202	238	133	152	0	443	195	79	551
茂林林场	217	202	205	0	0	105	205	157	485
北关农场	122	109	129	120	0	17	124	108	143
王杨农场	149	0	149	55	0	9	97	44	153
马永顺林场	0	0	0	0	94	10	94	92	107
正岔河林场	0	116	107	87	0	25	106	66	133
新东林场	117	133	0	119	0	15	122	102	164
大西北岔林场	0	177	157	127	0	19	135	66	201
上呼兰经营林场	211	218	219	212	0	306	216	103	462
白河经营林场	219	187	174	159	590	422	196	65	590
柳河经营林场	159	149	146	111	0	259	146	88	228
巴兰河农场	88	80	91	81	0	24	83	52	104
英山林场	107	0	110	0	0	44	108	104	133
三屯农场	108	88	0	0	124	36	110	88	124
南河经营林场	177	161	198	180	0	120	172	110	260
奋斗经营林场	137	134	0	0	0	78	135	123	171
神树经营林场	150	129	148	92	0	32	139	76	157
跃进经营林场	0	181	0	238	0	54	184	122	443
春光经营林场	202	256	130	142	0	204	180	88	373
五花农场	149	0	0	0	0	25	149	92	212
鹿鸣林场	0	0	120	89	0	6	115	89	146

附表 6-4　伊春市各行政村有机质养分统计

单位：克/千克

村名称	一级	二级	三级	四级	五级	样本数	平均值	最小值	最大值
青山村 1	0	0	0	56.8	56.7	49	56.8	38.4	70.9
青山村 2	0	0	44	54.7	46.9	20	50.7	43.6	58.5
青山村 3	0	0	0	65.2	63.6	15	65.1	62.7	67.5
星龙村	0	0	0	70	69.9	11	70	64.5	76.6
大吉星村	53.5	0	0	54.5	0	26	54.4	48.6	55.8
小吉星村	51.2	0	0	53.7	0	13	53.5	51.2	55.6
奋斗村	54.4	0	0	54.2	0	10	54.4	53.6	56
沙岭村	0	0	0	60.1	0	14	60.1	53.9	65.1
锦绣村	0	0	0	59.3	54.3	17	57.5	45.8	64.9
曙光村	0	0	0	45.2	45.6	16	45.3	43.4	47.9
翠光村	0	0	64.4	63.3	64.4	7	63.6	60.6	64.7
长征村	0	0	0	63	67.8	42	64.6	58.8	69.3
东风村	0	0	0	21	0	32	21	8.9	52.8
高亮子河村	0	0	0	49	0	11	49	47.9	52.8
永林村	60	0	0	61	0	6	60.3	55.8	68.7
北阳村	56.1	0	0	57.5	0	8	56.6	54.1	58.1
艾林村	61.8	61.8	0	63.9	0	8	62.6	60.5	64.7
中兴村	56.4	51.8	0	58.2	0	36	56.8	49.2	60.2
双合村	54.8	44.6	61.9	52.7	0	8	51.4	33.2	65.5
振兴村	0	60.9	63	62.3	0	15	61.9	58.2	63.1
红旗村	58.9	0	0	57.2	0	17	58.1	56.9	63.9
梧桐村	0	0	0	58	0	12	58	52.1	61.9
国庆村	57.9	56	0	56.5	0	20	57.4	47.7	64.5
跃进村	0	0	0	69.6	70.2	11	69.9	66.9	70.6
平川村	0	0	0	61.4	65	21	61.8	57	68.4
青松村	0	0	0	66.3	0	42	66.3	58	74.5
乐园村	48.3	67.9	67.9	55.6	0	41	55.9	39.2	71.3

（续）

村名称	一级	二级	三级	四级	五级	样本数	平均值	最小值	最大值
前进村	0	0	0	65.8	66.7	14	66.2	65.3	67
松青村	0	0	0	54.5	0	2	54.5	50	58.9
锦山村	0	0	0	39.4	38.2	21	38.4	18.8	54.9
创业村	0	0	0	59	0	15	59	51.7	62.4
宝泉村	0	0	0	50.7	0	11	50.7	45.5	55.9
永兴村	0	63	0	63	65.1	8	63.5	62.4	65.6
星星村	0	0	0	54.5	0	10	54.5	50.8	60.6
东红村	0	0	0	53.2	0	9	53.2	48.8	56.2
晨明村	0	0	0	52.9	0	2	52.9	51.4	54.4
月明村	0	0	0	50.9	0	3	50.9	49.9	52.8
桦阳村	0	0	0	55.5	0	2	55.5	55.5	55.5
东升村	0	0	0	62.8	0	4	62.8	57.5	66.5
浩良河村	54	0	0	51.7	0	34	52.8	44.5	66.4
爱国村	0	0	42.9	51.4	42.9	3	45.7	42.9	51.4
永青村	0	0	0	66.6	66.9	78	66.8	57.9	75.2
临溪村	0	0	0	68.5	69.3	9	69	64.9	71.9
秋冷村	52	0	0	54.7	0	8	53.3	48.2	56.3
金峰村	0	67.9	68.1	65.8	0	18	66.8	63.3	68.9
沙山村	50.9	38.6	0	48.3	0	16	48.2	35.4	57.9
灯塔村	0	0	0	35.5	0	15	35.5	20.5	44.9
青川村	0	0	0	62	0	7	62	57.4	67.1
双兴村	0	0	0	71.7	0	5	71.7	65.8	78.6
金星村	0	0	0	67.4	0	18	67.4	63.8	71
红星村	0	0	0	65.3	0	5	65.3	61.9	68.2
宏伟村	0	0	0	65	66.3	76	65.9	54.8	72.7
迎新村	0	0	0	63.2	0	8	63.2	62	64.6
五七村	67.2	0	0	0	0	3	67.2	58.1	78.6
先锋村	53.3	0	0	0	0	1	53.3	53.3	53.3
卫林经营所	0	60.1	58.4	63	0	56	59.6	34.5	107.5
青林经营所	0	0	82.9	61.4	0	12	77.6	51.5	96.3

（续）

村名称	一级	二级	三级	四级	五级	样本数	平均值	最小值	最大值
燕安经营所	54.8	57.2	58	57.5	0	60	57.4	50.5	106.3
建设经营所	55.8	57.5	54.5	58.8	61.5	132	57.2	48.4	62.7
巴兰河经营所	49.3	0	57.5	51.6	0	36	52	45.6	61.5
二道沟森林经营所	53.1	0	50.5	48.8	0	21	49.1	45.2	64.2
乡南森林经营所	71.4	64.9	64.8	65.6	0	9	65.8	62.1	71.4
南沟森林经营所	53.5	59.8	0	0	0	7	58	53.5	62.1
丰林林场	0	0	0	45.6	59.1	9	54.6	45.6	64.8
石长经营林场	56.7	59.5	61.7	61	0	198	59.2	37.8	72.6
圣浪经营林场	59.3	56.1	60.6	59.3	0	443	58.1	48.9	69.2
茂林林场	54.2	55.8	55.8	0	0	105	55.8	34.3	63.2
北关农场	61	57.6	57.9	60.9	0	17	58.8	55.9	62
王杨农场	59.3	0	53.2	51.4	0	9	53.5	41.7	63.8
马永顺林场	0	0	0	0	65.7	10	65.7	61.4	98.2
正岔河林场	0	50	53.1	47.7	0	25	51	30.7	60.9
新东林场	59.3	60.4	0	60.8	0	15	60.5	52.1	66.8
大西北岔林场	0	57.4	59.3	58.7	0	19	58.6	36.2	73.7
上呼兰经营林场	58.1	58.5	57.4	63.4	0	306	59.7	47.1	71.9
白河经营林场	64.2	64.6	66.1	64.4	58.5	422	64.5	38.9	77
柳河经营林场	65.3	64.6	66.3	64.9	0	259	65.5	48.8	77.4
巴兰河农场	51.8	46.9	52.7	52.8	0	24	52.4	46.9	63.7
英山林场	63.7	0	63.5	0	0	44	63.6	61.3	64
三屯农场	60.2	61.6	0	0	63.1	36	61	54.9	68.7
南河经营林场	60.1	58	55.4	56.8	0	120	57.3	49.7	68.2
奋斗经营林场	56.2	55.9	0	0	0	78	56	54.8	60
神树经营林场	55.7	52.7	54.9	55.6	0	32	54.3	49	68.3
跃进经营林场	0	62.8	0	62.9	0	54	62.8	54.1	66
春光经营林场	60.2	57	62.9	60	0	204	60.2	44.8	72.1
五花农场	56.8	0	0	0	0	25	56.8	54.2	63.2
鹿鸣林场	0	0	57.1	71.4	0	6	59.4	50	85.3

附表 6-5 伊春市各行政村 pH 统计

村名称	一级	二级	三级	四级	五级	样本数	平均值	最小值	最大值
青山村 1	0	0	0	5.9	5.8	49	5.9	5.6	6.3
青山村 2	0	0	6.3	6.1	5.8	20	6	5.5	6.3
青山村 3	0	0	0	6.4	6.2	15	6.3	6.2	6.6
星龙村	0	0	0	6.6	6.7	11	6.6	6.5	6.8
大吉星村	6.4	0	0	5.8	0	26	5.9	5.7	6.6
小吉星村	6.4	0	0	6	0	13	6	5.7	6.4
奋斗村	6.4	0	0	6.5	0	10	6.4	6.2	6.6
沙岭村	0	0	0	6.4	0	14	6.4	6.2	6.5
锦绣村	0	0	0	6	5.9	17	6	5.6	6.3
曙光村	0	0	0	6.1	6.1	16	6.1	6	6.2
翠光村	0	0	6.2	6.2	6.2	7	6.2	6.2	6.4
长征村	0	0	0	6.5	6.5	42	6.5	6.4	6.9
东风村	0	0	0	6.4	0	32	6.4	5.2	7
高亮子河村	0	0	0	6.2	0	11	6.2	6	6.5
永林村	6.8	0	0	6.9	0	6	6.8	6.4	7.2
北阳村	6.3	0	0	6.7	0	8	6.4	6	6.8
艾林村	5.8	5.8	0	5.7	0	8	5.8	5.7	5.9
中兴村	6.2	6.5	0	6.1	0	36	6.2	6	6.5
双合村	6.4	6.4	6.3	6.3	0	8	6.4	6.3	6.5
振兴村	0	6.3	6.4	6.2	0	15	6.3	6.1	6.7
红旗村	6.2	0	0	6.3	0	17	6.2	6	6.3
梧桐村	0	0	0	6.2	0	12	6.2	6	6.6
国庆村	6.2	6.3	0	6.4	0	20	6.3	5.8	6.7
跃进村	0	0	0	6.5	6.4	11	6.5	6.3	6.5
平川村	0	0	0	6.2	5.8	21	6.2	5.6	6.7
青松村	0	0	0	6.4	0	42	6.4	6.2	6.8
乐园村	6.3	6.4	6.4	6.4	0	41	6.4	6	7.1

（续）

村名称	一级	二级	三级	四级	五级	样本数	平均值	最小值	最大值
前进村	0	0	0	6.3	6.2	14	6.3	5.9	6.6
松青村	0	0	0	6.2	0	2	6.2	6.2	6.2
锦山村	0	0	0	6.4	6.1	21	6.1	5.8	6.6
创业村	0	0	0	6.3	0	15	6.3	6.1	6.4
宝泉村	0	0	0	6.3	0	11	6.3	6	6.5
永兴村	0	6.3	0	6.3	6.3	8	6.3	6.2	6.3
星星村	0	0	0	6.4	0	10	6.4	6	6.9
东红村	0	0	0	6.8	0	9	6.8	6.6	7.1
晨明村	0	0	0	6.6	0	2	6.6	6.5	6.7
月明村	0	0	0	6	0	3	6	5.9	6.1
桦阳村	0	0	0	6.6	0	2	6.6	6.6	6.6
东升村	0	0	0	6.4	0	4	6.4	6.3	6.5
浩良河村	7.2	0	0	7.3	0	34	7.3	6.3	7.7
爱国村	0	0	6	6.5	6	3	6.1	6	6.5
永青村	0	0	0	6.4	6.4	78	6.4	6.1	6.6
临溪村	0	0	0	6.5	6.4	9	6.4	6.4	6.6
秋冷村	6.2	0	0	6	0	8	6.1	5.8	6.4
金峰村	0	6.4	6.4	6.3	0	18	6.3	6	6.5
沙山村	5.8	5.8	0	6	0	16	5.9	5.6	6.2
灯塔村	0	0	0	6.6	0	15	6.6	6.3	7
青川村	0	0	0	6.3	0	7	6.3	6.2	6.3
双兴村	0	0	0	6.2	0	5	6.2	6	6.3
金星村	0	0	0	6.4	0	18	6.4	6.3	6.5
红星村	0	0	0	6.4	0	5	6.4	6.2	6.5
宏伟村	0	0	0	6.3	6.4	76	6.4	6.1	6.6
迎新村	0	0	0	6.3	0	8	6.3	6.2	6.4
五七村	6.2	0	0	0	0	3	6.2	6.2	6.2
先锋村	6.1	0	0	0	0	1	6.1	6.1	6.1
卫林经营所	0	6.8	6.3	6.1	0	56	6.5	5.3	7
青林经营所	0	0	6.2	6	0	12	6.2	5.9	6.3

（续）

村名称	一级	二级	三级	四级	五级	样本数	平均值	最小值	最大值
燕安经营所	6.1	6.2	6.3	5.9	0	60	6	5.7	6.5
建设经营所	6.2	6.3	6	6	5.8	132	6.2	5.7	6.6
巴兰河经营所	6	0	5.9	6	0	36	6	5.7	6.1
二道沟森林经营所	5.7	0	5.8	5.7	0	21	5.7	5.2	5.9
乡南森林经营所	6.2	5.8	6.2	5.8	0	9	5.9	5.8	6.2
南沟森林经营所	6.3	6	0	0	0	7	6.1	5.8	6.3
丰林林场	0	0	0	6.2	5.5	9	5.7	5.3	6.2
石长经营林场	6.3	6.2	6.5	6.2	0	198	6.3	5.7	6.8
圣浪经营林场	5.8	5.9	5.6	6.1	0	443	5.8	5.1	7.1
茂林林场	7	6.7	6.7	0	0	105	6.7	6.2	7.6
北关农场	6.4	6.3	6.2	6.5	0	17	6.3	5.9	6.5
王杨农场	6.2	0	5.7	6.1	0	9	6	5.7	6.4
马永顺林场	0	0	0	0	5.8	10	5.8	5.6	5.8
正岔河林场	0	5.7	5.7	5.6	0	25	5.7	5.3	6
新东林场	6.2	6.4	0	5.9	0	15	6.1	5.4	6.4
大西北岔林场	0	5.7	5.4	5.1	0	19	5.2	5	6.1
上呼兰经营林场	5.8	5.7	5.6	5.5	0	306	5.6	5.1	6.5
白河经营林场	6.3	6.3	6.5	6.4	6.4	422	6.3	5.3	7.4
柳河经营林场	5.7	5.8	5.7	5.9	0	259	5.8	5.2	6.4
巴兰河农场	5.5	5.7	5.5	5.7	0	24	5.6	4.8	6
英山林场	5.1	0	5.1	0	0	44	5.1	5	5.1
三屯农场	7.2	7.1	0	0	6.9	36	7.1	6.8	7.6
南河经营林场	6.1	6.2	5.8	5.8	0	120	6.1	5.6	6.5
奋斗经营林场	6.4	6.4	0	0	0	78	6.4	6.2	6.4
神树经营林场	6.2	6.5	6.2	6.4	0	32	6.3	5.9	6.9
跃进经营林场	0	5.4	0	5.6	0	54	5.4	5.3	5.9
春光经营林场	6.2	6.3	5.8	6	0	204	6.1	5.2	7.3
五花农场	5.9	0	0	0	0	25	5.9	5.6	6
鹿鸣林场	0	0	5.6	5.6	0	6	5.6	5.6	5.6

附表 6-6　伊春市各行政村全氮统计

单位：克/千克

村名称	一级	二级	三级	四级	五级	样本数	平均值	最小值	最大值
青山村 1	0	0	0	3.16	2.83	49	3.07	2.08	4.51
青山村 2	0	0	3.8	3.03	3.33	20	3.2	2.66	3.8
青山村 3	0	0	0	2.6	2.8	15	2.62	2.22	3.03
星龙村	0	0	0	2.36	2.37	11	2.36	2.31	2.4
大吉星村	2.58	0	0	3.56	0	26	3.41	1.75	4.07
小吉星村	3.72	0	0	3.82	0	13	3.81	3.29	4.07
奋斗村	2.03	0	0	1.99	0	10	2.02	1.93	2.33
沙岭村	0	0	0	2.71	0	14	2.71	2.02	4.06
锦绣村	0	0	0	2.69	2.9	17	2.77	2.22	3.14
曙光村	0	0	0	3.63	3.61	16	3.62	3.16	4.13
翠光村	0	0	3.09	2.83	3.09	7	2.9	2.1	3.16
长征村	0	0	0	2.15	2.2	42	2.16	1.41	2.76
东风村	0	0	0	2.49	0	32	2.49	1.69	4.71
高亮子河村	0	0	0	2.02	0	11	2.02	1.79	2.11
永林村	2.27	0	0	2.15	0	6	2.23	2.08	2.39
北阳村	2.19	0	0	2.19	0	8	2.19	1.79	2.34
艾林村	3.74	4.58	0	3.68	0	8	3.82	3.36	4.58
中兴村	3.7	4.12	0	3.94	0	36	3.82	2.92	4.57
双合村	3.16	3.4	3.8	3.4	0	8	3.39	2.93	4.21
振兴村	0	3.59	3.74	3.83	0	15	3.72	3.2	3.97
红旗村	3.42	0	0	3.11	0	17	3.27	3.01	4.56
梧桐村	0	0	0	2.99	0	12	2.99	2.38	3.47
国庆村	3.37	3.05	0	3.02	0	20	3.27	2.53	4.03
跃进村	0	0	0	2.7	3.05	11	2.86	2.41	3.52
平川村	0	0	0	2.73	2.9	21	2.74	2.31	3.22
青松村	0	0	0	2.5	0	42	2.5	2.14	2.86
乐园村	3.27	1.26	1.26	2.33	0	41	2.32	1.26	4.3

（续）

村名称	一级	二级	三级	四级	五级	样本数	平均值	最小值	最大值
前进村	0	0	0	3.8	3.44	14	3.65	3.23	4.2
松青村	0	0	0	3.73	0	2	3.73	3.59	3.88
锦山村	0	0	0	4.03	3.92	21	3.93	3.23	4.78
创业村	0	0	0	2.59	0	15	2.59	1.64	3.53
宝泉村	0	0	0	2.91	0	11	2.91	2.24	4.4
永兴村	0	4.42	0	4.42	4.3	8	4.39	4.28	4.46
星星村	0	0	0	2.89	0	10	2.89	2.4	3.07
东红村	0	0	0	2.74	0	9	2.74	2.17	3.1
晨明村	0	0	0	1.68	0	2	1.68	1.62	1.75
月明村	0	0	0	2.08	0	3	2.08	1.99	2.27
桦阳村	0	0	0	1.19	0	2	1.19	1.19	1.19
东升村	0	0	0	2.39	0	4	2.39	1.56	3.01
浩良河村	1.81	0	0	1.68	0	34	1.74	1.53	2.57
爱国村	0	0	2.53	2.6	2.53	3	2.55	2.53	2.6
永青村	0	0	0	2.75	2.85	78	2.8	1.8	3.8
临溪村	0	0	0	3.48	3.46	9	3.47	3.29	3.65
秋冷村	2.75	0	0	2.74	0	8	2.75	2.38	3.04
金峰村	0	1.26	2.06	2	0	18	1.98	1.26	2.42
沙山村	2.79	2.44	0	2.51	0	16	2.62	2.3	2.86
灯塔村	0	0	0	2.3	0	15	2.3	1.82	2.68
青川村	0	0	0	4.17	0	7	4.17	3.71	4.84
双兴村	0	0	0	4.17	0	5	4.17	3.95	4.31
金星村	0	0	0	4.15	0	18	4.15	3.85	4.29
红星村	0	0	0	4.01	0	5	4.01	3.94	4.24
宏伟村	0	0	0	2.9	3.04	76	3	1.65	3.74
迎新村	0	0	0	2.83	0	8	2.83	2.56	2.99
五七村	2.34	0	0	0	0	3	2.34	2.21	2.54
先锋村	3.55	0	0	0	0	1	3.55	3.55	3.55
卫林经营所	0	3.89	3.89	4.33	0	56	3.93	3.64	4.96
青林经营所	0	0	3.91	4.32	0	12	4.01	3.81	4.89

（续）

村名称	一级	二级	三级	四级	五级	样本数	平均值	最小值	最大值
燕安经营所	4.03	3.92	3.77	4.07	0	60	4.01	3.01	4.89
建设经营所	3.78	3.83	3.73	3.72	3.71	132	3.8	3.16	4.62
巴兰河经营所	4.2	0	3.94	4.16	0	36	4.14	3.62	4.98
二道沟森林经营所	4.17	0	4.07	4.28	0	21	4.27	3.23	5.57
乡南森林经营所	4.37	3.74	4	4.43	0	9	4.1	3.64	4.43
南沟森林经营所	4.23	3.83	0	0	0	7	3.94	3.64	4.23
丰林林场	0	0	0	2.76	3.69	9	3.38	2.76	3.97
石长经营林场	3.82	3.99	3.3	3.89	0	198	3.92	3.16	4.45
圣浪经营林场	3.8	3.77	3.95	3.86	0	443	3.83	3.15	4.53
茂林林场	2.76	3.68	3.56	0	0	105	3.57	2.57	4.57
北关农场	4.2	3.86	4.3	4.25	0	17	4.22	3.84	4.57
王杨农场	4.27	0	4.89	3.95	0	9	4.23	3.77	4.89
马永顺林场	0	0	0	0	3.69	10	3.69	3.57	3.74
正岔河林场	0	3.32	3.84	3.53	0	25	3.61	2.7	4.35
新东林场	4.13	3.45	0	3.34	0	15	3.47	3.05	4.64
大西北岔林场	0	4.2	4.28	3.75	0	19	3.85	3.44	4.83
上呼兰经营林场	3.8	3.69	3.76	3.59	0	306	3.7	3.11	4.51
白河经营林场	3.78	3.68	3.82	4.18	4.54	422	3.76	3.07	4.94
柳河经营林场	3.83	3.86	4.06	3.78	0	259	3.95	2.54	4.86
巴兰河农场	4.09	3.6	4.1	3.82	0	24	3.88	3.16	4.21
英山林场	3.67	0	3.66	0	0	44	3.66	3.54	3.68
三屯农场	4.14	3.84	0	0	4.24	36	4.14	3.83	4.3
南河经营林场	3.83	3.75	4.18	3.82	0	120	3.87	3.1	4.55
奋斗经营林场	3.45	3.41	0	0	0	78	3.43	3.32	3.66
神树经营林场	3.35	3.96	3.43	3.59	0	32	3.61	3.27	4.62
跃进经营林场	0	4.05	0	3.44	0	54	4.01	3.24	4.2
春光经营林场	3.81	4.11	3.79	4.07	0	204	3.92	3.07	4.86
五花农场	3.81	0	0	0	0	25	3.81	3.3	4.08
鹿鸣林场	0	0	3.89	4.06	0	6	3.92	3.88	4.06

附表 6-7　伊春市各行政村全磷统计

单位：克/千克

村名称	一级	二级	三级	四级	五级	样本数	平均值	最小值	最大值
青山村 1	0	0	0	0.429	0.436	49	0.431	0.254	0.945
青山村 2	0	0	0.404	0.346	0.364	20	0.357	0.263	0.425
青山村 3	0	0	0	0.302	0.278	15	0.301	0.218	0.47
星龙村	0	0	0	0.333	0.345	11	0.337	0.277	0.418
大吉星村	0.566	0	0	0.486	0	26	0.498	0.432	0.715
小吉星村	0.425	0	0	0.457	0	13	0.454	0.425	0.554
奋斗村	0.501	0	0	0.451	0	10	0.491	0.432	0.735
沙岭村	0	0	0	0.493	0	14	0.493	0.381	0.663
锦绣村	0	0	0	0.215	0.425	17	0.289	0.05	0.595
曙光村	0	0	0	0.347	0.329	16	0.342	0.242	0.422
翠光村	0	0	0.389	0.371	0.389	7	0.376	0.259	0.428
长征村	0	0	0	0.331	0.231	42	0.297	0.154	0.642
东风村	0	0	0	0.237	0	32	0.237	0.156	0.302
高亮子河村	0	0	0	0.559	0	11	0.559	0.447	0.614
永林村	0.651	0	0	0.619	0	6	0.64	0.551	0.719
北阳村	0.636	0	0	0.63	0	8	0.634	0.557	0.775
艾林村	0.246	0.391	0	0.272	0	8	0.274	0.135	0.391
中兴村	0.369	0.277	0	0.403	0	36	0.377	0.241	0.484
双合村	0.408	0.41	0.425	0.453	0	8	0.422	0.378	0.481
振兴村	0	0.385	0.434	0.426	0	15	0.411	0.342	0.527
红旗村	0.452	0	0	0.436	0	17	0.444	0.402	0.532
梧桐村	0	0	0	0.477	0	12	0.477	0.345	0.562
国庆村	0.463	0.349	0	0.407	0	20	0.437	0.135	0.622
跃进村	0	0	0	0.423	0.378	11	0.403	0.316	0.474
平川村	0	0	0	0.429	0.269	21	0.414	0.193	0.675
青松村	0	0	0	0.375	0	42	0.375	0.123	0.621
乐园村	0.44	0.348	0.348	0.369	0	41	0.372	0.235	0.541

（续）

村名称	一级	二级	三级	四级	五级	样本数	平均值	最小值	最大值
前进村	0	0	0	0.257	0.36	14	0.301	0.163	0.434
松青村	0	0	0	0.53	0	2	0.53	0.435	0.624
锦山村	0	0	0	0.308	0.39	21	0.378	0.259	0.528
创业村	0	0	0	0.711	0	15	0.711	0.58	0.894
宝泉村	0	0	0	0.492	0	11	0.492	0.392	0.579
永兴村	0	0.362	0	0.363	0.499	8	0.397	0.247	0.502
星星村	0	0	0	0.507	0	10	0.507	0.435	0.555
东红村	0	0	0	0.513	0	9	0.513	0.422	0.57
晨明村	0	0	0	0.693	0	2	0.693	0.644	0.742
月明村	0	0	0	0.522	0	3	0.522	0.438	0.563
桦阳村	0	0	0	0.403	0	2	0.403	0.403	0.403
东升村	0	0	0	0.303	0	4	0.303	0.164	0.438
浩良河村	0.666	0	0	0.697	0	34	0.682	0.511	0.865
爱国村	0	0	0.462	0.103	0.462	3	0.342	0.103	0.462
永青村	0	0	0	0.328	0.287	78	0.306	0.112	0.596
临溪村	0	0	0	0.338	0.427	9	0.387	0.151	0.487
秋冷村	0.518	0	0	0.595	0	8	0.557	0.374	0.73
金峰村	0	0.348	0.322	0.309	0	18	0.316	0.126	0.459
沙山村	0.478	0.505	0	0.473	0	16	0.479	0.446	0.51
灯塔村	0	0	0	0.406	0	15	0.406	0.337	0.483
青川村	0	0	0	0.338	0	7	0.338	0.246	0.433
双兴村	0	0	0	0.362	0	5	0.362	0.32	0.467
金星村	0	0	0	0.333	0	18	0.333	0.297	0.432
红星村	0	0	0	0.37	0	5	0.37	0.26	0.443
宏伟村	0	0	0	0.215	0.254	76	0.243	0.124	0.567
迎新村	0	0	0	0.342	0	8	0.342	0.286	0.434
五七村	0.475	0	0	0	0	3	0.475	0.271	0.775
先锋村	0.492	0	0	0	0	1	0.492	0.492	0.492
卫林经营所	0	0.41	0.376	0.426	0	56	0.397	0.148	0.586
青林经营所	0	0	0.389	0.33	0	12	0.374	0.217	0.423

（续）

村名称	一级	二级	三级	四级	五级	样本数	平均值	最小值	最大值
燕安经营所	0.287	0.32	0.364	0.244	0	60	0.27	0.194	0.551
建设经营所	0.157	0.173	0.175	0.262	0.276	132	0.186	0.124	0.571
巴兰河经营所	0.218	0	0.372	0.251	0	36	0.26	0.158	0.387
二道沟森林经营所	0.134	0	0.183	0.185	0	21	0.183	0.132	0.296
乡南森林经营所	0.242	0.407	0.185	0.146	0	9	0.252	0.146	0.472
南沟森林经营所	0.577	0.49	0	0	0	7	0.515	0.472	0.577
丰林林场	0	0	0	0.235	0.417	9	0.356	0.235	0.475
石长经营林场	0.434	0.477	0.489	0.396	0	198	0.447	0.121	0.698
圣浪经营林场	0.383	0.438	0.402	0.42	0	443	0.418	0.116	0.555
茂林林场	0.411	0.406	0.413	0	0	105	0.411	0.247	0.579
北关农场	0.278	0.176	0.184	0.294	0	17	0.212	0.123	0.294
王杨农场	0.155	0	0.081	0.36	0	9	0.252	0.081	0.449
马永顺林场	0	0	0	0	0.251	10	0.251	0.18	0.268
正岔河林场	0	0.365	0.305	0.398	0	25	0.343	0.175	0.545
新东林场	0.176	0.205	0	0.259	0	15	0.233	0.129	0.35
大西北岔林场	0	0.258	0.376	0.368	0	19	0.357	0.091	0.425
上呼兰经营林场	0.279	0.33	0.22	0.259	0	306	0.273	0.114	0.598
白河经营林场	0.343	0.38	0.415	0.388	0.297	422	0.372	0.119	0.696
柳河经营林场	0.312	0.347	0.299	0.361	0	259	0.32	0.147	0.445
巴兰河农场	0.185	0.236	0.18	0.199	0	24	0.197	0.174	0.236
英山林场	0.281	0	0.293	0	0	44	0.285	0.266	0.41
三屯农场	0.443	0.37	0	0	0.335	36	0.41	0.333	0.568
南河经营林场	0.434	0.314	0.267	0.336	0	120	0.304	0.175	0.756
奋斗经营林场	0.26	0.245	0	0	0	78	0.251	0.202	0.35
神树经营林场	0.38	0.335	0.347	0.327	0	32	0.347	0.136	0.428
跃进经营林场	0	0.33	0	0.244	0	54	0.325	0.112	0.428
春光经营林场	0.402	0.384	0.321	0.401	0	204	0.378	0.088	0.876
五花农场	0.341	0	0	0	0	25	0.341	0.3	0.41
鹿鸣林场	0	0	0.404	0.281	0	6	0.383	0.281	0.409

附表 6-8　伊春市各行政村全钾统计

单位：克/千克

村名称	一级	二级	三级	四级	五级	样本数	平均值	最小值	最大值
青山村 1	0	0	0	27.1	28.1	49	27.3	18.7	36.9
青山村 2	0	0	48.2	33.1	42	20	37.8	23.6	48.2
青山村 3	0	0	0	25.6	29.1	15	25.8	10	32.6
星龙村	0	0	0	28.6	30.1	11	29.1	22.8	31.8
大吉星村	34.1	0	0	39.9	0	26	39	12	45
小吉星村	42.5	0	0	41.3	0	13	41.4	39.2	43.6
奋斗村	13.5	0	0	11.8	0	10	13.2	8.8	23
沙岭村	0	0	0	46.1	0	14	46.1	38.2	52.2
锦绣村	0	0	0	25.1	21.7	17	23.9	16.1	42.5
曙光村	0	0	0	45.6	45.7	16	45.7	44.5	46.9
翠光村	0	0	22.8	21	22.8	7	21.5	19.1	22.8
长征村	0	0	0	33.2	39.6	42	35.3	22.6	41
东风村	0	0	0	31.6	0	32	31.6	19.3	42.8
高亮子河村	0	0	0	43.5	0	11	43.5	31.3	47.3
永林村	6.2	0	0	12.3	0	6	8.2	2.9	15.2
北阳村	40.8	0	0	24.9	0	8	34.8	21	48.2
艾林村	34.6	9.3	0	24.3	0	8	27.6	9.3	45.5
中兴村	40.3	40.6	0	42	0	36	41	33.9	45.3
双合村	48.4	44.3	47.8	48.2	0	8	46.7	38.5	48.5
振兴村	0	40.1	49.8	48.6	0	15	45.4	24.6	53.4
红旗村	24	0	0	18.6	0	17	21.5	17.4	37.9
梧桐村	0	0	0	30.9	0	12	30.9	25.1	39.6
国庆村	34.2	31	0	32.1	0	20	33.4	29.3	45.5
跃进村	0	0	0	29.7	28	11	28.9	24.8	31.4
平川村	0	0	0	24.7	22	21	24.5	20.4	29.6
青松村	0	0	0	35	0	42	35	30.5	51.8
乐园村	33.1	34.4	34.4	31.2	0	41	31.6	25.3	41

（续）

村名称	一级	二级	三级	四级	五级	样本数	平均值	最小值	最大值
前进村	0	0	0	20.4	23.9	14	21.9	18.2	24.7
松青村	0	0	0	28.4	0	2	28.4	28.3	28.5
锦山村	0	0	0	45	29.4	21	31.6	1.1	47.2
创业村	0	0	0	48.9	0	15	48.9	45.5	50.6
宝泉村	0	0	0	45.4	0	11	45.4	39.8	49.9
永兴村	0	48.5	0	48.5	50.4	8	49	47.2	50.5
星星村	0	0	0	46.9	0	10	46.9	45.3	49.4
东红村	0	0	0	44.1	0	9	44.1	37	46.4
晨明村	0	0	0	48.1	0	2	48.1	47.5	48.7
月明村	0	0	0	47	0	3	47	44.8	51.3
桦阳村	0	0	0	47.3	0	2	47.3	47.3	47.3
东升村	0	0	0	35.8	0	4	35.8	34.6	37.5
浩良河村	24.4	0	0	27.4	0	34	25.9	3.4	35.2
爱国村	0	0	46.1	48.5	46.1	3	46.9	46.1	48.5
永青村	0	0	0	21.8	23.7	78	22.8	16.4	31.3
临溪村	0	0	0	36	38.8	9	37.5	29.5	42.4
秋冷村	26.5	0	0	26.4	0	8	26.4	18.3	32.4
金峰村	0	34.4	25.3	26.4	0	18	26.4	19.5	34.4
沙山村	46.2	47.1	0	45	0	16	45.8	43.5	47.3
灯塔村	0	0	0	25.3	0	15	25.3	22.3	29.8
青川村	0	0	0	45.8	0	7	45.8	42.1	50.2
双兴村	0	0	0	50.8	0	5	50.8	48.2	51.9
金星村	0	0	0	50.9	0	18	50.9	48.4	51.8
红星村	0	0	0	42.1	0	5	42.1	39.3	45.8
宏伟村	0	0	0	28.6	27.1	76	27.5	21.6	39.9
迎新村	0	0	0	35.3	0	8	35.3	33.3	38.8
五七村	38.4	0	0	0	0	3	38.4	31.3	47.2
先锋村	46.5	0	0	0	0	1	46.5	46.5	46.5
卫林经营所	0	25.6	28.7	19.5	0	56	26.4	12.1	42.5
青林经营所	0	0	19.3	30.5	0	12	22.1	8.6	42.7

（续）

村名称	一级	二级	三级	四级	五级	样本数	平均值	最小值	最大值
燕安经营所	34.5	30.6	28.3	37.6	0	60	35.3	8.4	45.4
建设经营所	17.4	17.3	17.3	18.5	18.7	132	17.5	9.5	24.4
巴兰河经营所	16.5	0	18.4	16	0	36	16.3	13.1	22.3
二道沟森林经营所	18.8	0	19.4	19.3	0	21	19.2	14.2	24.9
乡南森林经营所	18.6	15.8	23.5	18.4	0	9	18.7	12.6	25.2
南沟森林经营所	16.5	17.5	0	0	0	7	17.2	16.5	18.5
丰林林场	0	0	0	32	15.7	9	21.2	11.5	32
石长经营林场	29.1	31.8	16.1	31.6	0	198	30.9	15.1	44
圣浪经营林场	25.4	23.7	30	33.8	0	443	27.2	16	38.4
茂林林场	41.9	28.3	30.8	0	0	105	30.4	7	42.5
北关农场	25.1	17.5	20.9	22.3	0	17	21.5	17.1	33.6
王杨农场	15.7	0	15.9	20.1	0	9	18.2	11.2	20.7
马永顺林场	0	0	0	0	16.7	10	16.7	16.1	17.8
正岔河林场	0	19.8	19.2	16.2	0	25	18.8	12.6	23.9
新东林场	15	22.9	0	19.3	0	15	19.7	12.7	27.5
大西北岔林场	0	19.1	16.9	18.6	0	19	18.4	10.6	20.4
上呼兰经营林场	22.4	24.1	24.5	26.7	0	306	24.7	11.8	44.6
白河经营林场	26.9	25.8	21.6	22.8	43.3	422	25.7	9.3	43.3
柳河经营林场	29.5	29.2	27	30.6	0	259	28.2	19.8	50.2
巴兰河农场	15.1	8.2	15.6	14.9	0	24	14.8	8.2	23.1
英山林场	14.6	0	14.6	0	0	44	14.6	14.6	14.7
三屯农场	28.5	30.6	0	0	43.6	36	32.4	16.3	43.6
南河经营林场	25.1	19.6	22.9	16.7	0	120	20.3	15.2	39.5
奋斗经营林场	17.5	16.6	0	0	0	78	17	15.8	20.5
神树经营林场	17	22	18.1	24.6	0	32	19.7	16.5	30.8
跃进经营林场	0	22.5	0	22	0	54	22.5	14	28.5
春光经营林场	25	25.1	17.1	25.6	0	204	23.1	10.9	39.8
五花农场	15.1	0	0	0	0	25	15.1	12.6	19
鹿鸣林场	0	0	13.1	17.4	0	6	13.8	12.8	17.4

附表 6-9　伊春市各行政村有效锌统计

单位：毫克/千克

村名称	一级	二级	三级	四级	五级	样本数	平均值	最小值	最大值
青山村 1	0	0	0	1.75	1.07	49	1.57	0.45	3.42
青山村 2	0	0	1.01	1.14	0.93	20	1.04	0.86	1.51
青山村 3	0	0	0	2.28	1.24	15	2.21	1.24	3.51
星龙村	0	0	0	0.85	0.98	11	0.9	0.34	1.27
大吉星村	1.66	0	0	1.83	0	26	1.81	0.96	2.02
小吉星村	1.66	0	0	1.78	0	13	1.77	1.61	1.9
奋斗村	1.19	0	0	1.18	0	10	1.19	0.96	1.49
沙岭村	0	0	0	1.57	0	14	1.57	1.47	1.71
锦绣村	0	0	0	0.82	0.63	17	0.75	0.6	1.02
曙光村	0	0	0	1.43	1.44	16	1.43	1.14	1.7
翠光村	0	0	1.15	1.23	1.15	7	1.21	1.13	1.41
长征村	0	0	0	1.77	1.35	42	1.63	0.97	2.25
东风村	0	0	0	2.18	0	32	2.18	1.38	4.08
高亮子河村	0	0	0	2.17	0	11	2.17	2.15	2.26
永林村	2.67	0	0	3.5	0	6	2.94	0.57	4.11
北阳村	2.26	0	0	3.22	0	8	2.62	1.96	3.57
艾林村	3.11	0.9	0	2.34	0	8	2.54	0.9	3.81
中兴村	2.24	2.27	0	2.61	0	36	2.39	1.69	2.87
双合村	2.45	2.11	2.27	2.14	0	8	2.22	2.02	2.75
振兴村	0	2.57	2.95	3.59	0	15	3.1	1.97	4.32
红旗村	1.82	0	0	1.72	0	17	1.77	1.44	2.41
梧桐村	0	0	0	1.88	0	12	1.88	1.1	2.17
国庆村	2.32	1.6	0	2	0	20	2.17	1.6	3.81
跃进村	0	0	0	0.88	0.76	11	0.83	0.59	0.99
平川村	0	0	0	0.95	1.41	21	0.99	0.34	2.34
青松村	0	0	0	1.89	0	42	1.89	1.03	5.33
乐园村	1.81	1.24	1.24	1.51	0	41	1.51	1.02	2.07

（续）

村名称	一级	二级	三级	四级	五级	样本数	平均值	最小值	最大值
前进村	0	0	0	1.53	1.07	14	1.33	1.01	2
松青村	0	0	0	2.34	0	2	2.34	2	2.68
锦山村	0	0	0	3.14	1.37	21	1.63	0.95	4.08
创业村	0	0	0	2.14	0	15	2.14	1.96	3.14
宝泉村	0	0	0	1.53	0	11	1.53	1.3	1.74
永兴村	0	3.32	0	3.31	1.86	8	2.95	1.84	4.57
星星村	0	0	0	1.58	0	10	1.58	1.36	1.85
东红村	0	0	0	1.37	0	9	1.37	0.89	1.52
晨明村	0	0	0	3.28	0	2	3.28	2.99	3.57
月明村	0	0	0	1.47	0	3	1.47	1.4	1.59
桦阳村	0	0	0	1.97	0	2	1.97	1.97	1.97
东升村	0	0	0	1.86	0	4	1.86	0.96	2.58
浩良河村	2.14	0	0	2.21	0	34	2.17	1.22	2.54
爱国村	0	0	2.02	2	2.02	3	2.01	2	2.02
永青村	0	0	0	0.76	0.79	78	0.78	0.38	1.67
临溪村	0	0	0	1.33	1.36	9	1.35	1.17	1.53
秋冷村	1.87	0	0	1.85	0	8	1.86	1.46	2.06
金峰村	0	1.24	1.33	1.49	0	18	1.41	1.14	1.79
沙山村	2.7	2.25	0	2.35	0	16	2.49	2.07	2.79
灯塔村	0	0	0	1.65	0	15	1.65	1.33	2.15
青川村	0	0	0	1.87	0	7	1.87	1.35	2.17
双兴村	0	0	0	3.26	0	5	3.26	2.54	4.2
金星村	0	0	0	2.45	0	18	2.45	2.3	3.03
红星村	0	0	0	2.8	0	5	2.8	2.15	3.04
宏伟村	0	0	0	0.56	0.52	76	0.53	0.1	0.88
迎新村	0	0	0	1.67	0	8	1.67	1.34	2.65
五七村	2.25	0	0	0	0	3	2.25	2	2.58
先锋村	4.12	0	0	0	0	1	4.12	4.12	4.12
卫林经营所	0	2.01	2.7	1.63	0	56	2.27	0.96	3.21
青林经营所	0	0	3.22	2.25	0	12	2.98	1.06	4.28

（续）

村名称	一级	二级	三级	四级	五级	样本数	平均值	最小值	最大值
燕安经营所	3.03	2.2	3.18	1.68	0	60	1.94	1.06	5
建设经营所	3.27	3.35	3.24	3.29	3.24	132	3.32	2	4.76
巴兰河经营所	3.14	0	1.48	2.64	0	36	2.56	1.37	3.36
二道沟森林经营所	1.28	0	1.73	1.35	0	21	1.36	0.87	4.32
乡南森林经营所	4.28	3.68	4.23	1.14	0	9	3.02	1.14	4.38
南沟森林经营所	4.49	4.02	0	0	0	7	4.16	3.77	4.49
丰林林场	0	0	0	1.64	3.36	9	2.79	1.64	3.67
石长经营林场	1.78	1.63	0.63	1.8	0	198	1.69	0.21	3.45
圣浪经营林场	3.2	2.76	3.34	3.58	0	443	3.11	0.65	5.19
茂林林场	2.03	2.98	2.79	0	0	105	2.82	1.26	5
北关农场	1.44	3.29	2.7	1.28	0	17	2.39	0.64	3.62
王杨农场	3.31	0	4.15	1.53	0	9	2.51	1.37	4.15
马永顺林场	0	0	0	0	2.72	10	2.72	2.49	3.65
正岔河林场	0	3.42	3.49	3.45	0	25	3.46	2.41	4.48
新东林场	1.67	1.84	0	1.43	0	15	1.57	0.1	3.58
大西北岔林场	0	2.62	1.67	1.06	0	19	1.29	0.57	2.77
上呼兰经营林场	1.83	1.97	1.4	1.87	0	306	1.77	0.11	4.79
白河经营林场	2	2.32	1.72	1.46	1.44	422	2.1	0.21	3.84
柳河经营林场	1.88	2.04	1.61	1.73	0	259	1.79	0.99	2.81
巴兰河农场	2.57	2.04	2.62	2.16	0	24	2.27	1.06	3.22
英山林场	1.79	0	1.77	0	0	44	1.78	1.57	1.82
三屯农场	5.38	5.24	0	0	5.32	36	5.36	5.24	5.53
南河经营林场	1.97	3.05	4.09	3.01	0	120	3.3	1.3	5.26
奋斗经营林场	2.93	3.05	0	0	0	78	3	2.56	3.15
神树经营林场	0.83	1.11	0.85	0.51	0	32	0.92	0.21	1.54
跃进经营林场	0	3.36	0	2.67	0	54	3.32	1.93	5.33
春光经营林场	1.82	2.06	1.51	1.38	0	204	1.68	0.35	5.32
五花农场	1.06	0	0	0	0	25	1.06	0.5	1.47
鹿鸣林场	0	0	3.09	3.34	0	6	3.13	0.98	3.62

附表 6-10　伊春市各行政村有效铁统计

单位：毫克/千克

村名称	一级	二级	三级	四级	五级	样本数	平均值	最小值	最大值
青山村 1	0	0	0	133.9	130.2	49	132.9	110.8	97.7
青山村 2	0	0	103.4	103.8	107.3	20	105.4	83.2	125.2
青山村 3	0	0	0	89.9	114.3	15	91.6	75.4	125.2
星龙村	0	0	0	90.5	87.1	11	89.3	83.4	114.3
大吉星村	70.2	0	0	114.3	0	26	107.5	29.7	140.6
小吉星村	88.8	0	0	105	0	13	103.7	88.8	100.3
奋斗村	73	0	0	69.8	0	10	72.4	29.7	111.7
沙岭村	0	0	0	81.9	0	14	81.9	68.1	163.5
锦绣村	0	0	0	114.8	112.5	17	114	96.2	85.4
曙光村	0	0	0	99.2	97.5	16	98.8	90.7	94.2
翠光村	0	0	115.8	135.8	115.8	7	130.1	115.8	79.1
长征村	0	0	0	99.1	101.7	42	100	63.2	80.9
东风村	0	0	0	89.6	0	32	89.6	45.7	76.8
高亮子河村	0	0	0	85.4	0	11	85.4	77.6	105.6
永林村	79.5	0	0	75.8	0	6	78.3	37.2	91.5
北阳村	88.1	0	0	71.4	0	8	81.8	65.5	84
艾林村	107.2	94.3	0	107.1	0	8	105.5	91.2	115.2
中兴村	99.7	101.9	0	88.1	0	36	95.3	73.2	2.3
双合村	96.7	91.5	75.8	81	0	8	88.2	75.8	102.5
振兴村	0	86.8	99.5	79.9	0	15	85.3	63.3	90.5
红旗村	59.3	0	0	61.3	0	17	60.3	41.9	165.3
梧桐村	0	0	0	75.2	0	12	75.2	68.5	2
国庆村	75.5	86.3	0	75	0	20	77	57.1	2.8
跃进村	0	0	0	77.3	80.9	11	78.9	67.3	2.9
平川村	0	0	0	119.7	116.4	21	119.4	75.1	2.2
青松村	0	0	0	110.7	0	42	110.7	78.1	3
乐园村	89.6	72	72	90.7	0	41	89.3	72	103.5

（续）

村名称	一级	二级	三级	四级	五级	样本数	平均值	最小值	最大值
前进村	0	0	0	132.2	118	14	126.1	113.8	121.3
松青村	0	0	0	88.5	0	2	88.5	76.7	3.3
锦山村	0	0	0	90.9	90.9	21	90.9	75.6	2.6
创业村	0	0	0	135.9	0	15	135.9	100.1	1.8
宝泉村	0	0	0	75.9	0	11	75.9	63.1	3.7
永兴村	0	88.8	0	88.7	84.3	8	87.6	82.9	109.7
星星村	0	0	0	73.8	0	10	73.8	67.2	90.3
东红村	0	0	0	78.2	0	9	78.2	74.3	107
晨明村	0	0	0	68.8	0	2	68.8	60.8	18.5
月明村	0	0	0	91.4	0	3	91.4	91.3	13.2
桦阳村	0	0	0	84	0	2	84	84	1.3
东升村	0	0	0	101	0	4	101	92.4	2.7
浩良河村	32.9	0	0	29.1	0	34	31	9.8	3.5
爱国村	0	0	90.5	79.2	90.5	3	86.7	79.2	2
永青村	0	0	0	121.6	120.8	78	121.2	89.2	2.2
临溪村	0	0	0	100	97.1	9	98.4	95.2	2.5
秋冷村	113.6	0	0	107.2	0	8	110.4	85.7	2.1
金峰村	0	72	104.4	98.5	0	18	99.3	72	2.7
沙山村	71.1	73.4	0	84.7	0	16	77.3	62.1	1.1
灯塔村	0	0	0	95	0	15	95	72.7	1.6
青川村	0	0	0	100.4	0	7	100.4	94.2	16
双兴村	0	0	0	81	0	5	81	70.1	1.4
金星村	0	0	0	114.2	0	18	114.2	100.6	1.1
红星村	0	0	0	109.9	0	5	109.9	102.8	1.7
宏伟村	0	0	0	96.7	111.2	76	107	59.7	1.4
迎新村	0	0	0	103.3	0	8	103.3	96.7	2.6
五七村	103	0	0	0	0	3	103	74.1	2.1
先锋村	109.7	0	0	0	0	1	109.7	109.7	2.2
卫林经营所	0	1.1	1.7	1.1	0	56	1.4	0.4	110.3
青林经营所	0	0	1.9	1.4	0	12	1.7	0.9	90.2

（续）

村名称	一级	二级	三级	四级	五级	样本数	平均值	最小值	最大值
燕安经营所	1.3	1.5	1.5	1.2	0	60	1.3	0.9	148.5
建设经营所	1.9	2.3	1.6	1.9	1.7	132	2.1	0.6	114.9
巴兰河经营所	0.7	0	0.6	0.6	0	36	0.6	0.5	125.4
二道沟森林经营所	0.7	0	0.9	0.8	0	21	0.8	0.4	108.9
乡南森林经营所	0.6	1.1	2.1	1.1	0	9	1.3	0.6	120.5
南沟森林经营所	0.6	1	0	0	0	7	0.9	0.6	109.7
丰林林场	0	0	0	105.6	1.3	9	36.1	1.3	135.7
石长经营林场	1.4	1.4	1.2	1.4	0	198	1.4	0.7	99.2
圣浪经营林场	1	1.1	1	1	0	443	1	0.3	187
茂林林场	1.7	1.7	1.7	0	0	105	1.7	1.3	145
北关农场	2.4	2.3	2.4	2.1	0	17	2.4	2	124.6
王杨农场	2.5	0	2.6	1.9	0	9	2.2	1.5	106.3
马永顺林场	0	0	0	0	0.9	10	0.9	0.7	156.2
正岔河林场	0	3.1	5.1	5.5	0	25	4.5	1.8	124.5
新东林场	1.4	1	0	4.2	0	15	3	0.4	115.4
大西北岔林场	0	2.1	1.5	1.8	0	19	1.8	0.8	100.3
上呼兰经营林场	1.7	2	2	1.4	0	306	1.8	0.1	157.2
白河经营林场	1.4	1.4	1.4	1.2	0.4	422	1.4	0.4	111.3
柳河经营林场	1.6	1.4	1.6	1.2	0	259	1.5	0.6	119.8
巴兰河农场	1.9	2.1	2.1	1.8	0	24	1.8	1	114.2
英山林场	1.6	0	1.6	0	0	44	1.6	1.5	100.2
三屯农场	7.2	10.5	0	0	2.3	36	6.3	2.3	110.4
南河经营林场	1	0.9	0.7	0.8	0	120	0.8	0.1	72.3
奋斗经营林场	0.8	0.8	0	0	0	78	0.8	0.7	86.1
神树经营林场	1.1	0.9	1	1.5	0	32	1	0.5	109.1
跃进经营林场	0	0.7	0	0.9	0	54	0.7	0.3	97.3
春光经营林场	1.3	1.1	1.5	1	0	204	1.2	0.3	152.1
五花农场	2	0	0	0	0	25	2	1.9	141.9
鹿鸣林场	0	0	1.7	2.2	0	6	1.8	1.3	120.5

附表 6-11　伊春市各行政村有效锰统计

单位：毫克/千克

村名称	一级	二级	三级	四级	五级	样本数	平均值	最小值	最大值
青山村 1	0	0	0	49.3	42.3	49	47.4	15.8	85.5
青山村 2	0	0	32.1	44.2	30.9	20	37.6	22.2	50.4
青山村 3	0	0	0	46.1	49	15	46.3	35.1	68.9
星龙村	0	0	0	42.5	41.4	11	42.1	38.8	50.8
大吉星村	30.3	0	0	28.3	0	26	28.6	22.7	65.8
小吉星村	32.4	0	0	28.5	0	13	28.8	22.7	41.5
奋斗村	39.8	0	0	40.2	0	10	39.8	30.7	57.3
沙岭村	0	0	0	51.5	0	14	51.5	30	145.8
锦绣村	0	0	0	35.5	35.7	17	35.5	30	56.5
曙光村	0	0	0	49.2	53.6	16	50.3	32.2	59.3
翠光村	0	0	23.9	32.3	23.9	7	29.9	23.4	41.2
长征村	0	0	0	48.8	40.9	42	46.2	40.6	80.5
东风村	0	0	0	47.6	0	32	47.6	29.1	68.1
高亮子河村	0	0	0	36.4	0	11	36.4	24.4	44.3
永林村	33.7	0	0	31.4	0	6	32.9	16.8	47.1
北阳村	49.6	0	0	33.6	0	8	43.6	27	87.3
艾林村	57.1	73.5	0	53.3	0	8	57.8	44.1	73.5
中兴村	77.2	75.3	0	70.7	0	36	74.6	51.2	97.1
双合村	72.9	67.9	49.9	72.4	0	8	68.1	36.6	95
振兴村	0	47.8	56.4	45	0	15	47.7	31.7	79.7
红旗村	31	0	0	26.9	0	17	29	24.3	65.5
梧桐村	0	0	0	63	0	12	63	28.7	93.5
国庆村	32.6	43.5	0	45.2	0	20	36.1	22.3	72.9
跃进村	0	0	0	27.8	28	11	27.9	25.4	28.7
平川村	0	0	0	39	54.6	21	40.5	15.4	78.9
青松村	0	0	0	38.1	0	42	38.1	17.7	67.8
乐园村	57.7	35.5	35.5	62.2	0	41	59.9	35.5	197.1

（续）

村名称	一级	二级	三级	四级	五级	样本数	平均值	最小值	最大值
前进村	0	0	0	32.4	17.4	14	26	13	41
松青村	0	0	0	41.2	0	2	41.2	39.4	43
锦山村	0	0	0	36.9	39.6	21	39.2	26.7	56.4
创业村	0	0	0	61.4	0	15	61.4	49.5	66.8
宝泉村	0	0	0	47.8	0	11	47.8	29.7	69.9
永兴村	0	46.1	0	46.3	118.6	8	64.3	25.4	128.7
星星村	0	0	0	87.9	0	10	87.9	78.1	100.9
东红村	0	0	0	81.7	0	9	81.7	67.6	96.3
晨明村	0	0	0	35.2	0	2	35.2	28.4	42.1
月明村	0	0	0	75	0	3	75	66.6	79.2
桦阳村	0	0	0	64.5	0	2	64.5	64.5	64.5
东升村	0	0	0	50.2	0	4	50.2	46.1	55.5
浩良河村	20.3	0	0	24.5	0	34	22.4	11.2	32.6
爱国村	0	0	46.3	74.7	46.3	3	55.7	46.3	74.7
永青村	0	0	0	34.9	31.5	78	33.1	15.8	74.5
临溪村	0	0	0	52.5	43.5	9	47.5	39.5	59.1
秋冷村	48.9	0	0	43.7	0	8	46.3	33.3	63
金峰村	0	35.5	72.7	53.5	0	18	60	30.3	74.5
沙山村	74.4	71.9	0	75.6	0	16	74.6	71.8	78.6
灯塔村	0	0	0	41.8	0	15	41.8	27.2	58.8
青川村	0	0	0	75.5	0	7	75.5	64.8	84.5
双兴村	0	0	0	74.9	0	5	74.9	25.5	141.8
金星村	0	0	0	83.9	0	18	83.9	30.3	111.2
红星村	0	0	0	80.2	0	5	80.2	60.6	140.8
宏伟村	0	0	0	47.1	48.7	76	48.2	16.2	90
迎新村	0	0	0	48.4	0	8	48.4	35.1	59.8
五七村	49.3	0	0	0	0	3	49.3	28.2	87.3
先锋村	30.5	0	0	0	0	1	30.5	30.5	30.5
卫林经营所	0	241.5	136.4	180.8	0	56	191.1	68.9	291.3
青林经营所	0	0	157.6	126.1	0	12	149.7	102.8	185.3

（续）

村名称	一级	二级	三级	四级	五级	样本数	平均值	最小值	最大值
燕安经营所	125.7	140.4	126.1	126.8	0	60	129.6	87.2	189.8
建设经营所	257.7	243.6	260.2	236.2	226.2	132	245.5	95.2	292.9
巴兰河经营所	195.4	0	185	182.9	0	36	184.5	135.3	280.6
二道沟森林经营所	83.8	0	157.1	133.2	0	21	132	66	315.7
乡南森林经营所	130.5	174.6	294	139.9	0	9	184.6	110.6	348.4
南沟森林经营所	191.3	209.7	0	0	0	7	204.4	159.5	238.8
丰林林场	0	0	0	53.9	184.5	9	141	53.9	194
石长经营林场	149.4	206.2	174.4	165.4	0	198	182.4	77.8	330.6
圣浪经营林场	100	109.9	91.5	131.8	0	443	108.9	43.7	204.5
茂林林场	52.5	106.8	119.9	0	0	105	113.1	22.3	270.7
北关农场	201.5	242.5	215.9	197.2	0	17	214.5	197.1	244
王杨农场	176.8	0	214.2	139.5	0	9	164.4	126.4	214.2
马永顺林场	0	0	0	0	224.8	10	224.8	175.9	235.4
正岔河林场	0	271.4	261.1	251.2	0	25	262.4	210.2	304.4
新东林场	97.6	131.7	0	149.5	0	15	137.8	55.3	189.3
大西北岔林场	0	236.5	223.1	124.9	0	19	147	87.8	276.4
上呼兰经营林场	179.8	185.4	193.3	196.4	0	306	190	118.2	286.6
白河经营林场	140.5	130	131.2	145.8	234.3	422	135	59	291.3
柳河经营林场	150.8	152	123	138.2	0	259	136.6	56.5	196.1
巴兰河农场	161.1	168.4	158.9	166.8	0	24	165.2	115.8	195.6
英山林场	236.3	0	242.7	0	0	44	238.6	228.1	304.6
三屯农场	143.4	145.1	0	0	52.8	36	120.9	52.8	206.5
南河经营林场	138.7	145.4	142.5	175.9	0	120	146.9	92.6	208.3
奋斗经营林场	105.9	104.9	0	0	0	78	105.4	92.6	152.3
神树经营林场	175.6	175.9	172	196.7	0	32	175.5	132.3	250.9
跃进经营林场	0	105	0	151.7	0	54	107.6	79.2	190.9
春光经营林场	124.2	106.6	113.1	124.9	0	204	118.3	56.5	207.5
五花农场	181.5	0	0	0	0	25	181.5	93.7	209.3
鹿鸣林场	0	0	204.2	196.9	0	6	203	192.7	249.9

附表 6-12　伊春市各行政村有效铜统计

单位：毫克/千克

村名称	一级	二级	三级	四级	五级	样本数	平均值	最小值	最大值
青山村 1	0	0	0	1.09	0.96	49	1.06	0.63	1.69
青山村 2	0	0	1.32	1.02	0.99	20	1.02	0.85	1.32
青山村 3	0	0	0	1.17	0.89	15	1.15	0.89	1.45
星龙村	0	0	0	0.69	0.71	11	0.69	0.67	0.73
大吉星村	1	0	0	1.68	0	26	1.57	0.69	2.07
小吉星村	0.76	0	0	1.38	0	13	1.33	0.75	2.07
奋斗村	1.27	0	0	1.4	0	10	1.3	0.7	1.64
沙岭村	0	0	0	0.4	0	14	0.4	0.29	0.99
锦绣村	0	0	0	1.1	0.72	17	0.97	0.58	1.48
曙光村	0	0	0	1.55	1.66	16	1.58	1.14	1.86
翠光村	0	0	0.94	1.34	0.94	7	1.23	0.94	2.26
长征村	0	0	0	1.08	1.09	42	1.09	0.89	1.25
东风村	0	0	0	0.82	0	32	0.82	0.66	1.45
高亮子河村	0	0	0	0.57	0	11	0.57	0.47	0.74
永林村	1.36	0	0	1.63	0	6	1.45	1.05	2.06
北阳村	1.11	0	0	1.61	0	8	1.3	0.85	1.79
艾林村	1.37	1.22	0	1.27	0	8	1.32	1.1	1.63
中兴村	1.19	0.85	0	1.02	0	36	1.11	0.63	1.78
双合村	0.8	0.73	0.78	0.69	0	8	0.74	0.61	0.96
振兴村	0	1.03	0.97	1.34	0	15	1.17	0.52	1.54
红旗村	0.44	0	0	0.28	0	17	0.37	0.25	0.9
梧桐村	0	0	0	0.52	0	12	0.52	0.35	0.82
国庆村	0.6	0.49	0	0.53	0	20	0.58	0.28	1.63
跃进村	0	0	0	0.96	0.94	11	0.95	0.67	1.09
平川村	0	0	0	0.91	1.24	21	0.94	0.64	1.66
青松村	0	0	0	0.74	0	42	0.74	0.48	1.3
乐园村	0.65	1.83	1.83	0.96	0	41	1	0.4	1.83

（续）

村名称	一级	二级	三级	四级	五级	样本数	平均值	最小值	最大值
前进村	0	0	0	2.64	1.11	14	1.99	0.89	4.05
松青村	0	0	0	0.42	0	2	0.42	0.32	0.51
锦山村	0	0	0	2.15	1.48	21	1.57	0.82	2.34
创业村	0	0	0	0.92	0	15	0.92	0.59	0.96
宝泉村	0	0	0	0.68	0	11	0.68	0.56	0.8
永兴村	0	0.98	0	0.97	0.67	8	0.9	0.67	1.25
星星村	0	0	0	0.61	0	10	0.61	0.47	0.75
东红村	0	0	0	0.67	0	9	0.67	0.52	1.23
晨明村	0	0	0	1.14	0	2	1.14	0.91	1.37
月明村	0	0	0	0.73	0	3	0.73	0.61	0.8
桦阳村	0	0	0	1.1	0	2	1.1	1.1	1.1
东升村	0	0	0	1.15	0	4	1.15	0.58	1.76
浩良河村	0.8	0	0	0.82	0	34	0.81	0.59	1.12
爱国村	0	0	1.04	1.89	1.04	3	1.33	1.04	1.89
永青村	0	0	0	0.96	0.95	78	0.95	0.68	1.44
临溪村	0	0	0	0.83	0.81	9	0.82	0.76	0.86
秋冷村	0.52	0	0	1.05	0	8	0.79	0.23	1.25
金峰村	0	1.83	0.8	1.1	0	18	1.02	0.68	2.36
沙山村	0.85	0.55	0	0.92	0	16	0.84	0.51	1.22
灯塔村	0	0	0	1.07	0	15	1.07	0.72	1.88
青川村	0	0	0	0.86	0	7	0.86	0.77	0.98
双兴村	0	0	0	1	0	5	1	0.52	1.49
金星村	0	0	0	0.94	0	18	0.94	0.55	1.06
红星村	0	0	0	0.67	0	5	0.67	0.39	0.86
宏伟村	0	0	0	0.79	0.76	76	0.77	0.46	1.11
迎新村	0	0	0	1.27	0	8	1.27	1.09	1.64
五七村	0.95	0	0	0	0	3	0.95	0.4	1.23
先锋村	1.46	0	0	0	0	1	1.46	1.46	1.46
卫林经营所	0	22.72	30.13	24	0	56	26.01	18.59	36.45
青林经营所	0	0	24.68	20.83	0	12	23.72	15.65	31.75

（续）

村名称	一级	二级	三级	四级	五级	样本数	平均值	最小值	最大值
燕安经营所	29.09	25.92	30.24	25.06	0	60	25.72	15.65	32.44
建设经营所	21.89	20.87	23.33	30.36	25.78	132	22.46	4.92	58.29
巴兰河经营所	21.8	0	19.5	20.84	0	36	20.79	15.65	26.47
二道沟森林经营所	34.14	0	28.32	33.83	0	21	33.59	24.31	39.28
乡南森林经营所	22.48	26.89	25.94	16.96	0	9	22.88	16.96	29.86
南沟森林经营所	18.41	30.7	0	0	0	7	27.19	18.41	37.35
丰林林场	0	0	0	1	14.42	9	9.94	1	19.16
石长经营林场	24.83	22.55	23.78	24	0	198	23.46	15.43	38.64
圣浪经营林场	18.44	18.46	17.64	19.86	0	443	18.57	10.04	27.83
茂林林场	26.01	32.72	30.04	0	0	105	30.76	20.48	38.55
北关农场	22.27	20.98	25.11	22.83	0	17	23.82	20.84	28.51
王杨农场	18.99	0	34.55	29.02	0	9	28.02	14.48	34.55
马永顺林场	0	0	0	0	16.31	10	16.31	14.84	24.48
正岔河林场	0	22.31	29.17	23.72	0	25	25.88	17.94	38.54
新东林场	24.46	40.49	0	22.74	0	15	27.7	12.97	46.54
大西北岔林场	0	23.58	32.97	35.24	0	19	33.78	16.5	61.88
上呼兰经营林场	28.71	27.72	32.36	23.63	0	306	27.79	13.84	42.41
白河经营林场	21.13	18.9	19.47	23.29	26.27	422	19.97	13.94	44.84
柳河经营林场	30.95	29.38	29.4	25.83	0	259	29.3	13.94	44.67
巴兰河农场	26.47	18.05	28.95	25.42	0	24	25.68	5	61.42
英山林场	36.04	0	34.86	0	0	44	35.61	23.59	37.54
三屯农场	23.98	27.78	0	0	27.33	36	25.13	17.4	37.69
南河经营林场	23.94	18.9	29.08	21.39	0	120	21.76	7.85	33.54
奋斗经营林场	11.74	10.78	0	0	0	78	11.21	7.85	21.57
神树经营林场	20.33	23.54	21.23	28.79	0	32	22.36	18.58	36.33
跃进经营林场	0	14.27	0	26.38	0	54	14.94	13.13	44.74
春光经营林场	23.25	24.78	23.07	22.04	0	204	23.21	11.66	45.77
五花农场	29.84	0	0	0	0	25	29.84	9.15	61.24
鹿鸣林场	0	0	8.95	12.7	0	6	9.58	7.48	12.7

附表 6-13　伊春市各行政村水溶态硼统计

单位：毫克/千克

村名称	一级	二级	三级	四级	五级	样本数	平均值	最小值	最大值
青山村 1	0	0	0	0.18	0.18	49	0.18	0.11	0.26
青山村 2	0	0	0.19	0.18	0.2	20	0.19	0.17	0.23
青山村 3	0	0	0	0.2	0.22	15	0.2	0.17	0.26
星龙村	0	0	0	0.18	0.19	11	0.18	0.14	0.22
大吉星村	0.2	0	0	0.24	0	26	0.24	0.1	0.3
小吉星村	0.23	0	0	0.23	0	13	0.23	0.22	0.24
奋斗村	0.23	0	0	0.23	0	10	0.23	0.23	0.24
沙岭村	0	0	0	0.24	0	14	0.24	0.15	0.32
锦绣村	0	0	0	0.21	0.22	17	0.21	0.18	0.28
曙光村	0	0	0	0.24	0.24	16	0.24	0.2	0.25
翠光村	0	0	0.22	0.17	0.22	7	0.19	0.12	0.22
长征村	0	0	0	0.19	0.23	42	0.2	0.14	0.24
东风村	0	0	0	0.21	0	32	0.21	0.12	0.27
高亮子河村	0	0	0	0.16	0	11	0.16	0.14	0.26
永林村	0.18	0	0	0.17	0	6	0.18	0.14	0.22
北阳村	0.23	0	0	0.19	0	8	0.22	0.18	0.25
艾林村	0.24	0.17	0	0.25	0	8	0.23	0.17	0.26
中兴村	0.19	0.17	0	0.2	0	36	0.19	0.16	0.22
双合村	0.14	0.2	0.21	0.16	0	8	0.17	0.11	0.25
振兴村	0	0.2	0.23	0.2	0	15	0.21	0.18	0.24
红旗村	0.21	0	0	0.21	0	17	0.21	0.2	0.25
梧桐村	0	0	0	0.21	0	12	0.21	0.16	0.26
国庆村	0.24	0.21	0	0.2	0	20	0.23	0.14	0.28
跃进村	0	0	0	0.2	0.22	11	0.21	0.17	0.26
平川村	0	0	0	0.22	0.22	21	0.22	0.19	0.28
青松村	0	0	0	0.19	0	42	0.19	0.12	0.26
乐园村	0.23	0.17	0.17	0.21	0	41	0.21	0.17	0.28

（续）

村名称	一级	二级	三级	四级	五级	样本数	平均值	最小值	最大值
前进村	0	0	0	0.22	0.19	14	0.21	0.13	0.28
松青村	0	0	0	0.17	0	2	0.17	0.12	0.22
锦山村	0	0	0	0.25	0.19	21	0.2	0.13	0.26
创业村	0	0	0	0.21	0	15	0.21	0.18	0.26
宝泉村	0	0	0	0.2	0	11	0.2	0.16	0.23
永兴村	0	0.24	0	0.24	0.24	8	0.24	0.23	0.25
星星村	0	0	0	0.24	0	10	0.24	0.18	0.32
东红村	0	0	0	0.24	0	9	0.24	0.2	0.27
晨明村	0	0	0	0.22	0	2	0.22	0.2	0.23
月明村	0	0	0	0.23	0	3	0.23	0.22	0.23
桦阳村	0	0	0	0.21	0	2	0.21	0.21	0.21
东升村	0	0	0	0.21	0	4	0.21	0.19	0.23
浩良河村	0.2	0	0	0.21	0	34	0.2	0.14	0.26
爱国村	0	0	0.23	0.28	0.23	3	0.25	0.23	0.28
永青村	0	0	0	0.21	0.18	78	0.19	0.11	0.28
临溪村	0	0	0	0.17	0.21	9	0.19	0.13	0.22
秋冷村	0.19	0	0	0.23	0	8	0.21	0.15	0.29
金峰村	0	0.17	0.15	0.18	0	18	0.17	0.13	0.25
沙山村	0.2	0.2	0	0.19	0	16	0.19	0.18	0.21
灯塔村	0	0	0	0.22	0	15	0.22	0.16	0.28
青川村	0	0	0	0.29	0	7	0.29	0.27	0.31
双兴村	0	0	0	0.23	0	5	0.23	0.2	0.26
金星村	0	0	0	0.24	0	18	0.24	0.14	0.26
红星村	0	0	0	0.25	0	5	0.25	0.22	0.29
宏伟村	0	0	0	0.22	0.21	76	0.21	0.14	0.26
迎新村	0	0	0	0.22	0	8	0.22	0.19	0.25
五七村	0.21	0	0	0	0	3	0.21	0.15	0.24
先锋村	0.2	0	0	0	0	1	0.2	0.2	0.2
卫林经营所	0	0.16	0.24	0.26	0	56	0.2	0.14	0.35
青林经营所	0	0	0.24	0.21	0	12	0.23	0.16	0.26

（续）

村名称	一级	二级	三级	四级	五级	样本数	平均值	最小值	最大值
燕安经营所	0.32	0.26	0.31	0.25	0	60	0.26	0.14	0.38
建设经营所	0.3	0.27	0.32	0.26	0.24	132	0.28	0.2	0.36
巴兰河经营所	0.24	0	0.34	0.26	0	36	0.27	0.24	0.36
二道沟森林经营所	0.26	0	0.26	0.27	0	21	0.27	0.2	0.28
乡南森林经营所	0.25	0.24	0.24	0.24	0	9	0.24	0.24	0.25
南沟森林经营所	0.23	0.26	0	0	0	7	0.25	0.23	0.35
丰林林场	0	0	0	0.23	0.29	9	0.27	0.2	0.36
石长经营林场	0.2	0.23	0.17	0.23	0	198	0.22	0.11	0.34
圣浪经营林场	0.29	0.31	0.26	0.23	0	443	0.28	0.14	0.36
茂林林场	0.2	0.21	0.19	0	0	105	0.2	0.13	0.36
北关农场	0.23	0.27	0.21	0.2	0	17	0.22	0.18	0.27
王杨农场	0.21	0	0.14	0.23	0	9	0.21	0.14	0.26
马永顺林场	0	0	0	0	0.21	10	0.21	0.2	0.25
正岔河林场	0	0.18	0.15	0.18	0	25	0.16	0.12	0.33
新东林场	0.28	0.22	0	0.22	0	15	0.23	0.16	0.31
大西北岔林场	0	0.25	0.25	0.16	0	19	0.18	0.14	0.27
上呼兰经营林场	0.29	0.27	0.3	0.26	0	306	0.28	0.2	0.36
白河经营林场	0.22	0.25	0.23	0.22	0.12	422	0.24	0.11	0.36
柳河经营林场	0.27	0.26	0.26	0.24	0	259	0.26	0.18	0.31
巴兰河农场	0.26	0.3	0.24	0.25	0	24	0.25	0.2	0.3
英山林场	0.28	0	0.27	0	0	44	0.27	0.24	0.28
三屯农场	0.26	0.3	0	0	0.25	36	0.26	0.24	0.3
南河经营林场	0.2	0.27	0.27	0.29	0	12	0.27	0.16	0.36
奋斗经营林场	0.24	0.25	0	0	0	78	0.25	0.23	0.25
神树经营林场	0.2	0.21	0.21	0.2	0	32	0.21	0.14	0.3
跃进经营林场	0	0.23	0	0.29	0	54	0.23	0.22	0.36
春光经营林场	0.27	0.24	0.25	0.25	0	204	0.25	0.14	0.36
五花农场	0.28	0	0	0	0	25	0.28	0.2	0.36
鹿鸣林场	0	0	0.2	0.18	0	6	0.2	0.15	0.22

图书在版编目（CIP）数据

黑龙江省伊春市区耕地地力评价 / 张含生，张艳华，张大伟主编．—北京：中国农业出版社，2019.7
ISBN 978-7-109-25325-4

Ⅰ．①黑… Ⅱ．①张… ②张… ③张… Ⅲ．①耕作土壤—土壤肥力—土壤调查—伊春 ②耕作土壤—评价—伊春 Ⅳ．①S159.235.3 ②S158

中国版本图书馆 CIP 数据核字（2019）第 048523 号

HEILONGJIANGSHENG YICHUNSHIQU GENGDI DILI PINGJIA

中国农业出版社出版
（北京市朝阳区麦子店街 18 号楼）
（邮政编码 100125）
责任编辑　杨桂华　廖　宁

中农印务有限公司印刷　新华书店北京发行所发行
2019 年 7 月第 1 版　2019 年 7 月北京第 1 次印刷

开本：787mm×1092mm 1/16　印张：22　插页：1
字数：540 千字
定价：108.00 元

伊春市区土壤图

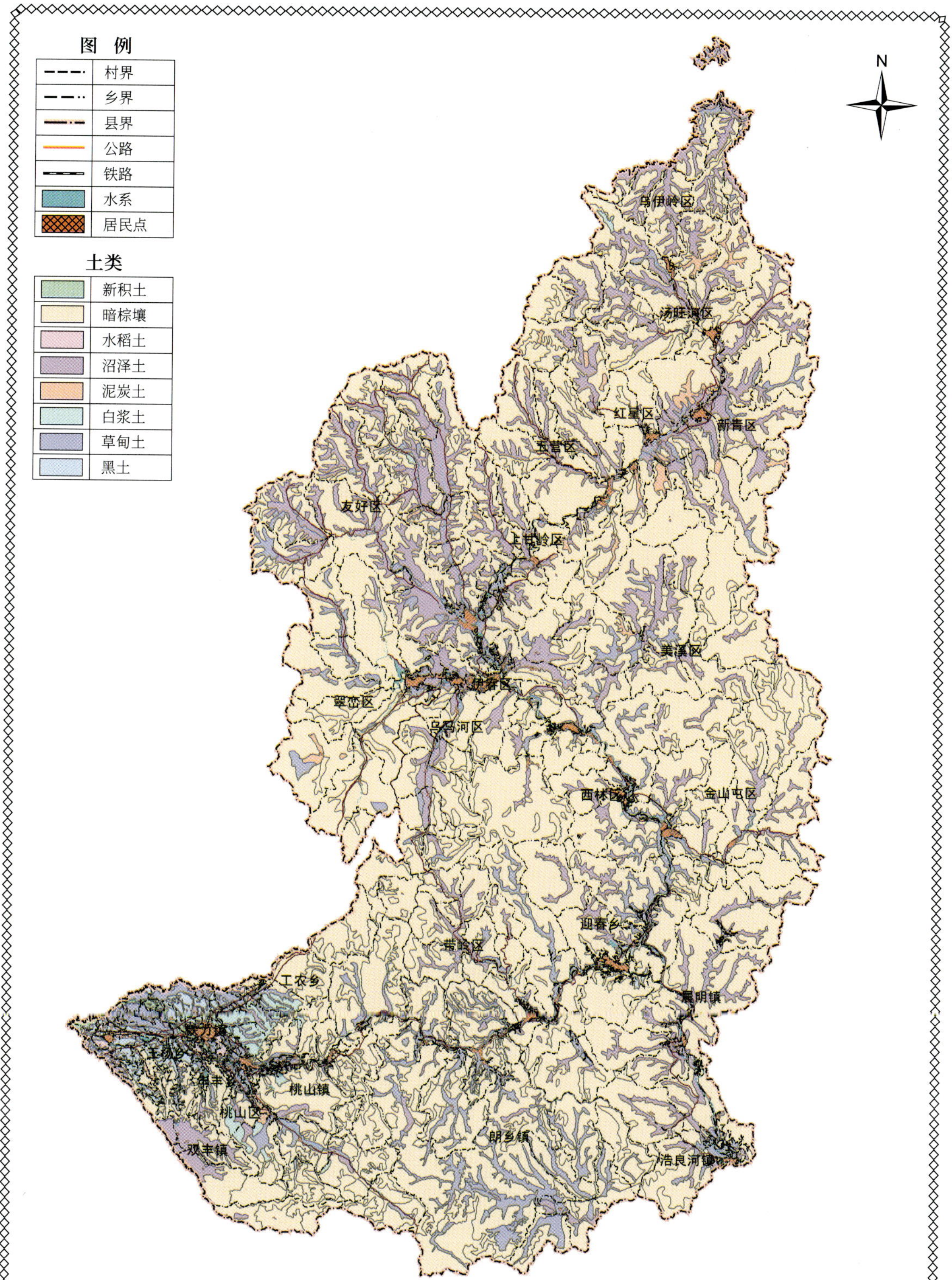

本图采用北京 1954 坐标系　　比例尺 1 : 500 000　　哈尔滨万图信息技术开发有限公司

伊春市区耕地地力等级图

伊春市区耕地地力分级

地力分级	耕地面积（公顷）	占本次评价耕地面积（%）
一级	9 522.66	16.22
二级	13 593.66	23.16
三级	11 415.99	19.45
四级	19 771.00	33.68
五级	4 397.54	7.49

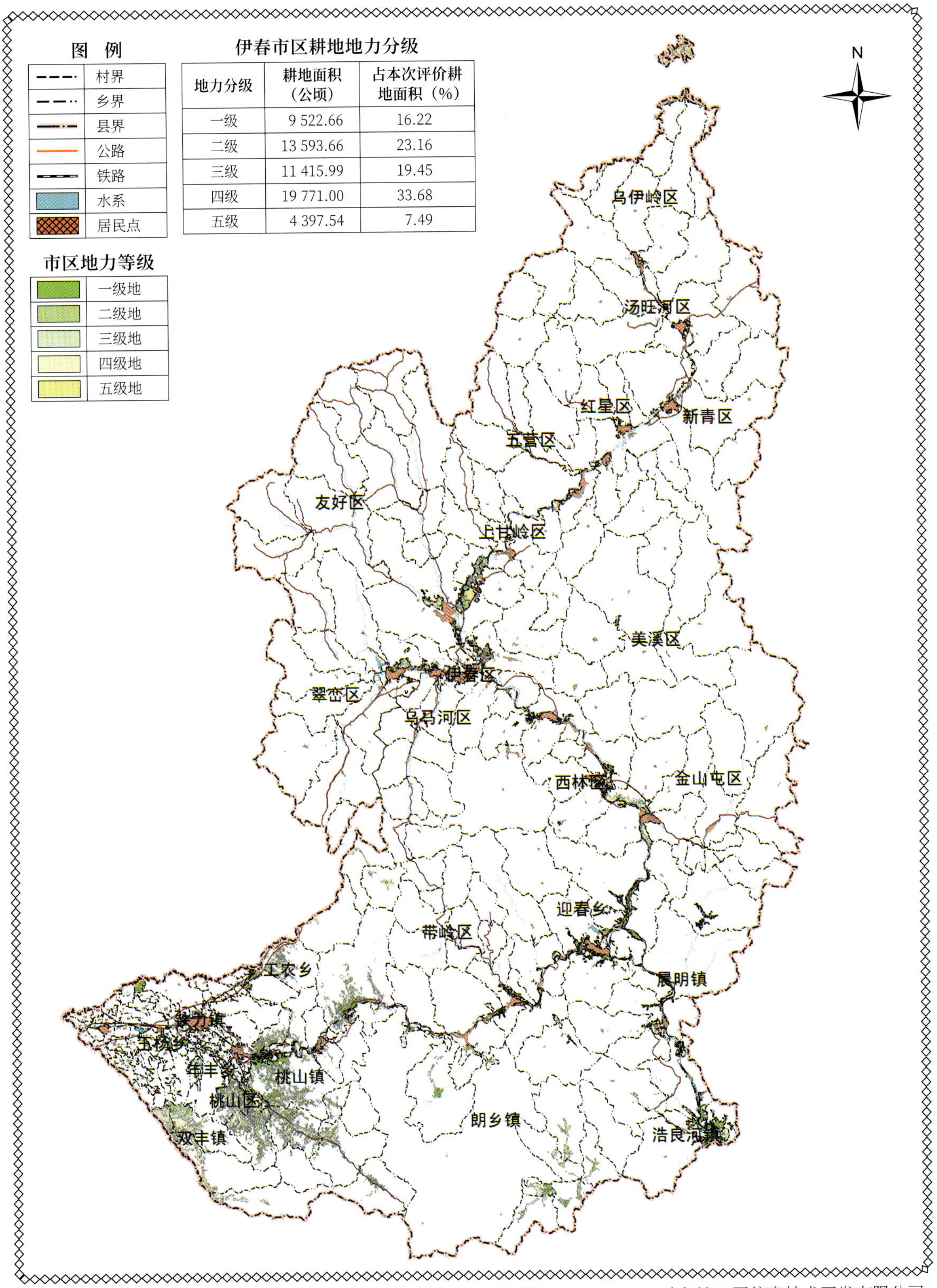

本图采用北京 1954 坐标系　　比例尺　1：500 000　　哈尔滨万图信息技术开发有限公司